U0255566

典籍类农业文化遗产

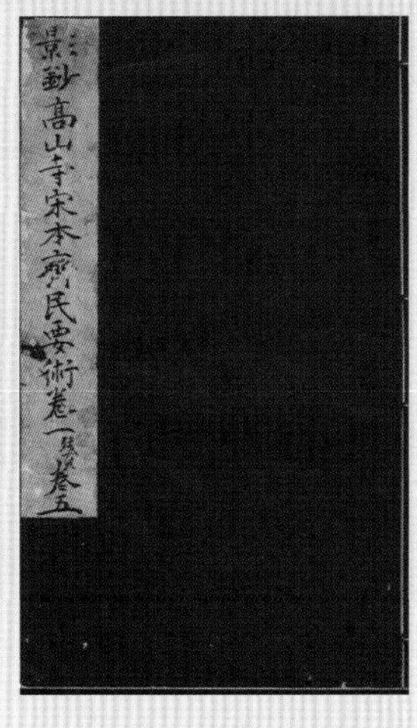

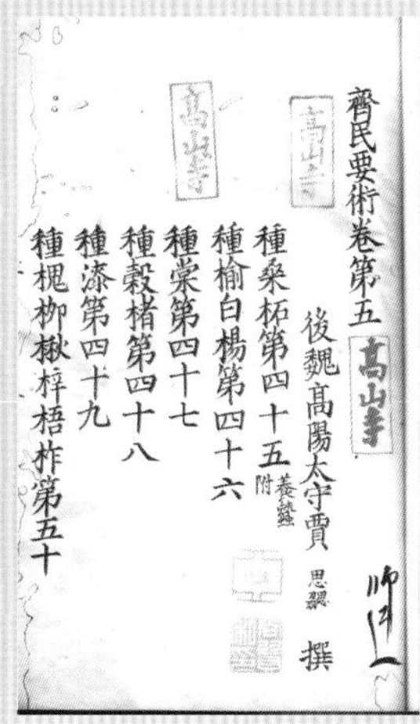
齊民要術卷第五 高山寺
後魏高陽太守賈思勰撰
種桑柘第四十五 養蠶附
種榆白楊第四十六
種棠第四十七
種穀楮第四十八
種漆第四十九
種槐柳楸梓梧柞第五十

图 1 《齐民要术》书影（影抄高山寺宋本封面、卷五，中国农业科学院图书馆藏）

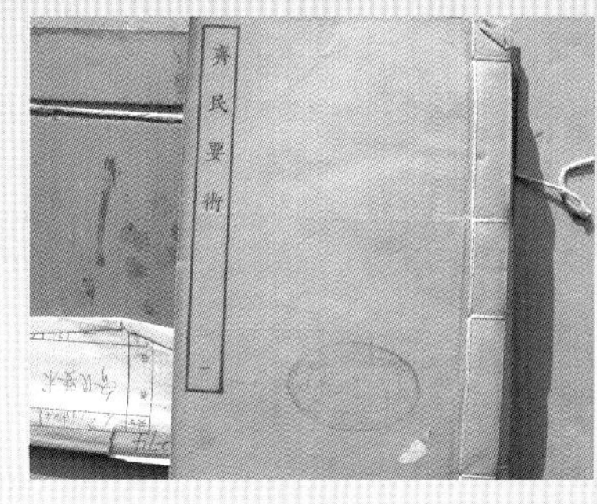

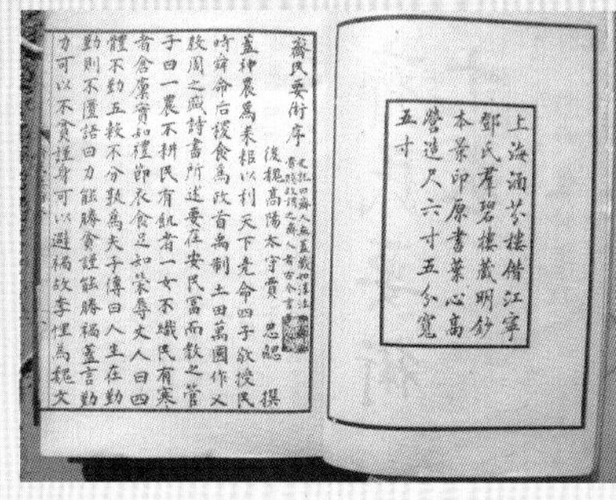

图 2 《齐民要术》书影（《四部丛刊》影群碧楼藏抄南宋绍兴龙舒本，泰山学院图书馆藏）

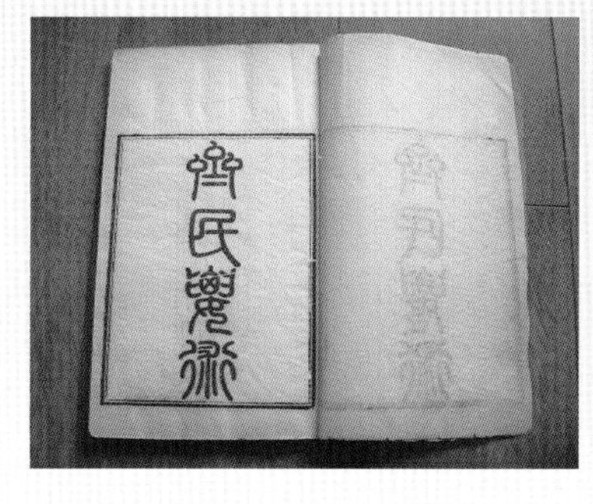

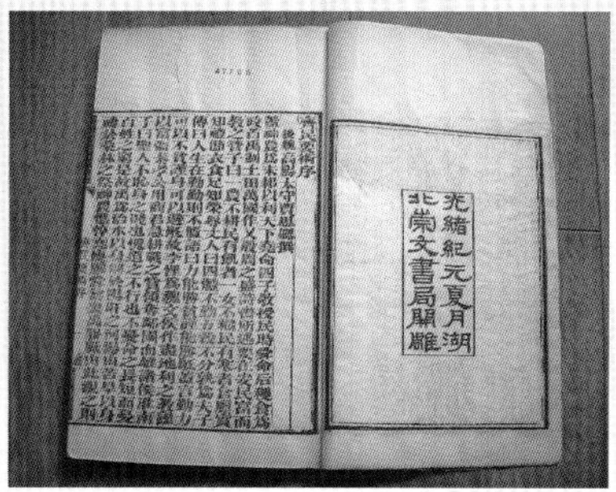

图 3 《齐民要术》书影（湖北崇文书局刻本，山东农业大学图书馆藏）

图 4 康熙御制耕织图（复旦大学图书馆藏）

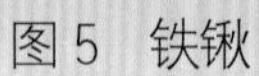

图5　铁锹

图6　镢

图7　铁搭

图8　铲

图9　耙

图10　木犁

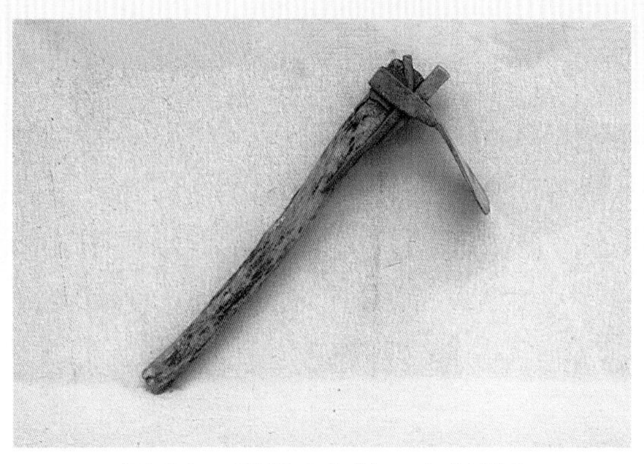

图11　手锄（小锄、小板锄）

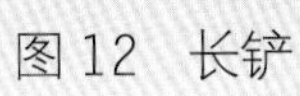

图 12　长铲

图 13　大锄

图 14　耧耙

图 15　耧车

图 16　挞、耢

图 17　行耙

图 18　砘车

图 19　辘轳

图 20　镰

图 21　铡刀

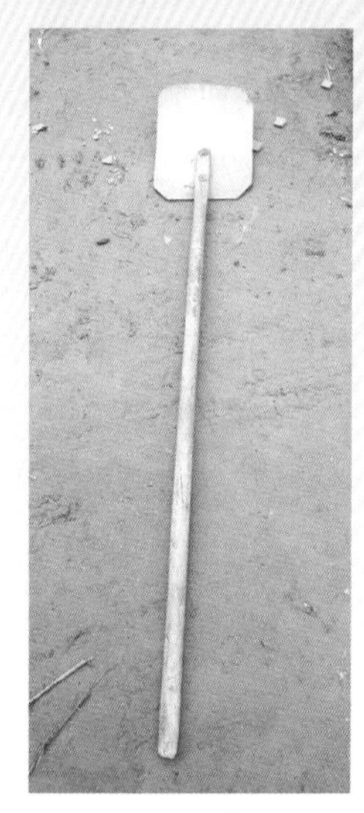

图 22　木杴

图 23　碓窝子

图 24　石磨

图 25　石碾

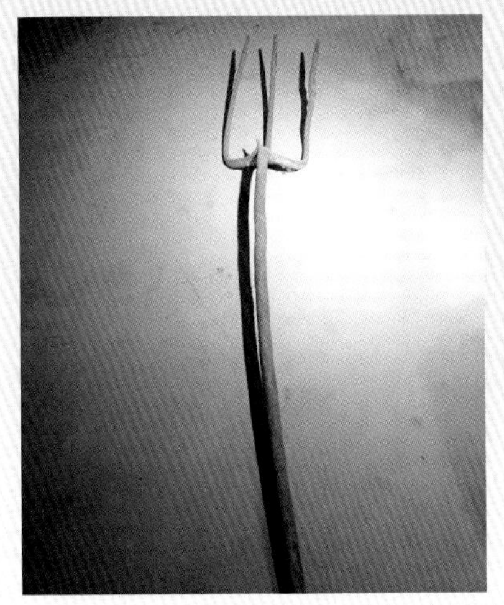

图 26　叉

图 27　风扇车

图 28　升、斛、斗

图 29　平车

图 30　独轮车

图 31　抢叉

图 32　碌碡

图 33　中国重要农业文化遗产、全球重要农业文化遗产　夏津古桑树群

图 34　夏津古桑树群三龙桑之一：巨龙桑

图 35　夏津古桑树群三龙桑之一：卧龙桑

图 36　夏津古桑树群三龙桑之一：腾龙桑

图 37　乐陵枣林复合系统

图 38　汶阳田农作系统（大汶口镇汶阳田省长指挥田）

图 39　枣庄古枣林全景

图 40　肥城桃栽培系统

图 41　泰山山水林泉系统（泰山南麓天外村公园国际友谊林）

图 42　泰山山水林泉系统（泰山南麓天外村龙潭水库）

图 43　泰山山水林泉系统（泰安大津口乡沙岭村螭霖鱼养殖示范园、泰山板栗园）

图 44　泰山山水林泉系统 泰山千年板栗王（泰安大津口乡沙岭村周御道附近）

工程类农业文化遗产

图 45　东平戴村坝

图 46　京杭大运河聊城段（会通河段）

图 47　明石桥（大汶口镇大汶河）

图 48　泰安岱岳区祝阳镇徐家楼灌渠

图 49　临沂沂水县跋山水库

聚落类农业文化遗产

图 50　青岛即墨雄崖所村秦代、明代、民国、现代砖混砌房

图 51　青岛即墨雄崖所村城门

图 52　朱家裕魁星楼（曹幸穗 供）

图 54　朱家裕进士故居垂花门罩（曹幸穗 供）

图 53　朱家裕山阴小学校门
（曹幸穗 供）

图 55　泰安大汶口镇山西街村山西会馆

图 56 邹城石墙镇上九山村萧进士院

图 57 邹城石墙镇上九山村戏台

图 58 泰安祝阳镇徐家楼

图 59 东楮岛村海草房（曹幸穗 供）

图 60 菏泽付庙村张居正故居

粮蔬类农业文化遗产

图 61　明水香稻

图 62　寿光大葱

图 63　安丘大姜

图 64　新泰黄瓜

林果类农业文化遗产

图 65　乐陵金丝小枣（乐陵中国金丝小枣文化博物馆）

图 66　枣庄大枣（枣庄古枣林）

图 67　泰山板栗（泰安大津口乡沙岭村）

图 68　白桑葚（夏津古桑树群）

图 69　阳信鸭梨

图 70　五莲小国光

图 71　肥城桃

图 72　烟台苹果

图 73　烟台大樱桃

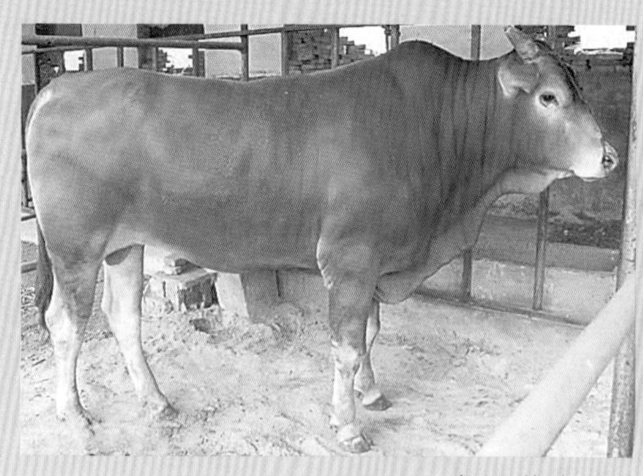

图 74 鲁西黄牛公牛（左）、母牛（右）

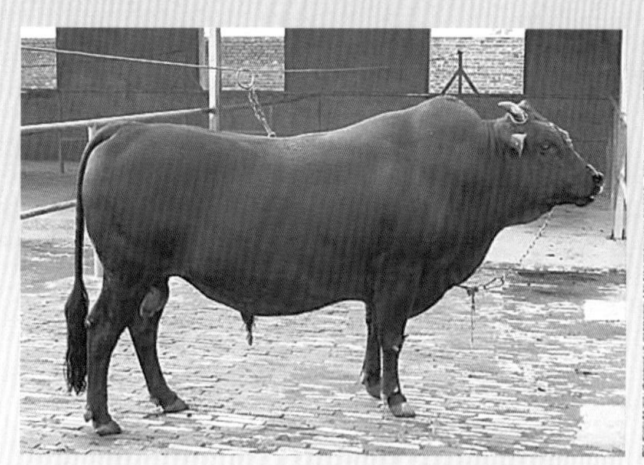

图 75 渤海黑牛公牛（左）、母牛（右）

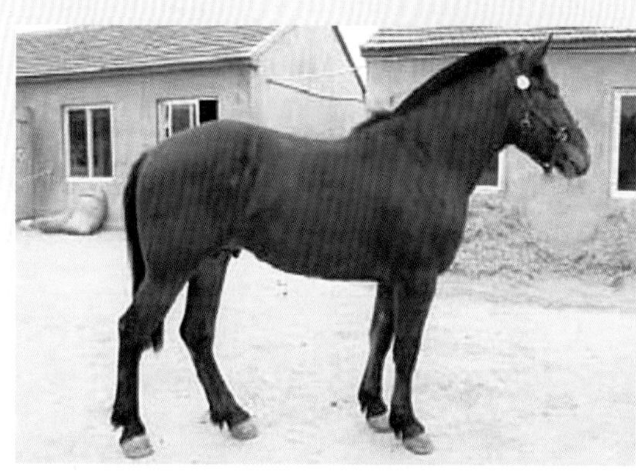

图 76 渤海马公马（左）、母马（右）

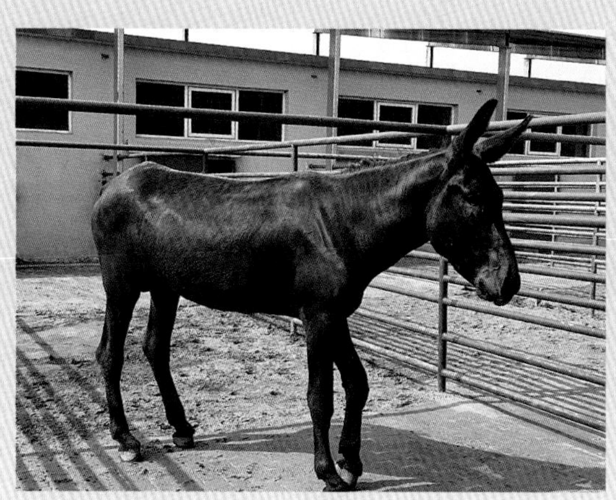
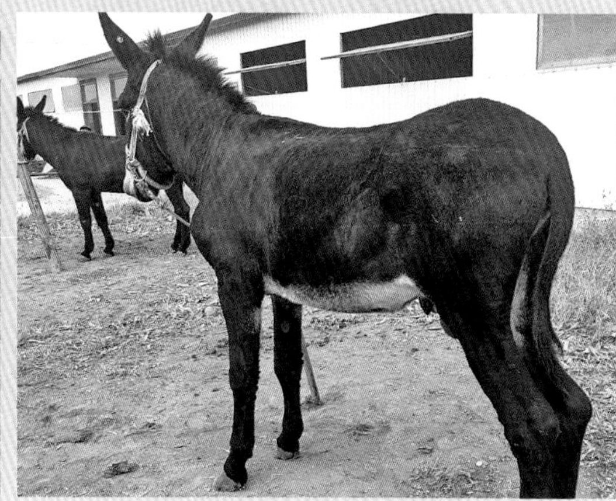

图 77　德州驴公驴（左）、母驴（右）

图 78　大蒲莲猪公猪（左）、母猪（右）

图 79　莱芜黑猪公猪（左）、母猪（右）

图 80　小尾寒羊公羊（左）、母羊（右）

图 81　沂蒙黑山羊公羊（左）、母羊（右）

图 82　泗水裘皮羊多角种公羊（左）、母羊（提纯，右）

图 83　洼地绵羊公羊（左）、母羊（右）

图 84　济宁青山羊公羊（左）、母羊（右）

图 85　鲁北白山羊公羊（左）、母羊（右）

图 86　鲁西斗鸡

图 87　琅琊鸡公鸡（左）、母鸡（右）

图 88　济宁百日鸡公鸡（左）、母鸡（右）

图 89　寿光鸡公鸡（左）、母鸡（右）

遗址类农业文化遗产

图 90　大汶口文化遗址

图 91　大汶口文化红陶兽形壶（大汶口文化博物馆）

图 92　商河鼓子秧歌（山东商河县玉皇庙镇）

图 93　杨家埠木版年画

图 94　高密聂家庄泥塑

图 95　胶东面食

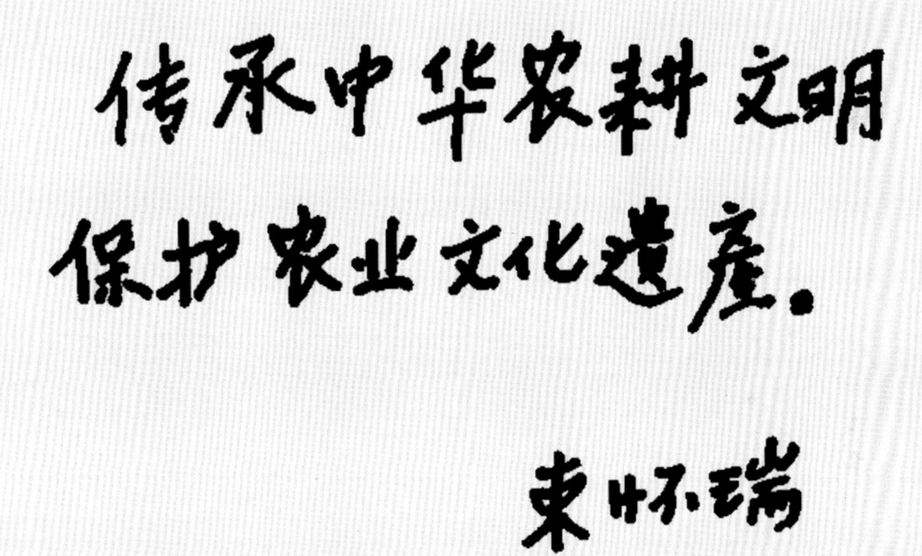

中国工程院院士、山东农业大学教授束怀瑞为本书的题词

山东省社会科学规划研究重点项目

山东省科学技术协会学会创新和服务能力提升工程

山东省重要农业文化遗产调查与保护开发利用研究

SHANDONGSHNEG
ZHONGYAO NONGYE WENHUA YICHAN DIAOCHA YU
BAOHU KAIFA LIYONG YANJIU

孙金荣◎主编

中国农业出版社
北　京

基金项目

山东省社会科学规划研究重点项目《山东省重要农业文化遗产调查与保护开发利用研究》(16BZWJ02)

山东省科学技术协会学会创新和服务能力提升工程《农业文化资源保护开发利用的理论与实践》(鲁科协办发〔2017〕39号)

FOREWORD 前　言

什么是农业文化遗产？广义言之，农业文化遗产是人类在漫长的农业生产与生活实践中，在物化、制度、行为、意识等不同文化层面，相应形成的具有一定历史传承性和可持续性的农业产品、农业制度、农业生产生活行为、农业思想（理念、意识、思想）等成果的总和。具体包括人工培育的粮蔬林果、人工驯化饲养的畜役食用动物、农业生产工具、农业知识、农业生产技术、农业生产设施、农业景观与生产系统、传统村落、农业生产生活民俗、农业典籍、农学思想等。

全球重要农业文化遗产（Globally Important Agricultural Heritage Systems，GIAHS)，联合国粮食及农业组织将其定义为："农村与其所处环境长期协同进化和动态适应下所形成的独特的土地利用系统和农业景观，这种系统与景观具有丰富的生物多样性，而且可以满足当地社会经济与文化发展的需要，有利于促进区域可持续发展。"这是针对农业景观与生产系统类农业文化遗产而言的，是相对狭义的农业文化遗产，与自然遗产、文化遗产、非物质文化遗产等既有不同又有交叉，具有综合性特征，是经济、社会、自然、文化深度融合的复合生态系统。

国内外对典籍类、遗址类、技术类等中国重要农业文化遗产的发掘整理研究相对较早，而关于工程类、景观类、聚落类、物种类等农业文化遗产的研究相对较晚。山东省农业文化遗产的甄别、发掘、开发利用研究工作尚处于初期阶段。

1920 年金陵大学建立农业图书部，1932 年建立图书研究室，分类集成《中国农史资料》456 册。1954 年 4 月，农业部在北京召开"整理祖国农业遗产座谈会"。此后，南京农学院中国农业遗产研究室、华南农学院中国古代农业文献特藏室、西北农学院古农学研究室以及北京农学院农业史研究室也相继成立，产生了以万国鼎、石声汉、王毓瑚、梁家勉等为代表的农业遗产研究专家，研究重心在古农书。"文化大革命"时期，农业遗产研究机构被撤并，研究工作多陷于停滞。1978 年后，既有农业遗产研究机构陆续恢复，新的研究机构和平台（如中国农业博物馆研究所、江西省农业考古研究中心）陆续建立。2012 年，山东农业大学"农业历史与文化研究中心"成立。青岛农业大学齐民书院、潍坊科技学院农圣文化研究中心等相继成立。1984 年中国农业历史学会成立。广东、河南、陕西、江苏组建农史研究会，2012 年山东省农业历史学会成立。国内有《中国农史》《农业考古》《古今农业》等农业史专门研究期刊。在学科建设和人才培养方面，1981年南京农学院、西北农学院、华南农学院、北京农业大学设农业史硕士学位授权点，1986年、1992年南京农业大学分别获批博士学位授权点、农业史博士后流动站。中国农业大学、西北农林科技大学、华南农业大学，在其他相关一级学科博士学位授权点设农史方向。2014年山东农业大学在作物学一级学科下设置农业史二级学科硕士点，2020年获批科学技术史一级学科硕士学位授权点。

几十年来，中国农业文化遗产研究重心与方法发生过几次变化：从古农书校注和技术史研究向农业史综合研究和农业生态史研究转变；从单纯依托纸质历史文献研究向结合实物的考古学和民族学研究拓展；从单纯依赖历史文献学研究方法向借鉴多学科研究方法转变；从静止不变的农业遗产资料研究向活体、原生态农业遗产研究和保护转变。[①]

农业文化遗产的类型、数量、分布、保护以及遗产保护的相关理论、方法、途径等都有广阔的研究空间。哪些亟待保护，如何保护，如何实现经济、社会、文化、生活、生态价值的平衡，都亟须开展相关理论研究和实践探索。

从研究著述看，20世纪的农业文化遗产研究，以古代农业典籍类整理与研究持续时间较长。万国鼎、王毓瑚、石声汉、缪启愉等前辈整理出版了《中国农学书录》《氾胜之书》《齐民要术今释》《齐民要术校释》等。农业技术史研究是又一重镇，梁家勉《中国农业科学技术史稿》等颇具代表性。20世纪末，特别是步入21世纪，农业文化遗产研究门类、对象、题材日益丰富，农业景观与生态系统类、农业技术类、农业典籍类等文化遗产的研究日趋多元。论文如：李文华《农业文化遗产的保护与发展》；闵庆文、张永勋《农业文化遗产与农业文化景观的比较研究——基于联合国粮农组织全球重要农业文化遗产和教科文组织农业类文化景观遗产的分析》；曹幸穗《中国农业文化遗产保护与开发简论》；卢勇、王思明《引进与重构：全球农业文化遗产“日本佐渡岛朱鹮稻田共生系统”的经验与启示》等。著作如：王思明、李明《江苏农业文化遗产调查研究》《中国农业文化遗产名录》；樊志民《秦农业历史研究》；游修龄等《中国农业通史》；孙金荣《齐民要术研究》等。

日本、韩国、英国等国学者，对中国乃至山东省农业文化遗产也有一定研究。论文如：LEE Jeong - Hwan，YOON Won - Keun，CHOI Sik - In，KU Jin - Hyuk *Conservation of Korean Rural Heritage through the Use of Ecomuseums*；YIU Evonne，NAGATA Akira，TAKEUCHI Kazuhiko *Comparative Study on Conservation of Agricultural Heritage Systems in China，Japan and Korea*。著作如：日本

① 王思明，李明，2011. 江苏农业文化遗产调查研究［M］. 北京：中国农业科学技术出版社.

天野元之助《中国古农书考》《后魏贾思勰〈齐民要术〉研究》，西山武一、熊代幸雄《校订译著齐民要术》，田中静一、小岛丽逸、太田泰弘合作译本《齐民要术：现存最古老的料理书》；韩国崔德卿《齐民要术译注》（韩文版）；英国 Francesca Anne Bray 英译《齐民要术》（一至六卷）。其他类别的农业文化遗产，如种植养殖技术、传统村落、农业景观与生产生态系统、民俗等也有一定研究。

重要农业文化遗产既是重要的农业生产系统，又是重要的文化和景观资源。开展重要农业文化遗产挖掘、保护、传承和开发利用研究，对农业文化传承与创新、农业协调与可持续发展、农业功能拓展具有重要科学价值和实践意义。传统农业生产经验、技术、思想，可为现代农业发展提供值得借鉴的先进理念。以动态保护的形式进行展示，向社会公众宣传农业文化精髓及其承载的优秀哲学思想，促进文化传承和弘扬，增强国民对民族文化的关注度、认同感、自豪感。

把重要农业文化遗产作为丰富休闲农业的重要历史文化资源和景观资源来开发利用，能够增强产业发展后劲，带动遗产地农民就业增收，推动当地经济社会的发展，可以实现在发掘中保护，在利用中传承。

2012 年农业部下发了《关于开展中国重要农业文化遗产发掘工作的通知》，重点对景观与农业生产系统类农业文化遗产进行发掘。2013 年农业部公布第一批中国重要农业文化遗产 19 项，2014 年公布第二批 20 项，2015 年公布第三批 23 项，2017 年公布第四批 29 项，2019 年公布第五批 27 项。近年，山东省农业文化遗产发掘、保护工作逐步得到重视，农业部第一批 19 项中国重要农业文化遗产名录中没有山东项；第二批 20 项中山东有 1 项；第三批 23 项中山东有 2 项；第四批 29 项中山东有 1 项；第五批 27 项中山东有 1 项。山东占总数的 4.237%。2012—2019 年，住房和城乡建设部等命名 6 819 个中国传统村落，山东省 125 个传统村落入选，仅占 1.84%。作为文化大省、农业大省，山东农业文化发掘、保护工作逐步得到重视，但遗产调查与保护开发利用的理论研究和实践探索任重道远，保护开发力度尚待加强。

山东省社会科学规划重点研究项目“山东省重要农业文化遗产调查与保护开发利用研究”，第一次针对山东省重要农业文化遗产进行系统调查研究，具有重要的文化意义和经济社会价值。

农业典籍是农业科技、文化发展的重要载体和历史记录。对齐鲁大地产生的优秀农书《氾胜之书》《齐民要术》等典籍类农业文化遗产进行梳理、保护、研究、开发利用，具有重要的理论和现实意义。本书梳理山东省古农书七十余部，并加以保护利用研究，对既往的梳理与研究是一个重要拓展。

传统农业生产工具是某个时代或某一地域农业科技化发展水平和生产力水平的标志。对工具类农业文化遗产，应当做好调查、保护、开发利用研究工作。

景观与农作系统类农业文化遗产的调查、保护、开发与利用研究，对于形象地传承历史、记录当下、持续性走向未来，具有重要意义。对已入选中国重要农业文化遗产名录的山东夏津黄河故道古桑树群（同时入选全球重要农业文化遗产名录）、山东枣庄古枣林复合系统、山东乐陵枣林复合系统、山东章丘大葱栽培系统、山东泰安汶阳田农作系统，以及其他有待发掘的重要农业文化遗产等，进行保护、开发利用，充分发挥其历史文化价值、旅游文化价值，能取得显著的产业经济效益、社会效益。

工程类农业文化遗产调查、保护、开发利用研究，如元代开挖的运河——会通河（今山东东平到临清段）、夏津戴村坝、宁阳堽城坝以及其他重要水利灌溉等工程遗产的保护、开发利用研究，具有重要历史价值和现实意义。

聚落类农业文化遗产，文化蕴涵极其丰富。对山东省入选中国传统村落名录、山东省传统村落名录的部分村落进行保护开发利用研究，对山东更多潜在古村镇进行调查、发掘及开发利用研究，具有重要文化、社会、经济等价值。

粮蔬类农业文化遗产调查与保护开发利用，有利于保留保护粮蔬类农作物品种，避免品种单一化，预防病虫害，确保对农产品口味的多重选择等，对维护全球物种多样性、保障粮蔬品种多元和粮食安全等，具有重大战略意义。

山东省林果种质资源非常丰富，一大批历史悠久、地域特征明显的优良林木、果树品种，丰富了林果类农业文化遗产的宝藏。诸多名优特产历史上曾作为贡品入朝堂，今天仍享誉海内外。

山东省畜禽动物类农业文化遗产资源丰富，除遗传因素的决定性作用，也是特定的地理位置、气候特征、土壤植被、生态条件，进化过程、人为干预等多元因素共同作用的结果。这些珍贵的畜禽遗传资源，保护开发利用的价值巨大。

遗址类农业文化遗产，承载着丰厚的中华文化，是中华文明发展史的实体呈现，具有保护与利用的独特价值。在今山东省境内，新石器时代早期的后李文化遗址，是迄今中国北方发现的最早的新石器时代的文化遗址之一。后李文化遗存中，凿、匕、镖、刀、镰等骨角蚌器以及磨盘、魔棒、刮削器、尖状器等石器，大都与农业生产、生活有关。据放射性碳素断代，海岱地区史前文化谱系脉络清晰地显现出来：后李文化—北辛文化—大汶口文化—龙山文化— 岳石文化，海岱地区的农业文明史也借助出土实物脉络清晰地展示出来。

山东自古是农业生产重地，今天依然是农业畜牧业大省，也是经济大省。对农林牧渔生产加工技术，有着重要经验与系统总结。在工业化、城镇化、现代化的进程中，诸多珍贵的技术类农业文化遗产面临消失的危险。加强技术类农业文化遗产的保护与开发利用工作，对传承优秀传统农耕文化，保持文化的独特性和多样性，促进山东农业可持续发展，实现全国乡村振兴，有积极意义。

民俗类农业文化遗产是农耕文明的重要产物和衍生物，包括人们在农业生产进程中形成的特有的生产生活方式、习俗风尚、生活经验、礼仪制度等。山东省历史文化悠久，多样的地理环境、优越的区位条件、丰富的农牧景观，孕育了齐鲁鲜明的民俗类农业文化遗产，具有显著的文化传承价值。

先民采集、狩猎、种植、养殖等农事活动，成为文学艺术（诗歌、音乐、舞蹈）的直接源泉，孕育了形而上的文化形态——文学（最早产生的诗歌）。研究先秦农事诗与先秦农业的关系，是一项关于文学起源的本源性研究。五千年的农事诗歌（文学）史，既是华夏文明的重要标志之一，也是培育华夏文明的文化资源。文学类农业文化遗产值得我们好好地保护、传承、研究、创作、发展。

本书的基本思路是：界定重要农业文化遗产相关标准条件，确定重要农业文化遗产的类别、研究范畴。通过科学系统的调查、登记、归类整理工作，进行遗产保护、开发、利用的理论研究与实践探讨。研究方法上，理论研究与应用研究结合，传统观念与现代价值相互观照，资料研究与实际调查结合，着力提高研究的理论性、现实性、针对性和社会历史价值。

本书的研究重点：一是对山东重要农业文化遗产进行科学系统的调查、登记、归类整理，这是一项基础性工作；二是对典籍类、工具类、景观类、工程类、聚落类、遗址类、粮蔬类、林果类、动物类、技术类、民俗类、文学类等农业文化遗产的保护开发利用进行研究，以期传承、创新、发展农业文化遗产。

研究难点：一是调查登记工作量大。二是遗产保护开发利用理论研究的宏观视野与微观实证结合，一方面，理论研究要有高度、深度、接地气；另一方面，理论成果在实践层面要有针对性、可操作性。

重要农业文化遗产是指人类与自然环境长期协同发展中，创造并传承至今的独特的农业生产物化成果（如果实）、制度成果（如生产制度）、行为成果（如农业习俗）、意识形态（如农学思想）等。狭义的生产系统类农业文化遗产，在活态性、适应性、复合性、战略性、多功能性和濒危性方面有显著特征。重要农业文化遗产具有悠久的历史渊源，独特的农业产品，丰富多样的生物资源，完善的知识技术体系，独特的生态与文化景观，较高的美学和文化价值，较强的示范带动能力。进行农业文化遗产调查、保护、开发利用的理论研究与实践探索，对农业文化传承、农业可持续发展、农业功能拓展、维护全球物种的多样性等，具有重要的科学价值、历史文化价值、旅游文化价值、产业经济效益、社会效益、生态效益和实践意义。

课题研究，创新不易，但力求在一定范畴、程度上有所拓展和创新。山东省重要农业文化遗产调查与保护开发利用研究，从选题与立项而言，这本身就是第一次。就研究体系、范畴的构建与拓展而言，对典籍类、工具类、景观类、工程类、聚落类、遗址类、特有农作物品种、农业文学等进行系统的调查、登记、归类整理，并进行保护、开发、利用的理论研究与实践探索，研究体系完整、系统、合理，研究范畴得以拓展。研究涉及物态、制度、行为、意识形态等多个文化层面，对重要农业文化遗产的保护开发利用开展全面、多层次拓展研究，对物化文化从哲学思想、经济思想、文献价值、史学价值等角度作理论抽象与分析。此外，研究导向与研究成果凸显经济、社会、文化效益的统一，发掘、开发、利用重要农业文化遗产的科学价值、历史文化价值、旅游文化价值、产业经济效益、社会效益、生态效益和实践意义等。理论研究与应用研究结合，以期兼顾学术性和实证性，加强理论研究与应用的现实性和可操作性。

本书研究范畴广，内涵丰富，由于时间、精力投入不足，加之学识、学力所限，研究的精度和深度尚多有欠缺，恳请大家批评指正。

孙金荣

2020年6月

CONTENTS 目　录

第一章 CHAPTER 1
典籍类农业文化遗产调查与保护开发利用研究

本章主要梳理秦汉至晚清山东籍作者撰写的农书、非山东籍作者撰写的关于山东地域的农书，不梳理散见于各类文献资料中涉及农业的零散的著述，在此基础上，探讨其保护开发利用的价值、现状、问题及对策研究。对农书范畴的界定，主要是指记述农业生产、管理、储藏以及加工等相关知识、技术、思想等的专门农业历史文献。

第一节　典籍类农业文化遗产名录提要

产生在齐鲁（今属山东）大地的典籍类农业文化遗产极为丰富。具代表性、标志性意义的农书，如《氾胜之书》《齐民要术》《种艺必用》《农桑辑要》《农书》《农桑经》《教稼书》等。其中个别书目，不是单纯的农业典籍，系内容多样的综合性典籍，但因其中包含着相对独立的农业生产和农事活动内容，也一并介绍。

一、先秦齐鲁农业典籍及篇章

1. 周代孔子《周书》

《周书》，记述先秦周朝历史的书籍。原书已亡佚，与《尚书》文体相似，但因《尚书》中亦有《周书》一篇，所以在书名前加上“逸”字，至晋代始称《逸周书》。关于其作者，汉班固《汉书·艺文志》、刘知几《史通》认为系孔子删减《尚书》之余篇，亦有说为作者不详，孔子删定。今本书十卷七十篇，记载了从周文王、武王到西周末的史实，内容翔实，体例不一。其中关于农事的篇幅占有一定的比重，如前3篇讲为政牧民之道，第5、11篇讲赈灾之策，第51、52篇是有关天文历法的内容等。

《齐民要术·耕田第一》引《周书》曰：“神农之时，天雨粟，神农遂耕而种之。作陶，冶斤斧，为耒、耜、锄、耨，以垦草莽，然后五谷兴助，百果藏实。”在今本《周书》五十九篇中，不见贾思勰在《齐民要术·耕田第一》引《周书》的这段文字。这段文字是否是《周书》五十九篇以外的佚文？《太平御览卷八四十·粟》引《周书》作：“神农之时，天雨粟，神农耕而种之。作陶，冶斤斧，破木为耜、锄、耨以垦草莽，然后五谷兴。以助果蓏之实。”《太平御览卷八四十·粟》引《周书》文，虽与

《齐民要术·耕田第一》引《周书》的这段文字出入较大，但可以推断《齐民要术·耕田第一》引《周书》的这段文字存在的可能性。它可能是今本《周书》五十九篇以外的佚文。这段引文既为《周书》版本研究，也为《周书》农业科技发展史、思想史等研究，提供了更多的线索。①

2. 周代孔子《尚书·禹贡》

相传《尚书》为孔子编定，成书于春秋末期。《尚书·夏书·禹贡》篇云："禹别九州，随山浚川，任土作贡。禹敷土，随山刊木，奠高山大川。"全篇计 1 193 字。内容主要讲述区域地理、山川走向。它既是中国古代地理学的经典著作，又是重要的农学、土壤学重要著作。《禹贡》以山脉、河流等自然地理实体为标志，把当时的中国划分为冀、兖、青、徐、扬、荆、豫、梁、雍九州，扼要叙述各州的地理位置、疆域、重要山脉、河流、交通路线、土壤、植被、物产、贡赋、土地等级、人文地理、少数民族等。如记述青州："海岱惟青州。嵎夷既略，潍、淄其道。厥土白坟，海滨广斥。厥田惟上下，厥赋中上。厥贡盐絺，海物惟错。岱畎丝、枲、铅、松、怪石。莱夷作牧。厥篚檿丝。浮于汶，达于济。"《禹贡》对当时九州的土壤进行了科学的分类，并论述各州区不同的土壤及其相应的物产，包含了土壤学和农业地理内容，英国学者李约瑟称"可能是世界上最古老的土壤学著作"。

3. 周代计然《计然》

计然，亦名计倪。春秋时期蔡（一作葵）邱濮上人，姓辛氏，名文子，计然为晋国没落贵族。计然在齐国生活、游学、讲学时间较长，成为齐国黄老之学的创立者。计然曾得到越王勾践的重用，史书记载"勾践困于会稽之上，乃用范蠡、计然"。著有《文子》《内经》，其中《文子》在唐天宝元年改名为《通玄真经》，成为道教经典之一。撰《计然》一书，存疑。《计然》的内容庞杂，其中部分内容涉农。《计然》究系计然本人所作，或是他人所作，仍存疑。

4. 周代范蠡《计然》或《范子计然》

范蠡，春秋时期的政治家、实干家，被后世称为"商圣"。曾助越王勾践振兴越国，功成名就后选择隐退，三次下海经商成为巨富，在齐国遇到自然灾害时，散尽家产，慷慨解囊，被齐王拜为相国。三年后，他再次辞去官职，散尽家产，迁徙至宋国陶邑（今菏泽定陶区南）定居，在该地区再次累积财富，并以陶朱公自居。

《计然》或《范子计然》，相传为范蠡所作，涉农内容较多，原书已亡佚。东晋蔡谟提出："计然者，范蠡所著书名耳，非人也"，如若如此，则《计然》一书已亡佚。汉唐以前的历史记载多以计然为人名，清前众多史料记载其为范蠡之师。果如此，则范蠡写《计然》的可能性大，写《范子计然》的可能性几乎不存在。此存疑。

唐马总所辑《意林》中的《范子计然》是当今的流传版本。共分为《计然传》

① 孙金荣，2015. 齐民要术研究［M］. 北京：中国农业出版社：231.

《内经》《阴谋》《富国》《杂录》五个部分。

《计然传》载："计然，春秋时期蔡邱濮上人，姓辛氏，名文子。"《太平御览》中引用《计然传》的内容，并对其加以描述，计然博学多才，范蠡曾在其身边侍奉，并尊其为师。

《内经》系越王与计倪的对话，如："越王曰：'善。今岁比熟，尚有贫乞者，何也?'计倪对曰：'是故不等，犹同母之人，异父之子，动作不农术，贫富故不等。如此者，积负于人，不能救其前后，志意侵下，作务日给，非有道术，又无上赐，贫乞故长久。'"

《阴谋》《富国》也系越王与计倪的对话。从《阴谋》文字看，越王勾践返越五年，范蠡已为相国。"相国范蠡、大夫种、句如之属俨然列坐，虽怀忧患，不形颜色。"从越王与计倪的对话看，计倪年轻位卑。"于是计倪年少官卑，列坐于后，乃举手而趋，蹈席而前进曰：'谬哉！君王之言也。非大夫易见而难使，君王之不能使也。'""越王曰：'吾以谋士效实、人尽其智，而士有未尽进辞有益寡人也。'计倪曰：'范蠡明而知内，文种远以见外，愿王请大夫种与深议，则霸王之术在矣。'"由此看，计然（计倪）为范蠡老师的可能性不大。范蠡写作《计然》的可能性不大，写《范子计然》的可能性有但也不大，另有作者的可能性较大。

《杂录》记有："范子问：'何用九宫？'计然曰：'阴阳之道，非独一物也。'""范子曰：'请问九田，随世盛衰，有水旱贵贱。愿闻其情。'计然曰：'诸田各有名，其自一官起始以终九官，所以设诸田、差高下。始进退也。假令一值钱百金，一值钱九百，此略可知从亩一至百亩，直是大之极也。'"（《太平御览》卷八百二十一）从《杂录》中这段对话看，有范蠡请教计然的意味，似有师生关系。但从对话判断范蠡作《计然》或《范子计然》的可能性不大。若作者为范蠡，则不可能直呼计然姓名，而自称范子。另有作者的可能性是有的。

从今传《范子计然》看，范蠡、计然都是越王的重臣。其中有二人分别与越王的对话，也有二人之间的对话。他人写作的可能性较大。

5. 周代范蠡《陶朱公养鱼法》

《陶朱公养鱼法》，经研究系假托陶朱公所作，原书已亡佚。其成书时间尚未确定，一般认为撰于西汉时期。此书为中国最早关于养鱼的专著，为北魏《齐民要术》引用。《陶朱公养鱼法》不仅是民间养鱼经验的积累，同时包含着陶朱公自身养鱼的实践总结。贾思勰《齐民要术》将其辑录一部分，就中我们可以看到关于鱼塘的修理、鱼苗的选择以及饲养方式等。《陶朱公养鱼法》是我国历史上第一部关于鱼类饲养的专著，同时标志着西汉时期我国养鱼事业达到世界先进水平。英国著名科技史专家李约瑟博士称赞《陶朱公养鱼经》"是世界上最早的养鱼专门文献，也是养鱼的始祖，对世界养殖学史来说，是有重要价值的文献"[①]。

① 郭郛，〔英〕李约瑟，成庆泰，1999. 中国古代动物学史［M］. 北京：科学出版社：500－502.

6. 春秋战国时期农家学派《神农》二十篇

农家学派，春秋战国时期百家争鸣的学派之一，是后世所谓“九流十家”之代表性一家。其核心主张是人人劳动，不劳动者不得食。班固《汉书·艺文志·诸子略》记录农书凡九家共一百一十四篇：“《神农》二十篇。六国时，以神农之托道耕农事。《野老》十七篇。六国时，在齐、楚间。《宰时》十七篇。不知何世。《董安国》十六篇。《尹都尉》十四篇。不知何世。《赵氏》五篇。不知何世。《氾胜之》十八篇。成帝时为议郎。《王氏》六篇。不知何世。《蔡癸》一篇。孔子曰‘所重民食’，此其所长也。及鄙者为之，以为无所事圣王，欲使君臣并耕，悖上下之序。”上述农学著作，为春秋战国时期农家学派所作。《神农》二十篇、《野老》十七篇、《宰氏》十七篇、《董安国》十七篇、《尹都尉》十七篇、《赵氏》十七篇等，均已佚。虽然农家学派的著作丢失，但其思想在诸子百家的著作中零星可见。春秋战国时期农家学派成立于何时、由谁创立不得而知，该学派大力主张奖励发展农业生产，研讨农业生产问题，这在《管子·地员》《吕氏春秋》《荀子》等著作中有所体现。

《神农》二十篇，成书于战国时期，作者不详，其以神农之托论农耕之事。神农，华夏太古三皇之一，相传因懂得用火而得到皇位，被称为炎帝，史有“神农尝百草”之记载。《神农》二十篇有炎帝生平和活动区域的记载，关于发祥地有众多起源说，其中“宝鸡说”可信度最高。最初定都在陈地，后迁都曲阜。《神农》二十篇所记以及神农活动区域在黄河中下游，传说、遗迹、都城、炎黄会盟地等，均涉及齐鲁（今山东）。

7. 战国时期农家学派《野老》十七篇

《野老》，成书于战国时期，是中国最早的农书之一。据载，《野老》十七篇，此书“六国时，在齐楚间”，十七篇是战国时期的作品，是中国农业体系的雏形，但均早已失传。先秦农书《野老》，与《神农》《宰氏》等，都属于私人著作。颜师古注引应劭：“年老居野，相民耕种，故曰野老。”《隋书·经籍志》不载，已经佚失。清马国翰依《吕氏春秋》中的《上农》四篇，辑录《野老书》一卷，有清光绪九年（1883）长沙琅嬛馆刻本，今藏华南农业大学农史研究室。

8. 春秋时期管子《管子·地员》

《管子·地员》相传为春秋时期法家学派的代表人物管子所作，管子是春秋时期齐国的名相，辅佐齐桓公灭诸侯而成为一代霸主。现存《管子》经过汉代刘向整理，共24卷86篇，后亡佚10篇，所以现存的《管子》共76篇。现研究一般认为，《管子》并非管子所作，为后人假借其名编撰而成。

《地员》篇出自《管子》卷十九，共2 222字，是中国古代最早关于生态植物学的论著。《地员》篇第一部分根据地形特征的不同，将土地划分为5类，分别是渎田、坟延、丘陵、山林和川泽，然后每种类型再具体划分，每种类型对应不同的植物和作物；第二部分为“九州之土”，将土壤分为上、中、下三个部分，每等有30种，共

90 种，每种土壤也适应不同的植物和作物。

《地员》篇是关于土地分类的专论，对于我国古代的农业生产具有重要的影响，明徐光启《农政全书》收录《地员》篇。《管子·地员》充分论证了植物的生长、发育、分布等，与土壤性质、地势高低等相关环境的关系，是我国早期的植物生态学论述。这些认知，得到了现代科学证实。

9. 春秋时期管子《管子·度地》

《管子·度地》出自《管子》卷十八，是中国最早的关于水利学的著作。《度地》篇将水划分为干流、支流、谷水、川水和渊水 5 种，是古代最早对水进行分类的论述。同时《度地》篇论述了地形、水利和治国之间的关系，“水，一害也；旱，一害也”。《管子·度地》篇还提出建立水事管理机构和堤防工程的相关理论，提出了筑坝截流、提高水位、引水分洪、灌溉田地的构想。“天水之性，以高走下则疾，至于剽石；而下向高，则留而不行。故高其上，领瓴之；尺有十分之三，里满四十九者，水可走也，乃迂其道而远之，以势行之。”

10. 春秋时期管子《管子·幼官》

《管子·幼官》出自《管子》卷三，有《幼官》篇和《幼官图》。《幼官》篇可划分为两个部分：第一部分是依据季节的不同划分为“三十节气”，这种划分方式是齐国特有的节气系统，符合齐国的农业生产状况；第二部分是行兵事宜，因时令节气的不同，部队旗子的颜色、兵器、口号等也要做出相应的调整，即所谓的“兵家阴阳是也”。《幼官》篇还包含动物分类思想的萌芽，把动物划分为倮兽、介兽、鳞兽、羽兽和毛兽 5 类。

二、两汉魏晋南北朝山东农业典籍

1. 汉代东方朔《探春历记》

《探春历记》，一般认为是汉代东方朔所著。东方朔，西汉平原郡厌次县（今山东德州）人，汉代文学家。《探春历记》是一部占候类的书籍，堪称我国占候类书籍的发轫之作，其以六十甲子为单元，记录了不同时日立春当年的降水、丰收情况，书中关于水位的精确记载，是对当时先进水位测量技术的反映。《探春历记》所言皆为农事，体现了占候与农业生产活动的密切关系。

2. 西汉氾胜之《氾胜之书》

《氾胜之书》，西汉氾胜之撰。氾胜之，生卒年不详，一般认为是西汉末期人，遭秦乱，迁于氾水（今山东曹县）。作为中国古代四大农书之一的《氾胜之书》，是中国古代最早的农学专著。其原著已亡佚，因《齐民要术》等农书的引用而得以保留些片段。据记载，该书具有二卷十八篇，现存的资料只有三千余字，书中主要记载了黄河流域的耕作原则和十二种农作物的栽培。《氾胜之书》是西汉劳动人民一千年农业生产经验的积累，对后世传统农业生产产生了巨大的影响。

3. 东汉仲长统《仲长子》[①]

《仲长子》亦名《昌言》《仲长子昌言》，系东汉仲长统撰。仲长统（180—220）字公理，山阳高平（今山东邹城）人。《后汉书·仲长统传》说："后参丞相曹操军事。每论说古今及时俗行事，恒发愤叹息，因著论，名曰《昌言》。"原著亡佚已久。缪袭《昌言表》说《昌言》凡二十四篇（一说三十四篇）。《三国志·魏书·武帝纪》载，曹操任丞相之职在建安十三年（208）。仲长统作《昌言》当始于此间。仲长统后由丞相府属官改任尚书郎，仍继续著述《昌言》。建安二十五年，仲长统卒，《昌言》尚未全部完成，其好友缪袭作了补写修订。《后汉书·仲长统传》称其"凡三十四篇，十余万言"，但《后汉书·仲长统传》只收录《昌言》的《理乱》《损益》《法诫》三篇。《隋书·经籍志》著录《仲长子昌言》十二卷。唐魏徵等《群书治要》收《仲长子昌言》与崔寔《政论》合成一卷，即《政论仲长子昌言治要合刊》，是《群书治要》50卷中的第四十五卷。《群书治要》引存《论天道》一篇。

明叶绍泰辑《昌言》一卷；清马国翰辑《仲长子昌言》二卷，有《玉函山房辑佚书》本；清王仁俊辑《仲长子昌言》一卷，有《玉函山房辑佚书续编》稿本；清严可均辑《昌言》二卷，收入《全上古三代秦汉三国六朝文》，有光绪十八年（1893）广雅书局刊本。

《昌言》早已亡佚，从仅存有限目录看，内容也较宽泛。现存史料只是简略地收录《昌言》中的部分篇章。《齐民要术·序》共引《仲长子》3条。第一条："天为之时，而我不农，谷亦不可得而取之。青春至焉，时雨降焉，始之耕田，终之簠、簋，惰者釜之，勤者钟之。矧夫不为，而尚乎食也哉?"第二条："丛林之下，为仓庾之坻；鱼鳖之堀，为耕稼之场者，此君长所用心也。是以太公封而斥卤播嘉谷，郑、白成而关中无饥年。盖食鱼鳖而薮泽之形可见，观草木而肥硗之势可知。"又曰："稼穑不修，桑、果不茂，畜产不肥，鞭之可也；杝落不完，垣、墙不牢，扫除不净，笞之可也。"第三条："鲍鱼之肆，不自以气为臭；四夷之人，不自以食为异；生习使之然也。居积习之中，见生然之事，夫孰自知非者也?"而《要术》所引仲长统三条，均不见于以上史书记录。可以推测，《齐民要术·序》所引用的《昌言》中的这三条资料，恰恰是别的史料未收录的。这三条又讲的是农事活动、农业生产规律等内容，有理由相信，亡佚的《昌言》中可能有相当多的篇章，记述了大量的农业生产活动的内容。

4. 三国魏高堂隆《相牛经》

《相牛经》，三国魏高堂隆撰。高堂隆，三国魏名臣，泰山郡平阳县（今山东新泰）人。《隋书》载"梁有高堂隆《相牛经》……亡"，此书已亡佚。我国是以农立国的国家，铁犁农耕是中国传统农业生产的标志。在长期农业生产经验中，劳动人民积

① 孙金荣，2015. 齐民要术研究［M］. 北京：中国农业出版社：229-230.

累了丰富的相牛的经验。《相牛经》记载了相牛的相关要领，是一部独论牛的著作，书中关于相牛经验的记载，譬如“上看一张皮，下看四只蹄；前看龙关广，后看屁股齐”等，对于中国古代用牛的选择具有重要意义。

5. 北魏贾思勰《齐民要术》

《齐民要术》，北魏贾思勰撰。贾思勰，杰出的农学家，今一般认为齐郡益都（今山东寿光）人，有关其生平事迹不详，仅知其做过北魏高阳太守。《齐民要术》是我国历史上甚至世界史上现存最早的农学著作，是我国古代“四大农书”之首，亦是山东地区“三大农书”之一。《齐民要术》是一部完整系统的农书，内容丰富，书中总结了 6 世纪以前黄河中下游地区的农业生产经验，包括农、林、牧、渔等各个方面，其中涉及山东地区的内容占有很大的比重。《齐民要术》是当时先进农业生产经验的总结，对于后世的农业发展产生了重要影响，在中国农学史上具有举足轻重的地位。

《齐民要术》凡 10 卷，前 9 卷共 91 篇，卷十为非中国物产，内容涉及农作物的种植、食品的加工与储藏、园艺作物的栽培以及其中蕴含的耕作准则，这是其农学价值的体现；同时，《齐民要术》不仅与农业有关，还涉及社会、生活与文化等方面，这是其人文价值的体现。因此，《齐民要术》不仅是研究北魏农业生产的珍贵资料，而且是一部北魏社会生活史。

三、唐宋金时期山东农业典籍

1. 唐代王旻《山居要术》

《山居要术》，唐王旻（一作王旼）撰。王旻，唐代道士，曾在山东高密牢山修行。《山居要术》是我国最早关于药材种植栽培的专著，在宋代始见著录且传播较广、影响较大。目前，一般认为此书已失传。关于《山居要术》的作者，王毓瑚通过对《四时纂要》引书研究，确定其为唐人王旻。但对于《山居要术》的研究有必要作出进一步的考证，有学者认为其可以“填补从《齐民要术》至《四时纂要》间的空档”。

2. 宋代邢昺《耒耜岁占》

《耒耜岁占》，宋邢昺撰。邢昺，宋代曹州济会（今山东曹县）人，擢九经及第，历任国子博士、国子祭酒、礼部尚书，治学严谨，《宋史·儒林外传》有附传。《玉壶清话》中说他出身农家，精通农事，真宗时每逢雨雪不时，负责天象的官员常常预测错误，《耒耜岁占》记录了农民对于气象预测的实践经验，因而该书在当时具有极高的现实指导性。原著已亡佚，在宋代各家的书录中也未见著录。据猜想应该是献给朝廷后被封存。

3. 宋代张宗诲《花木录》

《花木录》，宋张宗诲撰。张宗诲字习之，宰相张齐贤的儿子，曹州冤句（今山东菏泽）人，《宋史·张齐贤传》有附传。此书已佚失，《宋史·艺文志》农家类著录，本书《崇文总目》列在小说类。《通志·艺文略》食货类种艺门有《名花目录》七卷，也题张宗诲撰；卷数既相同，“目”“木”二字又同音，如果是个别的两部书而撰人又是同一个人，似不会如此拟定书名。大约是《通志》目录讹“木”为“目”，又衍一“名”字，《说郛》目录作《花目录》，可以为证。

4. 宋代孔武仲《芍药谱》

《芍药谱》，宋孔武仲撰。孔武仲，新淦人，据考为孔子四十七代孙。官至礼部侍郎。孔谱成书年份不详，大概于宋元祐元年（1086）之前为扬州学官时作。孔谱序言介绍了扬州种植芍药兴盛的状况：“种花之家，园舍相望……畦分亩列，多至数万根。”叙芍药名种33个，对花、叶、色、香等各方面的特点，详为叙述。孔谱无单行本，宋代吴曾《能改斋漫录》收其全文，豫章丛书《清江三孔集》中亦收录。

5. 宋代邓御夫《农历》

《农历》，清邓御夫撰。邓御夫，北宋农学家，济州巨野（今山东巨野）人。《农历》是一部与《齐民要术》相类似的综合性农书，全书共有120卷。北宋农学家晁补之《鸡肋集》曾言：“言耕织、刍牧与凡种艺、养生、备荒之事，教《齐民要术》尤密”。邓御夫终生不仕，自己劳动，潜心著作，终成《农历》120卷。《农历》记载了宋代以前北方地区耕织、养生以及备荒等相关事宜，内容较《齐民要术》有过之而无不及，王子韶尝“为上其书朝廷”，不过可惜的是后来此书失传，否则将会在传统的农业生产中发挥更加重要的作用，此书在山东农业典籍中具有举足轻重的作用。

6. 宋代吕亢《临海蟹图》

《临海蟹图》，宋吕亢撰。吕亢，生平不详，文登人，中进士，官居临海县令。吕亢在临海为官期间，命画工画出自己亲眼所见，但北方不常见的蟹，其中包括蝤蛑、拨棹子、拥剑、彭蜞等在内12种蟹，图文并存，用文字对每种蟹加以解释。目前，其图已佚，文字尚存。

7. 宋代吴怿《种艺必用》

《种艺必用》，宋吴怿（亦作吴攒、吴横）撰。吴怿，生平不详。该书不分卷，系从前人著作中摘录农业技术内容，补充民间农业技术经验和方法，分别记述了粮食作物、麻、桑、蔬菜、瓜果、花卉等种植栽培技术，为农家必备之书。《种艺必用》明初已失传。今见《种艺必用》内容，系胡道静于1961年从尚存的《永乐大典》残卷中辑出，并将辑出的《种艺必用》于1963年在农业出版社出版。

8. 金代郭长倩《石决明传》

《石决明传》，金郭长倩撰。郭长倩，字曼卿，文登人。金皇统六年（1146）经义乙科进士，初任真定少尹，后官至秘书少监，兼礼部郎中，官至正二品。《金史》有传。其为金代大家，惜其作品多已失传。《山东通志·艺文志》载其著作有《石决明传》《昆嵛集》。“石决明”即鲍鱼，在郭长倩的传记中记载：“其所撰《石决明集》为时人所称赞。”另《中州集》载其七律诗《义师院丛竹》一首：“南轩移植自西坛，瘦玉亭亭十数竿。得法未应输老柏，植根兼得近幽兰。虽无秾艳包春色，自许贞心老岁寒。百草千花尽零落，请君来向此中看。”雍正《文登县志》载，宋高宗南渡，中原文献几坠于地，邑又僻近海滨，自郑康成教授长学山千余年，罕有闻人，长倩出而起衰救弊，东方学者慨然兴慕古之思，以长倩为泰山北斗。

四、元明时期山东农业典籍

1. 元代张福《种艺必用补遗》

《种艺必用补遗》，元张福撰。据胡道静考证，其为元初济南镇抚钤辖张福，字显祖，济南禹城人。南宋《种艺必用》与元代《种艺必用补遗》一度佚失，今本为胡道静从《永乐大典》辑出。《种艺必用补遗》与《种艺必用》两书的成书时间相隔不远，均不分卷，《种艺必用》首次把花卉栽培技术引入农书，而《种艺必用补遗》则主要记载关于竹类的栽培技术。《种艺必用》与《种艺必用补遗》，对于《种树书》产生了一定的影响，据胡道静考证，《种树书》约有三分之二的内容引自这两本书。

2. 元代司农司孟祺、畅师文、苗好谦等《农桑辑要》

《农桑辑要》，元朝司农司撰。设置于至元七年（1270）的司农司，是专门掌管农桑的部门。《农桑辑要》编撰于元代初年，此时正值元朝灭金、黄河流域农业遭到严重破坏之际。因此，编撰此书有指导黄河流域农业生产的目的。《农桑辑要》凡 7 卷，分为典训、耕垦、播种、栽桑、养蚕、瓜菜、果实、竹木、药草、孳畜，该书辑录了古代至元初农书的有关内容，对所处时代以前的农业耕作技术和农村生活经验进行了系统的总结和研究。

3. 元代苗好谦《农桑辑要六卷》

《农桑辑要六卷》，元苗好谦撰。苗好谦，今山东菏泽成武人，初任都察院属员，再任淮西廉访佥事，延祐三年（1316）任淮东廉访司佥事。后入朝为司农丞，又晋升为御史中丞。应为《农桑辑要》七卷的部分内容。

4. 元代苗好谦《栽桑图说》

《栽桑图说》，元苗好谦撰。《栽桑图说》又名《农桑图说》《栽桑图》，以图文并茂的形式讲述农业生产活动，书已佚失。在元代曾两次刊印，第一次是在仁宗延祐五年（1318），皇帝赞为“农桑，衣食之本。此图甚善”，命“刊印千帙，散之民间”[①]；第二次是在文宗天历二年（1329），在民间广为流传，不难看出该书对于当时农业生产产生的重要影响。

5. 元代王祯《农书》

《农书》，元王祯撰。王祯，元代著名的农学家与机械学家，东平（今山东东平）人。《农书》是总结元代以前先进农业生产技术的一部综合性农书，也是我国古代仅存的记载南北方农业生产技术的农书。《农书》共 37 集，分《农桑通诀》《百谷谱》

---

① 《元史》卷二十六《仁宗纪三》。

《农器图谱》三大部分，并《杂录》篇（包含“法制长生屋”和“造活字印书法”）。《农桑通诀》是关于农业生产的总论，包含农事起本、垦耕、锄治、劝助、种植、蚕缫等内容。同时，在这一部分，王祯反对“风土限制说”，提出主动改造自然的主观能动的观点。《百谷谱》是关于农作物的论著，其中包含谷类、蔬菜类、果类和蓏类等多种农作物，其中还包括茶叶和棉花的种植。《农器图谱》是关于农业器械的论述，包含261目农业器械，306幅农业器械图，其中还包含王祯亲自设计的“水转连磨”等农业器械。《农书》是山东省“三大农书”之一，在总结先进农业生产的基础上，对封建贵族的铺张浪费予以批判。因此，《农书》又兼具文学性，至今仍具有参考价值。

6. 明代王象晋《群芳谱》

《群芳谱》，全称为《二如亭群芳谱》，明王象晋撰。王象晋，明代文人、农学家，桓台新城（今山东桓台）人，万历年间中进士，为官浙江布政使，王象晋入清不仕，在家从事于农圃之事，积累了丰富的经验，后利用十几年的时间编撰成此书。《群芳谱》全书共30卷，分为元、亨、利、贞四部，约40万字，记载植物多达400种，记载内容包括植物的形态、药用疗法及典故艺文，对于植物形态特征的描绘尤深。《群芳谱》的体例和内容与南宋陈咏《全芳备祖》颇为相似，因而此书可能受《全芳备祖》影响较大。

7. 明代王象晋《贝经》

《贝经》，明王象晋撰。《山东通志・艺文志订补》卷十二：《贝经》，王象晋撰，无卷数。《济南府志》亦记载此书，不著卷数。此书早已失传，姑存其目。订补《重修新城县志・艺文》据张象津《新城后志稿》著录，不分卷。

8. 明代冯可宾《岕茶笺》

《岕茶笺》，明冯可宾撰。冯可宾，明天启壬戌进士，官湖州司班，山东益都（今山东青州）人。冯可宾入清后便远离官场，曾编撰《广百川学海》丛书，《岕茶笺》为其中之一。冯可宾嗜茶如命，“岕茶”是产于罗岕山的一种上品茶，《岕茶笺》全文千余字，其中包括论采茶、论蒸茶、论焙茶、论藏茶，辨真赝、论烹点、品泉水、论茶具、茶宜、禁忌等十一则，该书对于研究岕茶文化具有重要意义。

9. 明代张万钟《鸽经》

《鸽经》，明张万钟撰。张万钟，山东邹平人，生于明末清初的仕宦之家，前半生享父辈庇荫，养鸽著书，因邹平被清军攻陷迁居南京，后半生致力反清复明，以身殉国。中国具有悠久的养鸽历史，但是相关的著作少之又少，张万钟《鸽经》填补了这个空白，同时是张万钟唯一传世之作。《鸽子》约1万字，分为《论鸽》《花色》《飞放》《翻跳》《典故》和《赋诗》，从鸽子的特性入手，对其花色、饲养以及典故、赋诗加以描述。从《鸽经》中，可知明代我国在养鸽方面已经达到较高的水平。在张万钟之前，并未有养鸽专著，此书有关养鸽的经验现今依旧适用，此书除具体经验价值，亦具有人文价值。

五、清代山东农业典籍

1. 清代王士禛《水月令》

《水月令》，清王士禛撰。王士禛，清代诗人、文学家，山东新城（今山东桓台）人。其原作为《水候占》，原作者不得而知，记载黄河各个季节的水文情况。王士禛加以整理解释，更名为《水月令》，现收录在新文丰出版的《丛书集成续编》第 81 册第 119 页。这篇文章寥寥几页，以月令的体裁记载了曹县无名河一年的水流情况，并进行了概括总结，对当地人的生活有一定的指导作用。

2. 清代苏毓眉《曹南牡丹谱》

《曹南牡丹谱》，清苏毓眉撰。苏毓眉，山东沾化人，顺治举人，任曹州（今山东曹县）学官。《曹南群芳谱》对曹州牡丹的 77 种花目作了记述和分类。苏毓眉为官曹州时，游遍曹州名园，虽屡遭兵燹，然奇异芬芳异常，大园上千株，小园数百株，令人目不暇接。苏毓眉在该书的序言中写道："明而曹州牡丹甲于海内，古之长安、洛阳恐未过也"，不难看出该时期菏泽牡丹的盛况。惜其书未见传本。

3. 清代贾凫西《澹圃恒言》

《澹圃恒言》，清贾凫西撰。贾凫西，名应庞，鼓词作家。明末曾官至刑部郎中，在清朝也曾为官一年，尔后其隐居家乡，全心致力木皮鼓词的创作，其作品《历史鼓词》流传较广，深受劳动人民的喜爱。贾凫西与孔尚任交情甚好，孔尚任在《木皮散客传》中曾对贾凫西有所记载，其性格豪放，疾恶如仇。《澹圃恒言》成书于康熙壬子十一年（1672），在今人古农书录中均未收录此书。《澹圃恒言》全书共 4 卷，其中第二卷多涉及农业生产，包括耕作、园蔬、种植等十余门。有关农业生产的部分有的摘自古籍，有的是记录作者的见闻。作者活跃于山东境内，因而此书是记录山东省罕见的古农书之一。当前学界，对此书的研究颇少，值得进一步深入研究，取得更多研究成果。山东省博物馆有藏。

4. 清代郭如仪《种牡丹谱》

《种牡丹谱》，清郭如仪撰。郭如仪，字明心，号松岩，山东菏泽人，生而状貌英伟，博学能文，淡于名利，见义勇为。清康熙二十二年（1683），以岁贡为新泰训导。后来移病故里，不入城市，隐居城东别墅云留庄（今郭楼村）。庄前有牡丹园名巢云园，园中百年古松合抱，夭矫离奇，牡丹尤盛。花开时，与四乡名流饮酒咏诗，欢度晚年。郭如仪 69 岁时去世，著有《牡丹种植谱》二卷，藏于家中，今已失传。其书大概也未曾刊行，从书名不难看出可能是有关牡丹种植技术的记载。郭如仪去世后，名巢云园在他儿子的经营下，盛而不衰。

5. 清代蒲松龄《农桑经（农蚕经）》

《农桑经（农蚕经）》，清蒲松龄撰。蒲松龄，淄川（今山东淄博）望族。《农桑经》由《农经》和《蚕经》两部分组成，蒲松龄在《农桑经·序》写道："昔韩氏有《农训》，其言井井，可使纨绔子弟、报卷书生，人人皆知稼穑。余读而善之。中或言不尽道，或行于彼，不能行于此，因妄为增删。又博古今之论蚕者，集为一书，附诸其后。虽不能花行天下，庶可以贻子孙尔。"[①] 从中可以看出，《农经》以韩氏《农训》为蓝本整理而成，但韩氏《农训》至今不为人所知；《桑经》是一部集古今论蚕著作。《农经》与《蚕经》编撰体例不尽相同，《农经》为月令体，根据月份的不同安排农业生产生产事宜；《蚕经》包含蚕经 22 则、补蚕经 12 则、蚕祟书 12 则、种桑法 10 则，蒲松龄虽博采众书，但其所作补蚕经多为当地养蚕经验的总结。《农桑经》是作者在采集前人资料的基础上，进行增删处理，使之更加适合当地的农业发展状况。李长年整理的《农桑经校注》于 1982 年农业出版社出版，其中还包含《农桑经残稿》。

6. 清代蒲松龄《齐民要术辑录》

路大荒《蒲松龄年谱》载，蒲松龄 70 岁时辑录过一册《齐民要术》。20 世纪 30 年代藏于淄川蒲氏后裔处，后佚失，今存路大荒所抄"简目"。这册手辑原稿"约二三十叶"，这些页码是不可能辑录《齐发要术》全文的[②]。据蒲松龄自记："己丑初夏，偶阅《齐民要术》，见其树畜之法，甚有条理，乃手录成册，以补家政之缺。"单看这一段"自记"，似乎只是"手录"其中"树畜"部分，而非全册辑录。

"简目"所列条目与《齐民要术》对比，有的与《齐民要术》同，有的不见于《齐民要术》。路大荒所见蒲松龄辑录《齐民要术》，是《齐民要术》全册还是部分，是辑录《齐民要术》还是辑录他书，抑或辑录《齐民要术》"以补家政之缺"的过程中加入了他书条目？暂存疑。

7. 清代孙宅揆《教稼书》

《教稼书》又名《区田图说》，清孙宅揆撰。孙宅揆，山东馆陶人，生平事迹不详。《教稼书》的编撰以朱龙耀的《区种图说》为基础，在文字上略有改动，并加以补充，补充的主要内容是北方蒸粪法和造粪法在内的制造肥料的方式，叙述较为详细，是研究中国古代肥料史的重要材料。

8. 清代张崧《北菌谱》

《北菌谱》，清张崧撰。张崧，字洛赤，号钟峰，乳山市午极镇泽上村（今山东威海）人。清雍正四年（1726）中举，后官运不济，潜心于学，著有《山蚕谱》《白蜡虫谱》《北菌谱》。《北菌谱》二卷，主要记载了海疆地区出产的各种食用菌，帮助人们辨别和食用，是研究海疆区域特有物产的著作。此书没有刊行，在州志中有所记载。

---

① （清）蒲松龄撰，李长年校注，1982. 农桑经校注［M］. 北京：农业出版社：3.

② 路大荒，1980. 蒲松龄年谱［M］. 济南：齐鲁书社.

9. 清代张崧《白蜡虫谱》

《白蜡虫谱》，清张崧撰。《白蜡虫谱》是记载山东沿海地区的物产白蜡虫的专著。白蜡虫属中国特产，寄生于白蜡树或女贞，多分布于云川贵地区，在山东海疆区域也有分布，其分泌物是古人用来生产白蜡的原料。《白蜡虫谱》专门记载了山东地区白蜡虫的分布和生长环境，并对其加工和价值加以论述，是研究山东海疆地区白蜡虫利用历史的珍贵资料。光绪《山东通志·艺文志》著录有《幼海风土辨证》《修志管见》《山蚕谱》《白蜡虫谱》《北菌谱》27卷，今藏于山东省图书馆。现存清抄本。

10. 清代张崧《山蚕谱》

《山蚕谱》，清张崧撰。山蚕即柞蚕，是沿海山林中特有的野生蚕，其蚕茧可以用于纺织。山东地区养蚕历史悠久，在该时期蚕业迅速发展，急需养蚕知识的传播。张崧《山蚕谱》是对明周亮工《山蚕说》的拓展，包括辨类、辨木、辨场、育种、收积、辨抽、考古、赞咏、旁征、辨讹等十门。

11. 清代韩梦周《养蚕成法》

《养蚕成法》，清韩梦周撰。韩梦周，清乾隆进士，山东潍县（今山东潍坊）人。《养蚕成法》成书于韩梦周任安徽省来安知县时，韩梦周发现该地区多柞树且多用于薪材，感到异常可惜，后派人去山东请蚕师，同时参照山东《养山蚕成法》编撰此书，便于养蚕技术在安徽地区的推广。《养蚕成法》在《劝谕养蚕文》中，记载了山东地区养柞蚕的好处，劝该地区农民效仿。全书包括养蚕的方法、养蚕的器具等六部分内容，书末还介绍了种柞树和椿树的方法。书中有关养蚕技术内容详细，通俗易懂，促进了该地区养蚕业的发展。

12. 清代王萦绪《蚕说》

《蚕说》，清王萦绪撰。王萦绪，清乾隆进士，山东诸城人。王萦绪于乾隆二十二年（1757）授四川酆都知县，三十五年委署石砫直隶厅同知。目前多部农业古籍目录皆收录为王萦绪《蚕说》，且为佚书。1963年山东省图书馆《山东古农书录》载：王萦绪《蚕说》作于官酆都时，是为了向酆都地区推广山东养蚕技术而编写的。《山东通志·艺文志》提到引《府志·王萦绪本传》称，酆都多槲，教以饲蚕之法。因此，王萦绪《蚕说》的著成也受山东蚕书的影响。

13. 清代郝懿行《宝训》

《宝训》，清郝懿行撰。郝懿行，训诂学家，山东栖霞人。郝懿行一生写作了四部自然科学类的书籍，唯《宝训》是一部农书。书中共收录农语109条，每卷分布数量不等的农语。《宝训》的体裁是以“农语为纲，诸书为传”，分为杂说、禾稼、蚕桑、蔬菜、果实、木材、药草、孳畜八卷，每卷收录不同数量的农语，后用古籍加以解释。作者在序言中写道：“惟农家者流，街谈里语，言皆著实。所谓甘苦阅历者，非耶。独恨纪传诸书，收采寥寥。使天子命一官，适四方辅轩采之。积既多，付太史为之，编次农桑之书。不当与风雅比烈哉。偶检遗编，辑为宝训，农语为经，诸书为传，其无经可附，乃依类散列于左。”作为一名封建官吏，郝懿行以“吾不如老农”自勉，提醒人们关心重视农业生产。有光绪五年东路署厅刊本。

14. 清代郝懿行《蜂衙小记》

《蜂衙小记》，清郝懿行撰。《蜂衙小记》是清代关于养蜂的一部专著，具体写作年代不可考，收录在《郝氏遗书》中。《蜂衙小记》正文前有一段小序，简要说明了作者“聊以自乐”创作动机，全书分识君臣、坐衙、分族、课蜜、试花、割蜜、相阴阳、知天时、择地利、恶螫人、祝子、逐妇、野蜂、草蜂、杂蜂共15则。《蜂衙小记》文字简洁，与今之科学小说颇类。《蜂衙小记》的出现，代表着在该时期养蜂已经成为社会性的行业，是中国古代很有价值的一部养蜂专著，于今日亦具有借鉴意义。

15. 清代郝懿行《记海错》

《记海错》，清郝懿行撰。“海错”是指众多的海产品，从书名不难看出，《记海错》是清代记载山东沿海海产品的地方物产专著。《记海错》全书共一卷，记录49类海产，以海产品的名称为题名，介绍其形状、产地、食用储存方法并涉及有关典故，具有极高的价值。《记海错》是中国古代唯一一部记载山东海产的专著，具有一定的科学性；同时，每种海产品会有相关的烹饪方式，也是研究鲁菜的重要史料之一。

16. 清代王筠《马首农言校勘记》

《马首农言校勘记》，清王筠撰。王筠，清代文学家、语言学家，山东安丘（今山东潍坊）人。王筠所著《海岱史略》140卷，是研究山东地方史和山东文学的珍贵材料，具有极高的价值。《马首农言》，清祁寯藻撰，“马首”是寿阳的古名，所以此书是寿阳地区农业生产的一部著作，全书分为地势气候、种植、农器、农谚等14部分内容，是一部综合性的农书，对于研究该地区的农业生产和社会状况具有极高的价值。王筠所撰《马首农言校勘记》反映了山东地区许多优良的耕作经验。

17. 清代郭英源《学稼琐言》

《学稼琐言》，清郭英源撰。郭英源，恩县（今山东德州）人，生平事迹不详。《学稼琐言》在光绪《山东通志·艺文志》中有记载。该书未刊行。

18. 清代马国翰《农谚》

《农谚》，清马国翰撰。马国翰，清道光进士，文献学家、藏书家，山东历城（今山东济南）人，道光十一年中举人。古代辑佚，清代最为兴盛，马国翰就是清代具有代表性的人物，其最大的成就就在于编撰《玉函山房辑佚书》，分经、史、子三个部分，共632种，是一部浩繁的著作，为中国古代文化的收集和保存做出了巨大的贡献。《农谚》一卷，成书于道光年间，采用历时顺序，采辑古代至清代当时的农谚编撰而成。编者曾求此书于济南市图书馆、北京市图书馆，均未寻得，此书是否流传至今，尚存疑。

19. 清马国翰辑《玉函山房辑佚书·农家类》（神农书、野老、范子计然、养鱼经、尹都尉书、蔡癸书、养羊法、家政法、玉烛宝典、园庭草木疏、千金月令、齐人月令、保生月录、四时纂要、种树书）

《玉函山房辑佚书·农家类》（神农书、野老、范子计然、养鱼经、尹都尉书、蔡癸书、养羊法、家政法、玉烛宝典、园庭草木疏、千金月令、齐人月令、保生月录、四时纂要、种树书），清马国翰辑。全书共708卷，《续补》14卷，附书后1卷，《手稿存目》1卷，是我国历史上规模最大的私人辑佚书。所辑农家类书籍14部，对于我们研究古代农业生产与农业科学技术具有重要的价值。

20. 清代柳灏《菊谱》

《菊谱》，清柳灏撰。光绪《山东通志·艺文志》谱录类著录。柳灏字子真，长清人，仅仅知道他是位秀才。据王毓瑚《中国农学书录》及《趵突泉志》称，此书写得很好，刊行情况不明。

21. 清代张汉超《菊谱》

《菊谱》，清张汉超撰。张汉超，山东临清人。光绪《山东通志·艺文志》谱录类著录。此书记述养菊方法详细，刊行情况不明。

22. 清代陆献《山左蚕桑考》

《山左蚕桑考》，清陆献撰。陆献，道光年间官至蓬莱县令，为在山东提倡种桑养蚕，辑录十二府、州志中关于蚕桑的记载，以十二府州为体例，辑录有关的农桑事迹和蚕桑风俗等内容。本书兼具蚕书与地方志书的特点，对于研究山东地区的蚕桑史具有重要的意义，《山左蚕桑考》是乾嘉道零散劝课蚕书的汇集与总结，是经世致用官员在劝课农桑中的真实写照与价值追求。

23. 清代王元綎《野蚕录》

《野蚕录》，清王元綎撰。王元綎，字文甫，山东宁海（今山东牟平）人，光绪戊戌进士。《野蚕录》是王元綎在总结前人经验的基础上，结合自己的见闻编撰而成。书中不仅介绍了多种野蚕的名称、饲养野蚕所用树种的名称、植树养蚕的方法，而且讲述了缫丝织绸的有关技术、缫丝所用工具等，并附有“野蚕茧绸出口表”及“图说”，较为全面、具体地为读者提供了有关野蚕的各种资料。《野蚕录》于光绪二十八年（1902）完成并刊行，在这之后又有光绪三十一年商务印书馆铅印本、宣统元年（1909）安庆同文官印书馆铅印本、湖南官书报局石印本等，《续四库全书提要》也有介绍。

24. 清代周彤桂《农桑浅说》

《农桑浅说》，清周彤桂撰。周彤桂，字复卿，山东历城（今山东济南）人，光绪年间乡试中举。据记载，“兄弟三人，两人皆业农……卒于光绪三十四年”，因而此书应该作于光绪年间。周彤桂著有《下学梯航》《农桑浅说》及注释保甲诸书，《农桑浅说》据说只有稿本但未见传本。

25. 清代孙希伊《五谷备考》

《五谷备考》，孙希伊撰。孙希伊，字耕夫，山东诸城人，学问渊博，长于考据，《增修诸城县续志·文苑》有传。著作有诗三册、读书管窥一册、藿阜偶存一册、闰月定四时蔬等。《山东通志·艺文志·子部》著录《五谷备考》一卷。

26. 清代黄恩彤《蚕桑录要》

《蚕桑录要》，清黄恩彤撰。黄恩彤，道光年间进士，官至刑部主事，宁阳县（今山东泰安）人。黄恩彤是第一次鸦片战争之后《南京条约》的主要签订人之一。黄恩彤一生学识渊博，著作颇丰。《蚕桑录要》共5卷，是一部养蚕传手册，收录《农政全书》等书籍关于农桑等的内容，并重新加以整理，以期恢复山东地区的养蚕事业。

27. 清代黄恩彤《河干赘语》

《河干赘语》，清黄恩彤撰。成书于作者晚年劳作期间的《河干赘语》共7卷，是一部关于鹌鹑饲养历史和鹌鹑饲养之法的专著，体现出作者对于农民多种经营方式的重视，对农业生产多有裨益。

28. 清代黄恩彤《去螣必效录》

《去螣必效录》，清黄恩彤撰。《去螣必效录》序曰："是役也，余躬身其间，目睹情状。周咨田父野老，于利弊曲折，知之颇悉，因于暇日条例事宜，笔之于书，厘为二卷，名曰《去螣必效录》。"从序言中可以看出，当时作者所在的地区遭遇蝗灾，他亲自参与救灾并收集有关蝗灾赈灾的相关经验编撰成此书，是清代关于蝗虫防治的专著。

29. 清代郝敬修《教养山蚕二十图说》

《教养山蚕二十图说》，清郝敬修撰。郝敬修，曾任汉阴知县，清山东高密县人。山东地区的蚕桑业发达，郝氏在任职汉阴知县时发现该地区槲树和柞树多，但是多未得到利用，甚觉可惜，因此劝谕该地区的农民放养柞蚕。作者认为，放养山蚕可以充分利用男子的劳动力，产生的经济效益较之家蚕更丰。《养山蚕二十图说》以《养山蚕说》为蓝本，将《养山蚕说》抄录并分发当地农民，对于该地区放养山蚕的产业具有开创性的意义，同时以20幅蚕桑图相配，刊印流传。

30. 清代徐赓熙《蚕桑辑要略编》

《蚕桑辑要略编》，清徐赓熙撰。徐赓熙，光绪年间任滋阳知县。滋阳地区具有几千年的蚕丝历史，但是生产效率低下，作者对于这种现象深感痛惜。清末，清政府发起蚕政，徐赓熙深感富国强兵之路应该立足于当地的资源，因此编撰《蚕桑辑要略编》，以劝课蚕桑，促进当地蚕桑业的发展。《蚕桑辑要略编》的编撰立足于清代该地区蚕桑发展的现状，包括桑蚕技术、养野蚕法、萃编摘要等在内的蚕桑内容，因而具有一定的现实指导意义，具有较高的研究价值。

31. 清代范村农、石祖芳《农桑简要新编》

《农桑简要新编》，清范村农撰。范村农，居住于泰山脚下，以经营农业为生。范村农《农桑简要新编》是泰安为数不多的一部农书，全书计 10 万余字，由范村农和石祖芳合编而成。《农桑简要新编》全篇分为农政五条、蚕政二十四条、桑政三十二条，内容涉及泰山周边的地形地势、水利灌溉、农业生产、畜牧养殖等多方面的内容。本书是关于泰山农业的专著，是研究泰山农业历史、思想文化等方面的珍贵资料。

32. 清代王兆郯《悦心录》

《悦心录》，清王兆郯撰。王兆郯，字圣从，山东桓台（今山东淄博）人。全书共 8 卷，作者手辑先世格言遗训编撰而成。

33. 清代潘守廉《养蚕要术》

《养蚕要术》，清潘守廉撰。潘守廉，字洁泉，号对凫居士，山东微山县人，光绪年间进士。潘守廉重视养蚕技术并提倡桑树种植。《养蚕要术》旨在改良养蚕技术，作者从《农桑辑要》《齐民要术》和《士农必备》等农书中摘录有关北方养蚕相关技术，书中从讨论蚕性开始，按照生产顺序，讲述养蚕的相关经验，共得 35 条。其内容更为通俗，易被接受。有光绪二十八年三月南阳县署刊本。

34. 清代潘守廉《栽桑问答》

《栽桑问答》，清潘守廉著。潘守廉，山东微山县人，大力提倡种桑养蚕，在实地考察多地养蚕种桑技术后，结合多部农书写作而成。于 1902 年刊发，现存光绪十二年南阳县署刊本。全书共 18 节，以问答的形式，对桑树的前期栽种、中期施肥和后期的桑树之利做了阐述，对北方桑树栽培和管理都有裨益。

35. 清代叶春墀《山东草辫业》

《山东草辫业》，清叶春墀撰。叶春墀，清末学者、民族资本家，山东日照人。中国草编业发展历史悠久，明万历年间始有利用麦秆编织的记载。清代以降，山东草编行业发展迅速。在《山东草辫业》一书中，叶春墀详细介绍了当时草辫业的发展状况，并依据调查发现山东草辫业发展存在的问题，提出相对应的改良措施。提醒为官者重视草辫业的发展，为当地经济的发展谋福音。

36. 清代曹倜《蚕桑速效编》

《蚕桑速效编》，清曹倜撰。曹倜，光绪二十四年知冠县，光绪二十八年知长山县，光绪三十二年知宁阳。曹倜在推广吴烜《蚕桑捷效书》时，实地考察了山东大部分地区的土壤状况，并结合陈绅所写的《劝兴蚕桑说》，将其汇编成册，成书《蚕桑速效编》。“以公同志，倘能广为劝导，实力推行，俾东省务农之家益以蚕桑之利行见，地无旷土，野鲜游民，因利而利，其利乃大，而且久，将来商舶毕至，铁轨通行，丝业之盛，可跂而待。”

37. 清代许廷瑞《汇纂种植喂养椿蚕浅说》

《汇纂种植喂养椿蚕浅说》，清许廷瑞撰。许廷瑞，曾任德平县令。成书于光绪年间，凡 18 类，书中有关蚕桑事宜均来自前人的著述，作者用更加通俗易懂的语言编撰而成。许廷瑞注重发展养蚕业，重视桑树，书中关于养蚕的具体措施适合于地广人稀、土地盐碱化和自然灾害频发的鲁西北平原地区。

38. 清代丁宜曾《农圃便览》

《农圃便览》全名《西石梁农圃便览》，清丁宜曾撰。丁宜曾，山东日照人。全书不分卷，在农业概述后，仿月令体例按季、月、节气的顺序叙述农事活动和其他事宜，是清代山东半岛农业生产经验的汇集，是一部地域性较强的重要的综合性农书。内容涉及农业、园艺、气候占候、食品加工等内容，同时该书反映了清代农业发展的新进展，比如大白菜和烟草的种植。

39. 清代唐宝锷《山东农业改良法》

《山东农业改良法》，清唐宝锷撰。不分卷。本书记述了济南、东昌、武定、沂州、青州五府三十五县的农艺。内容涉及除虫、选种、造肥、肥土及水利等清末山东农业生产技术改良的方法。另有部分县记述了商务、土产、官地、庙产等。该书没有序、跋，也没有提到年代，大致是作者献呈当时政府的正本。收入《中国古农书联合目录》。有清抄本，现存于中国农业科学院南京农业大学中国农业遗产研究室。

40. 清代唐宝锷《山东农业情形调查书》

《山东农业情形调查书》，清唐宝锷撰。全书不分卷。本书记述了济南、东昌、武定、沂州、青州五府三十五县的农艺以及改进意见，涉及除虫、选种、造肥、肥土及水利；另有些县简述商务、土产以及官地、庙产。国家图书馆藏《清代民国调查报告丛刊》辑录（图 1－1）。

图 1－1 国家图书馆藏《清代民国调查报告丛刊》书影

六、民国时期山东农业典籍

1. 山东沿海渔航总局《山东沿海渔航调查录二编》

《山东沿海渔航调查录二编》，山东沿海渔航总局编。有民国铅印本。国家图书馆古籍馆辑录《国家图书馆藏清代民国调查报告丛刊》有收。

2. 民国山东省政府实业厅《山东农林报告》

《山东农林报告》，山东省政府实业厅编。山东省政府实业厅于 1931 年，在山东出版、印刷，共 566 页。内容有 92 县的概况、林业、蚕业、凿井、农民团体、调查意见等，附山东各县面积、耕地面积、人口及农民统计表，重要农作物产量统计表，山东省人口与农民数比较图，各县全面积及耕地面积曲线图等（图 1－2）。①

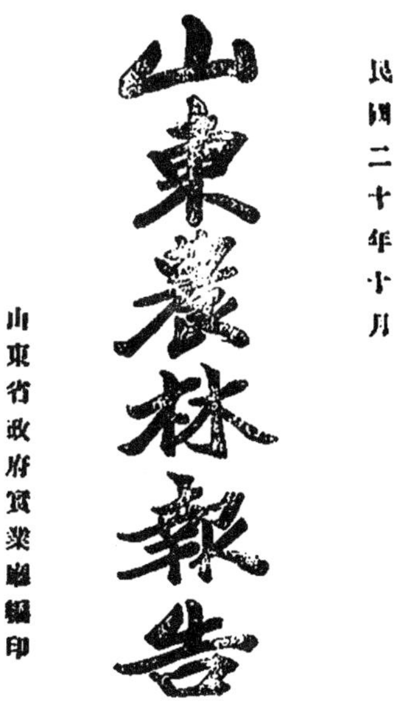

图 1－2 《山东农林报告》书影

3. 《民国山东农业调查资料》

《民国山东农业调查资料》，具体撰写作者不详，是民国时期搜集整编的山东各个地方农业发展状况的统计资料和调查资料。记录了岱北、岱南、济西、胶东 4 道 107 个县的农业发展情况及其改良意见，包括具体病害、土壤、水利、肥料等。该调查报告篇幅浩大，且内容丰富全面，对民国时期山东农业相关情况的探究和考察于今日亦有借鉴有一定的史料价值和参考价值。

第二节　典籍类农业文化遗产保护开发利用的价值

从普遍适用的一般意义讲，中国古代优秀的图书典籍，“无论是图书起源期的甲骨文、铭文、石刻文，还是图书形成期的简牍、帛书，还是图书发展期的纸写本图书，还是图书兴盛期的雕版印刷与活版印刷图书，在中国的图书史、文化史、文明史上都产生了重大影响。在今天，中国古代图书典籍仍然具有重要的文化价值、经济效益和社会效益”②。作为典籍类重要农业遗产——山东省乃至中国重要的农业文化典籍，既有与其他各类图书所具有的共性价值，也有其作为农业典籍的个性特征与价值。

农学是中国古代科学技术中成就最辉煌的学科之一，和中医、天文学以及算学并称于世。而中医、天文学、算学，实际上是在农业生产发展和长期的实践活动中产生、发展的。农学是中国古代科学技术中最基础的学科，处于中心地位。其他学科往往或是衍生于农学，或伴生于农学，或服务于农学。汉代氾胜之的《氾胜之书》、北魏贾思勰的《齐民要术》、宋代陈旉的《陈旉农书》、元代王祯的《农书》、明代徐光启的《农政全书》，是中国现存古代农学著作中的杰出代表，基本反映了中国古代不同时期中华民族农耕社会的发展状况。其中，《氾胜之书》《齐民要术》、王祯《农书》作者均为今山东人。这些代表性农书内容丰富，具有重要的科学文化价值。通过农业

① 信息来源：国家图书馆。

② 孙金荣，等，2010. 中国传统文化与当代文化构建［M］. 北京：中国农业出版社：321－322.

历史文献典籍的学习，以史为鉴，传承与发展科学技术，汲取历史经验和启迪。因此，做好农业典籍的发掘、保护、开发利用工作，意义重大。

一、文献史料价值和史鉴意义

作为中国图书源头的甲骨文，反映了从前 1 300 年到前 1 000 年的社会生活的各个方面。因此，甲骨卜辞成为研究商代历史的第一手材料。甲骨文的发现与研究，对中国考古学具有划时代的意义。从中国古代历朝图书典籍的存毁状况，朝廷对图书典籍的态度等方面，往往可窥见一个王朝的治乱兴衰。汉、唐两朝重视文化典籍，帝国强盛，可谓是政治制度治国和文化思想治国的典范。图书文化的存毁消长，可以一定程度地反映国家社会的治乱兴衰，图书就是一面历史的镜子。[①]

“中国原始的人类采集、狩猎活动源远流长。简单的人工种植、养殖活动约万年历史。迄今可知的农事诗创作有近五千年的历史，口头农事诗创作的历史则更为久远。”作为我国最早的成体系的王朝时期文字的甲骨文，内容涉及祭祀、气候、收成、狩猎、征伐、病患、生育、出行、时日、吉凶等。[②] 如果没有今见的图书起源期的甲骨文，也就更难了解中国的原始农业。

神农（炎帝）时的《蜡辞》(见《礼记・郊特牲》)，黄帝时的《弹歌》(见《吴越春秋》)，唐尧时的《击壤歌》（见《论衡・艺增》)[③]，虽不是专门的农业典籍，但包含诸多以诗文形式记载相关农事活动的内容、过程，或歌颂帝王农事功业等，是我们认识当时农业发展的重要史料。

《吕氏春秋・古乐》《诗经・豳风・七月》《诗经・小雅・楚茨》《诗经・小雅・信南山》《诗经・小雅・甫田》《诗经・小雅・大田》《诗经・周颂・噫嘻》《诗经・周颂・臣工》《诗经・周颂・载芟》《诗经・周颂・良耜》《诗经・周颂・丰年》《诗经・周南・芣苢》《诗经・魏风・十亩之间》《诗经・大雅・行苇》《诗经・大雅・既醉》《诗经・周颂・思文》《吴越春秋・勾践阴谋外传・弹歌》等，作为农事诗歌，更是全面、详细、形象地记录了耕耘、种植、管理、作物生长、收获、贮藏、畜牧、田猎、祭祀、娱乐等农事活动，描绘和歌颂劳动生活，以及对人类繁衍、天地人和等的美好期盼等。

商周时代的《夏小正》所记内容虽以天文历法为主，实属农事历法性质的典籍，是服务于农业生产的，同时部分地记载农事、农技内容。因此，也可以称之为农业典籍了。《礼记・月令》记载了不同月令的农事活动。战国时代的《神农》《野老》已佚。《吕氏春秋》中的《上农》《任地》《辩土》《审时》四篇农事文章，具体系性，

---

① 孙金荣，等，2010. 中国传统文化与当代文化构建［M]. 北京：中国农业出版社：322 - 323. 孙文霞，2010. 中国古代图书的当代文化价值［J]. 河南图书馆学刊（1)：130 - 131.

② 孙金荣，孙文霞，2018. 先秦农业与先秦农事诗：兼论文学起源问题［J]. 中国农史（1)：3，9.

③ 陆侃如，冯沅君，1999. 中国诗史［M]. 北京：百花文艺出版社：3 - 4.

可谓今见我国最早成体系的农书。《上农》讲农业政策；《任地》《辩土》《审时》三篇讲农业技术，内容涉及土地利用、农田布局、土壤耕作、合理密植、中耕除草、掌握农时等，是先秦时代农业技术的总结。如果没有这些农业典籍，我们今天将无法从理论到实践来认知古代农业的历史进程、发展模式、种植养殖模式、生产加工工具等。

汉代刘向、刘歆父子著《别录》《七略》，班固据之修《汉书·艺文志》，把农家列为先秦诸子“九流十家”之一。可知农业在先秦的地位。

《齐民要术》引用、参阅图书文献 180 余种。引用书目中现已失传的有百余种。经《齐民要术》引用保存下来的亡佚图书资料，就成为我们今天了解古代有关书目、内容和版本的重要文献资料，了解古代农业科技的重要科技史料，具有非常珍贵的史料、资料价值。孙金荣集汇的《齐民要术》引用的 56 种亡佚书目，内容涉及地域广阔，涉及物种丰富多样，涉及科技门类多。这些科技史料，合乎自然规律，与现代科技相一致，是《齐民要术》科技文化思想的重要组成部分，是今人了解古代农业科技、文化、思想的重要史料，也是现代农业科技文化思想的传承和应用的基础，史料价值、历史传承价值、现实应用价值极高。①

二、版本目录学价值

中国古代农书，迄今我们可知的原典书目有数百种。据王毓瑚《中国农学书录》记载，中国古代农书共有 500 多种，流传至今的有 300 多种。张芳、王思明等编著的《中国农业古籍目录》正编部分介绍我国现存的农业古籍目录（包括校注性、解释性和汇编性等书目）共计 2 084 种，其中原典农书数百种。虽然相当数量的书目已经亡佚，但今存的古代农书数量依然可观，内容丰富多彩。齐鲁大地留存的古代农书颇具代表性，版本目录学价值大，极具研究的必要性。就成书时间以及内容的系统性、完整性、知识含量、科技价值、版本价值等综合考量，尤以《齐民要术》最具代表性。对流传的版本作梳理，对版本作比较研究，就可对各版本的源流关系做出较为客观的判断，其版本价值可见一斑。

《齐民要术》主要流传版本如下：②

● 北宋院刻本

北宋天圣（1023—1032）年间由皇家藏书馆崇文院校刊《齐民要术》，是《齐民要术》脱离手抄阶段的最早刻本，在我国早已散佚。

现在唯一的北宋崇文院刻本孤本残卷，原在日本京都高山寺收藏，故又称高山寺藏本，现藏日本京都博物馆。10 卷已丢失近 8 卷，今存第五、第八两卷，及第一卷

① 孙金荣，2015. 齐民要术研究 [M]. 北京：中国农业出版社.

② 孙金荣，2015. 齐民要术研究 [M]. 北京：中国农业出版社：165－168. 孙金荣，2014.《齐民要术》研究 [D]. 济南：山东大学：116－119.

两版残页。高山寺本页心高 24 厘米，宽 15.5 厘米。每半页 8 行，每行大字 17（间有 18 者。其中卷前《杂说》全是 18)，小字二十五六（间有二十七八九者)。版心折叠处刻有“民一”“民五”或“民八”字样。“民”即《齐民要术》，数字即卷数。每卷首页第一行是“齐民要术卷第几”，下盖楷书“高山寺”朱印，次行题“后魏高阳太守贾思勰撰”（但卷一不题此行)，接着就是本卷的总篇目，总篇目后就是篇题和正文，中间都没有空行。以后刻本都仿照这个格式。这一孤本残卷，就成为我们今天认识、了解、研究《齐民要术》脱离手抄阶段最早刻本的直接实物资料。其版本价值之重要不言而喻。

北宋崇文院刻本残卷高山寺藏本，后在日本传抄，又有 1808 年抄本，现藏日本内阁文库；涩江氏抄本，现藏日本帝国图书馆；1838 年小岛尚质影摹抄本。

北宋崇文院刻本残卷，日本小岛尚质影写本。1838 年影写。就第五、第八两卷原刻及第一卷两版残页细心工整地影摹下来。光绪年间，杨守敬（1839—1915）在日本访得小岛影摹抄本并带回国内，现存中国农业科学院图书馆。这是中国现存崇文院刻本的唯一抄本。该影摹抄本亦是弥足珍贵。

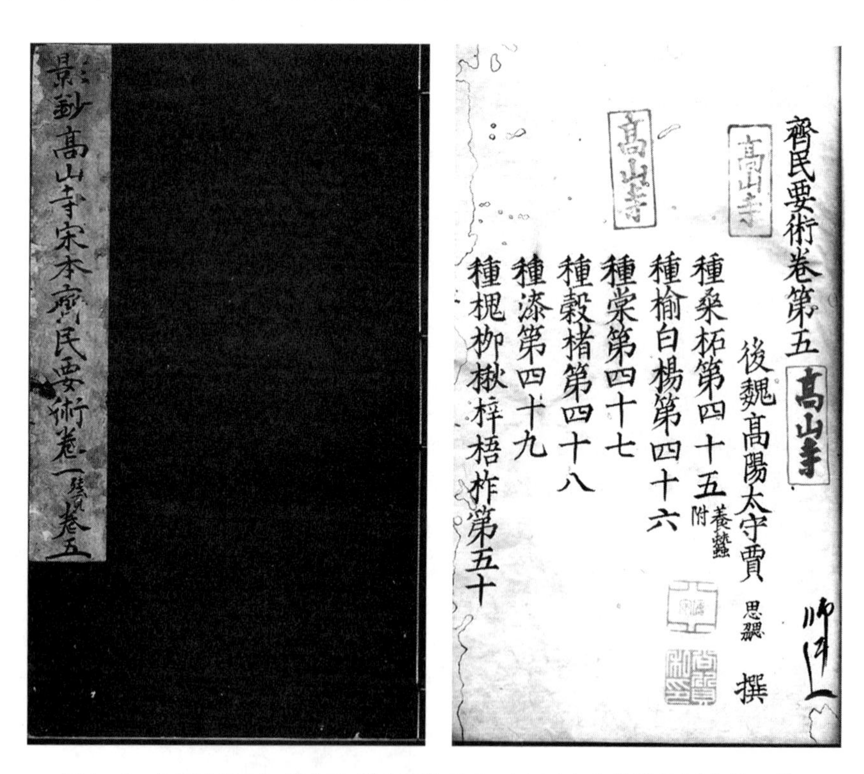

图 1-3 《齐民要术》崇文院刻本影摹抄本（中国农业科学院图书馆 供）

1914 年，罗振玉（1866—1940）借得日本小岛尚质影写本，用珂罗版影印，编入《吉石庵丛书》。罗振玉珂罗版影印本只印了第五、第八两卷，未印第一卷的两版残页，线装一册，印刷清晰。

● 北宋院刻抄本及抄本影印本

日本金泽文库藏旧抄卷子本：北宋本的抄本，1166 年抄。日本人依据崇文院刻本的抄本再抄的卷子本（抄好后装裱成卷轴，未装订成册），抄成于 1274 年，藏于日本金泽文库（创立于 1264—1277 年），通称“金泽文库抄本”。共存 22 轴，现缺第三卷，存 9 卷。

日本农林综合研究所影印金抄本：1948 年日本农林综合研究所影印金泽文库抄本 9 卷。金泽文库抄本影印本量少，在我国有黎明会藏本，现藏中国农业大学。

● 南宋本

南宋绍兴十四年（1144），产生了私人刻本，即张辚刻绍兴龙舒本，这是不同于北宋崇文院官刻本的独立的刻本。该刻本已亡佚。

明代传有根据南宋张辚刻本抄写的抄本。南宋张辚刻本早已佚失，现在有残缺不全的校宋本。南宋还有张辚本的复刻本，亦亡佚。《四部丛刊》影印的群碧楼藏明抄南宋绍兴龙舒本。

黄丕烈（荛圃）校宋本、劳格（季言）校宋本：该两校宋本以某一部《齐民要术》作底本，拿南宋张辚刻本来校对，将张辚刻本与底本不同的内容校录在底本上。黄校本只校录前六卷半，劳本只校录到卷五第五页。

● 明刻本、抄本

明代刻本主要有：

明嘉靖三年（1524），马直卿刻于湖湘的湖湘本。南京农业大学（中华农业文明研究院）。

马直卿刻湖湘本，刘寿曾影写本，1876 年前影写，南京农业大学中华农业文明研究院。

明万历三十一（1603）年，胡震亨依湖湘本复刻入祕册，即《祕册汇函》本。上海图书馆、天津人民图书馆、山东图书馆等藏。

胡震亨将《祕册汇函》原版转让给毛晋，毛晋用胡氏版刷印，1630 年编入其《津逮祕书》，即明崇祯毛氏汲古阁刻本。今见毛晋《津逮祕书》本较胡震亨《祕册汇函》本略有改动，是否为毛晋校正尚待考。湖南省图书馆藏。

明代这几个刻本，出自一系，质量极差（湖湘本删削严重，《津逮祕书》本脱文、讹字明显），都有错漏臆改的弊病，但名气大、印数多、销量大、影响久远。

明代抄本有：明代根据南宋张辚刻本抄写的抄本。即明抄南宋绍兴龙舒本，群碧楼藏。1922—1937 年，上海商务印书馆将群碧楼藏明抄南宋绍兴龙舒本影印、编入《四部丛刊》。

另有明抄本《齐民要术》一部，藏台北中央图书馆，其祖本不详。

● 清代刻本

清嘉庆九年（1804），虞山张海鹏借助《农桑辑要》等书籍，对明刻湖湘本、《津

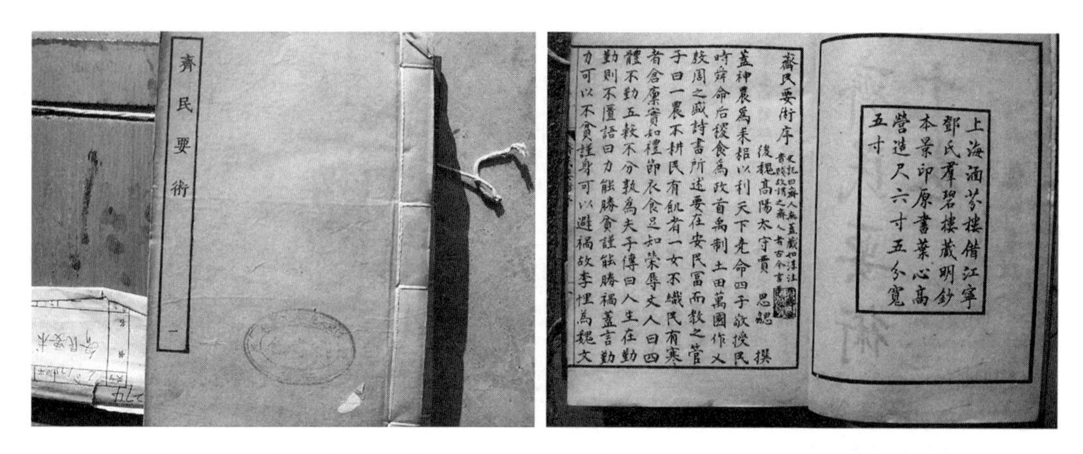

图 1-4 《齐民要术》书影（《四部丛刊》影群碧楼藏明抄南宋绍兴龙舒本）

逮祕书》本等进行校勘，刊印《学津讨原》本。一说 1806 年刻。从张海鹏《齐民要术》后识“嘉庆甲子桂月既望虞山张海鹏识借月西牕”可以判断，当刻于 1804 年。藏国家图书馆、陕西省师范大学。商务印书馆影印本，西北大学藏。

光绪元年（1875）夏，湖北崇文书局开雕版，崇文书局刻本刊印行世。山东农业大学图书馆有藏。

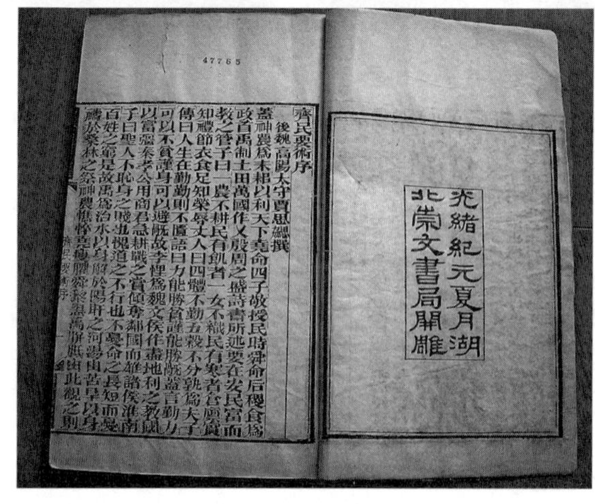

图 1-5 《齐民要术》书影（湖北崇文书局刻本）

光绪二十二年（1896），袁昶校勘刊印《渐西村舍》本。后有艺文印书馆影印本。

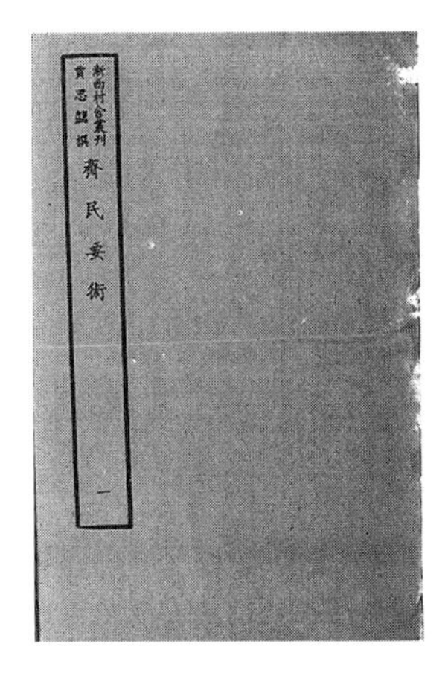

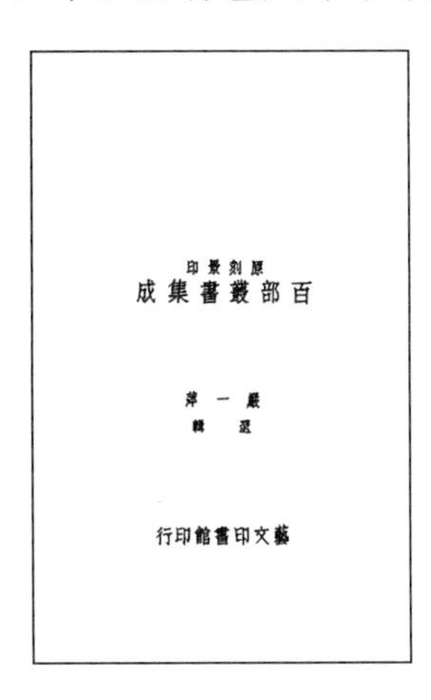

图 1－6　《齐民要术》书影（艺文印书馆影清《渐西村舍》本）

● 民国印本

1917 年，刊刻《龙溪精舍》刊本。西北大学藏。

1920—1936 年，上海中华书局刊印《四库备要》，其中据张海鹏《学津讨原》本校勘仿宋版印《齐民要术》（见《四部备要・子部》）。山东农业大学等图书馆有藏。

● 现代整理本

石声汉《齐民要术今释》四卷本，科学出版社 1957—1958 年出版；石声汉《齐民要术今释》（上、下）两卷本，中华书局 2009 年 6 月出版。

日本西山武一、熊代幸雄合写《校订译著齐民要术》（删去卷十不译注），上下两册，日本农林省农业综合研究所出版，1957—1959 年版。后有合订本一册重印。

缪启愉《齐民要术校释》，一册，1982 年农业出版社出版。

上述《齐民要术》存世流传版本为版本源流关系研究提供了基本依据①。

北宋崇文院刻本仅存第五、第八卷 2 卷及卷一数页，其他各卷已无法看到，但明抄十卷俱全。拿明抄本比对崇文院刻本尚存部分，差异处非常明显。

金泽文库抄本与明抄本各自依据的本子时间相近，日本金泽文库藏抄北宋本，是日本人依据北宋崇文院刻本的抄本（1166 年抄）再抄的卷子本，抄成于 1274 年，已是南宋末年，离南宋灭亡还有 5 年。1948 年日本农林综合研究所影印金泽文库抄本 9 卷。南宋绍兴十四年（1144）张辚刻绍兴龙舒本，这是不同于北宋崇文院官刻本的独立的刻本，该刻本已亡佚。明抄本是根据南宋张辚刻本抄写的抄本。一说张辚刻本的复刻本。明抄南宋“绍兴龙舒本”，群碧楼藏；1922—1937 年，上海商务印书馆将明抄南宋绍兴龙舒本影印、编入《四部丛刊》。张辚刻绍兴龙舒本是 1144 年刻，宋崇文

① 孙金荣，2015. 齐民要术研究［M］. 北京：中国农业出版社：168－178. 孙金荣，2014.《齐民要术》研究［D］. 济南：山东大学：119－131.

院刻本的抄本是1166年抄，时间仅相距22年。这两个本子如果分别是明抄、金泽文库再抄卷子本依据的底本，为什么差异这么大？相距22年，同时代的本子，差距如此大，1166年的崇文院刻抄本依据底本是北宋崇文院刻本，1144年张辚刻绍兴龙舒本依据的底本还有可能是北宋崇文院刻本吗？如果明抄依据的是张辚刻绍兴龙舒本的复刻本，那复刻本为什么与张辚原刻本差异如此大？后人认定张辚刻本依据北宋崇文院刻本，无非依据葛祐之的序，说张辚刻本依据的是"天圣中崇文院校本"。明抄本依然存葛祐之序，说张辚刻本依据的是"天圣中崇文院校本"。到底明抄底本是张辚原刻本还是复刻本，并未交代。是张辚原刻本已出错率较高？还是复刻与原刻本有了差异？还是明抄本与刻本有了差异？还是张辚刻本依据的不是崇文院刻本？还是明抄依据的压根不是张辚刻本？还是葛祐之序的说法有出入？

对比"影抄高山寺宋本《齐民要术》"卷五与明抄、金卷五，会发现规律性问题。对《齐民要术》卷五全面检索，各本有差字词118处。

其中崇文院刻、金泽文库旧抄卷子本同，与他本或同或异，有92处。

崇文院刻本、金泽文库旧抄卷子本同，明抄、湖湘本同，同时明抄、湖湘本又与崇文院刻本、金泽文库旧抄卷子本异的情形较多，29处。

崇文院刻本、金泽文库旧抄卷子本同，明抄、湖湘本各异，11处。

崇文院刻本、金泽文库旧抄卷子本同，明抄异，15处。

崇文院刻本、金泽文库旧抄卷子本同，明抄、湖湘等本异，13处。

崇文院刻本、金泽文库旧抄卷子本、湖湘本同，明抄异，13处。

崇文院刻本、金泽文库旧抄卷子本、明抄相同，湖湘本异，8处。

明抄、湖湘本同，与他本异，3处。

通过比较，可见明抄与崇文院刻本、金泽文库旧抄卷子本明显不同。崇文院刻本与金泽文库旧抄卷子本比较一致。明抄本与湖湘本有较多相同处。但明抄本、湖湘本，分别与崇文院刻本、金泽文库旧抄卷子本相同处差异较小。湖湘本等与崇文院刻本、金泽文库旧抄卷子本间无明显规律可循。

再比对影抄高山寺宋本与明抄、金泽文库旧抄卷子本卷八：

《齐民要术》卷八中，明抄、湖湘本同，崇文院刻本、金泽文库旧抄卷子本同，同时明抄、湖湘本又与崇文院刻本、金泽文库旧抄卷子本异的情形较多，约110处。如果只看崇文院刻本、金泽文库旧抄卷子同，与别本相异，但不考虑明抄、湖湘本是否同，也不考虑明抄、湖湘本又与崇文院刻本、金泽文库旧抄卷子本是否同时相异，即加上崇文院刻本、金泽文库旧抄卷子本同，又与别本有不同处的情形，则崇文院刻本、金泽文库旧抄卷子本相同处更多，145处。金泽文库旧抄卷子本与崇文院刻本同源的说服力强，但明抄与崇文院刻本同源的疑虑就大了。

卷八，崇文院刻本、金泽文库旧抄卷子、湖湘本同，明抄异，这种情形较多，33处。

卷八，崇文院刻本、金泽文库旧抄卷子本、明抄本同，与湖湘本异的情形，16处。

卷八，崇文院刻本、明抄、湖湘本同，与金泽文库旧抄卷子异的情形较少，6处。

卷八，崇文院刻本与明抄同，金泽文库旧抄卷子与湖湘本同，崇文院刻本、明抄与金泽文库旧抄卷子、湖湘本异，这种情况很少见，3处。

卷八，崇文院刻本、湖湘本同，与金泽文库旧抄卷子、明抄异的情况也少见，3处。

从《齐民要术》崇文院刻本存卷之外的卷目作一点比较，看看崇文院刻本之外的几个主要版本之间的关系。我们随机从《齐民要术·序》《齐民要术·杂说》《齐民要术·耕田第一》部分取样，逐一比较。明抄本明显与金泽文库旧抄卷子本不同，崇文院刻本卷一残页文字与金泽文库旧抄卷子本一致，明抄、金泽文库旧抄卷子、崇文院刻本与其他版本间无明显规律可循。

从北宋崇文院刻本，到影写北宋崇文院刻本，到金泽文库藏抄北宋崇文院本，到影印金抄本，传袭脉络可辨。

从南宋张辚刻绍兴龙舒本，到明代根据南宋张辚刻本抄写的明抄南宋绍兴龙舒本，到民国上海商务印书馆编入《四部丛刊》的影印明抄南宋绍兴龙舒本，按照葛祐之的序文看，其直接传承也清晰可辨。但就版本差异程度看，张辚刻本与明抄的关系，张辚刻本与北宋崇文院刻本的关系，直接传承与否还值得商榷。黄丕烈（荛圃）校宋本、劳格（季言）校宋本，均以某一部《齐民要术》作底本，拿南宋张辚刻本来校对，将张辚刻本与底本不同的内容校录在底本上。如此看来，黄校本（只校录前六卷半）、劳校本（只校录到卷五第五页）也算是与南宋龙舒本有着相当的渊源。

从明嘉靖三年（1524）马直卿刻于湖湘的湖湘本；到明万历三十一（1603）年，胡震亨依湖湘本复刻入祕册，即《祕册汇函》本；到明崇祯三年（1630）毛晋刊刻《齐民要术》（明崇祯毛氏汲古阁刻本），编入其《津逮祕书》；到清代嘉庆九年（1804），虞山张海鹏借助《农桑辑要》等书籍，对明刻湖湘本、《津逮祕书》本等进行校勘，刊印《学津讨原》本；到清代（约1876年前）刘寿曾影写马直卿湖湘本，明清诸版本的传承关系也是清楚的。

综上所述，从北魏到北宋，应有不同版本流传的，至少有《齐民要术》手写本在传抄，并且有与今天见到的《齐民要术》十卷本不同的《齐民要术》十三卷本（多三卷）。可以推断，自北魏至隋唐五代，《齐民要术》传抄是持续进行的。至于北宋天圣年间崇文院刻本所依据的版本是贾思勰原写本还是原写本的传抄本，仍难确定。对于南宋龙舒本是否与北宋天圣年间崇文院刻本有传承关系，根据前面对崇文院刻本、明抄、金泽文库旧抄卷子本的比对与统计，南宋龙舒本与北宋崇文院刻本的传承关系还待商榷。此外，北宋崇文院刻本、南宋张辚刻龙舒本、明代马直卿刻湖湘本传系之外，还有无相对独立的抄本、印本等问题，仍值得思考和研究。

正是基于对存世流传版本的比较与研究，才为我们研究并厘清版本源流关系等问题提供了基本依据和现实的可能。

三、文化传播价值

中国古代传统文化得以流传至今，与其出版与传播具有紧密的联系。简牍是纸发明之前我国书籍的主要形式，在纸发明后，相当长的时间，由于质量差、产量有限，简牍本与纸写本并存，隋唐时期纸写本盛行。伴随着印刷术的发明与改进，印刷型文本逐渐替代纸写本文献，尤其是雕版印刷术的出现，对于中国古代的文化传播具有重要的意义。今见《齐民要术》，在宋、明、清历代皆有刻本，宋、明两朝抄本也极具代表性。

山东古代农书在海外广泛传播。仅《齐民要术》就以不同文字版本在中、日、韩、欧等国家或地区广泛传播。如韩国釜山大学崔德卿教授的《齐民要术译注》，既保留汉语《齐民要术》的底本，又用韩语做了译注，进一步推动了《齐民要术》在韩国的传播和影响。

后世研究古代农书的著作，也以不同的途径和方式进行着文化传承。

2015年意大利米兰世博会中国馆，聚焦农业和食品主题。其中《齐民要术》展厅，充分展示了《齐民要术》中农、林、牧、渔的丰富内容及其农业思想，向世界展示、传播中国传统的农业文明，先进的科技成果和丰富的饮食文化。

四、科技与思想价值

科学技术是推动人类文明进步的革命性力量，是人类历史发展进程中的第一生产力。马克思在《政治经济学批判（1857—1858年草稿）》讲："生产力中包括科学"，"社会劳动生产力，首先是科学的力量"[①]。

《齐民要术》总结了深耕、浅耕、初耕、转耕、纵耕、横耕、顺耕、逆耕、春耕、夏耕、秋耕、冬耕等各式各样的耕作方式，提出了耕、耙、耱、锄、压等一系列的整地保墒技术措施，讲述了垦荒造田、耕地保墒、因时制宜、因地制宜、精耕细作、美田养田、土壤改良、耕种技术改进等土地耕作技术，奠定了现代土壤耕作方法的基础，对我国现代化农业耕作技术具有重要传承价值和启示意义。在少耕或免耕、用地养地结合、绿肥轮作、耕作技术的实践体悟与科学认知等方面，都给后世以传承和启示。《齐民要术》记述了数十种农作物种植栽培技术，讲述品种类别、特性、选种、种植方法、整地保墒、播种时间、播种量、播种深度、株距、行距、苗期管理、施

---

① 〔德〕卡尔·马克思，1963. 政治经济学批判：1857—1858年草稿［M］. 北京：人民出版社：287.

肥、浇水、病虫害防治、收获、储藏、留种等技术思想，对于农作物的研究已达到较高水平。现代农作物种植栽培科技思想对《齐民要术》农作物种植栽培科技思想有着直接的继承与发展。《齐民要术》中耕锄草、间作套种、合理轮作、绿色避害、生物防治、翻地晾晒、因地制宜、重视个性差异等，对解决当前我国农业生产中消耗多、成本高、污染重、风险高等问题，具有重要的现代意义。《齐民要术》系统地介绍了涉及叶菜类、根茎类、水生类32种蔬菜种植栽培管理技术，涉及蔬菜土壤选择、整地作畦、浸种催芽、播种时令、遗传育种、育苗、栽培、耕锄、施肥、苗期管理、茬口衔接、收获、储藏、加工等各技术环节，形成了系统的蔬菜栽培科学技术，为蔬菜种植栽培提供了技术、经验、理论和实践依据，为后世蔬菜栽培技术的传承与发展奠定了基础。《齐民要术》记述了枣、桃、李、梅、杏、梨、栗、柿、安石榴、木瓜、椒、茱萸共12种果树的栽培技术，在品种选育、栽培技术、管理、收获、收藏、加工等方面有传承、发展之功，在育种栽培技术、经济产业发展、饮食保健、生态高效、加工等方面，具有重要现代启示和意义。

《齐民要术》讲述的有关农业经济、经营管理、商业贸易的内容和思想，涉及农产品生产与市场交换、农产品的时间价值和生产的连续性、产品存在的差异化、合理地配置生产要素、提高投资收益、提高规模生产、降低劳动成本、土地经营的原则等。虽有历史局限性，与现代经贸思想比较存在较大差异，但与现代经贸思想也有许多相似之处，为现代农业经济管理提供了历史借鉴。《齐民要术》讲述了对家庭经营对象（农作物、蔬菜、果品、林木、动物养殖）的选择问题，对私人经营管理的基本原理形成了规律性认识，具体介绍了微观经济管理方面的诸多方法和措施，形成了比较简要的理论体系。与现代农业经济贸易在很大程度上是吻合的，对现代农业经济贸易有启示意义。《齐民要术》从政治、哲学等多层面，认识农业生产的人本、民本意义，认知天地人之间的和谐共存关系，探讨事物之间的有机联系，既有对传统文化的历史传承，也有对现实的深刻启示。《齐民要术》体现了安民、富民、利民等崇高的人文关怀和民本思想，体现天地人和合、事物有机联系的思想。《齐民要术》继承传统天地人和合思想，并在农业生产的理论与实践中不断总结、具体运用、推广发展。其中，顺应天时、因地制宜、合理种植和养殖，多种经营的大农业观念，重视各物种之间的关系，重视各种资源间的关系与应用等思想，是中国文化思想史、农业史的宝贵资源，对后世的农业科技思想和农业生产实践产生了重要影响，对现代农业生态文明有着重要意义。

第三节　典籍类农业文化遗产保护开发利用研究

古代农业典籍中，记载、蕴含着丰富的农业思想、技术与形而上文化观念，保护、传承、开发利用这些宝贵的思想文化资源，具有理论和现实意义。

一、典籍类农业文化遗产保护开发利用现状

典籍类农业文化遗产在过去漫长的历史岁月中，亡佚数量颇多。随着人们对典籍类农业文化遗产重要性认识的深化，当下对典籍类农业文化遗产的保护意识提高，保护措施不断改善，开发利用不断加强。但保护手段、条件等还有待改善，开发利用的有效性、科学性、可持续性等还待加强。

1. 保护开发利用成效

现存的典籍类农业文化遗产（古农书），大多保存在国家、省、地、高校等图书馆。随着硬件设施建设的改善，图书保护意识的提高，大多农业典籍得到了有效保护、保存，也得到了较为有效的利用。仅就今山东地区古农书而言，在国家图书馆、中国农业科学院图书馆、山东图书馆、山东农业大学图书馆、南京农业大学图书馆、西北农林科技大学图书馆、复旦大学图书馆等诸多图书馆均有收藏，得到有效保护。

典籍类农业文化遗产蕴含的农业科技思想、科学技术等得到一定程度的借鉴、传承、开发利用。

2. 保护开发利用存在问题

农业典籍虽在一定范围和程度上得到了有效保护、保存，在学术研究、科学技术、文化价值等层面，某种程度和范畴地得到借鉴和应用，但保护力度、保护手段、环境条件、保护效果，以及开发利用的范围、程度、有效性、科学性、可持续性等还有诸多不足。

今山东省古代农书，数量可观，但一直缺乏系统梳理和整理，部分鲜为人知的农书亡佚的可能性依然存在。

馆藏古农书的条件虽然较以前有了很大改善，但多数图书馆条件依然有限。对于多数高校图书馆来说，古代农业典籍依然是在自然条件保存，即使是明清时期的雕版印刷本子，也难以在恒温恒湿条件下存放，图书老化问题难以有效遏制。

典籍类农业文化遗产的认识水平、保护意识还需不断提高，典籍类农业文化遗产开发利用还在初始阶段。

二、典籍类农业文化遗产保护开发利用存在问题分析

典籍类农业文化遗产保护开发利用之所以存在问题，原因是多方面的：

从一般意义上讲，社会对典籍类农业文化遗产的保护与开发利用缺乏足够的认知，保护与开发利用意识、观念、方法、措施也就不到位。

具有保护意识，有研究基础，有保护开发利用的理论与实践的群体较小，影响范围有限，能形成小气候，但难以形成广泛的社会共识。

典籍类农业文化遗产保护开发利用的基础投入不足，尤其是在基层、在地方典籍类农业文化遗产保护的投入不足，保护条件有限。

典籍类农业文化遗产保护开发利用的专业人才缺乏，保护开发利用缺乏强有力的技术指导和智力支持。

对典籍类农业文化遗产在技术、思想等诸方面，对现代农业的传承、创新、发展的价值缺乏认识，保护开发利用的动力不足。

三、典籍类农业文化遗产保护开发利用对策研究

1. 加强对典籍类农业文化遗产的高度认知和有效保护

农业文化典籍具有重要版本价值、文化传播价值、科技和思想传承利用价值，因此要加强对典籍类农业文化遗产的高度认知，提高大众典籍类农业文化遗产的认识水平、保护意识，使保护开发利用的意识、观念、方法、措施到位。

加强图书馆建设，加大典籍类农业文化遗产保护开发利用的基础投入，确保农业典籍保护的基础设施保障。加强图书馆硬件、软件建设，改善馆藏古农书的条件，优化环境条件，加大保护力度，改善保护手段，提高保护效果，延长图书存放和使用寿命。

系统梳理和整理古代农书，增加藏书量，避免农书亡佚的现象的重复发生。

加强农业典籍的学术研究，发掘利用其科学思想、农业技术、文化价值等。

科学合理地开发利用，保障开发利用的适度性、科学性、有效性、可持续性。

加强对典籍类农业文化遗产保护开发利用专业人才培养，为保护开发利用提供坚实的技术支撑和智力支持。

2. 传承借鉴古代农业科学体系，实现当代农业可持续发展

传统精耕细作农业产前的开荒、耕地、选种等技术，产中的播种、管理、收获等技术，产后的贮存、加工、酿造和制作技术；在农业生产行业将农学分为栽培学、林学、畜禽饲养学、水产养殖学等[①]；注意生产过程各个环节的衔接配合，各个行业的密切联系，各类专门学科的相互交叉渗透的农学结构体系，在中国农业科学史上具有首创的意义。《齐民要术》对耕、耙、锄、压等耕作技术，牛、马、驴、骡、羊、猪、鸡、鹅、鸭、鱼等养殖技术，曲、酒、酱、醋、糖等加工、酿造制作技术系统介绍，涉及植物学、微生物、生物化学和发酵学等方面许多科学原理的应用。从学科建设角度言，对今天发展大类交叉学科，学校通识教育，有现实意义；就当下的农业发展而言，对乡村振兴，一、二、三产业融合发展，具有现实意义。

《齐民要术》记述多样经营、多层次利用农产品，提高经济效益，体现农业经营管理学思想与方法。农业是最高级、最复杂的物质生产形态，只有在物质生产力学的、物理学的、化学的和生物学的技术得到综合利用和持续发展的情况下，农业才能产生和发展。传承、借鉴、开发农学思想体系，对于构建现代农业科学体系具有理论意义、方法论意义，又具有重要现实意义。

---

① 张纶，张波，2000. 历代农业科技发展述要［M］. 西安：西北大学出版社.

3. 利用农业典籍病虫害防治的传统方法，服务现代生态农业

在化肥、农药并未出现的中国古代时期，对于病虫害的防治，劳动人们积累了丰富的经验，这些经验与现代农业病虫害防治的核心“绿色、健康、可持续”不谋而合。对《齐民要术》的传承亦符合生态农业的发展要求，以《齐民要术》为代表的古代农书中的病虫害防治为现代农业防治植物病虫害提供了诸多经验和方法。

（1）利用轮作防治病虫害。《齐民要术》卷二《种麻第八》：“麻欲得良田，不用故墟。故墟亦良，有点丁破反叶夭折之患，不任作布也。”通过轮作换茬就可避免立枯病。《齐民要术》记述了二十余种轮作方式。指出连种的弊端，如连种谷子“则芳多而收薄矣”。

（2）利用火烧、曝晒防治病虫害。如《齐民要术》卷三《种苜蓿第二十九》：“每至正月，烧去枯叶。”榆树实生苗，正月贴地砍去，“放火烧之”，既能促进苗株生长，又能烧灭病虫害菌。《齐民要术》卷二《种大小麦第十》：“窖麦法：必须日曝令干，及热埋之。”伏天烈日曝晒小麦，趁热于密闭状态中贮藏，利用延续的高温，进一步消灭尚未晒死的害虫和病菌。

（3）依据昆虫生长、繁殖、生活习性，防治害虫。种芜菁法：“近市良田一顷，七月初种之。六月种者，根虽大，叶复虫食；七月末种者，叶虽膏润，根复细小；七月初种，根叶俱得。”七月初种芜菁，既避开害虫生长、繁殖的旺盛期，又不错过芜菁的生长期。

（4）利用作物品种抗逆性降低病虫害及各种灾害。如《齐民要术》列出谷子品种86个，并根据谷子的成熟时间、抗虫抗旱、口味等特性，进行种子的分类和选育工作。其中，有早熟、耐旱、免虫品种14种：朱谷、高居黄、刘猪獬、道愍黄、聒谷黄、雀懊黄、续命黄、百日粮，有起妇黄、辱稻粮、奴子黄、䅘支谷、焦金黄、鹌履苍（一名麦争场）；有毛、耐风、免雀暴品种24种：今堕车、下马看、百群羊、悬蛇赤尾、罴虎黄、雀民泰、马曳缰、刘猪赤、李浴黄、阿摩粮、东海黄、石驿岁、青茎青、黑好黄、陌南禾、隈堤黄、宋冀痴、指张黄、兔脚青、惠日黄、写风赤、一晛黄、山鹾、顿槵黄，认识到谷穗基部毛长的，既能缓冲风吹撞击，避免落粒，又防止雀鸟啄食；有晚熟、耐水、不抗虫灾的品种10个：竹叶青、石抑闶、水黑谷、忽泥青、冲天棒、雉子青、鸱脚谷、雁头青、揽堆黄、青子规。

（5）通过清除田间杂草防虫。《齐民要术》卷四《种枣第三十三》：“三步一树，行欲相当。（地不耕也。）欲令牛马履践令净。（枣性坚强，不宜苗稼，是以不耕；荒秽则虫生，所以须净；地坚饶实，故宜践也。）”其中说枣树下面有杂草，就容易生虫，必须除尽杂草，以防治病虫害发生。

4. 借鉴古代农书天地人和合思想，调节农业生产关系，发展现代生态农业

中国古代农业思想文化中，形成了“三才”理论，即天地人和合共生；种养“三宜”论，即依据不同的地区、不同的地形和不同的土壤适宜不同的植物和动物；“土脉”论是指土地适合的有机体，其是有血脉的、能变动的并且能与气候环境相呼应。这些农学思想是劳动者与生产环境、生产方式、生产资料之间关系的体现。用养结合、轮作换茬、重施有机肥、精耕细作、地力常新的土壤学理论，揭示了可持续发展思想。《齐民要术》曰：“地势有良薄，山泽有异宜，顺天时，量地利，则用力少而成功多，任情反道劳而无获”；《农说》曰：“合天时、地脉、物性之宜，而无所差失，则事半而功倍”，知天时、地利、物性，“用其不可弃，避其不可为，力足以胜天矣”，体现了趋时避害的农时节令思想。“量力而行，精种多收”体现了“集约”经营、反对“粗放”发展的思想。“多种经营，综合利用”“成本核算，讲求效益”“休农息役，农杂间作”等理论，反映了合理利用生产资料及劳动力的思想。在农业生产实践中，摸索出防治自然霜冻的经验，《齐民要术》卷四《栽树第三十二》云：“天雨新晴，北风寒初，是夜必霜，此时放火作煴，少得烟气，则免于霜矣。”借鉴这些思想、理论、经验、技术，把农业生产与天、地、人辩证统一，对研究和调节现代农业生产关系、发展现代生态农业具有重要价值。

研究农业典籍中所体现的中国古代农业的系统观，探索中国古代农业系统内部的稳定发展机理以及其与外部环境协同发展的系统思路，可以给予我们理论上的启发和实践上的借鉴。探究中国古代农业的发展历史及其规律有利于现代农业以及现代历史发展的研究及决策。农书记载的农业技术、用具、种植方式等可以为现代农业提供依据。古代农业传播推广、对农民的管理、农业政策的制定等，对现代农业规模化、专业化，农业信息传播，农业技术推广等方面可以提供借鉴。利用现代科学和技术，与传统农业成就嫁接，不仅可以解决目前困扰农业生产的实际问题，而且可以走出一条符合我国国情、可持续发展的现代农业新路子。

参考文献

龚光明，2013. 从《齐民要术》看魏晋南北朝时期农业害虫防治技术［J］. 青岛农业大学学报：社会科学版（3）.

郭郛，〔英〕李约瑟，成庆泰，1999. 中国古代动物学史［M］. 北京：科学出版社.

郭文韬，2000. 试论中国农书的现代价值［J］. 中国农史（2）.

惠富平，牛文智，1999. 中国农书概说［M］. 西安：西安地图出版社.

孔祥义，李劲松，曹兵，2007. 海南省园林景观植物病虫害防治对策［J］. 广西农业科学（1）.

李建华，2010. 植物病虫害防治措施［J］. 现代农业科技（22）.

陆侃如，冯沅君，1999. 中国诗史［M］. 天津：百花文艺出版社.

路大荒，1980. 蒲松龄年谱［M］. 济南：齐鲁书社.

络伟，徐瑛，1988. 谈谈现存聊斋手稿种种［J］. 广东省图书馆学刊（4）.

缪启愉，1982. 齐民要术校释［M］. 北京：农业出版社.

彭世奖，1993. 略论中国古代农书［J］. 中国农史（2）.

蒲松龄，1982. 农桑经校注［M］. 李长年，校注. 北京：农业出版社.

邵金丽，王建红，虞国跃，等，2006. 对园林植物虫害防治的一些思考 [J]. 北京园林 (4).
石声汉，1980. 中国古代农书评介 [M]. 北京：农业出版社.
孙金荣，2014. 齐民要术研究 [D]. 济南：山东大学.
孙金荣，2015. 齐民要术研究 [M]. 北京：中国农业出版社.
孙金荣，等，2010. 中国传统文化与当代文化构建 [M]. 北京：中国农业出版社.
孙金荣，孙文霞，2018. 先秦农业与先秦农事诗：兼论文学起源问题 [J]. 中国农史 (1).
孙文霞，2010. 中国古代图书的当代文化价值 [J]. 河南图书馆学刊 (1).
肖克之，张合旺，1999. 齐民要术研究概说 [J]. 中国农史 (2).
阴法鲁，1991. 中国古代文化史 [M]. 北京：北京大学出版社.
张纶，张波，2000. 历代农业科技发展述要 [M]. 西安：西北大学版社.

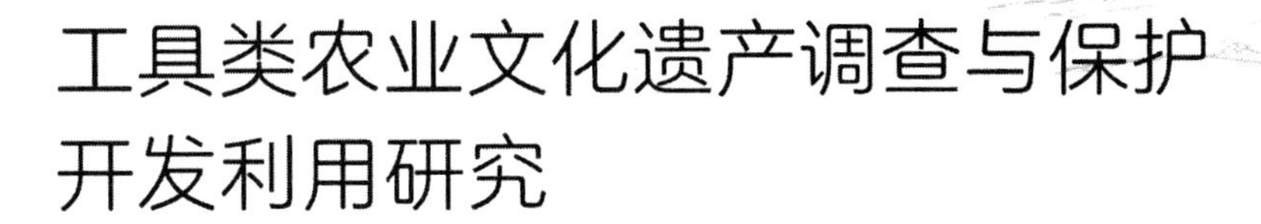

第二章 CHAPTER 2

工具类农业文化遗产调查与保护开发利用研究

第一节　工具类农业文化遗产名录提要

山东是农业大省，农耕文明起源较早，农业文化底蕴深厚。因山东地属北方，以旱作农业为主，所种多为小麦、豆类、玉米等，不像南方多以水稻为主要粮食作物；所用农具也与南方水田有明显不同。根据目前调查，工具类农业文化遗产包括以下几类：

一、整地农器

1. 碌碡

山东各地叫法不一，有碌磙、石磙等。发明于西汉，推广应用于三国魏晋南北朝时期，并在以后得以广泛流传。碌碡是一种多用途的农具，本来产生于北方，隋唐后逐渐应用于南方。因其多为石制，不易损毁，所以在山东农村随处可见碌碡的身影，其功能也多种多样——碎土、平地、压场、脱粒等。石制碌碡有圆面和齿面两种。实现对圆辊的牵拉，通常是对其括以木框，用两根短轴与石辊两端的穴洞连接，木框系以绳索，套牛或用小型手扶拖拉机牵引。圆面的碌碡表面光滑，也可以捶布（图 2－1）。

2. 铲

一种古老的农具，早在新石器时代就有骨铲、石铲，商代有青铜铲，战国晚期开始使用铁铲。铲的形制多样，大小各异，为农家必备之物。王祯《农书》中提到元代的铲比古代的铲要大一些，“今铲与古制不同：柄长数尺，首广数寸许；两手持之，但用前进撺之，划去垄草，就覆其根，特号敏捷。”今天的铲具有平地、铲土、除草、移栽秧苗等功用，演化出多种形制，有木柄小铲、铁柄小铲，刃也有方形、菱形、长形之别（图 2－2）。

3. 铁锹

也称“铁锨”，用途极广，可以挖土，可以铲土。前端用熟铁或钢打成片状，或

图 2-1　碌碡（丁建川　摄）

图 2-2　铲（丁建川　摄）

呈方形，或前端略呈尖圆形，末端安有长木把（图 2-3）。挖土时双手攥把，以脚踏之，以助手力。王祯《农书》有《铁杴》诗云："非锹非臿别名杴。"章楷《中国古代农机具》中说："现在挖土、起土常用的铁锹，其实就是古书中的铁杴，也就是臿，不过我们现在不叫它臿或杴罢了。"

4. 镢

古名镬，今称镢或镢头，是用来垦掘整地的一种横斫式农具，有大有小。农家开辟荒地、斩断乱根，镢都是称手的利器。镢起源于锛，刨土部件为长条形，或方嘴或尖嘴，上有銎孔，安装横柄（图2-4）。镢在山东有的地方称为“板镢”或“板锄”，有别于中耕除草用的锄头。潘伟在《中国传统农器古今图谱》中说：“今之镢头，形状和尺寸差别依然很大，是一种农具群体。”今天的农村，镢、锄、镰、锨合称农具“四大件”，可见其普遍和重要。

5. 铁搭

王祯《农书》介绍铁搭为：“四齿或六齿，其齿锐而微钩，似杷非杷，斸土如搭，是名铁搭。”铁搭有四齿，或六齿，齿有尖齿，有扁齿，齿长约20厘米。山东西南一带的铁搭多为三齿，且齿为尖齿。济宁、泰安附近称为“抓钩子”，可以像镢头一样刨地搂土，出猪圈粪坑，但不能斫物。铁搭除了有刨土的功用，还可兼有耙、耰的功用，可以耙疏土壤，也可打碎块土，灵活多用（图2-5）。

图2-3 铁锨（丁建川 摄） 图2-4 镢（丁建川 摄） 图2-5 铁搭（丁建川 摄）

6. 耙

用于平整土地的工具，在南北朝时期开始普遍使用。陆龟蒙说：“凡耕而后有耙，所以散垡去芟，渠疏之义也。”今天在山东各地多是双梁方耙，又叫梯形耙。其身由方木和铁齿构成，重15～20千克，前梁与后梁的齿孔并不对齐（图2-6）。王祯《农书》描述它的形制：“耙，桯长可五尺，阔约四寸，两桯相离五寸许。其桯上，相间各凿方窍，以纳木齿。齿成六寸许。其桯两端木栝，长可三尺；前梢微昂，穿两木桐，以系牛挽钩索。此方耙也。”其作用如宋元时期的农书《种莳直说》所言，“古农法云，犁一耙六。今日只知犁深为功，不知耙细为全功。耙工不到，则土粗不实，后虽见苗，立根根土不相着，不耐旱，有悬死、虫咬、干死等病。耙工到则土细又实，立根在细实土中。又碾过，根土相着，自然耐旱，不生诸病。”山东各地农村大型机械化之前，用牛或手扶拖拉机拉耙，人站立于上，入土就深，耙齿壅积着根茇草木等杂物，耙地到地头时把脚抬起来，可闪去壅积的杂物。

图 2-6 耙（丁建川 摄）

7. 犁

垦田器，以“利”得名，因以牛拉引，故称。王祯《农书》认为，我国春秋时代始用铁犁。隋唐时，一牛牵引的曲辕犁逐步取代了二牛抬杠的直辕犁，从此步犁的结构基本定型。曲辕犁又称江东犁，因最早出现于长江下游的江南地区而得名。唐陆龟蒙《耒耜经》记载，曲辕犁由 10 个部件构成，将直辕、长辕改为曲辕、短辕，使犁架变小变轻，在辕头安装可移动的犁槃，全球调头和转弯，操作灵活，节省人力畜力。曲辕犁设计精巧，犁辕曲线优美，菱形、V 字形的犁铧富于变化，符合均衡稳定、变化统一、比例适度的审美法则（图 2-7）。

图 2-7 犁（丁建川摄于陕西杨凌中国农业历史博物馆）

8. 牛轭

牛耕时置于牛颈上的曲木，是牛拉犁的重要部件之一。其质地柔韧，可保护牛肩不被磨破。《说文解字》释“軛”：“辕前木也。”王祯《农书》曰：“服牛具也。”《牛軛》诗云：“軛也如折磬，居然在牛领。止转槃乃安，引耕索还整。”牛軛在牛颈之上，用细强与牛颈下的鞅板固定。鞅板也叫牛颈板，用藤条或柳条编成，或者是皮制成，通过耕绳再与犁上的耕槃相连（图2-8）。

9. 耕槃

耕槃是牛軛与耕犁的连接器具，耕槃为圆柱木，或直或曲，一牛驾犁时所用的耕槃长约0.5米，如果是3头牛或4头牛，长约5尺，两头拴耕索，前与牛軛相连，后通过铁钩与犁辕牵拉，转动灵活，且改变了畜力的牵引方向，从而更省力（图2-9）。

10. 牛鞭

农村赶牲畜拉车、犁耕、放牧时用的鞭子。扬鞭挥动鞭梢发出“啪”的声音，人的口中发出驱赶声与之响应，并非鞭打牲口，而是催促其警觉快走（图2-10）。

图2-8 牛軛（丁建川 摄）

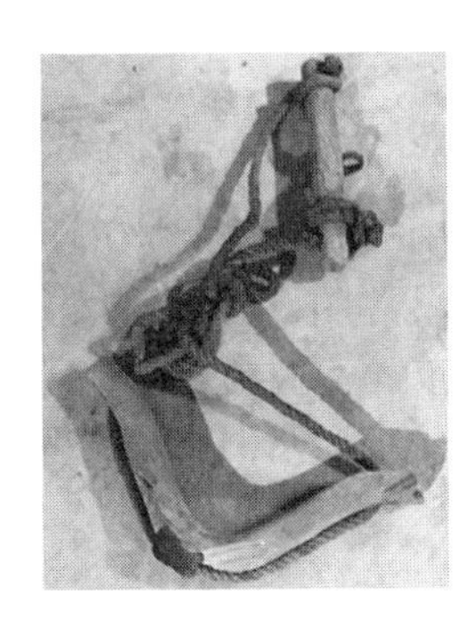

图2-9 耕槃（丁建川 摄）

图2-10 牛鞭（丁建川 摄）

11. 石槽

喂牲口的器具，由整块石头凿成，有方形的，也有圆形的，里面可以置草料和水（图2-11）。

图2-11 石槽（丁建川 摄）

12. 牛笼头

用柳条或竹篾编成、套在牛嘴上的器具，防止牛在拉犁、拉车时啃草、吃谷物，使其专心劳作（图2-12）。

图2-12 牛笼头（丁建川 摄）

13. 耒（拐子）

古时就有“耒耜”一词。古代的耒是整地工具，制作简单。取一根铁锹把长的直木棍，前端削尖，在尖头上部的位置固定一个短横梁，供踩踏用，入土即深。在20世纪80年代前后，鲁西南一带的农村家家户户必备耒，叫“拐子”，形制同古代的耒，但并非用来整地，而是追肥工具。在麦苗等作物的根部附近打眼，将化肥放入，再用脚随即掩土埋上，相较于今日效率很低。因施肥方式也发生了变化，加之拐子全为木制，不易保存，所以今天农户家里已见不到耒的踪迹。

14. 三齿叉

有铁制的三个尖齿，叉柄有五尺长，柄与齿是平直的，是直插式松土工具。三齿叉与铁搭不同，铁搭柄与齿是垂直的。此叉除松土外，也可以掘土。以前农家在清理猪圈或庭院粪坑的污秽、粪泥时，常用此叉，主要是用来挑淤积厚重之物。农家前些年用泥搀了麦秸垒墙盖房子，也用此叉挑泥。

二、中耕植保农器

1. 手锄

又称小锄、小板锄，即王祯《农书》里提到的古农具耨。耨的本义就是锄草。王祯《农书》中还有一种古农具镈，《释名》认为镈是迫之意，迫地除草。《尔雅》解释镈与耨是同一种农具，或说都是锄属。王祯也认为，镈是耨的别名。锄草中耕是中国传统生产技术体系中的重要环节。手锄是一种横斫的短柄小铁锄，因可以单手持之弯腰除草间苗而得名。上有銎孔，可以插木柄，柄有尺长，铁刃上窄下宽呈梯形（图2-13）。在山东各地农村都十分普遍。

图2-13 手锄（丁建川 摄）

2. 长铲

一种除草农具，长柄铁刃，刃呈钝三角形（图 2－14）。使用时人站立，双手持长铲在胸前，向前边走边铲除杂草，节省体力，效率也高，不必像用短铲一样，只能弯腰或蹲在地上才能使用。其形制与王祯《农书》中提到的元代“铲”近似："柄长数尺，首广数寸许；两手持之，但用前进擶之，划去垄草，就覆其根，特号敏捷。”

图 2－14 长铲（丁建川 摄）

3. 挠子

用来松土、除草、聚草的农具。长木柄，四根细铁齿张开，就像手指张开的形状（图 2－15）。王祯《农书》记载，古时人们用“耘爪”（更古老的名字叫“鸟耘”）耘地。用竹管削截，状如爪甲，穿于指上，用它来耘田就像鸟的爪子。这个挠子，作用与耘爪无异。由此联想到家中必备的“痒痒挠”，济宁一带方言中这种农具取名为挠子，二者有异曲同工之妙。

图 2－15 挠子（丁建川 摄）

4. 大锄

王祯《农书》称为“耰锄”，山东农村今天称为“锄”或锄头，都是中耕松土的工具，用以“去秽助苗”。由锄板、锄钩和锄把构成。锄板比禾垄稍宽，与锄钩相连，是铁质的，锄把是木质的。锄板之刃如半月形，上有短銎，锄钩如鹅颈（图 2－16）。锄柄长，因而农人在劳作时可以站着。这是耰锄与手锄的最大区别。劳作时锄刃平贴地面，用得好与否关键在于锄板与地面形成的夹角：夹角太小不入土，农人叫懒；夹角大了入土太深，则叫馋。耰锄还有耰的功用，可以打碎土块。

图 2－16 大锄（丁建川 摄）

5. 耘锄

分布于鲁西南一带，古代叫耠子。今天的耘锄全身为铁制，可以代替锄头等农具，用于翻土除草，使土变得松软，以便农作物生长。耘锄的结构与犁基本相似，只是耘锄向两侧翻土，而犁是把土地犁出一道沟，向一侧翻土。中耕锄草时，为避免踩坏稼苗，耘锄一般不用畜力牵引，而是一人扶锄一人牵拉。耘锄一般用于农作物长出后进行翻土、二次追肥使用，比大锄锄草松地要快得多。

6. 耧耙

王祯《农书》说："以木为柄，以铁为齿，用耘稻禾。"耧耙的作用主要是搂草和收集清理地里的树枝、秸秆等杂物，也可用来松土、平整土地，在山东各地旱地通用。耙齿为铁制，齿稍微向里勾弯，操作时深、浅凭人的双手高低、角度来决定（图 2－17）。持耙的人站在秧苗之间，用耙轻拍、轻推、轻拉，即为耘田。

图 2－17　耧耙（丁建川　摄）

7. 两头忙

铁制锄头，有两个形状作用不同的头，中有銎孔，一物两用，两用皆宜。一头是二齿镢，或是菱形铁片，另一头是板锄，可以起土除草。两头都是横斫式农具，农民幽默地称之为两头忙（图 2－18）。两头忙多用于中耕除草，随手可持，非常方便。

8. 木榹（耰）

也叫木榔头，用以敲碎土块、平整土地。这种碎土工具制作非常简单，一段圆木或方木作头，垂直加上一根长柄，也可以以铁丝加固（图 2－19）。木榹（耰）出现很早，《国语》即有"深耕而耨之，以待时雨"的记述，说明耰在战国时期广泛使用。秦汉以后主要用来碎土。山东及黄河流域干旱地区旱地耕后土壤易板结成块，要敲碎了才好下种。板结土壤打碎后，用木榹或木榔头推平扒平。

图 2－18　两头忙（丁建川　摄）

图 2－19　木榹（耰）（丁建川　摄）

9. 耩子

用来追肥的现代农具，简便省力，一人在前牵拉，一人扶把。上面有塑料桶作斗，里面装化肥，桶底有拨齿与轮子相连，拨齿下面与耩子脚相通，轮子转动带动拨齿，化肥均匀漏下。与用尖木橛子在地里扎眼施肥相比，效率高得多（图 2－20）。

图 2－20　耩子（丁建川　摄）

三、播种农器

1. 耧车

播种农具。也叫“耧犁”“耙耧”，是一种畜力条播机，可用牛拉犁，也可以用人力挽耧，一人掌耧，边走边摇，种子均布耧脚而入土。耧由耧架、耧斗、耧腿、耧铲等构成。耧车通常由三只耧脚组成，下有三个开沟器。耧有一腿耧至七腿耧多种，可播大麦、小麦、大豆、高粱等（图 2－21）。播种时，用一头牛拉着耧车，耧脚在平整好的土地上开沟播种，同时进行覆盖和镇压，一举数得，省时省力，故其效率可以达到“日种一顷”。西汉赵过制作耧车，有 2 000 多年历史了。

图 2－21　耧车（丁建川　摄）

2. 挞、耢

挞是北方旱地用的一种覆土工具。耧车播种后，需要覆土压实，以使种土相着。王祯《农书》又称作“打田篲”。用灌木的小树枝束成扫帚状，扁而阔，上面压以重物，系在人的腰间在播种后的田里拖动，所压重物可自行调节。在山东各地农村，挞未必多见，但有多种器物可以就地取材，起到挞的作用，比如将农家大门所用木门槛卸下来，两头拴绳置于耧车后，边播种边压实。其他地区还见在铁框上面放块石头，由一二人向前拖拉以覆土；或播种后用一长横木，以绳索系横木两头，两人拉着平行前进，作用等同于王祯所说的“挞”。

耢，王祯《农书》称“劳”，是一种“无齿耙”，耙框之间用细木条编织而成，作用是平整土地，“耙有渠疏之义，劳有盖摩之功”，其作用相当于“挞”（图 2－22）。

3. 行耙

行耙不是耙，而是旱地播种前用于开行的农具，一般只适于在沙质地里开垄。通常由牛牵拉，一人扶耙在后，在耕过的旱地上开行，之后点播黄豆或花生。行耙 6 个齿，间距有 7 寸左右（图 2－23）。

图 2－22 耢（丁建川 摄）

图 2－23 行耙（丁建川 摄）

4. 打钵器

现代农具，在鲁西南地区常见，通体铁制，下端是一个中空圆筒与可以脚蹬的短横梁相连，上端是横手柄。使用时在准备好的营养土里下捣，圆筒中充满土后用脚蹬横梁，出来一段圆柱形的土，上端有小圆窝可以放种。打钵器最早用来制作棉籽的营养钵，先把棉籽经过晒种、浸种、药剂拌种等工序，再把种子置于营养钵上，在地上挖一坑，比营养钵稍深，将钵摆齐覆浅土，用塑料薄膜罩上，后来也用来培养菜瓜、豆角等瓜果蔬菜的苗。等苗长大长齐了，再用移苗器将苗移出（图 2－24）。

5. 移钵打坑器

现代新式农具。营养钵打好出齐苗，用移钵器将苗带土移出，送至地里。用移钵打坑器在地上打一个圆柱形的洞，把营养钵置于其中。苗周围土壤、水分、肥料的小环境不变，有利继续生长（图 2－25）。

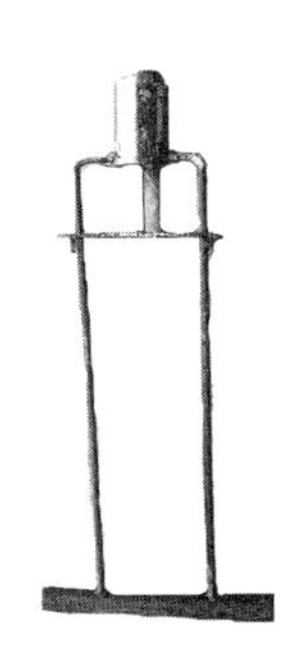

图 2-24　打钵器（丁建川　摄）

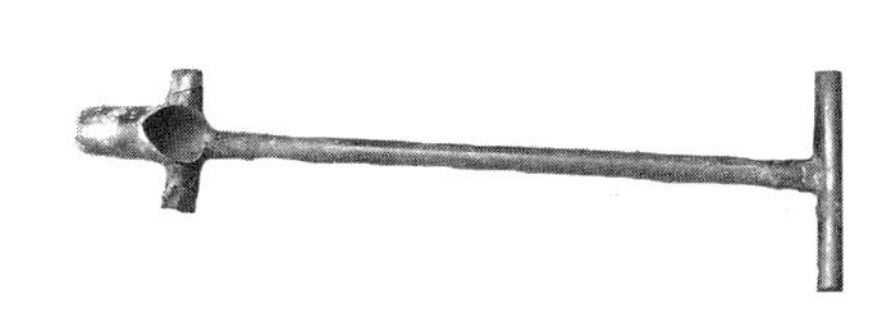

图 2-25　移钵打坑器（丁建川　摄）

6. 砘车

北方旱地播种后用的覆土镇土工具，石轮的间距与播种时耧脚的行距相等。石制的轮子有两个的，也有四个的，用木架连接或固定。砘车可以与耧车配套使用，也可以单独覆土用，一般用牲口牵引，作用是种子播下后把土压实，起到保墒的效果（图 2-26）。

图 2-26　砘车（丁建川　摄）

7. 点葫芦

一种古老的农具，王祯《农书》中称作“瓠种”，并有诗一首：“休言瓠落只轮囷，一窍中藏万粒春。喙舌不辞输泻力，腹心元寓发生仁。农工未害兼匏器，柄用将同秉化钧。更看沟田遗迹在，绿云禾麦一番新。”制作方法是把圆形葫芦的两头各开一个圆孔，中间贯穿一根竹棍，棍的中间是贯通的，隐没在葫芦中腹的部分挖成凹槽，棍的一端作柄，另一端斜削作嘴以下种（图 2-27）。点葫芦中间贮种，人边走边持柄抖动葫芦以溜种。今天山东半岛莱西、莱阳一带农村地区存有此物，但下种时已经不再使用。

四、水利排灌农器

1. 压水井

一种将地下水引到地面上的工具。铸铁造，底部是一个起固定作用的水泥或砖的垒块。井的主体是圆柱体，连着出水口。柱体里有铁柄与压手柄相连。柱体中有引水

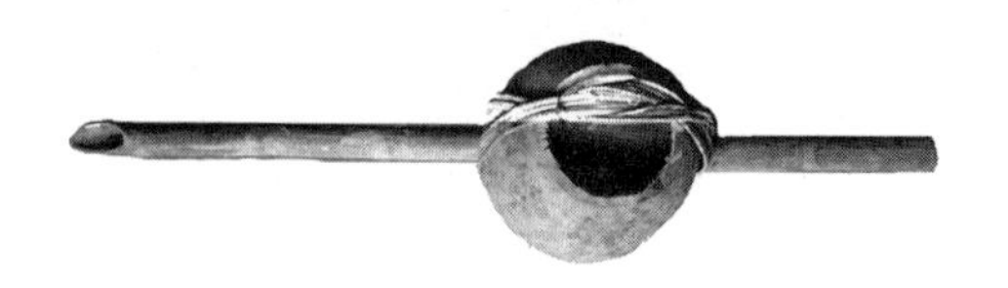

图 2-27 点葫芦（丁建川 摄）

皮，皮与圆筒紧靠，压水井圆柱筒里贮满水后有密封作用，靠这块引水皮和井心的作用力将地下水压引上来（图 2-28）。

图 2-28 压水井（丁建川 摄）

2. 桔槔

井上汲水工具，也称“越杆子”。《庄子》引子贡语：“有械于此，一日浸百畦。凿木为机，后重前轻，挈水若抽，数如泆汤，其名为槔。”桔槔运用杠杆原理，在竖立的架子上安装一根细长的杠杆，中为支点，末端悬挂一个重物，前端悬挂水桶。水桶置于井中打满水后，因为杠杆的作用能轻易地助力人把盛满水的水桶从井中提上来。王祯《农书》载，桔槔是“古今通用之器，用力少而见功多”。

3. 辘轳

利用轮轴原理制成的井上汲水的起重装置，其主要构件有支架、轴、辊轮及绳索。贾思勰《齐民要术》卷三《种葵第十七》：“井别作桔槔、辘轳。”原注：“井深用辘轳，井浅用桔槔。”长绳索缠在圆辊轮上，放空桶下井时逆时针旋转辊轮放松绳索，取水时顺时针转轴缠紧绳索（图 2-29）。王祯还提到一种“见功甚速”的双辘轳，即鸳鸯辘轳，可以连续汲水，“双绠而逆顺交转，所悬之器，虚者下，盈者上，更相上下，次第不辍，见功甚速”。

图 2-29 辘轳（引自潘伟《中国传统农器古今图谱》）

五、收割脱粒农器

1. 镰

收割谷物和割草的农具，由弧形的刀片和木柄构成。镰有多种形制，是一类农具群体。镰由石刀演变而来，河北省武安市磁山遗址和河南新郑市裴李岗遗址都出土了大量精美的石镰，距今约 8 000 年。其他遗址还出土过蚌镰。商周时期有了青铜镰，江西省新干县大洋洲商代墓中出土过青铜镰。从战国开始，铁镰逐渐取代了青铜镰，西汉以后青铜镰基本消失。汉代铁镰定型，沿用至今（图 2－30）。

图 2－30 镰（丁建川 摄）

2. 磨石

即砥石，通称为磨刀石，用来磨镰或磨刀（图 2－31）。汉语中有“砥砺”一词，“砥”与“砺”都是磨石，但砥比砺质地细。《尚书·禹贡》：“砺砥砮丹。”孔传：“砥细于砺，皆磨石也。”以前农村里壮年劳力在麦田里用镰收割，老人在家里搞后勤服务，磨镰是后勤服务的内容之一。磨镰是个技术活，既不能伤了刃，还得锋利好用。镰用钝了由孩子送回家，随时由老人重新打磨锋利，再送回田里。现在农村里镰用得少了，磨石主要用来磨刀。

图 2－31 磨石（丁建川 摄）

3. 杷

主要用来收集割麦后田里余下的麦秸，比用手拣拾麦穗效率高，而且不必弯腰下蹲，节省体力。也可用来清理场院等秸穰杂物。以前用竹作齿，以木为架，经过改进后改为铁齿铁架，更结实耐用了（图 3－32）。

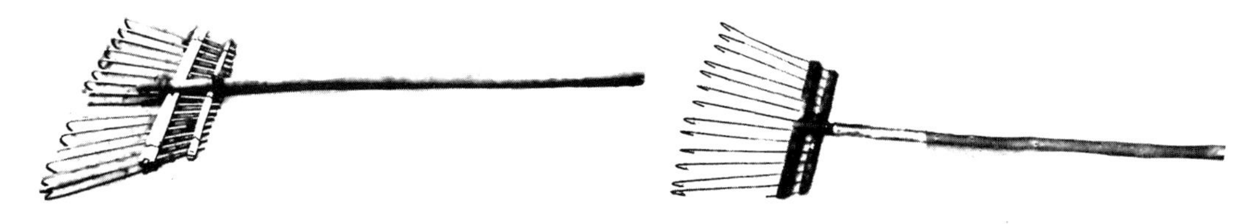

图 2－32 杷（左为竹制，右为铁制；丁建川 摄）

4. 铡刀

用来给牲畜铡草料的农具，一块是中间有槽的方木砧，一把带短柄的生铁刀，刀的前端以榫与木砧连接（图 2－33）。铡刀可以上下活动，将草料截断。30 年前鱼台一带收麦子程序复杂，将割下的麦子打捆拉到场里，再将麦秸下部用铡刀切下，只留上半截平摊在场里晒干，再用牲口拉着碌碡碾脱麦粒。

图 2－33　铡刀（丁建川　摄）

六、加工农器

1. 木杴

主要用来扬场。杴的头部用方形木板制成，头部稍有弧度，能兜住粮食。农家在扬场时，用木杴铲粮食顺风向上空中抛撒，沉实的粮食粒落在原地，秕粒和糠皮被风吹落到一边，二者分离开。今天也有以塑料为材料的，农民仍然称之为木杴（图 2－34）。

图 2－34　木杴（丁建川摄于陕西杨凌中国农业历史博物馆）

2. 杈棍子

现存最原始、最简单的木制脱粒农具，就是一根稍弯曲的木棍，稍细的一端是把儿，手持以捶击铺开摊平的禾穗（图 2－35）。通常是在自家庭院使用。

图 2－35　杈棍子（丁建川　摄）

3. 碓窝子

古称“杵臼”，由两部分构成，杵用来捶击，臼用来承接，是舂粮工具（图 2－36）。因其为石制，故能保存久远，山东各地随处可见。古人粒食，后面食。杵臼据传是黄帝之臣雍父所发明。最原始的杵臼，“断木为杵，掘地为臼”，即在地上挖个坑，铺上兽皮和麻布，之后倒进谷物用木棒舂击。安徽省定远县侯家寨遗址发现了7 000年前的早期石臼，形状小、不规则。至汉代石臼较规整。宋代以后杵臼基本定型。杵臼因其耐用，易清洗，农村各地至今仍常使用，用它将玉米粒砸碎，或将黄豆捶成豆扁，非常方便。也有一种大型的碓，利用杠杆原理用脚踩动使碓头上下运动，用以舂米。

图2－36　碓窝子（丁建川　摄）

4. 石磨

石磨，是粮食去皮或研磨成粉的石制器具，用人力、畜力或水力驱动。由两扇相同尺寸的磨盘，一上一下构成，上为转磨，下为承磨，两扇磨盘的接触面都凿磨成齿，排列整齐，上下转动咬合以磨碎谷物。转磨顶上有磨眼可注入谷物，旁边的磨眼用以插入木棍推动转磨旋转。两扇磨盘之间有铁轴，起到固定上下磨盘的作用（图2－37）。石磨诞生于春秋战国时期，汉代普及。汉代也是我国北方小麦由粒食到面食的转变时期。烧饼、面条、馄饨、水饺、馒头、包子等面食，都是这一时期起成为百姓主食。石磨现在被电力驱动的磨面机取代。一些地方建设美丽乡村、搞乡村旅游时，专门收集磨盘用于路边或外墙装饰。

图2－37　石磨（丁建川　摄）

5. 石碾

石制的碾谷工具。下面是一个圆形的石盘，圆心处有木制或铁制的直柱，与平台垂直，上面是一个形似碌碡的石辊，用木框固定，围绕着直柱做圆心运动。有的地方用人力牵引，有的地方用畜力牵引。因其转动盘旋迅速，所以古人称之为“海青碾”，喻为海东青鸟。相对于杵臼，石碾在碾谷脱粒的效率上要高得多。因其方便耐用，一些山村还经常见到它的身影（图 2 - 38）。

6. 簸箕

农家谷物清选加工的必备之物，北方用柳编，南方用竹编（图 2 - 39）。簸箕至迟在商周时期就出现了，“箕”在甲骨文、金文中已有单字，且有以“箕”命名的星座。《天工开物》载：“挤匀扬播，轻者居前，揲弃地下；重者在后，嘉实存焉。”它的原理是簸扬起的谷物落下过程中与簸箕间的空气受压，产生向外气流，吹带走谷实外的杂物。这是间断人造风在农业谷物清选加工中的应用。

图 2 - 38　石碾（丁建川　摄）

图 2 - 39　簸箕（丁建川　摄）

7. 帚

农家不可或缺的必备之物，用以清扫室内、庭院、场院以及清选谷物（图 2 - 40）。王祯《农书》载：“（扫帚）其用有二：一则编草为之，洁治室内，制则扁短，谓之条帚；一则束篆为之，拥扫庭院，制则丛长，谓之扫帚。又有种生扫帚，一科可做一帚，谓之独扫。农家尤宜种之，以备场圃间用也。”王祯所言“独扫”，农村称为“扫帚菜”，嫩叶可以吃，到秋后收割全株捆扎作扫帚用，今日农家已不常见。古代的笤帚从古至今形制上没有什么变化，去粒的高粱穗做的笤帚或细竹条做成的大扫帚随处

图 2 - 40　帚（丁建川　摄）

可见，只不过增加了塑料材料做的笤帚。用竹扫帚清扫庭院和场院，效率极高。竹扫帚还可以在扬场后清扫谷物表面的穰秆。

8. 叉

打麦场里挑麦秸、翻场用的农具，农家必备，二齿至四齿不等。王祯《农书》中提到叉有三股的，有两股的，有木叉、有铁叉，叉齿非常尖锐，“利如戈戟”，全身通长2米多（图2-41）。潘伟《中国传统农具古今图谱》说，各类木叉之中，桑叉以股条匀称、富于弹性、弯而不折、经久耐用而久负盛名。制作木叉，先是培育桑树苗，当树苗长到预定高度时打顶，促发分枝，选定分枝后，控制预作叉齿枝条的长势平衡，长成后砍下，趁湿烘烤整型，最后修饰打磨。如今收割小麦逐渐机械化，用于挑麦秸的叉子没有用武之地，制叉的传统工艺也日渐式微了。

图2-41　叉（丁建川　摄）

9. 风扇车

王祯《农书》称为飏扇，又叫扬车、扬谷器，是一种手动产生气流清选谷物的农业机械。据《西京杂记》称，长安巧工丁缓发明了七轮扇，是关于风扇车最初的记载。现在正在使用的风扇车通常是封闭式的，由车架、外壳、风扇、喂料斗、调节门等构成（图2-42）。工作时将谷物放入上面的喂料斗，手摇风扇曲柄，喂料斗下有风将穰秕尘土等杂物顺风道吹走，而饱满结实的粮食粒则落入出粮口。

图2-42　风扇车（丁建川摄于鱼台县）

七、储藏农器

1. 水泥缸

济宁一带农村，30年前家家都有水泥缸，而且不只一个，大的有一人多高，两人环抱粗，一个缸能盛粮食上千斤（图2-43）。制作时先用砖在地上垒成倒置的缸形，底端留孔，出粮食用，周围一层一层地抹上水泥，干透后在地上掏坑，人进去将内层的砖块取出，倒过来就可以盛粮食了。但这种缸重量大，不易移动，制作费时费力，遇到重击会破损，现在这种缸已经被政府统一制作的铁皮粮食仓取代。

图2-43 水泥缸（丁建川 摄）

2. 囤

用长条形苇席或柳条编成的贮粮器具，形状与水泥缸相似，用来盛粮食，也叫“粮食囤”。囤有良好的透气性，有的在内层墁有一层厚厚的泥，既能防止粮食从缝隙中露出来，又能吸潮防霉（图2-44）。现在农村已经基本不用了。

图2-44 囤（丁建川 摄）

3. 缸

缸是陶制的，可以像囤一样盛粮食，也可盛水、盛面、腌咸菜。缸容量大小不等，丰收之时缸满囤满是庄稼人一年劳作的回报。30年前农村没有通自来水，用压水井取水或从井中打水，配以水缸，盛满水，以备不时之需。今天的缸已无大用，盛水、盛面的功能被其他器具取代（图2-45）。

4. 篓子

用以盛粮食、鸡蛋或其他杂物的芦苇编成的器具。比粮食囤、水泥缸要小得多。芦苇割下来泡透、压扁，用刀破成苇篾，可以编席、编筐、编篓子。

图 2－45 缸（丁建川 摄）

八、计量农器

1. 杆秤

利用杠杆原理量物体轻重的衡器，为农家必备。俗称为“钩子秤”，由秤杆和秤砣二者组成（图 2－46）。汉语中有“权衡”一词，“权”就是秤砣，《礼记·月令》：“〔仲春之月〕正权概。”郑玄注：“称锤曰权。”也有“称量”义，《孟子·梁惠王上》：“权，然后知轻重；度，然后知长短。”“衡”就是秤杆。根据称重的能力不同，秤杆的粗细与秤砣的大小不同。农村集市卖花椒、大茴等香料的秤更小，一般带秤盘以盛物。今天农村的杆秤逐渐被电子秤取代。

图 2－46 杠秤（丁建川 摄）

2. 升、斗、斛

旧为容器，今均为容量单位。秦汉时用十进制：十合为升，十升为斗，十斗为斛。但秦汉以来，这三种容器虽世代相传，量值却不相等，历代或同代异地，相关甚远（图 2－47 至图 2－49）。《现代汉语词典》释斛：“旧量器，方形，口小底大，容量本为十斗，后来改为五斗。”

图 2-47　升（丁建川　摄）

图 2-48　斗（丁建川　摄）

图 2-49　斛（丁建川　摄）

九、运输农器

1. 平车

也叫板车、排车，古称“下泽车”，字面看是一种在沼泽地行驶之车，其实在北方旱田中尤其适合，是鲁西南一带农村常见的运输工具，户户必备，今天仍在使用。由车架和车轮两部分组成，能装运粮食、柴草、水肥等重物，还能在车厢里铺上麦草或褥子载人，用途特别广泛。双轮呈杠铃形，车带是橡胶材料，轮胎可充气。人拉车时双手扶把，辅以襻带挂于肩上，全身向前用力。不用时可以立置于门厅下，以防日晒雨淋（图 2-50）。现在很多农村地区电动三轮车得到了普及，平车的功能多被电动车代替了。还有一种“太平车”，四个轮子都是木制的，非常笨重，必须用牲口才能拉动（图 2-51）。

2. 独轮车

一种山区常见的运输工具。上古时代的运输，全靠手提、头顶、肩扛、背负完成。后来，又以马、牛来驮运，随着农业、畜牧业和手工业生产的发展，产品不断增多，交换也开始发生，产生了对运输工具的要求，逐步创造出滚木、轮和轴，最后出现了车这种陆地运输工具。独轮车因其便于操作，在沂蒙山区农村使用较多（图 2-52）。在淮海战役中，沂蒙人民用独轮小车为解放军运送装备和粮草，为取得战争胜利发挥了重要作用，“淮海战役的胜利，是人民群众用小车推出来的”。

图 2-50 平车（丁建川 摄）

图 2-51 太平车（丁建川 摄）

图 2-52 独轮车（丁建川 摄）

3. 抢叉

北方场院里使用的一种短距离转运禾草的工具。有木制的也有铁制的，前端有5根长长的尖木作叉，后面有横柄作把，可双手扶推，下有小轮。推禾草时，双手用力向前，叉上叉满草，是农家手持木叉或铁叉的升级版，效率极高（图2-53）。

图2-53 抢叉（丁建川 摄）

4. 农舟

北方河道湖汊旁边的农家，乘农舟往来，撑一支竹篙，几下就到了对岸。农舟既可以作为交通工具，又可以作为运输工具。两只小船也可用竹木联结，以增强其稳定性（图2-54）。

图2-54 农舟（丁建川 摄）

5. 扁担

挑抬物品的竹木用具。有木制的也有竹制的，有扁形的也有圆形的。扁担呈"一"字形，两头微微上翘，有较强的韧性。两端的钩子挑水桶或其他重物时，扁担的颤动节奏与步伐一致，可以减轻对肩膀的压力（图2-55）。

图2-55 扁担（丁建川 摄）

十、农家生活用器

1. 篮子

农家常见器具。形状多样，有圆篮，或正圆或椭圆，有方篮，或正方或长方。都有提系，材料多种多样，有竹篮、柳篮、藤篮；用途多用并举，花篮、果篮、菜篮不一而足（图 2－56）。

2. 粪箕子

一种柳编的农器。在鲁西南济宁、菏泽一带方言中叫 chǎ 子，在泰安一带叫“粪箕子”，各地农村常见，几乎家家户户都有。结实耐用，用处极多，可以背草、背柴禾、拾粪、盛土、盛砖石等。背重物时身体一侧的肩膀用力，臀部可以上翘辅助用力。此物也可像筐一样，用铁锨把或一根直棍，插进前面两股柳条交叉处，二人一前一后抬，比较省力（图 2－57）。

3. 筦子

一种柳编的容器，有把，像篮子，但形状是圆形的，内外都很光滑。可以提着，也可用胳膊挎着（图 2－58）。

图 2－56　圆篮（丁建川　摄）

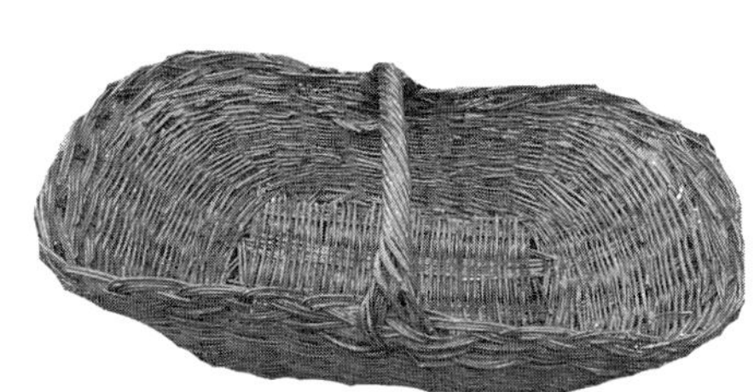

图 2－57　方篮（丁建川　摄）

图 2－58　筦子（丁建川　摄）

4. 筐子

农家常用器具，没有提系，形状大小不一，方形的、扁形的、椭圆形的都有，从功能上看，有针线筐、馍馍筐等（图 2－59）。

图 2－59　筐子（丁建川　摄）

第二节 工具类农业文化遗产的保护开发利用

一、工具类农业文化遗产保护开发利用现状

近年，山东对农具类农业文化遗产的保护与开发利用工作日益重视。学者们提出了保护与开发利用这类农业文化遗产的一些具有建设性的理论、意见和实施方案，取得了一定成绩。

农具作为固态的文化遗产，具有历史价值、文化价值、文物价值、情感价值、产业价值等多重价值。现在正值乡村振兴战略的大背景下，我们强调文化传承以及留住乡愁，对工具类文化遗产的调查、记录、保护与利用，应该说恰逢其时。工具类农业文化遗产的调查和保护开发利用工作也已经取得一定成果，并积累了一些重要资料，为今后实施有效保护和开发利用，奠定了较好的基础。

政府和社会各界对工具类文化遗产成果的宣传日益重视。山东省已经建立的各种博物馆和农史馆、农具馆对山东工具类农业文化遗产的展示较为重视，举办过多场有关工具类农业文化遗产的实物、图片和文献展。这为展示山东工具类农业文化遗产提供了一个重要的舞台。同时，一些地方政府和高校、科研院所也正在计划建立农具馆，许多地方还举行了形式多样的工具类农业文化遗产宣传和科普活动。

开展了农具类农业文化遗产保护开发利用的系统调查和科学研究。目前，山东有关部门、高校已经逐步展开了以“山东农业文化遗产保护和开发利用”为主题的科学研究活动。如山东农业历史学会，在每年举行的年会中都有工具类农业文化遗产保护和开发利用方面的议题。广大科研人员在这些调查研究的基础上，搜集整理农具及其用法的图片、视频资料，先摸清家底，再通过论文、专著等形式，对全省农具类农业文化遗产保护利用的现状和存在的问题进行分析，并提出了行之有效的保护思路、对策和措施。

相对于政府、高校来说，在传统农具类农业文化遗产保护方面，一些农村已经走在了前面。农民中的有经济头脑的能人，他们响应政府号召，利用乡村自然秉赋和资源，投资开办农家乐，搞大乡村旅游，其中一项重要的资源就是将闲置不用的传统农具收集起来展示。既有静态的展览，也有活态的展示，以动态的面貌呈现，让旅游者尤其是城里人和孩子，能够近距离观察或操作传统农具；并以之为载体，了解先民的智慧，了解农耕文明，传承农业文化传统。

二、工具类农业文化遗产保护开发利用存在的问题

山东作为农业大省，工具类农业文化遗产资源丰富，种类众多，但政府和社会各界对它关注和研究的程度还很不够。

1. 对工具类文化遗产保护利用的重要性认识不足

在当前农业现代化和小城镇建设加速的背景下，传统农业工具逐渐被大型农机具取代而慢慢消亡。虽然一些小型农具仍在使用，比如铁锨、铲等，但数量不少的农具处于被闲置自生自灭的状态，比如耧车、独轮车、粮食囤缸等，农民保护意识淡薄。农具这类器物延用千年，农村家家有，处处见，绝大多数农民自然没有想到农具还是农业文化遗产。问题的关键在于各级农业、文化部门没有从保护文化遗产的高度去保护或引导农民保护行将消逝的农具。

2. 政府在保护利用中缺位

相对城市来说，农村文化样态虽丰富，但保护不足。城市化进程中，农村农具遗产保护无人问津，政府在保护工作中主体角色缺位，缺乏顶层设计，因而投入不足，保护场所缺乏。其实有些农民本人虽然没有从农业遗产的角度保护身边的农具，尤其是不再使用的那些农具，如犁、耙、耧等，但是他们心中觉得不舍，毕竟陪伴多年，这是一种朴素的农家情怀，所以并没有随意把农具当劈柴烧掉。但因农家个人保护能力不足，也只能随便放在一个能遮风挡雨的棚子下。个别地方农村虽然也建成了农具馆，但一般规模较小、同质化严重，属于个人或公司的商业行为，与农家乐旅游相捆绑，很少有大规模的政府文化部门主导的保护工程或项目。

3. 农民对工具类农业文化遗产保护热情不高

农民是比较实际的，不能转化为利益的东西自然不怎么重视。工具类文化遗产虽然被学界认为是遗产，其价值被学界充分认识，但因政府缺乏激励措施，有些农具只能自生自灭，逐步消逝。农家存着一时又没有用处，直接处理掉又可惜，就像“鸡肋”一样。如果能将工具类农业文化遗产与产业化结合起来，找到合适的利用方式，让农民切实增加收入，从中受益，就能提高保护的积极性。

4. 学术界对工具类农业文化遗产的调查、整理和研究还不够全面、系统和深入

目前，学术界对山东省工具类农业文化遗产的研究才刚刚起步，虽然取得了一定的阶段性成果。但总体上来说，对于山东地区工具类农业文化遗产的数量、现状、特色、文化内涵等方面的调查、整理和研究工作还不够全面、系统和深入。这就影响了对山东工具类农业文化遗产保护、开发和利用的步伐。与江苏省等走在前列的省相比，山东学术界还需要在此方面投入更多的努力。

5. 工具类农业文化遗产保护和开发利用体制和方法的创新程度有待提高

目前，山东省工具类农业文化遗产的保护开发利用工作，主要依靠政府的各类项目来推动，这些项目已经取得了一定成果。但由于这些项目要么申报数量极其有限，条件要求高；要么项目本身存在诸多局限性，因而造成了保护范围有限，难以满足对山东省大量珍贵的农具类农业文化遗产全面保护和开发利用的迫切需要。无论是体制还是方法，山东省工具类农业文化遗产保护开发利用工作，都处于相对落后的状态，需要不断进行创新。

三、工具类农业文化遗产保护开发和利用的对策

1. 从保护文化遗产的高度，提高保护传统农具的认识

山东省是农业大省，农业历史悠久。各级政府农业和文化部门自身应认识到位，充分重视农具类及各类农业文化遗产的保护与利用。在保护利用方面，做好整体规划、顶层设计，加强引导，促进产业化利用，让农民能从保护利用中尝到甜头，既能有社会效益，又有经济效益。

2. 摸清工具类农业文化遗产家底，进行细致完备的调查工作

调查山东省工具类农业文化遗产的家底和保护利用现状，编写山东省农业工具类文化遗产名录提要。社会对农业工具的认识普遍没有达到文化遗产的高度，多数农具处于弃置状态，散落在农户家里，农民保护意识淡薄，保护场所拮据，农具处于自生自灭的状态，绝对数量在减少，制作传统农具的手艺面临后继无人的尴尬境地。通过在全省范围内合理布点，在实地田野调查以及对省内农博馆（农具馆、农史馆）调研的基础上，摸清山东省不同地区工具类农业文化遗产的种类、分布等，借鉴王祯“农器图谱”的编写思路和地域方言调查、记录、保护的经验，利用互联网、数据库，留存实物、图片、影像等记录。充分记录是对它们最好的保护形式。

3. 创新工具类农业文化遗产保护开发利用的体制和方法

山东省农业高校和科研院所应从乡村振兴战略的角度保护、利用好这些工具类农业文化遗产，它们既是历史的又是活态的资源，一些农具行将消失，这种保护亟待进行。通过写文章、著作或广播、电视等媒体，在社会上大力宣传农业文化遗产，让全社会形成一种保护文化遗产的共识，有针对性地设计保护开发利用路径，将农业文化遗产保护的公益化与旅游要素的产业化结合。鼓励有条件开发乡村旅游项目的地方镇、村或个人办农具馆，政府在场地、农具收集等方面给予一定的补贴，增加游客体验的环节。让传统农具在乡村振兴战略、美丽乡村、旅游小镇的建设中起到留存历史、寄托乡愁的作用，探索遗产保护与产业发展、农民增收的多赢模式。

第三章 CHAPTER 3

景观与农作系统类农业文化遗产调查与保护开发利用研究

农业文化遗产是中华文明立足传承之根基。做好农业文化遗产的发掘保护和传承利用，对于促进农业可持续发展、带动遗产地农民就业增收、传承农耕文明具有十分重要的作用。山东省是农林大省，物产丰富，自古以来有大量农林牧副渔业遗存。在农业文化遗产领域，景观遗产不仅有历史文化积淀，至今生产使用的遗产也大量存在。以下所列名目基本上集中在蔬菜、花卉、果树、动物、林木、茶树等种类，主要特点是都有综合性景观，至今依然能够使用或者复原，且多是几种农林类物产相结合。

第一节 景观与农作系统类农业文化遗产名录提要

1. 山东夏津黄河故道古桑树群

山东夏津黄河故道古桑树群，先后入选中国重要农业文化遗产、全球重要农业文化遗产名单。这里是中国树龄最高、规模最大的古桑树群（图 3-1）。夏津黄河故道古桑树群占地 6 000 多亩，百年以上古树 2 万多株，涉及 12 个村庄，被命名为“中国葚果之乡”，是远近闻名的“中国北方落叶果树博物馆”。夏津古桑树种植时期跨元明清三朝。特别是清康熙十三年（1674）至 20 世纪 20 年代，百姓掀起植桑高潮，鼎盛时期种植面积达 8 万亩。相传此间树木繁盛，枝杈相连，“援木可攀行二十余里”。千百年的选育，桑树在夏津已由“叶用”变为“果用”。附近居民多食桑葚而长寿，因此桑园又叫“颐寿园”。夏津县的劳动人民还探索出了一套桑树“种植经”。他们用土炕坯围树，畜肥穴施，犁伐晒土等方法施肥和管理土壤；用油渣刷或塑料薄膜缠树干的方法防治害虫，天然无公害；采用“抻包晃枝法”采收，当地流传着“打枣晃葚”的说法。由于劳动力缺乏、农药化肥污染等原因，古桑树再次面临着生存威胁。目前，夏津县政府制定了古桑树群保护与发展规划；注册了夏津葚果地理标志证明商标；同时夏津县被中国中药材种植专业委员会评定为“道地优质药材种植基地”。夏津县着力延伸桑产品加工产业链，在加工生产东方紫酒、桑叶茶的基础上对桑树的药用功能进行研究与开发。

A. 巨龙桑

B. 卧龙桑

C. 腾龙桑

图 3－1　夏津古桑树群三龙桑（孙金荣　摄）

2. 山东枣庄古枣林复合系统

枣庄市古枣林位于山亭区店子镇 8 万亩长红枣园内，核心保护区面积 1 800 亩，是山东现存规模最大、保存最完整的古枣林（图 3－2）。枣庄市古枣林栽培历史悠久，起源于北魏，盛行于唐宋。明万历十三年（1585）《滕县志》记载："枣梨东山随地种植，山地之民千树枣，土人购之转售江南。"文字中"东山"即现在山亭区店子镇。该镇独有的红砂石土壤，造就了长红枣的独特品质：果实肉厚、核小、质细、无渣，鲜果酥脆酸甜，干果油润甘绵。①

枣庄市山亭区店子镇种枣历史久远。相传，唐王李世民东征讨伐窦建德时，路经店子镇枣林，唐军人困马乏，李世民把马拴在枣树下歇凉，时值深秋，碧叶红果，枣儿偶落鞍褥囊中，唐王李世民不愿独享，当场让将士一起品尝，将士士气大振，一鼓作气，在战场上奋勇杀敌，取得了胜利，唐王李世民非常高兴，把拴马的枣树封为"枣树

① 农业部农产品加工局，2015. 中国重要农业文化遗产实录［OB/OL］. 中华人民共和国农业农村部网站，09－28［2022－05－15］.

王”。“枣树王”现在每年可以收获大枣150多千克，美丽的传说吸引游客前来观光，成为枣园一道亮丽的风景线。如今山亭区店子镇还把发展生态农业与乡村旅游结合起来，着力在枣产品深加工、枣文化挖掘、枣乡旅游开发等方面下功夫。2015年，店子镇在国家AAA级长红枣旅游景区新建了百枣园、枣博园、枣园休闲绿道等景点80余处，新发掘枣树王、枣王后、观音手、枣园养生谷等自然生态景点200余处，形成了“春有枣枝似虬龙，夏有枣花沁脾香，秋有枣果似玛瑙，冬有枣林韵无穷”四季独特景象。

图3-2 枣庄古枣林（马洪昆 摄）

3. 山东乐陵枣林复合系统

山东乐陵枣林复合系统（图3-3）涉及七个乡镇，乐陵枣树栽培始于商周，迄今已有3 000多年的历史，曾是皇家御用品，因其果、叶、皮、根均可入药，被乾隆皇帝誉为“枣王”。乐陵枣林被誉为“全国最大千年原始人工结果林”“山东省旅游摄影创作基地”。千百年来，枣树已是祖辈们在战天斗地、防风固沙中留下的宝贵物质遗产和精神财富。在培植方面，乐陵人民探索出了一套“育枣经”。他们独创的枣树环剥技术，有效提高了枣树的坐果率，保证了乐陵小枣的品质和产量。乐陵人民利用枣树发芽晚，落叶早，枝疏叶小，根系分散，水肥需求高峰与农作物相互交错，枣树和农作物的生长具有互补性等特点，发明了枣粮间作复合生态系统，有效改良了土壤，提高了枣粮产量。同时聪慧的乐陵人发明了枣树、杏树、花椒树等混种，同时在树下散养家禽的庭院经济生态系统模式，既提高了经济收益，也有效防治了树木的病虫灾害，形成了人类与动植物和谐共生的良性生态系统。乐陵市政府制定了古枣林保

图3-3 乐陵枣林复合系统（孙金荣 摄）

护发展规划与管理办法，从根本上解决了农民增收、农业可持续发展和遗产保护等问题。乐陵枣林距今已有3 000多年历史，近年来乐陵市以枣林生态游、枣林文化体验等为内容的旅游产业发展迅速。

4. 山东章丘大葱栽培系统

农业部发布了第四批中国重要农业文化遗产名单，章丘大葱栽培系统成功入选。章丘大葱以葱白长，细腻脆嫩，嚼之无丝，汁多味甘而著称，概括起来就是“高、大、脆、白、甜”。早在明代，章丘大葱就已名扬全国，成为朝廷贡品，1552年章丘大葱被明世宗御封为“葱中之王”。特有的地方品种、多年传承的独特种植工艺、得天独厚的水土资源和良好的生态环境造就了章丘大葱卓越的品质和口感。章丘大葱生吃、凉拌最佳，炒食、调味、配锅亦好，且其性温，常食可开胃消食、杀菌防病，葱白、葱汁、葱须、葱种等均有较高的医用价值。遗产区域内，大葱与其他生物和谐共生，相得益彰。形成了独具特色的农业景观。“状元葱”产地——女郎山，风景秀丽，植被茂密，土壤肥沃，灌溉便利，章丘大葱遍布女郎山。为了充分挖掘和保护章丘大葱文化，近几年章丘区在女郎山上建立了山、田、文化为一体的观光型章丘大葱郊野公园和承载章丘大葱悠久历史的大葱文化博物馆。

5. 金乡大蒜种植栽培系统

金乡县是我国主要的大蒜生产基地，种植大蒜已有2 000多年的历史，近年来常年种植面积在50万亩左右，产量达60万吨。金乡大蒜皮白、个大、性黏、味香、辣味适中、营养丰富。“金乡大蒜甲天下，中华蒜都在金乡”已在全国叫响。

金乡大蒜在国内外市场上享有很高的知名度，1992年在首届中国农业博览会上，金乡大蒜荣获银质奖，是迄今为止中国白皮蒜类最高奖；1996年3月金乡县被国家正式命名为“中国大蒜之乡”；2000年金乡县在国家工商行政管理总局注册了“金乡大蒜”商标；2002年金乡县以种植大蒜面积最大获吉尼斯世界之最；2003年1月金乡县获准使用“无公害农产品标志”；2003年3月金乡大蒜获国家质量监督检验检疫总局认证的原产地证明标记。

山东省金乡县依靠先进的科学技术，按照绿色化、有机化种植生产，标准化、产业化发展的路子，培植起具有龙头带动作用的大蒜产业，走出了一条绿色产业化农业富民强县的路子。

6. 泰山粮、蔬、泉、茶、树农林生态综合系统

泰山，是中国五岳之首，古称“岱宗”，历史悠久，文物众多，雄伟、奇特、古老、秀丽，是我国第一个被联合国教科文组织载入《世界文化与自然遗产名录》的名山，其粮、蔬、泉、茶、树现已成为品牌（图3-4）。目前泰山山麓尚存大量农林生产活动，泰山结合山水特色，融入农林业，形成了独特经营模式。

泰山景区内有多家各具特色风味的餐饮饭店，且有板栗、山楂、茶叶、大樱桃、小樱桃、杏、核桃等绿色农产品。每年的5月1日到5月下旬是樱桃收获的季节，由于樱桃品质高，味道甜美，很多外地游客都慕名而来。6 月 6 日左右杏又成熟了，很多游客都来品尝，旅游、就餐的游客还可以自己动手，体验摘果。7 月核桃正好成熟，9 月下旬是板栗上市的时节，泰山板栗个大粒满、软面甜香、色泽黑亮，是滋补、食用的佳品。

A. 大津口

B. 泰山南麓

C. 泰山南麓

D. 泰山南麓茶溪谷

图 3-4 泰山粮、蔬、泉、茶、树农林生态综合系统（孙金荣、黄晓琴 摄）

7. 肥城桃林生态农业系统

肥城是驰名中外的中国佛桃之乡，因种植 1 700 年的肥城桃而闻名，也因源远流长的桃文化而著称，被誉为“鲁中宝地，世上桃源”。肥城桃以个大、味美而著称于世，被誉为“群桃之冠”“果中珍品”。自 2002 年开始，肥城开始举办桃花节活动，经过 14 年的发展，肥城桃花节已跻身全国“四大桃花节”之列，推动了当地农业经济转型发展。肥城桃文化源远流长，是泰安地理标志性产品。由于肥城的生态条件，加上科学的管理，肥桃品质优良，其果实肥大、外形美观、肉质细嫩、汁多甘甜、营养丰富。1904 年《肥城乡土志》中这样记载：“惟桃最著名，近来东西洋诸国莫不知有肥桃者。”由此看来，此时的肥城桃不仅驰名国内，而且已蜚声国外了。至 1909 年，山东劝业道肃（一种官方组织）为保护肥桃生产，曾立“保持佳种碑”于肥城南关火神庙旁。从此，封园之风大减，栽培渐盛，1993 年，全县已有 48 个村栽培肥桃，近 8 200 余株，年产 250 吨左右。

当地的气候、土质、水分、地形共同成就了肥城桃的特殊气质。肥城钙质土层深达十余米，土质肥沃，质地均一，土层不分明，有很好的保水保肥效果。肥城起伏连绵的山坡地，覆盖着层层叠叠的桃林，连线成片、规模壮观、四通八达的水泥路也通到桃园门口（图 3－5）。

图 3－5　肥城桃栽培系统（孙金荣　摄）

肥城桃发展有规划、保护有基金，目前肥桃路、孙牛路、济兖路两侧，以及新城、仪阳镇等桃园主产区均被纳入了保护区。正是多措并举，有意识地保护和发展，肥城才拥有了 10 万亩桃园，2000 年被世界吉尼斯记录为“世界上最大的桃园”。

肥城充分挖掘乡村旅游资源，保持和突出桃源生活的原汁原味，以“土景”“古村”“家常菜”为重点，推出一批具有鲜明特色的乡村主题活动游；打造原汁原味的山乡生活体验带与南部汶阳田园农业观光带，打造特色“桃源人家”农家乐，发展“家常菜”，用“土做法”留“农家味”。①

8. 安丘大姜种植系统

安丘大姜产于潍坊安丘市，是山东省著名特产。安丘种植大姜历史悠久，早在明朝万历年间（1573—1620 年）就有种植大姜的记载。历经近 500 年的选种培育，安丘大姜形成了色泽鲜艳、结构紧密、块大丝少、辛辣清香的特色，具有祛寒解表，止咳化痰，回阳通脉之功效，有较高的食用价值和药用价值。安丘市地处暖温带湿润季风区，气候温和，四季分明，河流众多，水质清澈，冲积平原土壤肥沃疏松，光照充足，温度适宜，雨热同期，适于大姜的生长和养分的积累。姜别称生姜、白姜、川姜等，为姜科姜属多年生草本植物，生姜原产于中国及东南亚等热带地区，在中国的食用及药用历史很长，开发利用也比较早，是一种很有开发利用价值的经济作物。安丘大姜是经过长期栽培和选育的地方特色产品，已有数百年历史。据清朝康熙年间《渠丘县志》记载：明万历年间，凌河安丘等地零星种植姜，经繁育绵延，渐得裨益。经

① 李超，2017. 聚焦省长点赞的山东品牌（十二）肥城桃：小个头玩转大市场 文旅融合催生新产业［EB/OL］. 大众网，02－08［2022－05－15］.

过500多年的栽培选育，安丘大姜已经成为一个著名的农产品。

9. 诸城刘墉栗园综合生态系统

诸城有着“中国板栗之乡”的美誉。位于潍水之滨的刘墉板栗园，因曾是清代体仁阁大学士——刘墉的私家园林而得名。刘墉栗园是一处集森林景观、地貌景观和人文景观于一体、富有地方特色的大型园林。栗园总面积18 000余亩，园内古树密布，百年以上树龄的古树有10 000余棵，仅明清时期的板栗树就有3 000多棵。园内空气清新，候鸟云集，被誉为“古树王国、天然氧吧”。园内板栗品种有300多个，年产板栗300吨，是全国最大的板栗生产集散地之一。该板栗园历史久远，文化丰厚、生态优美，至今已保存了数百年。

10. 诸城绿茶综合生态系统

山东诸城绿茶的历史始于元代，是经长期栽培和选育的诸城市地方茶叶品种。山东省诸城市桃林镇位于东经119°30′—119°37′，北纬35°42′—35°46′，碧龙春绿茶、德森绿茶等这些名茶都产自于诸城市桃林镇。1968年诸城引进安徽茶树在桃林乡试种，经过驯化和选育，茶树在诸城安家、繁衍下来，并保持特有的品质和风味。以后茶树又扩种到皇华、郝戈庄、桃园、石门等乡镇，因当初试种这种茶的地点在桃林，故称“桃林茶”。2010年桃林镇茶园面积已发展到1万多亩，茶叶种植专业村70多个，年产干茶2 600吨，茶农年收入10 000多元/亩，茶叶产业已发展成为当地的一项特色产业。

11. 莱阳梨树复合生态系统

莱阳梨在莱阳已有400多年的种植历史，主要分布在清水河岸和蚬河东岸的河滨沙滩上，尤以红土崖下前后发坊、芦儿港、肖格庄、照旺庄、大小陶漳等地最为著名，其中在芦儿港还有一棵400多年树龄的老梨王每年依旧开花结果。每当万木复苏之际，梨花盛开，如同一片皑皑白雪，把山川、田园、村舍，点染得光辉耀眼，美如仙境。清朝，当地诗人赵蜚声在这里写下了“千树梨花千树雪，一溪杨柳一溪烟”的著名诗句。到了秋季，梨园里更有一番景致：龙曲蛇盘的梨枝，硕果累累，香味四溢。莱阳梨的栽培面积新中国成立前只有2 000多亩，最高年产量不过100吨。如今梨园已扩大到25 000多亩，平均年产在25 000吨以上。现在已被列入山东地理标志品牌。

12. 泰沂山脉山蚕放养系统

明末清初以来，起源于山东泰沂山区的柞蚕放养、柞丝绸制造技术，迅速向省内外传播。茧绸在很长的一段时期内是中国人最喜爱的衣料之一。随着产销关系的不断扩展，昌邑绸布商人开始将胶东地区、鲁中南地区的丝茧原料运来当地，发放给柳疃及其周边的农户，或捻线、或纺线，由异地坐庄开始了本地织造。

山东蚕桑业历史悠久，历代泰山周边常现野蚕成茧。《埤雅》：“柘宜山石，柘之从石，取其义。”野蚕是齐鲁山地物产中最具特色的种类，山蚕适应山麓地貌生存。

目前来看，山蚕广泛分布于泰沂山脉。历史上，山东的山、柞、椿、樗、槲、栎等野蚕独具特色，闻名全国。蚕书多为经典，传播范围颇广。孙廷铨《山蚕说》、张崧《山蚕谱》、韩梦周《养蚕成法》、王沛恂《纪山蚕》、王萦绪《蚕说》、郝敬修《教养山蚕图说》、许廷瑞辑《汇纂种植喂养椿蚕浅说》、吴树声《沂水话桑麻》、王元綖《野蚕录》、孙钟亶《山蚕辑略》等蚕桑农书，已经成为宝贵的农业文化遗存。

13. 泰安岱岳区汶阳田农作系统

汶河是山东境内唯一没有污染且不断流的河流，水质清澈，两岸风景美丽。汶河也是一条文化河，历史悠久。大汶河发源于山东旋崮山北麓沂源县境内，汇泰山山脉、蒙山支脉诸水，自东向西流经莱芜、新泰、泰安、肥城、宁阳、汶上、东平等县、市，汇注东平湖，出陈山口后入黄河。

汶阳田是著名的肥沃土壤，历来都是从事农业生产之地，汶阳田孕育了鲁中、鲁西南人民精神，是齐鲁精神的典型代表，由此产生的农耕社会关系，也蕴含了丰富的文化内涵（图 3－6）。汶阳田满足基本农业生产、文化资源挖掘、农业文化旅游、农业文化产业开发等模式拓展的需求。汶阳田可塑造观赏农业景观，如万亩油菜花，向日葵园，分区农业观光园，传统耕作复原区等都值得开发。同时当地可以挖掘汶阳田著名农产品的历史文化，开发展览文化产业，例如设立麦作文化博物馆、姜历史文化博物馆、姜文化产业园，抑或建设花生文化民俗馆、花生产业文化园等。

此外，汶河依然是汶阳田文化与开发的支撑。汶河是山东文化策源地，同时也保存大量汶河水文化。水文化资源开发本身就是泰安地区的重要资源，在山泉水文化开发同时，汶河水文化逐渐受到重视。目前发现，汶河水坝，汶河神庙，汶河支流，汶河河神等文化底蕴颇为深厚，这在今后文化开发过程中，将会一并得到重视。未来，汶阳田打造省级、国家级、世界级农业文化遗产任务需要持续推进，大汶口镇正围绕着世界农业文化遗产要求与现代市场需求打造汶阳田农业旅游生态区。

A. 大汶口镇汶阳田省长指挥田

B. 考察汶阳田农作系统

图 3－6　汶阳田农作系统（孙金荣、孙骥　摄）

14. 微山湖农业生态系统

微山湖位于苏鲁边界结合部，跨山东、江苏、河南、安徽 4 省 38 个县，流域总面积 31 700 千米^2，水面面积 1 266 千米^2，为我国 10 大淡水湖之一，是中国北方最大的淡水湖。微山湖风光秀丽，美丽而又神秘，自然而又洒脱，山、岛、森林、湖面、渔船、芦苇荡、荷花池，还有那醉人的落日夕阳、袅袅炊烟等，和谐统一地结合起来，构成了微山湖特有的美丽画面。这些风物中，尤以有“花中仙子”之称的荷花最为耀眼，其美丽的身姿，和出淤泥而不染的性格，甚得人们喜爱。荷叶洋洋洒洒地铺到湖面上，有的多达几十万亩，蔚为壮观，所以又有人把这里叫作“中国荷都”。由于良好的地理条件，微山湖岸的农民生产的农副产品都是绿色原生态的，主要产品有：野生鸭蛋、咸鸭蛋、松花蛋、干莲子、鲜莲蓬、干虾、煎饼等。微山湖素有“日出斗金”之盛誉。湖内有鱼78种，水生经济植物74种，尤以微山湖甲鱼、四鼻孔鲤鱼、麻鸭等最负盛名。微山鱼宴名播大江南北，漂汤鱼丸、八宝鼋鱼汤、麻鸭卧雪、南阳烧野鸭、筒子鱼、乾隆玉面等地方传统名吃，深受全国各地人士喜爱。

15. 沂蒙山山地北方传统旱作农林系统

沂蒙山，指的是以沂水、蒙山为地质坐标的地理区域，现为国家AAAAA级旅游景区，国家森林公园，国家地质公园。沂蒙山地跨山东临沂、淄博、潍坊等地，主要区域位于临沂地区。沂蒙山历史上属于东夷文明，是世界文化遗产齐长城所在地。作为典型的旱作农业区，该地杂粮绝大部分种植在山地或沙地，自然条件较好，极少使用化肥农药，保证了杂粮生产的天然特性。岱崮小米品种特殊，择土性强，富含多种微量元素。特殊的地理环境和气候造就了岱崮小米营养丰富，口感好的特点。沂蒙山是一个适合果木生长的地方，空气清新，水果味道也格外鲜美。在沂蒙山旅游区（蒙山国家森林公园）的采摘园内，所有的水果栽培都不过度施肥，不喷洒农药。采摘的品种除苹果、山楂、柿子这些水果，还有栗子、地瓜、芋头等食材。临沂市的山茶同样历史悠久，沂蒙茶属山茶科，常绿灌木或小乔木，《蒙阴县志》《重修莒志》都有其相关记载。明朝兵部尚书王越任山东按察使期间，曾作诗《咏蒙山茶》，以“冰绡碎剪春先叶，石髓香粘绝品花”“若教陆羽持公论，应是人间第一茶”高度赞赏了蒙山茶的色泽、品质和清香。沂蒙茶具有叶片肥厚、肉质优良、滋味醇、香气浓、耐冲泡等特点，由于沂蒙茶品质好，在国内外深受欢迎。

16. 安丘花生栽培系统

柘山花生历史悠久，据《安丘县志》记载，自花生从南美洲的秘鲁引进到我国，柘山就开始种植。花生含人体所必需的多种微量元素，柘山花生各种营养成分均达到绿色保健食品的指标要求，是优质上乘的绿色保健食品。由于特殊的地理环境，柘山花生具有色泽亮丽、香中带甜、籽粒饱满、出油率高、不腻口等特点，无论是生吃还是熟吃均具有开胃、健脾、美容、抗衰老、预防贫血和防治胃病之功效，素有“长生果”之美誉，早在清朝乾隆年间就曾作为贡品上奉朝廷。安丘市柘山镇花生产业规模大，标准化种植基地规模在8万亩以上，占农作物面积的90%以上，所产花生籽粒饱满，无公害，无污染。柘山镇花生产业链条完善，从种子选育，到花生栽培、深加工，依托近 1 000 家龙头企业带动，全镇 80%以上的农户从事花生产业，年消化吸收外地花生 100 多万吨，已成为远近闻名的花生加工集散地。至此，柘山镇成为名副其实的“中国花生第一镇”。2009 年，安丘市柘山镇的花生被审批为“中国地理标志产品”，目前，安丘花生远销日本、韩国、欧洲等 20 多个国家和地区。

17. 山东各地辣椒栽培系统

寿光是《齐民要术》诞生的地方，农业历史发达，蔬菜栽培尤为领先。《山东通志》记载：辣椒味辣、适于鲜食，至雍正七年间，辣椒已成为寿光的重要农产品。寿光羊角黄辣椒产地远离污染源，自然环境未受到破坏，产地具有可持续生产的能力。

“前海的辣椒漕河的蒜，新驿的桑蚕连成片；颜店的花生籽粒圆，王因的西瓜大又甜……”这是在 2000 年兖州市春节电视晚会上表演群口快板《兖州赞》的一段唱词。它形象地表明了兖州市各乡镇名优土特产的特点和分布情况。辣椒俗称“秦椒”，在兖州种植栽培已有数百年历史。兖州辣椒据清光绪十二年《滋阳县志》记载，具有个大皮厚、油分多、辣味浓重鲜美等特点。兖州辣椒在各镇均有种植，但前海（今属颜店镇）的辣椒种植以其规模大、产量高、质量好，名扬四方，引得客商纷纷前来购销。每当辣椒成熟季节，万亩椒田挂红灯，情景喜人，蔚为壮观。1 500 吨的产量，足以堆成一座椒山。辣椒“辣”得有味，辣中溢香，兖州方言中将“解馋”说成“辣馋”，便说明辣椒是最好的佐餐解馋佳肴。

冠县辣椒是山东省聊城市冠县的特产。冠县位于山东省最西部，地处鲁西北平原，自然环境优美，农业资源丰富。冠县辣椒鲜嫩，含有丰富的钙、胡萝卜素、维生素和其他营养成分，常食能驱寒温胃、减肥美容，并可提取植物色素，市场开发潜力巨大。冠县辣椒获国家地理标志农产品证明。

青州辣椒是山东省潍坊市青州市的特产。青州辣椒干色泽紫红、油光鲜艳、果肉肥厚、辣味适中、香气浓郁，获国家地理标志农产品证明。青州生产辣椒干有悠久的历史。“益都红”辣椒干远销美国、韩国、日本等国，在国际市场上享有盛誉。

武城辣椒有着悠久的种植历史，据文字记载已有 600 余年的历史，《武城县志》中有“番椒，色红、鲜、味辣”的记载。武城辣椒以皮薄、肉厚、色鲜、味香、辣度适中，含辣椒素和维生素 C 居全国辣制品之冠。武城辣椒营养物质丰富、品质优良，享誉古今，产品畅销全国各地并出口韩国、日本、东南亚等国家和地区，成为武城县农业支柱产业。武城辣椒常年种植面积在 15 万亩左右，约占全国辣椒种植总面积的 7%，鲜椒产量 35 万吨左右。武城被中国特产经济开发中心和中国果蔬专家评审委员会命名为“中国辣椒第一城”“中国辣椒之乡”。

禹城辣椒是做菜调味用的一种辛辣食品，也是一种传统商品，早在 1953 年首届广州交易会上即赢得“禹城椒”的美称，至今仍为“王牌”。

第二节　景观与农作系统类农业文化遗产保护和开发利用

按照联合国粮农组织的定义，全球重要农业文化遗产（GIAHS）是一种独特的、具有丰富生物多样性的农业景观。因此，包括农业生态景观与农业文化景观在内的农业景观是农业文化遗产保护的重要内容，同时也是传统农业生产系统、古村落以及传统生产技术和知识等的空间载体。景观农业文化遗产不是一般意义上的农业文化和知识技术，它主要是强调保护那些历史悠久、结构合理的农业景观和系统，是一类典型的社会-经济-自然复合生态系统。农业文化遗产所包含的农业生物多样性、农业知识、技术和农业景观一旦消失，其独特的、具有重要意义的环境和文化效益也将随之永远消失。其次，农业文化遗产保护强调农业生态系统适应极端条件的可持续性，多功能服务维持社区居民生计安全的可持续性，传统文化维持社区和谐发展的可持续性。[①] 它具有自然遗产、文化遗产、文化景观遗产、非物质文化遗产的综合特点。

一、现状与问题

政府社会各界重视景观农业文化遗产。很多遗产地都成立了专门的机构，对景观类农业文化遗产进行管理。各级农业管理部门要肩负起发掘保护景观类农业文化遗产牵头单位的作用，完善工作措施，落实工作职责，加大工作力度，着力推动本地景观类农业文化遗产发掘保护工作。

1. 全国普查系统类农业文化遗产项目取得重要进展

根据农业部办公厅《2016 年全国农业文化遗产普查结果》报告，山东省农业文化遗产项目包括：山东历城白菜栽培系统、山东历城核桃栽培系统、山东章丘大葱栽培系统、山东章丘龙山小米种植系统、山东章丘明水香稻文化系统、山东章丘明水白莲藕栽培系统、山东章丘鲍芹栽培系统、山东章丘核桃栽培系统、山东章丘花椒栽培系统、山东章丘香椿文化系统、山东章丘甲鱼养殖系统、山东长清瓜蒌栽培系统、山东长清张夏玉杏栽培系统、山东长清茶文化系统、山东长清灵岩御菊栽培系统、山东桓台白莲藕栽培系统、山东桓台山药栽培系统、山东桓台四色韭黄栽培系统、山东峄城石榴栽培系统、山东滕州梨树栽培系统、山东台儿庄桃树栽培系统、山东台儿庄银杏栽培系统、山东寿光桂河芹菜栽培系统、山东寿光羊角黄辣椒栽培系统、山东寿光大葱栽培系统、山东寿光鸡养殖系统、山东安丘流苏树栽培系统、山东安丘大姜栽培系统、山东安丘花生栽培系统、山东安丘大蒜栽培系统、山东安丘大葱栽培系统、山

① 李永兰，2019. 我省农业文化遗产亟待保护［N］. 海东时报，01－28.

东安丘樱桃栽培系统、山东岱岳古栗林、山东新泰黄瓜栽培系统、山东新泰樱桃栽培系统、山东雪野古栗林、山东莱芜鸡腿葱栽培系统、山东莱城白花丹参种植系统、山东莱城花椒栽培系统、山东莱城姜栽培系统、山东莱城朱砂桃栽培系统、山东莱城山楂栽培系统、山东莱城黑山羊养殖系统、山东莱城黑猪养殖系统、山东莱城大蒜栽培系统、山东临清古柘树林。

此次申报将山东省大量农业系统得以呈现给公众，其中有很多作为景观类农业文化遗产至今仍存在，或者能够呈现复原。这是山东省农业文化遗产重大的突破，对今后山东省农业文化遗产的调查、保护、开发都有积极意义。

2. 理论研究的逐渐成熟

近些年，全国各地关于景观类农业文化遗产相关研究成果逐步涌现，从学理之上将其纳入学者视野，是景观类农业文化遗产走向深入研究的前提。景观类农业文化研究理论逐渐成熟，包括历史文化挖掘、系统内物产整合、遗产项目申报指标等诸多领域已经完备。目前，山东省范围内高等院校、研究所等科研单位都有专门从事该项研究的学者，在不断挖掘、整理、完善着齐鲁大地上的各项目录。随着山东省乡村振兴规划不断推进，扎根在齐鲁大地之上的景观农业文化遗产将会不断呈现给大众。

山东省内外规划设计类农业遗产工作逐步引起各方的重视，尤其是顺应新型城镇化趋势全面推进乡村振兴，各地开始引入规划项目，打造景观类农业文化遗产申报工作。农业生态景观指一个由不同土地单元镶嵌组成、具有明显视觉特征的地理实体，它处于生态系统之上、大地理区域之下的中间尺度，是长期以来在人类活动影响下，人与自然协同进化下所形成的，由森林、草原、农田、河流、湖泊、村落等各类型生态系统组成的独特景观。农业文化景观或乡村景观则包括聚落、街道、建筑、人物、服饰、交通工具、栽培植物与养殖动物等。由于不同景观要素在区域的数量、质量、组合方式以及比重的不同，因此构成农业文化遗产系统的农业景观特征千差万别，与环境协调一致就能增强农业文化遗产的美感，与环境相冲突就会破坏农业文化遗产的和谐。此外，人类在改造自然和创造生活的实践中所形成的乡村社会、经济、宗教、政治和乡村组织形式等方面的社会价值观等文化特征，与在自然环境景观上塑造和建设的可视景观要素交相呼应，共同构成了活态的、动态的农业景观。我们需要根据不同农业景观制定相应的具有科学性和前瞻性的合理规划与保护管理办法，确定保护项目和目标，提出具体保护措施。政府应在相关的政策导向、法律体系构建、技术保障与资金筹措、资源整合等方面给予支持和引导，有效地整合保护制度，保证和规范落实相关政策。根据近年来实际情况，山东省应注重对农业文化遗产、生态环境保护、新农村建设、古村落保护等方面的资源整合，并特别强调社区的参与，保证农业景观保护的政策、资金与技术支持，保持农业景观所承载的农业文化的活力，提高保护措施的针对性、稳定性和保护与发展的可持续性。

二、对策与途径

1. 注重理论与开发相结合，提高保护意识

众所周知，我国农耕文化源远流长、内容丰富，是中华文化之根基，是劳动人民长久以来生产、生活实践的智慧结晶。中国重要农业文化遗产就是指人类与其所处环境长期协同发展中，创造并传承至今的独特的农业生产系统，这些系统具有丰富的农业生物多样性、传统知识与技术体系和独特的生态与文化景观等，对我国农业文化传承、农业可持续发展和农业功能拓展具有重要的科学价值和实践意义。中国重要农业文化遗产在活态性、适应性、复合性、战略性、多功能性和濒危性方面有显著特征，具有悠久的历史渊源，独特的农业产品，丰富的生物资源，较高的美学和文化价值，以及较强的示范带动能力。它的一个显著特征便是历史悠久，入围的农业系统以及所包含的物种、知识、技术、景观等在中国至少有一百年历史。在农业文化遗产保护中，对育种、耕种、灌溉、排涝、病虫害防治、收割储藏等农业生产经验的保护是重中之重。传统农业生产经验的实质强调的是天人合一和可持续发展，它在尊重自然的基础上，巧用自然，从而实现了对自然界的零排放。对农业文化遗产的保护，还需要对传统农业生产工具、传统农业生产制度、传统农耕信仰、当地特有农作物品种等实施有效保护，可以通过兴办农具博物馆、建立物种基因库、增强农民的保护意识等途径将保护落到实处。

各地应加大价值发掘力度，对农业生产系统的历史、文化、经济、生态和社会特征与价值进行系统调查和科学研究，深入挖掘其精神内涵，为申报中国重要农业文化遗产奠定基础。各级农业行政管理部门要肩负起发掘保护农业文化遗产牵头单位的作用，按照农业农村部的部署要求，制定工作方案，完善工作措施，落实工作责任，切实加大工作力度，着力推动本地农业文化遗产发掘工作。遗产所在地人民政府要从战略和全局出发，把农业文化遗产发掘保护与发展现代农业、促进农民增收和建设美丽乡村有机结合起来，切实发挥政府部门在农业文化遗产保护工作中的主导作用。

虽然我国重要农业文化遗产发掘工作取得了一定成效，走在了世界前列。但在经济快速发展、城镇化加快推进和现代技术应用的过程中，由于缺乏系统有效的保护，一些重要农业文化遗产正面临着被破坏、被遗忘、被抛弃的危险。发掘和保护农业文化遗产仍存在一系列挑战，例如，开发途径单一与复原困难；工业化的冲击，造成了传统农业逐渐边缘化；对农业文化遗产的精髓挖掘不够，没有系统地发掘农业文化遗产的历史、文化、经济、生态和社会价值；在活态展示、宣传推介和科研利用方面没有下大力气，导致传统理念与现代技术的创新结合不够，不利于农业文化遗产的传承和永续利用。

2. 融入乡村振兴战略之中

产业振兴方面应当围绕农村一二三产业融合发展，充分发掘遗产地的生物、生

态、文化与景观资源优势，构建乡村产业体系，因地制宜、突出特点、发挥优势，形成既有市场竞争力又能持续发展的产业体系。文化振兴方面，应当本着扬弃的态度，发掘传统文化中的优秀成分，弘扬主旋律和社会正气，培育文明乡风、良好家风、淳朴民风，使乡村社会朝着乡邻和睦，乡风文明的方向发展。同时，利用丰厚的文化资源促进多功能农业与文化创意产业的发展，实现经济与文化的同步发展。各遗产地要探索“农业文化遗产+”，利用电商和信息化平台，提高农村青年的参与度，开发系统多功能性，探索农业文化遗产与品牌建设、休闲农业、精准扶贫、一二三产业融合的协同发展模式，找寻新的增长点，让农业在保护生态系统中发展，让农民在继承传统农业生产方式中获益。

产业融合就是把第一、第二、第三产业适当地融合起来。农业文化遗产是一个很好融合的手段和载体。例如有的地方，它恢复了牛拉犁农业景观。这种恢复带来了几个好处，第一，它是一个非常吸引游客的景观。第二，恢复了生态种植生产出来的稻米，市场价格较高。这就是发展有机农业，既保留了传统文化，又提供了农业景观。农业文化遗产既是重要的农业生产系统，又是重要的文化和景观资源。通过对农业文化遗产的发掘，在动态保护的基础上，将农业文化宣传展示与休闲农业发展有机结合，既能为休闲农业发展提供资源载体，为遗产保护提供资金、人力支持，增强产业发展后劲，又能有效地带动遗产地农民就业增收，提高当地农民保护农业文化遗产的自觉性，推动当地经济社会协调可持续发展。

3. 继续做好各级农业遗产项目申报

2016 年全国农业文化遗产普查结果，山东省在数量上已经位居前列。但目前来看，随着农业文化遗产项目扩容，山东省继续大力挖掘新的景观类文化遗产项目势在必行，这一内容，在今后工作中必定得到重视，由此，大量有价值的农业文化遗产项目会被持续不断地整理与挖掘，其价值也会被不断发现。

中国重要农业文化遗产所在地的省级农业管理部门要加强工作指导，加大宣传推广，做好动态管理，持续推进中国重要农业文化遗产保护工作。中国重要农业文化遗产所在地要以此为契机，按照制定的保护规划和管理措施，进一步做好中国重要农业文化遗产的发掘保护和传承利用，努力实现遗产地文化、生态、经济、社会全面协调可持续发展，为促进农业可持续发展、带动遗产地农民就业增收、传承农耕文明、建设美丽中国作出积极贡献。中国民族众多，地域广阔，生态条件差异大，由此而创造和发展的农业文化遗产类型各异、功能多样。全国范围内尚未对农业文化遗产进行系统普查，更谈不上对农业文化遗产进行价值评估和等级确定。各级农业行政管理部门要会同有关部门对辖区内的农业文化遗产进行系统普查，摸清遗产底数，做到心中有数；也要组织专家对普查的农业文化遗产进行价值评估和分类整理，建立遗产数据库，明确发掘重点。对有重要价值的农业文化遗产，各级农业行政管理部门要对其历史、文化、经济、生态和社会价值进行科学研究，深入挖掘精神内涵，为传承遗产价值、探索遗产利用模式提供借鉴。各级农业行政管理部门要加大工作指导力度，对已经认定的中国重要农业文化遗产，督促遗产所在地政府按照要求树立遗产标识，按照申报时编制的保护发展规划和管理办法做好工作；此外，要继续重点遴选一批重要农业文化遗产，列入中国重要农业文化遗产和全球重要农业文化遗产名录。[①]

4. 注重经济效益，扩大社会影响

按照国家旅游局2003年颁布的《旅游规划通则》的定义，自然界和人类社会凡能对旅游者产生吸引力，可以为旅游业开发利用，并可产生经济效益、社会效益和环境效益的各种事物现象和因素，均称为旅游资源。据此，农业文化遗产地的优良生态环境、丰富民族文化、独特乡村景观、奇特地质地貌，甚至地域特色鲜明的农业生产方式和农民生活方式、品种优良的农副产品和康养用品，都会成为发展体验、康养等多种旅游产品的重要资源。农业文化遗产地在人力资源、市场前景和政策支持等方面具有发展全域旅游的优势。从人力资源看，根据调查，即使在农民工进城务工的现实情况下，农村劳动力整体富余现象依然存在，季节性富余更为明显。衡量农业文化遗产旅游是否成功的标志是看其是否有益于农业文化遗产保护，衡量农业文化遗产保护是否成功的标志是看传统农业生产是否可持续。“处处都是旅游资源，时时都是黄金季节，人人参与旅游发展”的全域旅游发展理念，为农业文化遗产旅游提供了新的发展思路，将有助于农业文化遗产的保护。坚持“保护优先、适度利用，多方参与、惠益共享”原则，农业文化遗产地也将成为优秀的全域旅游发展示范区。农业文化遗产是具有特殊重要性、珍稀性和脆弱易损性的不可再生资源，任何不适当的开发都极易造成资源和环境的破坏，导致生态系统退化。

虽然各地探索了一些有关农业文化遗产保护与传承的方法和途径，但仍存在重开发、轻保护，重眼前、轻长远，重生产功能、轻生态功能的做法，忽视遗产地农民的利益和农业的持续发展，难以实现遗产地文化、生态、社会和经济效益的统一。利用农业文化遗产，可以很好地实现产业融合。因为农业文化不仅蕴含在农业的生产当中，它也存在于习俗、农村手工业和农业农村的服务等方面。

各地要及时了解发掘和保护工作的进展情况，不断总结经验，加强宣传推介，营造良好的社会环境；更要深挖农业文化遗产的精神内涵，运用现代展示手段对农业文化遗产中的生物多样性、传统知识、技术体系、独特的文化景观等进行充分展示，增强国民对民族文化的认同感、自豪感。

---

① 杨绍品，2019. 保护农业文化遗产，传承中华农耕文明［N/OL］. 农民日报，04-25.

第四章 CHAPTER 4

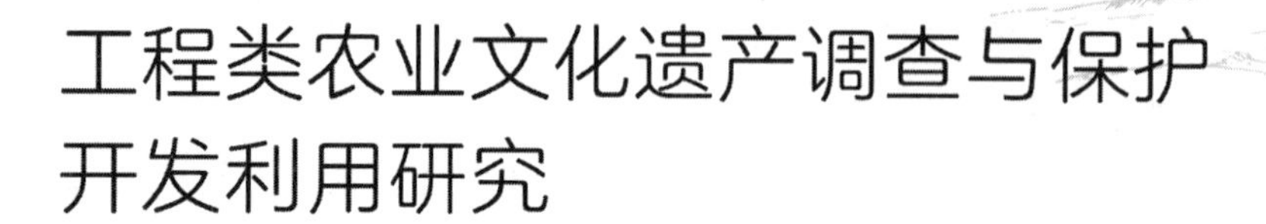

工程类农业文化遗产调查与保护开发利用研究

第一节　工程类农业文化遗产名录提要

工程类农业文化遗产是指为提高农业生产力和改善农村生活环境而修建的古代设施，它综合应用各种工程技术，为农业生产提供各种工具、设施和能源，以求创造适于农业生产的环境，改善农业劳动者的工作和生活条件。

1. 京杭大运河山东段

京杭大运河是世界上最古老的运河之一，2014 年入选世界文化遗产名录。2002 年，大运河被纳入“南水北调”东线工程，至今仍发挥着重要作用，成为活着的遗产。山东运河被称之为“鲁运河”，分为鲁北运河和鲁南运河，是京杭大运河中海拔最高、船闸密度最大、水利工程成就最集中的河段（图 4－1）。经近千年的历史积淀，山东运河沿线的枣庄、济宁、东平、聊城、德州等城市留下了独具特色的漕运、水利、商业、市井、民俗、宗教、古镇、建筑等与运河文化密切相关的历史文化遗址和非物质文化遗产，呈现出深厚的历史底蕴，是整个大运河历史文化遗存保留最好的河段。

图 4－1　京杭大运河-聊城段（会通河段）（付道鸿　摄）

历史上，开凿运河主要是为了漕运，随着漕运的发展，运河沿线兴起了很多重要的商业城镇，比如通州、沧州、德州等。随着货运的发展，带动了农产品的流动。南方的茶叶、糖、丝绸等货物通过运河运往北方，北方的松木、皮货等经由运河源源不断地运往南方。到明代时，北方棉花种植普遍，而南方纺织业发达，通过运河，棉花往南运、布匹往北运。此外，京杭大运河还为沿途农业发展提供了灌溉用水。

2. 聊城土桥闸遗址

土桥闸遗址位于山东省聊城市东昌府区梁水镇的土闸村，是京杭运河故道上的一座石质节制船闸，是当时运河上的重要水利设施。土桥闸始建于明成化七年（1471），清乾隆二十三年（1758）重新修建，至1840年，一直由当时的运河管理机构即河道总督管理。发掘出的土桥闸由青石堆砌而成，结构基本完整。历史上，在土桥闸所在的土闸村建有码头，便于运河上往来的船只休憩，南来北往的农产品在此地聚集，促进了南北农业文化的交流。该遗址对于研究大运河的水工设施、运河沿岸的物质文化习俗，认识大运河在我国古代交流与沟通中的重要作用具有关键意义，也为京杭大运河申报世界文化遗产提供了一批新的资料。2013年5月聊城土桥闸遗址被国务院核定为第七批全国重点文物保护单位。

3. 南旺分水枢纽

南旺分水枢纽修建于永乐九年，它位于大运河的最高点，是大运河的“水脊”，通过上、下闸的联合运行实现了南北分水的定量控制。分水枢纽的建设抓住了“引、蓄、分、排”四个环节，实现了蓄泄得宜，运用方便。该工程具有高度的科学性，是我国京杭大运河水利工程史上的一个伟大创举。南旺分水枢纽的建设保证了自明成祖定都北京到清朝末期五百多年来的漕运畅通。来自南方的粮船可以沿运河直达北京城内的积水潭，保证了南北方粮食等农业物资的贸易通畅。

值得一提的是，修建南旺分水枢纽的创意来自汶上当地的乡间老人白英，他设计兴建的南旺分水枢纽工程，其科学价值和技术水平当与李冰父子修建的都江堰相媲美，创造了中外水利工程史上的奇迹。大运河通畅后，明代每年运送的漕粮比元朝增加了十倍多，运河沿线的临清、济宁、扬州、淮安等城市也迅速兴旺起来。南旺水利枢纽影响深远。

4. 金口坝

金口坝位于兖州城东泗河、沂河、府河交会处，系调节河水流量的设置。1966年以前，金口坝是兖州至曲阜的必经之路。因其所处位置重要，坝身石与石之间均以金属（铁）扣接，故名金口坝。在坝的两侧，靠水聚集成村庄。

此坝的始建年代已无可考。金口坝自古为游览胜地，被誉为“金口秋波”。当年李白、杜甫相会于兖州，鲁门泛舟，石门宴别，赋诗酬唱，便在金口坝处。1994年该坝出土北魏守桥石人二尊，其一背后铭文有“起石门于泗津之下……”数句，可知此地便是诗仙、诗圣“石门相会”处。金口坝这座水上石门，写下了中国文学史上诗坛“日月相逢”的千古佳话。

5. 戴村坝

戴村坝，位于东平县境内，是省级文物保护单位。《辞海》《中国水利志》均有其相关记载。该坝位于东平县城东部南城子村附近，大坝横截大汶河，坝下为大清河，该坝为省级文物保护单位。整个大坝为石结构，巨大的石料镶砌得十分精密，石与石之间采用束腰扣结合法，一个个铁扣把大坝锁为一体，气势磅礴，雄伟壮观（图 4－2）。

图 4－2　戴村坝（陈士明　摄）

据史料及碑文记载，戴村坝初建于明永乐年间。明成祖继位后，从各方面做迁都北京的准备。他首先考虑到要将江南物资北运，以供京师所需，“漕运之利钝，全局所系也”，因而决定治理大运河。

大坝修成之后，拦汶水顺小汶河南下，流向南旺运河最高处，再分水南北。一般情况，三分南注，七分北流，即所谓“七分朝天子，三分下江南”之说。从此，妥善地解决了丘陵地段运河断流的现象，使船只畅通无阻。明成祖迁都北京之后，大运河便成了交通大动脉，每年从东南运米粮等物资接济京师。

6. 阳谷七级码头

七级古码头的发掘，是运河山东段迄今发掘的唯一一座保存完整的古码头，明确了码头的结构、尺寸、构筑方法，也为七级镇名称由来提供了考古实证。根据史料记载，七级古码头附近有五个仓廒，除了莘县、阳谷、东阿廒，还有肥城和平阴廒。由于古码头的使用年限较长，发掘至今，专家们对它的具体历史年代都没有考证清楚。据《中国古今地名大词典》记载，阳谷七级镇在古代曾经叫毛镇，早在北魏时期（386—557 年）就因为此地有古渡口被称为七级渡，当时七级渡为水运码头，又因为渡口有七级石阶，所以称为七级。久而久之，毛镇的名字渐渐被“七级”所代替。孙淮生说，在七级古码头发掘现场出土了《重修渡口石磴碑记》石碑一通。该石碑记载了清朝乾隆十年（1745）重修七级古码头的过程。也就是说，现在发掘出的七级码头应该是重修之后的码头。在古码头南侧运河东岸的排水设施清理中，还发现了六通石碑和一些碑座、碑首。在古码头两侧还出土了大量的陶片、瓷片和少量铜器。这些陶片、瓷片最早的为金元时期的遗物，以青花瓷、青瓷为主。

7. 临清运河古闸

2006 年 5 月，“京杭运河临清段”被国务院正式公布为第六批全国重点文物保护单位。在临清这段运河之上的戴湾闸、二闸、问津桥、会通桥、月径桥及河隈张庄砖窑遗址等古遗存名列其中。在这6处古遗存中，戴湾闸、二闸是京杭运河之上现存元、明两代最为完整的水闸，实属罕见，尤为珍贵。戴湾闸建于元代皇庆二年(1313)，与明代永乐十五年所建的二闸相距104年，但两闸的形制及规模大致相同，都由墩台，侹翅，石防墙，组成。闸门空间6.7米，闸墩长13.4米，宽10米，闸高5.6米，闸墩上下游两侧筑雁翅13～17米长，闸墩与雁翅分别砌成锐角，左右向上下游展开，使闸孔与正河之间从收缩到扩展形成一个过渡，使水流的流线不至于紊乱，尽量减少对闸墩的破坏和保障船的航行安全，非常符合流体力学原理，很有科学性。闸体由青石砌筑而成，条石与条石相接处凿有燕尾槽，槽内由铁汁浇灌相牵，浑然一体，坚固持久。闸槽有八块杉木闸板提落调节水位，以节蓄泄，保障运河漕运。

8. 宁阳堽城坝

宁阳京杭大运河元代堽城坝为元代著名水利工程。位于伏山镇堽城坝村北，是全国重点文物保护单位。蒙古宪宗七年（1257）于堽城筑土坝斗门，遏汶水南流入洸，至任城（今山东济宁市）合泗水，以济饷运。元至元二十七年（1290）又于旧闸之东作东闸。延祐五年（1318）改土堰为石堰。明洪武间黄河决口，运河被淤。永乐九年(1411)疏浚会通河，筑戴村坝，使汶水出南旺湖，并截堽城大闸，不使汶水入洸。至成化十一年（1475）又建新闸，仍分水入洸。嘉靖六年（1527）重建堽城闸，并引柳泉以增洸水水量，通过洸河，注入济宁，接济运河，使官民运输、南北往来畅通无阻。堽城坝遗址是京杭大运河重要的配套设施，为山东古代著名水利工程，在历史上起了重要作用。

9. 泗河大桥

泗河大桥位于兖州城南泗河上。始建于明万历三十七年（1609)。长约200米，宽8米，15孔，纯以巨石砌成，气势宏伟，造型优美，有“鲁国石虹”之称。桥面两边石栏及护板雕刻精致，两端还有石狮水兽等装饰。据记载，此桥建筑耗银数十万两，历时五载，在当时为全国二十四名桥之一。数百年中，此桥都是南北交通的要冲。在清代康熙、乾隆、光绪时及新中国成立后1957年的大洪水中，该桥均有所毁坏，但历经重修改建，泗河大桥基本上尚保持原貌，为兖州重点文物保护单位。

10. 明石桥

明石桥北起大汶口镇西南门，南接宁阳县茶棚（堡头）村，全桥65孔，长约500米，是整个大汶河现存最古老、最完整的石桥（图4-3)。桥面由大长石条铺成，条石用扁铁连接固定，非常牢固。传说这里最早为简易木桥，后又改为分段的石板桥，直到明隆庆年间，才建起一座横贯大汶河的整体石板桥。清雍正八年，原石板桥被大水冲毁，以攻石起家的粥店人姜桂松“捐资倡修”。乾隆六年，石桥修建完成，两岸人民感其义，曾立碑以记此事，并改名“姜公桥”。之后，该桥虽经两次较大修整，但均保持了“姜公桥”的原貌。

图4-3 明石桥与大汶河（孙骥 摄）

11. 临清运河古桥

乾隆《临清州志》记载，明清时期，临清卫河上有广济桥（系浮桥，明弘治年间兵备副使陈璧创建）、德绍桥；南支有弘济桥（明成化年间巡抚都御史翁世资创建）；北支有通济桥（弘治年间兵备副使陈璧建）、永济桥（俗名天桥，成化年间临清知县奚杰建）；鳌头矶东有鳌臂桥（康熙年间僧人莲峰建）；砖城西门广积门外有广积桥（门、桥皆因广积仓名，康熙年间改名广济桥）；中洲有鹊桥（因有禽鸟市场位于此而得名，排雨水入卫河）；其南有狮子桥（明隆庆年间州人王勋捐资建）等。以上桥现在均已不存在。临清运河古桥今存三座，皆位于会通河北支元代运河故道之上，名为问津桥、会通桥、月径桥，清代俗称"玉带三桥"。

12. 济宁泗水卞桥

卞桥始由春秋时期鲁国宣公（前690年左右）的大夫卞庄子所建，最初为8块石条的简易桥。相传楚汉相争时，韩信避难于桥下，为报恩，改建为三孔石拱桥。唐初李世民东争归经此桥，听人介绍人文典故之后，为弘扬皇威，命令魏迟恭重修此桥，至今桥下拱顶上仍镌刻有"敬德监造"字样。金大定二十一年（1181）进行了改建，明代又进行了修补。新中国成立后，分别在1978年、1998年对该桥进行了修复，至今在当地的生产生活中发挥着重要作用。《古代经济专题史话·古代桥梁史话》记载卞桥"可能是全国罕见的晚唐建筑"。卞桥历史悠久，即使从重修算起，距今已有800多年历史，也早于始建于金大定二十九年（1189）的北京卢沟桥。卞桥是与河北赵州桥、泉州洛阳桥、漳州江东桥、北京卢沟桥齐名的现存古老石桥。

13. 聊城临清鳌头矶

鳌头矶始建于明嘉靖年间，其名缘于特定的地理环境。当年的会通河在靠近卫河附近分为两支，分别在南北两处流入卫河，因此，在会通河与卫河之间形成了一块周围环水的狭长陆地，人称"中洲"。鳌头矶处中洲突出之地，明代正德年间在此叠石为坝，状如鳌头，两支运河上的四处河闸像鳌的四只足，广济桥在鳌头矶后像其尾，明代临清知州马纶为观音阁题名曰"独占""鳌头矶"，明代书法家方元焕书"鳌头矶"三字，以赋予其"独占鳌头"的意境。鳌头矶现尚存古建筑一组，周围楼阁环抱。北殿称“甘棠祠”；南楼名“登瀛楼”；西殿曰“吕祖堂”；东楼谓“观音阁”。阁建于楼上，呈方形，正檐挑角，木隔落地，玲珑别致。整个建筑结构严谨，布局得体，玲珑纤巧，古色古香，是明代北方地区典型的木结构建筑群。明清两代，运河漕运鼎盛之时，文人骚客常登临楼阁眺望运河，见船来舟往、帆樯如林，即寄情抒怀、赋诗唱和。鳌矶凝秀遂成为运河繁荣时期临清的一景。

14. 滨州博兴凤阳桥

凤阳桥是明代石拱桥，又称青龙桥，位于山东省博兴县王海村东西街。始建于明嘉靖四十二年（1563）。该桥全石结构，长 8 米，宽 5 米，高 5 米，拱形 3 孔，由分水石至拱顶 1.2 米，分水石下尚能露出 0.4 米的桥墩。拱楣浅浮雕卷草图案，中心拱额上刻有獠牙瞠目兽头的浮雕。桥面平铺石板，两侧各置望柱 6 根，栏板 5 块，中心两块栏板镌刻有题额，北曰凤阳桥，南为青龙街，并衬以双凤朝阳和二龙戏珠雕饰。其他 8 块栏板分别雕有八仙过海和四季花卉。望柱高 90 厘米，柱头原有猛兽、方灯等雕饰，现仅存方灯，其中一柱刻“明嘉靖岁在癸亥建志”铭。

第二节　工程类农业文化遗产保护开发利用

一、工程类农业文化遗产保护开发利用现状

1. 聊城土桥闸遗址保护开发利用现状

2010 年 8 月至 12 月，为配合南水北调东线工程山东段的建设，山东省文物考古研究所、聊城市文物局、聊城市东昌府区文物管理所对土桥闸遗址进行了全面发掘，发掘出瓷器、陶器、铜器、铁器、玉石器近万件、石碑两方。这次发掘还对船闸的基本结构、建造和维修时代及其建造程序有了比较清楚的认识。这是京杭大运河山东段船闸的首次发掘，聊城土桥闸也是大运河上完整揭露的第一座船闸。2012 年土桥闸又出土了一尊清朝镇水兽“趴蝮”，之前已发掘出三尊。

2. 南旺分水枢纽保护开发利用现状

2014 年 6 月，汶上南旺枢纽国家遗址公园建成挂牌，南旺分水枢纽将成为大运河畔的一处文化旅游胜地。

3. 金口坝保护开发利用现状

新中国成立初期，曾对金口坝进行过维修，但由于桥身长年负荷交通重压，基础已向河床下陷，原来的巨大石条之间已相互错位。到了 20 世纪 80 年代后，此桥已不堪重负，几处桥石已经塌落，坝基木桩裸露，如不及时维修，一遇洪汛，这座石坝将毁于一旦。鉴于此，兖州文化部门在科学制定大坝修复方案的基础上，采取“修旧如旧”的方法，对坝基进行整体修复。修复工程于 1997 年 4 月启动，同年 7 月竣工，共用资金近 100 余万元。修复之后的金口坝，恢复了往日的秀丽风姿，成为反映兖州

历史与文化的重要人文景观。大坝修复后，兖州相关部门立碑刻文纪念，以昭后人。

4. 京杭大运河山东段保护开发利用现状

京杭运河山东段分黄河以北和黄河以南两段。黄河以北从德州第三店到位山，长235公里，由于水资源缺乏，已于20世纪70年代末期断航。黄河以南从位山到陶河口，长275.6公里，由梁济运河、南四湖和韩庄运河组成，为京杭运河山东段的通航河段。

2000年济宁至徐州段续建工程完成，其中济宁段130公里已由六级航道提高到三级航道，使千吨级货轮可往返于济宁至江南航线。枣庄段运河航道里程93.9公里，建有台儿庄、万年闸两座国家二级标准船闸，年通过能力2 500万吨，可通千吨级货船，辖区内还建有枣庄、滕州、万年、台儿庄四个吞吐量在100万吨以上的港口及20个吞吐量在50万吨以下的作业区。港口总设计承载力1 300万吨。年吞吐量200万吨的滕州港是京杭运河的第一大港，枣庄的煤炭、建材等资源可通过运河运往江、浙、沪等地。

5. 戴村坝保护开发利用现状

东平县依托戴村坝，充分发挥大汶河、大清河、汇河等水资源优势，策划以旅游观光、休闲度假为主的景区，也是全县“双线串珠”的东起点。该项目主要划分为“三区一园一带”，即水工文化体验和水上游乐区、生态农业观光区、休闲娱乐区、湿地公园和汇河景观带，各功能区由滨河大道连接成一个有机的整体。其中休闲娱乐区主要建设体育公园和度假酒店。体育公园主要建设18个球洞的高尔夫练习场，一期工程已投入使用，二期正在紧张施工。体育公园的建设，将有力地拉动东平高端旅游、休闲产业快速发展。度假酒店集吃、住、会议、娱乐于一体，可容纳300余人食宿，主体已完工，正在完善配套。戴村坝景区建成后，它将是东平县水路、陆路旅游线路的东入口。东平县旅游以车行游览结合重点景点驻留观光、文化体验为主要游览形式，辅以文物古迹保护职能、生态环境保护职能和郊野休闲职能。

6. 阳谷七级码头保护开发利用现状

七级古码头保存十分完整，码头由顶部平台、石砌台阶状慢道和水边河滩木桩遗迹组成。石砌台阶状慢道由南北两侧斜坡状边石与中部台阶组成。台阶共有17级，南北宽4.9米，每级高0.13～0.20米。石砌台阶与两侧边石顺势铺砌而成。考古人员在码头下水边河滩发现数量较多的木桩痕迹，据考证，这是当年漕运时，为栓船只而多次立桩留下的痕迹，印证了当年七级码头的繁华。

7. 临清运河古闸保护开发利用现状

临清古闸上保存着一座神兽，神兽早年间曾被破坏，现在已不很完整。据说在每个雁翅首端安置一个神兽是为了保佑闸的牢固和行船的安全。京杭运河临清河段的戴湾闸和二闸，跨越历史久远，闸基本保存完整，在190千米长的会通河上实属仅存，有着深厚的文化内涵，是研究古代经济，文化，漕运，治水等珍贵的实物资料，是古代劳动人民开凿运河，治理运河的成功典范，具有较高的历史价值，科学价值和文物价值。在运河申报世界文化遗产之际，戴闸与二闸这两处国宝的价值极为重要。

8. 宁阳堽城坝保护开发利用现状

1940年，当地开始在距离堽城坝120米的西处附设木桥，木桥长500米，宽3米。1966年5月，为了解决日益繁忙的南北交通运输，消除雨季漫水、冬季结冰等难以过往的安全隐患，宁阳县在原木桥位置开工建设堽城坝大桥，该桥为县境内第一座公路大桥，设计为11孔跨径12米和20孔跨径20米的片石混凝土悬砌拱桥，桥全长612.6米，桥面行车宽度7米，1967年5月竣工通车。它的建成，解放了堽城坝，解决了雨季、冬季不能正常通车的困难，减少了交通堵塞事故，使济（南）微（山）公路宁阳段南北畅通。

9. 泗河大桥保护开发利用现状

2007年，由于1966年增建的两端大桥孔承载设计不能满足现代交通大型车辆的需要，桥孔出现险情。10月中旬兖州政府拨款200余万元，对泗河大桥进行全面加固整修。桥孔钢筋水泥圈梁采用外加钢筋喷浆水泥技术加固，桥墩用水泥石块砌成锥形加固，桥面全部采用60厘米厚的钢筋水泥混凝土，栏杆全部更新为青石线雕，两边安装了22盏路灯，桥的两端各安装一对青石雕刻石狮，中置石绣球一个。

10. 明石桥保护开发利用现状

明石桥作为山东省目前保留最完好的古代大型石桥，其保护修缮工程经过审查严格的招投标环节。由于明石桥是国家级重点保护文物，同时又正在使用，修缮工作存在技术上的难度。经大汶口文化风景名胜管委会、岱岳区文广新局统筹，修缮工程设计由北京建工建筑设计研究院负责。明石桥修缮工程本体以“现状修整”为主，局部以加固为原则，兼顾古石桥周边环境治理和两侧河道疏通，淤泥清理等，真正坚持“不改变文物原状的原则”，最大限度的保护和修缮原有构件。

二、工程类农业文化遗产保护开发利用存在问题分析

从保护开发利用的现状分析来看，大部分工程类农业文化遗产在进入新世纪以后均被列入各级文物保护名录，部分被重建或者修复，但是，在保护开发利用中仍然存在不少问题：

第一，保护力度不够。上述工程类农业文化遗产普遍修建时间较早，在朝代更迭或者战乱中多有损毁，虽然损毁后也多有修缮，但是普遍与原貌相差较大。农业文化遗产的一项重要价值是其所承载的农耕文明和农业生产方式，而如今，随着科技的进步和时代的发展，其在农业中所发挥的作用已经逐渐消亡，大部分工程类的农业文化遗产作为文物供人瞻仰。

第二，开发深度不够。部分工程类农业文化遗产已经开发为旅游景区，但是在开发过程中普遍存在开发方式粗放、文化内涵低的问题。大部分仅仅是将上述农业文化

遗产作为经典保护起来，没有相关的配套设施，不能体现其作为农业文化遗产的特色。

第三，保护开发过程中缺乏统一规划。从名录提要可以看出，山东省主要的工程类农业文化遗产均分布于京杭大运河山东段沿线，是京杭大运河的重要组成部分。但是由于其分布于山东省不同的地市，在进行保护开发时没有宏观的总体规划，导致不能形成资源合力，保护开发效果差。

三、工程类农业文化遗产保护开发利用对策研究

针对上述存在的问题，在进行工程农业文化遗产的开发时应采取如下对策：

首先，相关部门通力合作，形成工程类农业文化资源开发的宏观规划。水利、文物等部门可以在对山东省工程类农业文化遗产进行详细实地调研的基础上，出台遗产保护开发的综合规划，使各地市在进行保护开发时有章可循、有据可依。

其次，深入挖掘工程类农业文化遗产的文化价值。当前国家正在实施乡村振兴战略，其中最重要的目标之一是实现乡村的文化振兴，而农耕文化则是中华民族文化的精神家园，是中华民族的象征，所以，与乡村振兴战略相结合，必须要深入挖掘工程类农业文化遗产所承载的文化价值。

再次，因地制宜，对工程类农业文化遗产进行保护开发。各工程类农业文化遗产的现状不同，各地市实际情况也不同，所以，应在遵循宏观规划的基础上，具体结合各文化遗产的实际情况和当地的经济社会发展情况，制定详细的开发策略。

最后，依托工程类农业文化遗产发展文化产业。文化资源是文化产业发展的基础，各工程类农业文化遗产是发展文化产业的优质资源，基于遗存遗址，结合其所承载的文化价值，通过延长产业链，深入挖掘价值链各环节所承载的价值，发展文化产业是实现文化遗产价值的重要形式。

第五章 CHAPTER 5

聚落类农业文化遗产调查与保护开发利用研究

中国传统村落，宛若一座座乡村文化的博物馆，它们千姿百态，呈现着乡村的变迁，承载着丰厚的历史文化。人们从远古时期认识自然、利用自然，并将自己对自然的理解和认知运用到村落的建设当中。相对完整的保留下来的传统村落所蕴含的思想、理念，在彰显农业的多功能特征、传承民族文化、进行学术研究等诸多方面具有重要意义。传统村落是历史、地理、雕塑、绘画、美学、建筑、民俗、教育、旅游、经济等要素的集合体，具有文化、艺术、社会等价值与功用。

聚落类农业文化遗产的调查与保护、开发利用研究，具有重要的理论意义和实践价值。山东省入选国家级传统村落的数量和占比较小，保护、开发、利用存在问题较多，对山东更多潜在古村镇进行调查、发掘、开发利用的潜力大，文化、经济、旅游等效益大，研究工作亟待加强。

第一节　聚落类农业文化遗产名录提要

尽管山东省传统村落存留的完整性不是很好，但数量较多。其中诸多村落成为中国传统村落，或山东省传统村落，还有一部分为省级或市级的历史文化遗址。我们将对全国和山东省传统村落的相关名录进行梳理，并就部分传统村落作概要介绍。

一、聚落类农业文化遗产名录

1. 入选中国传统村落名录

2012 年 12 月 20 日，住房和城乡建设部、文化部、财政部三部门联合公布了第一批中国传统村落名单，共有 646 个村落列入中国传统村落名录。其中山东省入选 10 个，分别是：济南市章丘市官庄镇朱家峪村；青岛市崂山区王哥庄街道青山渔村；青岛市即墨市丰城镇雄崖所村；淄博市周村区王村镇李家疃村；淄博市淄川区太河镇梦泉村；淄博市淄川区太河镇上端士村；枣庄市山亭区山城街道兴隆庄村；潍坊市寒亭区寒亭街道西杨家埠村；泰安市岱岳区大汶口镇山西街村；威海市荣成市宁津街道东楮岛村。

2013年8月26日，住房城乡建设部、文化部、财政部共同出台了第二批列入中国传统村落名录的村落名单，这一批共有915个村落入选。其中山东省入选6个，分别是：青岛市即墨市金口镇凤凰村；烟台市招远市辛庄镇高家庄子村；烟台市招远市辛庄镇大涝洼村；烟台市招远市辛庄镇孟格庄村；烟台市招远市张星镇徐家村；威海市文登市高村镇万家村。

2014年11月25日，住房和城乡建设部、文化部、财政部三部门联合公布了第三批中国传统村落名单，共有994个村落入选。其中山东省入选21个，分别是：济南市平阴县洪范池镇东峪南崖村；枣庄市滕州市羊庄镇东辛庄村；烟台市牟平区姜格庄街道办事处里口山村；烟台市招远市辛庄镇徐家疃村；烟台市招远市张星镇北栾家河村；烟台市招远市张星镇川里林家村；烟台市招远市张星镇丛家村；烟台市招远市张星镇界沟姜家村；烟台市招远市张星镇口后王家村；烟台市招远市张星镇奶子场村；烟台市招远市张星镇上院村；烟台市招远市张星镇石棚村；济宁市邹城市城前镇越峰村；济宁市邹城市石墙镇上九山村；威海市荣成市俚岛镇大庄许家社区；威海市荣成市俚岛镇东烟墩社区；威海市荣成市俚岛镇烟墩角社区；临沂市沂南县马牧池乡常山庄村；临沂市沂水县马站镇关顶村；临沂市平邑县柏林镇李家石屋村；临沂市平邑县地方镇九间棚村。

2016年12月9日，中华人民共和国住房和城乡建设部、文化部、国家文物局、财政部、国土资源部、农业部、国家旅游局，联合公布第四批列入中国传统村落名录的村落名单，共有1 598个村落列入中国传统村落名录。其中山东省入选38个，分别是：济南市长清区归德街道双乳村；济南市长清区孝里镇方峪村；济南市章丘区普集街道博平村；济南市章丘区文祖街道三德范村；淄博市淄川区昆仑镇张李村；淄博市淄川区洪山镇蒲家庄村；淄博市淄川区寨里镇南峪村；淄博市淄川区太河镇柏树村；淄博市淄川区太河镇永泉村；淄博市淄川区太河镇罗圈村；淄博市博山区域城镇黄连峪村；淄博市博山区域城镇蝴蝶峪村；淄博市博山区域城镇龙堂村；淄博市周村区北郊镇大七村；淄博市周村区王村镇万家村；枣庄市山亭区北庄镇双山涧村；枣庄市山亭区冯卯镇独古城村；枣庄市山亭区冯卯镇冯卯村；枣庄市滕州市柴胡店镇胡套老村；烟台市龙口市徐福街道桑岛村；烟台市龙口市诸由观镇西河阳村；烟台市龙口市芦头镇庵夼村；潍坊市青州市王府街道井塘村；潍坊市昌邑市龙池镇齐西村；泰安市东平县接山镇朝阳庄村；威海市荣成市俚岛镇东崮村；威海市荣成市人和镇院夼村；莱芜市莱城区茶业口镇卧铺村；临沂市沂南县铜井镇竹泉村；临沂市沂水县马站镇八大庄村；临沂市沂水县夏蔚镇王庄村；临沂市沂水县泉庄镇崮崖村；临沂市费县梁邱镇邵庄村；临沂市费县马庄镇西南峪村；临沂市临沭县曹庄镇朱村；临沂市蒙山旅游区柏林镇金三峪村；菏泽市巨野县核桃园镇付庙村；菏泽市巨野县核桃园镇前王庄村。

2019年6月6日，中华人民共和国住房和城乡建设部、文化和旅游部、国家文物局、财政部、自然资源部、农业农村部联合公布第五批列入中国传统村落名录的村落名单，共有 2 666 个村落列入中国传统村落名录。其中山东省入选 50 个，分别是：济南市历城区柳埠街道石匣村；济南市章丘区普集街道袭家村；济南市章丘区相公庄街道梭庄村；济南市章丘区官庄街道东矾硫村；淄博市淄川区昆仑镇磁村村；淄博市淄川区昆仑镇刘瓦村；淄博市淄川区罗村镇大窎桥村；淄博市淄川区太河镇纱帽村；淄博市淄川区太河镇土泉村；淄博市淄川区太河镇鲁子峪村；淄博市淄川区太河镇池板村；淄博市博山区域城镇东流泉村；淄博市博山区域城镇上恶石坞村；淄博市博山区源泉镇南崮山北村；淄博市沂源县燕崖镇姚南峪村；枣庄市薛城区陶庄镇前西仓村；枣庄市山亭区城头镇东岭村；枣庄市山亭区冯卯镇朱元村；枣庄市山亭区冯卯镇付庄村；烟台市龙口市黄山馆镇馆前后徐村；烟台市龙口市芦头镇界沟张家村；烟台市莱州市程郭镇前武官村；烟台市招远市蚕庄镇山后冯家村；烟台市招远市张星镇段家洼村；烟台市招远市张星镇仓口陈家村；烟台市招远市张星镇宅科村；烟台市栖霞市苏家店镇后寨村；潍坊市青州市庙子镇黄鹿井村；潍坊市昌邑市卜庄镇夏店街村；潍坊市昌邑市卜庄镇姜泊村；济宁市邹城市香城镇石鼓墩村；济宁市邹城市石墙镇东深井村；泰安市岱岳区道朗镇二奇楼村；泰安市肥城市孙伯镇五埠村；泰安市肥城市孙伯镇岈山村；威海市荣成市宁津街道东墩村；威海市荣成市宁津街道留村；威海市荣成市宁津街道马栏耩村；威海市荣成市宁津街道渠隔村；威海市荣成市港湾街道大鱼岛村；威海市荣成市港西镇小西村；威海市荣成市港西镇巍巍村；威海市乳山市城区街道腾甲庄村；威海市乳山市崖子镇大崮头村；威海市乳山市诸往镇东尚山村；日照市莒县东莞镇赵家石河村；日照市莒县桑园镇柏庄村；莱芜市莱城区和庄镇马杓湾村；临沂市沂水县夏蔚镇云头峪村；临沂市沂水县泉庄镇石棚村。

2. 入选山东省传统村落名录

2014 年 10 月 14 日，山东省住房城乡建设厅“村镇建设处〔2014〕21 号”，公示山东省第一批省级传统村落名单（103 个）。济南市（6 个）：济南市章丘市文祖镇三德范村；济南市章丘市普集镇博平村；济南市章丘市相公庄镇梭庄村；济南市平阴县洪范池镇东峪南崖村；济南市平阴县榆山街道办事处东蛮子村；济南市长清区孝里镇方峪村。青岛市（3 个）：青岛市黄岛区大场镇西寺村；青岛市即墨市金口镇李家周疃村；青岛市莱西市姜山镇西三都河村。淄博市（16 个）：淄博市淄川区洪山镇蒲家村；淄博市淄川区洪山镇土峪村；淄博市淄川区太河镇西股村；淄博市淄川区太河镇西岛坪村；淄博市淄川区太河镇柏树村；淄博市淄川区太河镇土泉村；淄博市淄川区太河镇罗圈村；淄博市淄川区太河镇纱帽村；淄博市淄川区太河镇双井村；淄博市淄川区太河镇石安峪村；淄博市淄川区太河镇杨家庄村；淄博市博山区八陡镇双凤村；淄博市博山区山头街道办事处古窑村；淄博市周村区王村镇万家村；淄博市桓台县新城镇城南村；淄博市桓台县新城镇城东村。枣庄市（4 个）：枣庄市滕州市柴胡店镇胡套老村；枣庄市滕州市羊庄镇东辛庄村；枣庄市滕州市羊庄镇北台村；枣庄市滕州市姜屯镇东滕城村。东营市（1个）：东营市垦利县胜坨镇东王村。烟台市（20个）：烟台市龙口市诸由观镇西河阳村；烟台市招远市张星镇奶子场村；烟台市招远市张星镇界沟姜家村；烟台市招远市张星镇口后王家村；烟台市招远市张星镇石棚村；烟台市招远市张星镇川里林家村；烟台市招远市张星镇上院村；烟台市招远市张星镇北栾家河村；烟台市招远市辛庄镇徐家疃村；烟台市招远市蚕庄镇山后冯家村；烟台市莱阳市万第镇后石庙村；烟台市莱阳市万第镇梁家夼村；烟台市栖霞市臧家庄镇马陵家村；烟台市栖霞市苏家店镇后寨村；烟台市牟平区姜格庄街道办事处里口山村；烟台市海阳市郭城镇肖家庄村；烟台市海阳市郭城镇北朱村；烟台市莱州市三山岛街道办事处王贾村；烟台市莱州市城港路街道办事处朱旺村；烟台市莱州市虎头崖镇朱流村。潍坊市（8个）：潍坊市昌邑市龙池乡齐西村；潍坊市昌乐县乔官镇响水崖村；潍坊市安丘市柘山镇薛家庄村；潍坊市安丘市辉渠镇下涝坡村；潍坊市安丘市辉渠镇黄石板坡村；潍坊市安丘市辉渠镇西沟村；潍坊市青州市王府街道办事处井塘村；潍坊市寿光市双王城生态经济园区朱头镇村。济宁市（9个）：济宁市嘉祥县卧龙山街道办事处双凤村；济宁市嘉祥县马村镇张家垓村；济宁市曲阜市吴村镇葫芦套村；济宁市曲阜市尼山镇夫子洞村；济宁市梁山县黑虎庙镇西小吴村；济宁市梁山县水泊街道办事处刘集村；济宁市泗水县泗张镇王家庄村；济宁市邹城市石墙镇上九山村；济宁市邹城市城前镇越峰村。泰安市（6个）：泰安市岱岳区满庄镇上泉村；泰安市肥城市仪阳镇鱼山村；泰安市东平县接山镇常庄村；泰安市东平县银山镇南堂子村；泰安市东平县老湖镇梁林村；泰安市东平县接山镇中套村。威海市（8个）：威海市环翠区张村镇王家疃村；威海市荣成市俚岛镇烟墩角社区；威海市荣成市俚岛镇大庄许家社区；威海市荣成市宁津街道办事处留村；威海市荣成市宁津街道办事处渠隔村；威海市荣成市港西镇巍巍村；威海市荣成市俚岛镇项家寨村；威海市乳山市乳山镇南司马庄村。日照市（2个）：日照市莒县碁山镇天城寨村；日照市五莲县街头镇李崮寨村。莱芜市（2个）：莱芜市莱城区苗山镇南文字街村；莱芜市莱城区茶业口镇卧铺村。临沂市（11个）：临沂市临沭县曹庄镇朱村；临沂市蒙山旅游区柏林镇李家石屋村；临沂市蒙山旅游区柏林镇鬼谷子村；临沂市沂水县院东头镇西墙峪村；临沂市沂水县院东头镇桃棵子村；临沂市莒南县大店镇庄氏庄园（七、八、九村）；临沂市沂南县铜井镇竹泉峪村；临沂市沂南县马牧池乡常山庄村；临沂市平邑县地方镇九间棚村；临沂市费县梁邱镇邵庄村；临沂市费县薛庄镇大良村。德州市（2个）：德州市武城县四女寺镇四女寺村；德州市临邑县德平镇闫家村。聊城市（2个）：聊城市阳谷县乔润街道办事处迷魂阵村；聊城市阳谷县七级镇七一村。滨州市（1个）：滨州市无棣县海丰街道城里村。菏泽市（2个）：菏泽市巨野县核桃园镇付庙村；菏泽市巨野县核桃园镇前王庄村。

2015年5月8日，山东省住房和城乡建设厅“鲁建村函〔2015〕11号”公示山东省第二批传统村落名单（105个）。济南市（3个）：章丘市普集镇杨官村；章丘市官庄镇东矾硫村；长清区归德镇双乳村。青岛市（1个）：胶州市胶北街道办玉皇庙村。淄博市（13个）：桓台县新城镇新立村；桓台县新城镇城西村；桓台县新城镇城北村；桓台县新城镇东花园村；淄川区寨里镇南峪村；淄川区太河镇王家庄村；淄川区太河镇永泉村；淄川区昆仑镇刘瓦村；博山区域城镇蝴蝶峪村；博山区域城镇黄连峪村；博山区域城镇西厢村；周村区王村镇西铺村；周村区北郊镇大七村。枣庄市（12个）：滕州市龙阳镇卧龙庄村；滕州市滨湖镇东古村；山亭区桑村镇桑村村；山亭区徐庄镇高山顶村；山亭区水泉镇紫泥汪村；山亭区水泉镇东堌城村；山亭区西集镇伏里村；山亭区北庄镇双山涧村；山亭区城头镇西城头村；山亭区店子镇尚河村；山亭区凫城镇崔庄村；薛城区邹坞镇中陈郝村。东营市（1个）：东营区龙居镇盐坨村。烟台市（25个）：莱阳市照旺庄镇五处渡村；莱阳市照旺庄镇西赵格庄村；莱阳市万第镇儒林泊村；莱阳市吕格庄镇大梁子口村；栖霞市唐家泊镇东三叫村；栖霞市苏家店镇前寨村；栖霞市苏家店镇林家村；栖霞市苏家店镇曹高家村；莱州市郭家店镇小黄泥沟村；莱州市驿道镇刘家洼村；莱州市驿道镇初家村；莱州市朱桥镇大尹家村；招远市张星镇丛家村；招远市辛庄镇磁口村；招远市张星镇口后韩家村；招远市张星镇马格庄村；龙口市芦头镇庵夼村；龙口市徐福街道办桑岛村；龙口市兰高镇镇沙村；牟平区龙泉镇马家都村；蓬莱市北沟镇北林院；蓬莱市北沟镇王格庄村；海阳市朱吴镇乐畎村；海阳市朱吴镇北洛村；海阳市辛安镇北马家村。潍坊市（6个）：安丘市石埠子镇罗家官庄村；昌乐县乔官镇土埠沟村；临朐县城关街道寨子崮村；青州市弥河镇上院村；青州市邵庄镇王辇村；临朐县嵩山镇北黄谷村。济宁市（8个）：兖州区颜店镇嵫山村；兖州区颜店镇后郗村；邹城市看庄镇柳下邑村；鱼台县张黄镇武台村；鱼台县李阁镇太公庙村；汶上县军屯乡梅山村；梁山县水泊街道办郑垓村；梁山县水泊街道办前集村。泰安市（7个）：岱岳区道朗镇二起楼村；东平县银山镇山赵村；东平县斑鸠店镇子路村；东平县戴庙镇司里村；东平县老湖镇柳村；肥城市仪阳镇空杏寺村；肥城市安临站镇井峪村。威海市（8个）：荣成市人和镇院夼村；荣成市俚岛镇东崮村；荣成市俚岛镇东烟墩社区；荣成市寻山街道办嘉渔汪村；荣成市宁津街道办马栏耩村；荣成市港西镇小西村；乳山市诸往镇东尚山村；乳山市大孤山镇东林家村。日照市（1个）：莒县桑园镇柏庄村。莱芜市（3个）：钢城区颜庄镇澜头村；钢城区辛庄镇砟峪村；莱城区茶业口镇逯家岭村。临沂市（13个）：沂南县铜井镇张家坪村；沂水县马站镇关顶村；沂水县泉庄镇崮崖村；沂水县夏蔚镇王庄村；沂水县夏蔚镇云头峪村；平邑县平邑街道办西张庄二村；蒙阴县桃墟镇前城村；蒙阴县岱崮镇蒋家庄村；蒙阴县岱崮镇笊篱坪村；蒙阴县岱崮镇马子石沟村；蒙阴县野店镇寨后万村；费县马庄镇西南峪村；费县马庄镇西荆湾村。德州市（1个）：武城县四女寺镇吕庄子村。聊城市（1个）：阳谷县阿城镇海会寺村。滨州市（1个）：沾化区古城镇西关村。菏泽市（1个）：郓城县箕山镇孙花园村。

2016年5月6日，鲁建村字〔2016〕14号公布山东省第三批省级传统村落名单

（103个）。

济南市（8个）：长清区归德镇土屋村；章丘市文祖街道办郭家庄村；章丘市文祖街道办西王黑村；章丘市文祖街道办大寨村；章丘市文祖街道办东、西田广村；章丘市普集街道办龙华村；章丘市普集街道办于家村；章丘市曹范镇叶亭山村。青岛市（3个）：即墨市金口镇南里村；即墨市金口镇西枣行村；即墨市田横镇周戈庄村。淄博市（19个）：淄川区太河镇池板村；淄川区太河镇方山村；淄川区太河镇小口头村；淄川区太河镇下雀峪村；淄川区太河镇鲁子峪村；淄川区太河镇下岛坪村；淄川区太河镇西石村；淄川区太河镇下端士村；淄川区昆仑镇张李村；淄川区寨里镇苗峪口村；淄川区罗村镇大鸾桥村；周村区南郊镇韩家窝村；周村区王村镇东铺村；周村区王村镇北河东村；博山区域城镇龙堂村；博山区域城镇镇门峪村；博山区域城镇峪口村；博山区石马镇南沙井村；高青县高城镇西关村。枣庄市（6个）：山亭区北庄镇洪门村；山亭区冯卯镇独孤城村；山亭区桑村镇瓜园村；山亭区桑村镇艾湖村；山亭区水泉镇化石岭村；市中区税郭镇东郝湖村。烟台市（18个）：莱州市朱桥镇紫罗姬家村；莱州市金城镇后坡村；莱州市永安街道办海庙于家村；莱州市沙河镇西杜家村；牟平区龙泉镇河北崖村；蓬莱市潮水镇费东村；栖霞市苏家店镇赵格庄村；栖霞市苏家店镇大蔡家村；栖霞市唐家泊镇西三叫村；栖霞市松山街道办朱元沟村；招远市张星镇仓口陈家村；海阳市郭城镇战场泊村；龙口市石良镇庵下吴家村；福山区回里镇土峻头村福山区回里镇善疃村；莱阳市万第镇护驾崖村；莱阳市照旺庄镇黄埠寨村；莱阳市姜疃镇凤头村。潍坊市（5个）：安丘市柘山镇华家宅村；青州市庙子镇黄鹿井村；青州市邵庄镇北辞村；高密市东北乡文化发展区平安庄村；临朐县寺头镇大时家庄村。济宁市（7个）：泗水县苗馆镇山合寨村；邹城市香城镇石鼓墩村；金乡县王丕街道办王丕庄村；微山县驩城镇尹洼村；曲阜市石门山镇丁家庄村；嘉祥县孟姑集镇岳楼村；梁山县水泊街道办郝山头村。泰安市（5个）：岱岳区道朗镇西山村；岱岳区祝阳镇徐家楼村；东平县接山镇朝阳庄村；东平县接山镇荣花树村；东平县接山镇尹山庄村。威海市（5个）：文登区高村镇慈口观村荣成市港湾街道办牧云庵社区；荣成市宁津街道办所后王家村；荣成市宁津街道办所后卢家村；荣成市宁津街道办止马滩村。日照市（1个）：莒县库山乡苑家沟村。莱芜市（3个）：莱城区茶业口镇上王庄村；莱城区茶业口镇中法山村；莱城区雪野镇娘娘庙村。临沂市（15个）：平邑县长山生态保护区白龙泉村；蒙阴县坦埠镇东西崖村；蒙阴县岱崮镇大崮村；蒙阴县岱崮镇丁家庄村；蒙阴县岱崮镇大朱家庄村；蒙阴县岱崮镇黑土洼村；兰陵县尚岩镇万村；兰陵县兰陵镇沈坊前村；沂水县泉庄镇石棚村；沂水县马站镇八大庄村；费县南张庄乡北刘家庄村；费县马庄镇东天井汪村；费县马庄镇许由洞村；费县马庄镇小夏庄村；蒙山旅游区柏林镇金三峪村。德州市（1个）：临邑县理合务镇大蔺家村。聊城市（5个）：莘县大张家镇北马陵村；莘县大张家镇红庙村；东阿县姜楼镇魏庄村；东阿县刘集镇苫山村；东阿县刘集镇前关山村。菏泽市（2个）：东明县莱园集镇庄寨村；曹县侯集回族镇梁堌堆村。

2017年5月2日，山东省住房和城乡建设厅“鲁建村字〔2017〕12号”公示山东省第四批传统村落名单（100个）。济南市（11个）：济南市长清区双泉镇小张村；济南市南部山区管委会柳埠街道办事处石匣村；济南市章丘区普集街道办事处万山村；济南市章丘区文祖街道办事处石子口村；济南市章丘区文祖街道办事处朱公泉村；济南市章丘区相公庄街道办事处十九郎村；济南市章丘区刁镇旧军村；济南市章丘区官庄街道办事处北王庄村；济南市章丘区官庄街道办事处孟家峪村；济南市章丘区官庄街道办事处石匣村；济南市平阴县洪范池镇大黄崖村。淄博市（21个）：淄博市淄川区岭子镇大口村；淄博市淄川区岭子镇王家村；淄博市淄川区西河镇大安村；淄博市淄川区寨里镇赵家岭村；淄博市淄川区寨里镇双旭村；淄博市淄川区太河镇西石门村；淄博市淄川区太河镇城子村；淄博市博山区域城镇山王庄村；淄博市博山区域城镇青龙湾村；淄博市博山区域城镇西流泉村；淄博市博山区源泉镇南崮山北村；淄博市博山区八陡镇福山村；淄博市高青县青城镇西北街村；淄博市沂源县南鲁山镇水么头河北村；淄博市沂源县南鲁山镇双石屋村；淄博市沂源县石桥镇后大泉村；淄博市沂源县燕崖镇姚南峪村；淄博市沂源县鲁村镇安平村；淄博市周村区王村镇沈古村；淄博市周村区王村镇苏李村；淄博市周村区王村镇王村。枣庄市（8个）：枣庄市滕州市姜屯镇前李店村；枣庄市薛城区陶庄镇前西村；枣庄市山亭区城头镇东岭村；枣庄市山亭区店子镇罗营村；枣庄市山亭区店子镇剪子山村；枣庄市山亭区冯卯镇竹园村；枣庄市山亭区凫城镇王家湾村；枣庄市山亭区北庄镇三道峪村。烟台市（10个）：烟台市莱州市金城镇城后万家村；烟台市龙口市黄山馆镇馆前后徐家村；烟台市招远市张星镇北于家子村；烟台市牟平区龙泉镇狮子夼村；烟台市栖霞市桃村镇铁口村；烟台市栖霞市松山街道办事处母山后村；烟台市栖霞市苏家店镇苗家村；烟台市莱阳市姜疃镇地北头村；烟台市莱阳市万第镇小院村；烟台市福山区回里镇刘家庄村。潍坊市（4个）：潍坊市青州市邵庄镇刁庄村；潍坊市青州市邵庄镇东峪村；潍坊市安丘市郚山镇南官庄村；潍坊市昌邑市卜庄镇夏店街村。济宁市（6个）：济宁市金乡县化雨镇化南村；济宁市梁山县水泊街道办事处马振扬村；济宁市邹城市峄山镇东颜村；济宁市邹城市田黄镇杨峪村；济宁市邹城市香城镇马石片村；济宁市邹城市石墙镇东深井村。泰安市（4个）：泰安市岱岳区祝阳镇东大官村；泰安市岱岳区道朗镇东西门村；泰安市新泰市龙廷镇掌平洼村；泰安市东平县旧县乡浮粮店村。威海市（11个）：威海市环翠区张村镇姜家疃村；威海市文登区葛家镇东于疃村；威海市荣成市宁津街道办事处东墩村；威海市荣成市宁津街道办事处林家流村；威海市荣成市宁津街道办事处东苏家村；威海市荣成市宁津街道办事处口子村；威海市荣成市宁津街道办事处北场村；威海市荣成市斥山街道办事处盛家村；威海市荣成市俚岛镇瓦屋石村；威海市乳山市海阳所镇赵家庄村；威海市乳山市大孤山镇大史家村。日照市（1个）：日照市莒县东莞镇赵家石河村。莱芜市（3个）：莱芜市莱城区茶业口镇潘家崖村；莱芜市莱城区茶业口镇中茶业村；莱芜市莱城区和庄镇马杓湾村。临沂市（11个）：临沂市沂水县夏蔚镇水源坪村；临沂市沂南县依汶镇孙隆村；临沂市平邑县铜石镇赵家峪村；临沂市平邑县铜石镇张家棚村；临沂市平邑县铜石镇平顶山村；临沂市平邑县铜石镇牛角村；临沂市平邑县铜石镇营子洼村；临沂市平邑县平邑街道办事处大殿汪村；临沂市蒙阴县岱崮镇燕窝村；临沂市蒙阴县岱崮镇东上峪村；临沂市蒙阴县岱崮镇岱崮村。德州市（1个）：德州市乐陵市花园镇王母殿村。聊城市（5个）：聊城市莘县大王寨镇杨庄村；聊城市莘县张鲁回族镇南街村；聊城市莘县莘亭街道办事处曹屯村；聊城市东阿县刘集镇后关山村；聊城市东阿县刘集镇皋上村。菏泽市（4个）：菏泽市郓城县张集乡状元张楼村；菏泽市巨野县独山镇东隅村；菏泽市巨野县核桃园镇前山王村；菏泽市巨野县核桃园镇尹口村。

2018年8月2日，山东省住房和城乡建设厅公示山东省第五批传统村落名单（100个）。济南市（6个）：济南市长清区孝里镇北黄崖村；济南市长清区孝里镇南黄崖村；济南市长清区孝里镇岚峪村；济南市南部山区西营镇黄鹿泉村；济南市南部山区西营镇天晴峪村；济南市南部山区仲宫街道凤凰村。青岛市（4个）：青岛市黄岛区铁山街道上沟村；青岛市即墨区金口镇北迁村；青岛市平度市田庄镇官庄北村；青岛市平度市店子镇上洄村。淄博市（35个）：淄博市淄川区太河镇前沟村；淄博市淄川区太河镇上岛坪村；淄博市淄川区太河镇陈家井村；淄博市淄川区太河镇秦家庄村；淄博市淄川区太河镇李家村；淄博市淄川区太河镇东东峪村；淄博市淄川区太河镇响泉村；淄博市淄川区岭子镇槲林村；淄博市淄川区岭子镇林峪村；淄博市淄川区岭子镇黄家峪村（五股泉）；淄博市淄川区寨里镇土古堆村；淄博市淄川区寨里镇槲坡村；淄博市淄川区昆仑镇马棚村；淄博市淄川区昆仑镇磁村；淄博市淄川区西河镇东峪村；淄博市淄川区西河镇龙湾峪村；淄博市博山区博山镇郭东村；淄博市博山区博山镇五福峪村；淄博市博山区源泉镇麻庄村；淄博市博山区博山镇邀兔村；淄博市博山区域城镇上恶石坞村；淄博市博山区石马镇西沙井村；淄博市博山区石马镇东石村；淄博市博山区石马镇上焦村；淄博市博山区石马镇盆泉村；淄博市博山区石马镇下焦村；淄博市博山区石马镇响泉村；淄博市周村区王村镇前坡村；淄博市周村区王村镇王洞村；淄博市沂源县东里镇东安村；淄博市沂源县鲁村镇楼子村；淄博市沂源县鲁村镇南泉村；淄博市沂源县鲁村镇月庄村；淄博市沂源县西里镇张家泉村；淄博市沂源县悦庄镇八仙官庄村。枣庄市（5个）：枣庄市薛城区陶庄镇奚村；枣庄市山亭区西集镇东集村；枣庄市山亭区水泉镇板上村；枣庄市山亭区冯卯镇朱山村；枣庄市山亭区冯卯镇望母山村。烟台市（14个）：烟台市福山区门楼镇邱家庄村；烟台市福山区张格庄镇西水夼村；烟台市福山区张格庄镇瑶台村；烟台市牟平区龙泉镇匣子口村；烟台市牟平区龙泉镇邹家庄村；烟台市龙口市石良镇水夼村；烟台市龙口市芦头镇界沟张家村；烟台市龙口市芦头镇界沟刘家村；烟台市龙口市北马镇下虎龙石村；烟台市龙口市黄山馆镇耩下刘家村；烟台市招远市张星镇宅科村；烟台市招远市蚕庄镇西山王家村；烟台市招远市张星镇段家洼村；烟台市栖霞市松山街道北路家沟村。潍坊市（11个）：潍坊市青州市庙子镇窦家崖村；潍坊市青州市庙子镇长秋村；潍坊市青州市邵庄镇老山村；潍坊市安丘市柘山镇郚家崖村；潍坊市安丘市大盛镇牛沐村；潍坊市临朐县辛寨镇吉寺埠村；潍坊市临朐县九山镇石瓮沟村；潍坊市临朐县寺头镇赵家北坡村；潍坊市临朐县五井镇隐士村；潍坊市临朐县冶源镇李家庄子村；潍坊市临朐县寺头镇东福泉村。济宁市（1个）：济宁市金乡县化雨镇李楼村。泰安市（3个）：泰安市新泰市龙廷镇太公峪村；泰安市肥城市孙伯镇五埠村；泰安市肥城市孙伯镇岈山村。威海市（10个）：威海市文登区文登营镇沟于家村；威海市文登区界石镇梧桐庵村；威海市文登区界石镇六度寺村；威海市文登区界石镇三瓣石村；威海市文登区高村镇莲花城村；威海市文登区宋村镇山东村；威海市文登区埠口港下埠前村；威海市文登区米山镇长山村；威海市文登区米山镇西山后村；威海市乳山市白沙滩镇焉家村。临沂市（9个）：临沂市沂南县青驼镇大冯家楼子村；临沂市沂南县张庄镇大岱村；临沂市沂南县辛集镇苗家曲村；临沂市沂水县高庄镇杏峪村；临沂市沂水县高庄镇龙湾村；临沂市沂水县高庄镇桃花坪村；临沂市兰陵县向城镇杭头村；临沂市兰陵县金岭镇压油沟村；临沂市平邑县白彦镇彭庄村。聊城市（1个）：聊城市莘县河店镇马桥村。菏泽市（1个）：菏泽市东明县菜园集镇西李寨村。

二、聚落类农业文化遗产名录提要

1. 济南市章丘区官庄镇朱家峪村

山东省济南市章丘区官庄街道朱家峪村（图5-1），是中国北方地区典型的山村型古村落，是住房和城乡建设部、文化部、财政部三部门于2012年12月20日，联合公布的第一批中国传统村落，朱家峪是明清时期著名的古村落，现为国家AAAAA级景区。

A. 朱家峪魁星楼

B. 山阴小学校门

C. 进士故居垂花门罩

图5-1　朱家峪村古建筑（曹幸穗　摄）

朱家峪，具体坐落于南麻东南4.5公里处，太平顶之阴，马连山西麓。朱家峪向西与胡山森林公园相接，向北靠近齐鲁世博精品园。朱家峪村落依山而建，呈梯形状，参差的房屋错落有致地分布在盘道上，与环境很好地融为一体。在朱家峪现居的234位村民中，以朱姓为主。同时该村以山岭地貌为主，经营农业林果、花椒。

朱家峪历史渊源深厚。经过专家对出土陶器的考古论证，早在夏商时期就有庐于此，迄今已有3 800年以上的历史。据闻，战国时期朱家峪名曰城角峪。《章丘方志名》载城角峪后改称富山峪。明朝洪武年代早期，居住在河北枣强的朱氏家族迁入到朱家峪村。由于朱氏家族与当时的皇帝朱元璋同宗，故又改名为朱家峪，以朱良盛为本村朱氏一世开基祖。另据《朱氏家谱》记载，朱氏家族于乾隆十七年由沂兰山县迁至朱家峪定居，以姓氏地貌命名。自明代起，朱家峪至今约有600年的历史，虽经历史的洗礼，但是至今朱家峪保存较为完好的石桥、古祠和楼阁等仍在向我们诉说着这座村庄悠久的历史。现如今，朱家峪现存的古建筑约200座，石桥约99座，有堪称“世界立交桥原型”的康熙双桥、有“古代交通先驱”之美誉的双轨古道，还有极负盛名的关帝庙、文昌阁等人文景观。朱家峪村以该村落的历史文化为基础，建立了民俗博物馆、科举制度博物馆和民间青花瓷博物馆等。这些博物馆的存在，向人们展示着朱家峪悠久历史文化的同时，其中也体现出政治、艺术、民俗等文化特征。因为朱家峪有“齐鲁第一古村，江北聚落标本”之称。

朱家峪文化底蕴丰厚，由古至今都十分重视对当地人的文化教育的培养，涌现出了不少德才兼备的有志之士，例如，被皇帝赐予明经进士的朱逢寅，光绪年间考取五品举人的朱凤皋等。从清代末期至民国时期，朱家峪村约有私塾17处。20世纪初，朱家峪开始了新式教育。1932年，由朱连拔、朱连弟创办了朱家峪女子学校，这在当时是十分少见的，此事也产生了较大影响。当时对于中国广袤的农村地区来说，女子学堂是比较少见的，该女子学堂设有一个班，学生约有二十多人，孙吉祥（女）是当时女子学堂的教书先生。《朱子治家格言》中的“勿营华屋、勿谋良田、耕读传家”的思想于古于今均产生过重要的影响。清末至今，全村教师120余人。在新中国成立初期，朱家峪大专以上文化程度者数近200人。

2. 青岛市即墨区丰城镇雄崖所村

雄崖所村位于今青岛市即墨区东北部45公里处，属丰城镇。秦朝已开始有人聚居于此，此后形成村落。隋朝以后该地属即墨县，明洪武年间为抵御倭寇，始建雄崖所村，为海防城堡，于明建文四年置雄崖所。雄崖所村在清朝初年改设千总一员统辖驻军，雍正年间雄崖所村并于即墨县，因其独特的战略位置仍派重兵把守，乾隆年间巡检南移，雄崖所村成为传统的村落。目前，雄崖所村的城墙已几乎不见踪迹，在其保存较为完整的古城遗址中可以探寻其悠久的历史，雄崖所村的古城遗址、玉皇庙、村西老井和玉皇庙是具有代表性的遗址（图5-2）。雄崖所村系住房和城乡建设部等公布的第一批中国传统村落和第四批中国历史文化名村。

A. 雄崖所村古城门

B. 雄崖所村秦、明、民国、现代砖混砌房

图 5-2 雄崖所村古建筑（孙骥 摄）

3. 泰安市岱岳区大汶口镇山西街村

泰安市岱岳区大汶口镇山西街村位于市区西南方向约 30 公里处，位于大汶口镇政府东南 1 公里处。老村区、新村区和商业区是山西街村的主要构成，主要历史文化遗址在老城区。明石桥、山西街道和山西会馆是山西街村最具代表性的建筑（图 5-3）。

A. 山西会馆

B. 山西街村明石桥

图 5-3 山西街村古建筑（孙骥 摄）

在汶河上有一座 500 多年的石桥——明石桥，明石桥至今保存较好且能正常使用，明石桥屹立于汶河上之上，见证着汶河的兴衰更迭。明石桥往北走即为战国时期齐国国土，向南步行几步就是鲁国境内。明石桥全长约 238 米，是连接山西街村西南门和宁阳县茶棚村的通道，宽约 2.5 米，共 65 孔。“该桥桥面是由无数块石板连接而成，每块石板长约 3.5 米，宽约 52 厘米，石板间均用铁制外向锤形扒锯钳接。桥墩皆用大石块垒砌，东边迎水处为尖形以减少水的冲击力。”① 这座石桥是唯一一座连接大汶河南北两岸的石桥，它的出现使大汶口和山西街村在短短的几百年间成为泰城

① 鲁王，2014. 泰安山西街村：从一条街到国家级名村［J］. 山东文化（5）：2.

地区最为繁华的地区之一，同时也使山西街村成为首批国家传统村落之一。明代修建的汶河石桥，使得古镇村落的范围逐步扩大，解决了南北往来最大的交通障碍，商业往来更加频繁，促进了当地古代经济的大发展大飞跃。时至今日，明石桥依然是连接大汶河南北两岸的交通要道，仍然具有较大的实用性。

山西会馆总面积约 2 660 米^2，是清乾隆二十四年在关帝庙基础上扩张修建而成，分为南北两院。北为关帝庙，是馆内的主体建筑，气势磅礴，是晋商文化的一大缩影。晋商将关公奉为仁义忠信的代表，以此来时刻告诫自己，从商要讲信义，做人要讲信誉。关帝大殿其东西两侧建有两座配殿，东为财神殿，西为火神殿，使用青瓦覆盖。会馆南院多为唱戏娱乐之地，为戏楼台，是供晋商休息之所。山西会馆建成以后，更多游民、香客、商贩聚集于此，使得山西会馆前的山西街得以发展成为集商业街、购物街、观光街、民俗街、文化街于一身的街区。一街的繁荣扩张经过数年后形成了享誉盛名的山西街村。在原山西会馆遗址上新建的山西会馆目前仍屹立于山西街村。

街道与古楼民居，基本保持了传统的格局与风貌。山西街道把山西街村划分为两个区域，北太平街为商贸区，商业发达；南古楼建筑为居民住址，屋舍俨然。村中街道由手工打磨的石板块铺设而成，旁边还保留了古老的店铺建筑。街道两旁店铺林立，环形街巷相通，大小门楼紧紧相连。在山西街村还保存着旧时大户人家的绣楼，绣楼分为两层，下层为石砌，上层为砖砌，在两楼之间有木质楼梯相连。目前村中现状保存完好的明清民居还有 26 处，其格局保存较为完整，整体风貌良好。山西街村具有代表性的民居主要有王家大院、乔训成大院、杨明山家、杨富海古居、三合店、刘家古楼、龙王庙等众多古建筑。木质窗棂朝街而开的窗口，是山西街村传统商业的见证，见证了当地居民手拿着银票、银两和铜钱，通过小口递出去换来各式各样的货物的场景。明初修建的蜿蜒逶迤、雄伟壮观的环村城墙有八大城门，新中国成立后几乎都被拆除，仅存南段城墙和南城门。

沿山西街村南北石板路出南城门直通明石桥。村东西两侧有多条贯通南北的交通要道，与明石桥平行跨越大汶河。站在明石桥上，往西望去依次是修建于 1908 年的津浦铁路大桥，另一座是 104 国道大桥；往东望去是现代化的京沪高铁大桥。不同时代的四座桥，各具风韵，蔚为壮观。

4. 泰安市岱岳区祝阳镇徐家楼村

山东省住建厅公布第三批省级传统村落名单，祝阳镇徐家楼村，东平县接山镇朝阳庄村、接山镇荣花树村、接山镇尹山庄村 5 个村庄符合山东省传统村落标准要求，被评为山东省传统村落。为更好地保护传统聚落类文化遗产，山东省已拨付 100 万资金到市，专用于传统村落档案的建立和村落的发展规划。

徐家楼位于泰安市东北 10 余公里，祝阳镇政府东北 2 公里处，盘龙山脚下。据载，徐家楼村建于明朝初年，村民以徐姓居多，并有三座大楼，故名“徐家楼”。古楼位于村中位置。其中一座古楼坍塌，两座古楼保存完整，一座厅房，整个院落建筑群保留清代建筑风格（图 5－4）。两座留存的古楼中，一座闲置，另一座住着徐文诰的后人徐梅田及其家人。至今，这座 300 多年历史的古楼依然矗立于此，彰显着当年的气派。这座古楼见证着徐梅田的出生与成长，自然老人对这座古楼有着深厚的感情，“房子虽老，但冬暖夏凉，很舒服！”古楼分为里外两层，外层为砖，里层为坯，厚度约 80 厘米，“里生外熟”，冬暖夏凉，适合居住。古楼分两层，一层为主人生活起居、会客之用，西侧有一配房，置一张床、案，并摆设日用杂件。一层西南角置窄窄的木制楼梯，通往古楼二层。二层楼板亦为木制，踩上去会有浑厚的回响。地板的颜色陈旧，表层斑驳留存着岁月的痕迹。二层靠北墙有案桌、神龛，先人画像、牌位等，以供奉神灵、先祖。南侧墙上有三个拱形的木制窗户，古老得已经掉屑。

图 5－4　徐家楼（孙文霞　摄）

5. 济宁市邹城市石墙镇上九山村

山东省邹城市石墙镇上九山村亦是一座具有文化底蕴的传统村落。上九山村历史悠久，在此处曾出土过西汉王莽时期的货币，证明该村作为传统的聚落至少拥有两千多年的历史。历史上有关于上九山村的记载可追溯到北宋初年，起初名为古松村，后来元初改名为段庄村，元末毁于战火，明初有人自山西迁来此处，因其附近被九座大大小小的山头环绕而得名。上九山村原存明中期的玄帝观、关公庙、华佗庙、牛王庙和土地庙五座，后在“文化大革命”期间遭到破坏，现存的玄帝观仅仅是一座空壳。上九山村有棵楷树，相传为孔子弟子子贡亲植，见证了上九山村无数青年男女的爱情。郑氏家族是上九山村的大家族，其“父子慈孝，爱及他人。夫妻和顺，亲善四邻。兄弟次序，唯贤是尊。至诚至信，叶茂根深”的家训依然流传至今，郑氏家族的六合院是上九山村著名院落，是郑广恩为其六子所建，六合院的设计彼此互借出路的同时又相互制约，是儒家忠孝和合理念的体现。

上九山村北依朗子山，坐落于半山腰，石村依山而建。上九山村的建筑遵循就地取材的原则，所住的房子和所行之路皆为石头而成，被称为“石头村”。村落与山地浑然天成，完美地融合在一起。上九山村为传统的石头房建筑，至今保留了 3 条明清时期的石头街巷，古石建筑四合院落 300 余套，房间 1 200 余间，传统石头建筑颇具规模且保存较为完整。依山而建的村落层层迭出，规模雄伟，气势恢宏。上九山村的建筑风格极具明清时期特色，是山东地区最大规模的明清建筑群（图 5－5）。

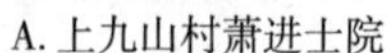

A. 上九山村萧进士院　　B. 上九山村戏台

图 5－5　上九山村古建筑（陈苹　摄）

上九山村目前现有居民约 1 233 人，目前已全部搬迁。上九山村是国内罕见的规模较大、保护较好的中国传统村落。上九山村于 2014 年被列入第三批中国传统村落名单，于 2019 年被列为中国历史文化名村。

6. 济宁市邹城市城前镇越峰村

越峰村的名字来源于越峰山，1969 年前其名为老猫村。现在的越峰村是指前、中、后越峰村三个村落的合称。该村落历史悠久，红色文化丰富。越峰村村庄较小且较为分散，但是解放战争时期具有重要的战略地位，是兵家必争之地，编者采访过曾担任过鲁南军区特务团三营重机枪连班长的徐士玉老人，老人称在战争时期该地区炮火连天，伤亡十分惨重，现在回想依然让人后怕。

越峰村位于城前镇的南部，距离镇中心约 10 公里，南依越峰山（海拔约 477 米）。越峰村被称为“一角踏进三市的地方”，其地处济宁市，且与临沂市平邑县和枣庄市山亭区和滕州市相邻，显示出独特的地理位置。村子依山而建，村落和耕地皆呈阶梯状分布，道路沿山路建设，村落、梯田和道路交错分布，呈现出一种别致之美。

越峰村因依靠越峰山独特的地理位置，所以村落依山而建，在建筑的原材料方面也是就地取材。越峰村 76 座传统石头房保存得较为完好，越峰村的房子多采用不规则的石头堆砌而成，石头间的缝隙紧密，在粗犷之余不乏柔和之美。越峰村的建筑形式为晚清时期北方传统的四合院，院落方方正正，坐北朝南，加之错落有致的分布，使得这座坐落于越峰山的传统村落极具韵味。

7. 潍坊市昌邑市龙池镇齐西村

齐西村位于昌邑市龙池镇区北面，地形属于平原地区。作为典型北方传统村落的代表，齐西村至今保存较为完整。齐西村村民大多在明朝永乐年间由四川迁居至昌邑，嘉靖年间又迁居至齐西，后历经变化，形成今日四面环水的格局。齐西村现存的古建筑群大约建造于1800—1900年，这些建筑以灰色为主，青砖、灰瓦、青石构成齐西村传统村落的同时，也刻画出清末民初山东地区建筑的典型特点。齐西村现保存有古建筑52座，这些房屋中至今还有人居住，这些房子不仅仅是居住之所，更是齐氏家族对于一种故乡的依恋，这是基于这种依恋，当地的居民在本能地维护着这些传统的文化遗产。“大门又叫‘院门’，是进入整个房子的必经之地。齐西村的大门由许多部件构成，门楼、门档、户对、门板等，并且都有不同的雕饰，比如门楣上有两个门簪，下面都有门槛，门槛两边都有方形的石头制作的门枕。大门一般都涂成黑色，显得非常庄重森严，在大门两边常常贴有门神，用来趋吉避凶；大门的门扇多装有门环，有铜制也有铁制，这些装饰都体现出清末人们对美的追求。”①

村里现有人口483人。齐西村的四周都是农田，还有很多湾塘。小龙河从东南方流向西北方，因此田地灌溉水源很丰富。距离村以西大约5公里的地方为南北流向的丰产河。北面7公里为渤海滩涂地区。杨树、梧桐树是当地村民在村内种植的主要植物，而村外多以柳树和榆树相围。没有发达的经济，也没有闻名的景点，就是这样一个不起眼的小村子，却自清朝以来先后走出了许多传奇的历史人物，在中国历史舞台上书写了浓墨重彩的篇章，留下了齐家人的印记。清朝光绪年间，齐西村共出了五位文武进士，齐氏家族也由此达到鼎盛时期。

经山东省住房和城乡建设厅审查传统村落材料、现场考察，2014年10月18日，龙池镇齐西村成为第一批获得省级传统村落称号的村落之一。悠久的文化和独特的环境使齐西村成为山东省省级文化名村和特色景观旅游村。

8. 潍坊青州市王府街道办事处井塘古村

井塘古村位于潍坊市青州市，是最美古村之一。在其村庄的东山下有一眼清泉，常年水流不断，形成水塘，后村民将塘筑高成井，故名“井塘村”，因而村民亦有“先有井塘，后有井塘村”之说。该村被云门山、驼山和玲珑山包围，是山东地区山地村落的典型代表。因地理位置的限制，该地区的房子依山而建，建筑材料就地取材，多采用白石，一块块的石头堆砌起青州地区传统的四合院模式。井塘古镇目前保存较为完整，形成了以吴仪宾的七十二古屋为中心的传统村落，同时张家大院、吴家大院、孙家大院也是井塘村传统村落的代表。井塘村的外围是用青石筑成的防御城墙，且每隔30米建一座城堡（炮楼）。现全村有人口506户1 563人，其中男771人，女792人，有吴姓、孙姓、张姓三大姓氏。

立于1988年的村名碑记载到：“井塘距益都镇十五公里，南依玲珑山，明景泰七年吴姓由西吴家井迁此立村。村东山下有一清泉，常年不涸，后凿为井塘，故村名依

① 张博远，2016. 从齐西村古建筑特点看清末潍县民居风格［J］. 居业（11）：55.

之。民国时期属益都县第二区，一九四六年属珑山区，一九五九年属五里公社，一九八四年属五里镇。”井塘村已有六百多年的历史。电视剧《红高粱》曾取景于井塘村。2014 年井塘村被列入“第一批山东省级传统村落”，2016 年其又被列入《第四批中国传统村落名录》，井塘村系“山东省历史文化名村”“山东省最美乡村”“中国乡村旅游模范村”。

9. 威海市荣成市宁津街道东楮岛

东楮岛村位于山东省威海市，是山东沿海地区极具代表性的海草房聚落（图 5－6）。东楮岛村建于明万历年间，拥有许多古老的历史遗迹、浓郁的地方民俗特色文化、众多的民间传说、优美的自然环境、丰富的海产资源、悠久的饮食文化，以及极具海文化特色的渔家民俗。东楮岛村离石岛港较近，所以房屋的建设也就地取材，大块的石头堆砌成墙，房顶呈锥子型，并以厚约一米的海草相覆。苫海草对于海草房的建立而言是极为关键的一步，海草选自 5～10 米海域的海苔草，同时海草和麦秸叠加覆盖，海草房经久耐用且冬暖夏凉，适宜居住。东楮岛村今实际住户有 144 户，现存成片海草房 650 间。东楮岛村海草房的历史悠久，最古老的海草房可追溯到清顺治年间，同时也是山东地区海草房保存较为完整的地区。东楮岛村是首批入选中国传统村落名录的古村落，同时也是中国历史文化名村。

图 5－6　东楮岛村海草房（曹幸穗　摄）

10. 枣庄市山亭区山城街道兴隆庄村

兴隆庄古村位于山东省枣庄市，其紧邻翼云山，翼云山海拔 624.2 米，是鲁南最高峰，同时兴隆庄古村南邻薛河，拥有背山面水的优越环境，同时村内林木葱郁，炊烟袅袅，宛若人间仙境。兴隆庄村作为全国历史文化名村之一，入选全国首批传统村落，是鲁南地区现存规模较大的、保存较完整的石板房村落，拥有丰富的自然资源和人文资源。因坐落于翼云山南麓，兴隆村的建设也就地取材，依山而建，除窗户、房门和房梁是木质结构以外，其余结构全由石料堆砌而成。兴隆村的建设亦具有北方合院的形式，虽不完全遵循坐北朝南的规律，但房间的选择多为南向。

兴隆庄村具有石板房聚落的典型特点：房间一般坐北朝南。北边的房间通常为主屋，主屋又一分为三，纵向排列，中心为客厅，两端则为卧室。房屋的用途和功能可按照主人的实际居住条件和经济条件来具体安排，不拘泥一种格式，有时甚至一间房兼具卧室与客厅的职能。

兴隆庄村石板房多为硬山式屋顶，堆积于房顶的石板片也大小不一，屋顶的石板片略宽于房屋以达到排水的作用。坡屋面置于2.5米左右的南北墙上，坡屋脊高度3.5米左右，坡度在15°～25°。为更好地保温防潮，兴隆庄村的房屋会将茅草和秸秆置于石片瓦下，厚度约为10厘米。该村落的建造方式为实墙搁檩结构，整个屋顶屋架结构由前后青石墙体承重，南北只设立墙体立面而不设立柱，墙厚大约0.4米。屋内屋顶梁架主要为七檩或九檩，斜梁一般两两对应，呈“人”字形交叉，斜梁下端固定在檐檩上，整体呈现为三角形，有时在檐条上加入横梁，以此来保证整个屋面的稳定性。

第二节　聚落类农业文化遗产的文化意蕴与价值

传统村落彰显着中华民族聚落发展历程以及悠久的民族与民俗文化，具有独特的建筑风貌和审美追求，蕴含着祖先的思想和智慧，是自然、文化等在村落的物化形态，同时其中是人们生活方式、民间习俗和理念的体现。山东省传统村落蕴含着孝、敬、仁、和、义、礼等儒家伦理思想，因地制宜、负阴抱阳、天人和合的建筑理念，儒教齐家、诗书治世的家族文化风尚和丰富多彩的民俗文化价值。聚落类农业文化遗产文化底蕴深厚，具有极高的文化价值。目前，随着聚落类文化遗产的开发与利用不当，传统村落面临着巨大的危机。因而探究山东省传统村落的文化意蕴，将为科学合理地保护与利用这些文化遗产打下基础。

一、院落房屋格局与儒家伦理思想

辽阔的齐鲁大地孕育了儒家文化，以仁、礼、中庸为核心的儒家思想渗透在经济、政治、社会、文化、生活等许多领域。在先秦原始儒学中，孔子的仁学、礼学、中和、道德、伦理、教育等思想，奠定了儒学在中国传统文化中的基础地位。不止如此，孔子逝世后，还有子张之儒、子思之儒、颜氏之儒、孟氏之儒、孙（荀）氏之儒、漆雕氏之儒、仲良氏之儒、乐正氏之儒，继续传承和弘扬儒家文化。汉代董仲舒“罢黜百家，独尊儒术”更是确立了儒家思想的正统地位，使儒家思想成为官方哲学。儒学思想对齐鲁大地的影响更是渗透到社会生活的方方面面。

山东传统村落的选址、规划、布局、建筑、装饰、民风、民俗、甚至思想观念等领域，无不表现出深受儒家文化的影响。院落房屋空间布局与建筑规制虽不完全相同，但思想文化内涵大同小异，即长幼有序、尊卑分明、和睦相处，典型体现了孝、敬、仁、和、义、礼的儒家伦理思想，贯穿着修身齐家理念。

就山东地区来说，中国传统村落院落的整体结构布局一般表现为：坐北朝南。有一进院式、二进院式、三进院式、四进院式、六进院式。大门一般设于院落东南，即院落南墙东部位置面南开门。门楼或独立，或与倒座合一。进入院落，首先映入眼帘的是主屋，即北屋；一般较高大，为接纳宾客之所；同时东西两侧配有两个卧室。名门望族家的院落，往往进院较多，院落宽阔，北屋或单厅两次间、或单厅多次间、或两厅多次间。一进院北（堂）屋、多进院主院北（堂）屋，一般由家（或族）中最尊长者居住。北屋外另多有东西厢房，组成四合院或三合院形制。

以东楮岛村的毕氏老宅为例，这座三合院，前后约居住过八代人。北屋“正房”三开间，中间为厅，厅与东西次间由松木板（壁子）间隔，构成一厅两室结构。四合院的空间方位依伦理制度被描述为“北屋为尊，两厢次之，倒座为宾，杂屋为附”。“村内老人认为宅居空间有‘东为大，西为小’的观念，譬如说，家里的长辈一般寝卧在东次间，若活动不便，则在炕上敲一敲壁子（隔断）喊‘西炕的’过来伺候；西次间居住的是小辈们，若儿媳妇或未出阁的闺女在‘西炕’听见了，就要过来照应一下。由此看来，隔断的功能具备空间分割和伦理序位的双重作用。”① 孝敬、仁爱、和合思想贯穿其中。

山东莱西市产芝村，王丕煦旧居系六进院式深宅大院，可惜只存第六进院，为长工居住的院落。王丕煦，清光绪年间进士，曾为浙江桐乡县知县，山东莱阳（今莱西）人，后任山东省财政厅长，黑龙江省财政厅厅长，山东省政府参议等职。王丕煦奉行忠、孝、仁、义，读书为官，造福乡里，重视文化建设，曾出资修《莱阳县志》（民国本）等。

上九山村院落建筑形式均为石头垒砌的四合院，坐北面南的是正房，东西两侧为厢房。正房有祭祀祖先的供台，同时房屋的居住也遵循长幼有别的理念，老人住正房，子女住厢房。建筑布局与居住格局，体现了长幼有别、尊卑有序的特点，是村民遵守孝道礼制，恪守儒家思想风范的典型体现。上九山村的郑家六合院就是这种建筑风格的典型代表。郑广恩老人与六个儿子同住一个院落，老人将六个房屋交叉建设，留出共同的出路，相互制约，父母居东房，其余六座房子依次建造在西边和南边，郑氏家族六兄弟和睦共处的大宅院，体现了儒家思想孝敬、和合、礼法齐家的理念。

上九山村萧龙溪是北宋开宝六年（973）同进士，常年在外为官。据传一次萧龙溪回家省亲之时见村民态度冷漠，后他了解到家中长子在秋收打响时间持续半月有余，噪音扰民。村民和地方官畏惧萧进士位高权重，敢怒不敢言。了解情况之后，萧进士勃然大怒，对其长子依家法处置，并召集邻居公然道歉，后毅然决定举家搬迁，并将全部家产赠予邻居以表歉意。上九山村现存文化古迹如儒家书院、六合院、爷娘

---

① 黄永健，2003. 传统民居建筑空间的营造特征——以山东古村落传统民居空间形制为例［J］. 艺术百家（8）：84.

庙、老学堂、古戏台、老廊桥、梁祝结拜地、儒官萧进士院等至今还昭示着该村尊儒重道的传统。古村落的接人待客之道，礼尚往来的礼仪文化一脉相承。

齐西村民居具有典型的北方四合院风格。齐西村的房屋多是独家独户，中轴对称，建筑形制布局稳健，体现了长幼有序、尊卑分明的文化特点。

山东地区是儒家文化的发源地，儒家忠、孝、仁、和等思想在山东地区影响久远，这些伦理思想不仅仅体现在个人修养中，对于社会生活亦有所影响，山东省传统村落格局的形成也受此影响。

二、因地制宜、负阴抱阳、天人和合的建筑理念与思想

因地制宜、负阴抱阳，是中国传统村落选址的重要考量。在中国古代的哲学史中，“天人合一”的思想是一重要的命题，是传统文化的基本精神，同时也是生态文明的体现，传统村落的建筑理念中也有该思想的体现。“天人合一”理念的起源较早，上古时期的宗教天命观就有所体现。甲骨文的“天”字，作“[illegible]”，是一个大头人的形象，是人的巅峰之意。商末周初，“天”是头顶上的苍天，又是至上神的代称。西周初期，天人关系进一步显现，作为相互对应的关系出现在文献中。《诗经·周颂·我将》云：“我将我享，维羊维牛，维天其右之。……我其夙夜，畏天之威，于时保之。”《诗经·大雅·烝民》云：“天生烝民，有物有则。民之秉彝，好是懿德。天监有周，昭假于下，保兹天子，生仲山甫。”《尚书·大诰》云：“予不敢闭于天降威，用宁王遗我大宝龟，绍天明。”西周晚期，人们逐渐意识到自然灾害是阴阳失序的结果，史伯阳认为地震的产生是阴阳失序的结果；春秋时期，“天也六行”和“地有五行”之说也应运而生。具有客观物质属性的“气”“五行”成为“天”的重要内涵，原来神化的“天”向物化的“天”过度。同时，对于“天”的解释也趋于更加多元，有自然之天，命运之天等。至春秋战国时期，天人关系逐渐趋向或纯化为自然与人的关系。

《吕氏春秋·情欲》云“人与天地同”。《礼记·乐记》云：“天地顺而四时当，民有德而五谷昌。”《周易》将天、地与人并称三才，所谓“天地一大生命，人身一小天地”。这是借天道明人事，说明人与自然界的相通、相融与统一。《周易·乾卦》云：“夫大人者，与天地合其德，与日月合其明，与四时合其序，与鬼神合其吉凶。先天而天弗违，后天而奉天时。”这是强调人与自然要相互适应，相互协调。《老子》云：“故道大，天大，地大，人亦大。域中有四大，而人居其一焉。人法地，地法天，天法道，道法自然。”老子突出“道”纯任自然，强调自然界有自己的运行变化的规律，人必须遵循自然法则，主张人与自然的和谐统一。庄子主张因任自然，《庄子·大宗师》云：“知天之所为，知人之所为者，至矣。知天之所为者，天而生也；知人之所为者，以其知之所知，以养其知之所不知，终其天年而不中道夭者，是知之盛也。”“不以人助天，是之谓真人。”《庄子·齐物论》云：“天地与我并生，而万物与我为一。”老庄的“天人合一”思想蕴涵了科学和谐的自然观、人生观、价值观。《周易·

象传》云："辅相天地。"《周易·系辞上传》云："范围天地之化而不过，曲成万物而不遗，通乎昼夜之道而知。"《易传》还将人看成是自然界的有机组成部分，将天、地、人合称"三才"。孔孟儒学也充分体现出天人合一的思想。《孟子·尽心上》云："尽其心者，知其性也。知其性，则知天矣。存其心，养其性，所以事天也。"这里将尽善与懂得天命相连接，是为安身立命之法，此处的天指"理念之天"。《孟子》又特别强调人与自然的和谐统一。所以孟子的"天人合一"是在"理念之天"的框架下，滋生着人与自然和谐共处的思想。《荀子·天论》："天行有常，不为尧存，不为桀亡。应之以治则吉，应之以乱则凶。……故明于天人之分，则可谓至人矣。"这里的天是永恒的，是不以人的意志为转移的，荀子认为应在尊重自然规律的前提下，去主动地适应它、利用它，思想境界最高的人是指能充分认识到人与自然区别的人。《荀子·天论》又讲"列星随旋，日月递炤，四时代御，阴阳大化，风雨博施。万物各得其和以生，各得其养以成。不见其事而见其功，夫是之谓神。皆知其所以成，莫知其无形，夫是之谓天。"荀子认识到星移斗转、日来月往、四季交替、春风化雨、万物生长等就是所谓的"天"，就是自然，并且认识到万物处于阴阳和合的状态，才能生成，强调人与自然的和谐共处。《管子·形势解》云："天生四时，地生万财，以养万物而无取焉。明主配天地者也，教民以时，劝之以耕织，以厚民养，而不伐其功，不私其利。"《管子·小问》云："力地而动于时，则国必富矣。"这表明认识到和谐的天地人关系，就能实现可持续发展。

汉代董仲舒《春秋繁露·阴阳义》云："天亦有喜怒之气，哀乐之心，与人相副，以类合之，天人一也。"《春秋繁露·立元神》云："天生之，地养之，人成之，天生之以孝悌，地养之以衣食，人成之以礼乐，三者相为手足，合以成体，不可一无也。"董仲舒提出天地人在表现形式上有差异，但是相互关联，互为一体。《史记·乐书》云"天人一理"。宋代张载《正蒙干称》明确提出：儒者"因明致诚，因诚致明，故天人合一，致学而可以成圣，得天而未始遗人。"程颐认为："仁者以天地万物为一体"（《二程遗书》）。明代王守仁也认为："风雨露雷，日月星辰，禽兽草木，山川土石，与人原是一体。"（《传习录》）。至清初王夫之提出"相天"说，进一步发展了《周易》"辅相天地"的思想。所有这些都突出强调人与自然要和谐共处。"天人合一"思想确立了人类与自然关系的思维模式和整体构架。

天人和谐、人人和谐、人与社会和谐、人自身身心和谐、人的内部心态平衡与和谐，就会人人都有一个自然生态与人文生态文明的家园。建构这样的家园，是必要的，也是美好的。

山东诸多传统村落正是承载了传统文化精华，才具有因地制宜、负阴抱阳、天人和合的建筑理念与特征。

《管子·乘马》云："凡立国都，非于大山之下，必于广川之上；高毋近旱而水用足，下毋近水而沟防省。因天材，就地利。故城郭不必中规矩，道路不必中准绳。"

依山面水（或邻水）而建，城市、村落与自然山水浑然天成。是城市、乡村选址秉承的重要理念。

背山面水或枕山环水是理想的建房选址。因冬天多北风，夏天多南风，故背山、枕山，左、右、后环山建房，冬暖夏凉。环水、面水，为日常生活、农业灌溉、环境宜居提供保障。村落背山、枕山选址，有来龙去脉，藏“元生之气”。

明代计成在其著作《园冶》中提出，“宜”是生活对住宅的要求，其中包含地势合宜、环境合宜、空间合宜、寝食合宜、礼仪合宜、节令合宜、传承合宜等内容，“巧而得体”和“精在合宜”都是营造技术的合规律性与合目的性的统一表征。“用”就是实用为主，空间尺度、墙体薄厚、屋宇高低、檐椽架举、明窗净几等内容都是以生活起居的实用性为原则进行构造。①

以齐西村为例，该村古民居建筑群整体的建筑格局，与山东其他古村落有共性之处，即坐北面南，地势北高南低。符合负阴抱阳的传统建筑理念。齐西村北邻渤海，夏季多雨，冬季多寒风。村落因地制宜，利用北高南低的地势，冬季利于抵御寒风，夏季便于排泄雨水。

针对海滨盐碱地和多雨的地理与气候背景，齐西村民居墙体在地基距地面四五十厘米高度，垒砌了15～20厘米厚的青石，用以阻隔盐碱对墙体的腐蚀和影响。房屋的建造是以砖木结构为主，青砖、灰瓦、青石配合杨木和松木使用，房顶为硬山顶，上面覆有小灰瓦，房檐四周有雕砖相配，使得这座传统村落更加的古朴。同时，齐西村落的墙壁较厚，屋檐处配有具备防火功能的封火檐。房顶出檐大，遮风挡雨。圩子墙东、西门安装了木板铁皮大门，专人把守。南门还安装数门土炮，确保村落安全。《昌邑县志》载，1905年，潍河突发洪水，人们用土装麻袋堵住东西两门，堵住了洪水。避免了洪水侵害。圩子墙与村内民居浑然一体，形成封闭式封建庄园。

村庄建筑呈两个元宝相对状，被视为风水宝地。齐西村建筑较为别致，现存的西大井、旗杆台胡同、百户厅、侍卫府、进士第等古建筑都是齐西村的代表型建筑。

在山东省传统村落中，因地制宜、就地取材是主要的建筑理念，齐西古建筑群明显地体现了这一点。齐西村地处昌潍平原，又濒临北部沿海滩涂，大户人家房屋建筑石材、木材用量较多，主体结构为砖木结构，小青瓦盖房顶。平常人家房屋建筑以土坯为主，木、石、砖等为辅。齐西村农作物以小麦、玉米为主，多数土坯房用小麦秸秆作为土坯辅助材料，增强土坯坚韧度。屋顶斜面多用“麦秸草”覆盖，保温排水，冬暖夏凉。

三、鲜活的历史文化价值

传统村落是历史文化的有效载体，是鲜活的形象的历史文化记忆，大量承载着建

① （明）计成．陈植，注释，1981. 园冶注释［M］. 北京：中国建筑工业出版社：41－42.

筑文化、商业文化、产业文化、红色文化、历史传说等。

大汶口文化历史悠久。至迟在春秋战国时代已有关于大汶口的文字记载。《诗经·齐风·载驱》云："汶水汤汤，行人彭彭。鲁道有荡，齐子翱翔。汶水滔滔，行人儦儦。鲁道有荡，齐子游敖。"这虽被认为是讽刺齐女文姜私通齐襄公的诗歌，但客观地反映出泰山之阳、汶水之滨、大道平坦、行人如织的盛况。而地处大汶口文化遗址腹地的大汶口镇山西街村，在汉代是钜平县城所在地，明、清设镇。

明朝隆庆年间（1567—1572年）该地修建石桥，水陆运输发达，成为贸易码头，街道上聚集了大量的居民、商贩、店铺、旅店、手工作坊等。商业兴盛，山西商人来此聚居。据山西会馆碑文记载，清乾隆二十四年（1759），极具商业头脑的晋商，敏锐意识到明石桥的作用和这条街道的发展潜力，基于此，规模宏大的山西会馆应运而生。山西会馆是一座供山西商人食宿、休息的场所，并作为前来洽谈生意的客商的驿站。"山西街村文化底蕴深厚，汉朝时期，为钜平县城所在地，自清朝设镇已有近400年的历史，是历史南北交通要道上的著名商埠。"①

山西街村是大汶口文化发掘地之一，对明清以降的区域发展史研究、大汶口文化研究具有重要价值。山西街村传承有七月十五放河灯、彩陶技术等非物质文化遗产，地域文化、习俗文化、工艺技术等文化价值属性鲜明。

古村落犹如一部历史书籍，见证了流淌的历史，上九山村历史悠久，约有2 000年的历史。秦皇故道，明朝的玄帝庙道教庙宇群，清朝的树，民国的井等。这些古建筑群是历史文化的载体，具有鲜活的历史文化价值。上九山村保存至今的生活、生产、民俗用具用品达2 000多件，其中石器包括农具、生活用品和装饰用品，在这些石器中我们可以窥探上九山村村民的生活。另外上九山村保留的石院、石墙、石台阶、石门楼、石井、石磨、石碾、石臼、石盆、石凳、石桌、石灶、石缸随处可见，这些石屋、石院、石墙分布在山腰之间，或断或连，或高或低，错落有致，与周围大大小小的山完美地融为一体，是山九山村悠久历史的见证。其中萧家大院，房间32间，屋后是后花园，别有洞天。萧家大院堂屋内保存的檀木八仙桌、八仙椅，是当地村民生活场景的见证。一口古井，留住了历史的记忆。明代村民打的一口水井，后经重修并刻碑记。此后又打八角井一口，保证了村民生活用水。井口的石头被磨出的一道道沟印是古井悠久历史的见证，今日，村口的古井依然在造福着一方群众，从古井里汲出的井水异常甘甜。家家户户院子里的水井，都是山泉水，甘甜清冽，营养丰富，所以村里多长寿老人。简洁、古朴、典雅的村落，蓄养着世代纯朴厚道、忠孝仁爱、勤俭持家的村民。

上九山村还有着匠心独运的建筑艺术与价值。明清风格的老宅，石墙灰瓦，融徽

① 逯海勇，胡海燕，等，2017. 供给侧改革视域下传统村落旅游竞争力提升对策研究——以泰安市山西街村为例［J］. 旅游纵览（22）：133.

派风格与地方特色于一体。上九山村是鲁西南山区聚落的代表，就地取材建造的石头房在中国传统建筑史上具有独特的地位，是独一无二的财富，石头房与山区的环境融为一体。相比于南方，石头房屋嵴起嵴更高、更陡，铺满石瓦。在传统的石头房建筑中，上九山村流传着“一石顶千斤”之说，即墙壁由一块块石头堆砌而成，石头间的缝隙则用小石片塞住，墙壁就变得牢固无比。老宅在细腻间还不忘体现粗犷刚强的北方性格，可谓集江南情致与北方气质于一身，朴素又典雅。另外这种独具特色的建筑风格也为人们研究古村落建筑提供了范本。因周边大大小小的九个山头，上九山村依山而建，宛若镶嵌在山中，山中林木繁盛，葱葱郁郁，犹如一幅充满诗情的山水画。同时，上九山村地方文化特色鲜明，环境风貌保存较好，这些都为更好地研究和发展古村落文化提供了条件。此外，在上九山村的建筑中随处可见石刻和木雕等，这些生动形象的雕刻宛若小精灵般密布于上九山村的角角落落，是我们研究上九山村文化的重要载体。

上九山村还传承有诚实守信的商业文化。因商业发展的历史悠久，上九山村至今留存着一块凫山县、邹县、鱼台县三县交界碑，以及各类作坊店铺。上九山村经商历史悠久，上九山村的村民也有着独特的经商习俗，如早年老辈人孵化小鸡，挑着担子将鸡苗赊至全国各地，而秋日里才是收账的日子，虽间隔时间较长但几乎没有坏账。不少村民做茶叶生意，“来尝尝我家的茶吧!”是生意人经常招呼路人的话语。商人以招呼大家来家喝茶的方式，推销茶叶，请路人进屋喝茶也就成为当地人打招呼的一种方式。随着市场经济的发展，人们经营的领域得到开拓，经商门类更元化和复杂化。但是老辈人传下来的诚实守信的经商理念和纯朴守信的村风民风依然没变。上九山村的商业文化，不仅仅体现在经商理念上，同时渗透在社会生活的方方面面，剪纸、刺绣、上九山村的婚俗和传说等都是该地区商业文化的传承与发展。

兴隆庄古村落堪称石文化博物馆。石头在兴隆庄村具有重要的作用，房屋的建筑以石头为主，石板房、石街和石墙，极具地域特色；同时石头做成的石器，如石磨、石凳、石碾等可几代人沿用。兴隆庄村非物质文化遗产丰富，包括传说、皮影戏、剪纸、面塑、木雕等。

齐西村距离渤海湾十分近，因此地下卤水丰富，并且浓度较高，再加上雨水较少、气候干燥，制盐的先天条件优越，当地人很早以前就利用海水制盐。据载，齐西村所在地在战国时期就是齐国重要的盐业生产基地。《中国盐政实像》记载：清乾隆年间，官办十二盐厂之一的富国场就建立在瓦城村。至今在当地仍流传着这样一首歌谣：“訾鄑城，明水洼，晒盐扫硝搂绊马，晒盐的挖出汉朝罐，搂草的搂出唐朝瓦。”2009年底，考古专家在这里发现多处盐业遗址群，更加地证明了这一点。

在抗日战争时期，齐西地区被称为是“渤海走廊”，是胶东军区通往沂蒙根据地到达延安交通线的战略要地。“七七”事变后，中共昌邑县委驻扎进齐西村，积极组织人民群众开展民族救亡图存运动，并且组建了八路军鲁东游击队第七支队。抗日战争时期，齐西村也是重要的抗日革命根据地，1941 年于此地成立了昌邑县抗日民主政府，抗日战争时期，齐西村也是主要的革命战场，在此牺牲的八路军指挥员高达 300 人。龙池镇的“浩气参天”烈士祠保存较为完整，在此基础上 2015 年齐西村建立了抗日革命纪念馆，是我国第一家由乡镇建立的抗日革命纪念馆。

井塘村物质、非物质文化遗产得到鲜活而有序地传承。歌谣、宣卷、表演艺术、日常仪式、节庆活动、生活习俗、生产方式、民俗形态、民间传说、石砌屋技艺等非物质文化遗产，在当地居民的生息繁衍中，师徒身口相传，实现活态传承。井塘村石砌房民居建筑技艺历史悠久，井塘的石匠产业早在明代时就已有记载，清康熙年间更为兴盛，保存至今。相传北魏青州刺史郑道昭在玲珑山北峰白驹谷留下的《白驹谷题名》等题刻，即为井塘先民所凿刻。井塘石匠有“子不拜父为师，父不收子为德”的传统，故其多为师徒传承。学石匠手艺者必须经人介绍举行拜师仪式，仪式后学艺者要在师傅家务工三年，学习抡石锤、砸石头、打锲等简单而艰苦的手艺。井塘石砌房民居建筑技艺为群体性传承，家族、师徒传承有序，形成富有生命力的文化传承链。现有吴道峰、吴道呈、吴道善、孙全吉、孙世增、张传圣等代表性传承人。

解放战争期间，邹城市越峰村具有重要的战略性地位。在 1947 年期间，国民党对于鲁东南大举进攻并与鲁南军区 20 团展开了激烈的斗争，尔后我军在越峰山区驻扎调整。在调整休息期间，我军遭到了国民党军的突袭，十八名士兵因此而牺牲，村民把这十八位烈士的遗体埋在了南山口的一棵榆树旁。据幸存的徐士玉（入伍时 16 岁）回忆：“我军和国民党打了两天两夜，但由于我军势单力薄，处于极其不利的位置，我军损失极其严重，仅有 3 人幸存。”他们勇于牺牲的精神影响着这座传统村落。

四、儒学齐家、诗书治世的家族文化与风尚

儒家文化发源地的齐鲁大地，一直存在着“读书、做官、治国、平天下”的观念。在古代的家族传统观念中，无论家族的经济基础是耕种、养殖、手工业还是商贸，都会将“读书、做官、治国、平天下”作为光宗耀祖的崇高追求。

如齐西村齐氏家族是传承儒学齐家、诗书治世家族文化的范例。齐氏家族家业兴旺、人才辈出、家风严谨。

齐西村齐氏家族的历史十分悠久，齐氏家族的始祖是受到明初移民潮的影响从四川迁至齐西村定居的，因而齐氏家族在齐西村的历史长达 600 年。清乾隆年间，齐氏第十世齐以山借钱创业，从百货、当铺、油坊、烧锅做起，贩卖布匹、经营百货，后涉及行业较广，同时经商的范围也逐渐由潍坊市向周遭扩散，甚至到达东北等地。在齐以山的带领下，齐氏家族逐渐兴盛，积累了大量的财富。随着资金财富的不断累积，齐氏家族的家族产业也越做越大，在四台子、郭家店等五个地方设立店面。“治家有规则”是齐氏家庭的治家准则，在这种理念下齐家资产更加雄厚。大成典业、大德酒业以及干德、恒远等商号的成立也彰显出齐氏家族商业的繁荣。齐氏后人齐书甲

在经营田产后，也涉足烧锅行业，创办的德涌烧锅和成德源烧锅，在当时大受欢迎。到1800年，齐氏家族已闻名遐迩。18世纪中叶，齐氏家族的发展达到鼎盛。齐荩臣等人涉足茧绸业，其名下“广顺号”等发展为拥有多个分号的大型商号，《盛京时报》曾报道说：“广顺、德发、顺生合、裕升庆等商号，每日售卖年货均在六七千吊左右。”

齐氏家族进入全盛时期是在清光绪年间。齐氏家族由商业转入仕途，这也是齐氏家族进入全盛的标志。家底殷实的齐家人，开始大规模建房置地。今天齐西古民居群的建筑，多数是1800—1900年建造的。

齐恩铭，字勋臣，清光绪二十三年（1899）考中举人，二十四年应试京都，皇上钦点其为十四名武进士之一。据传说，当时慈禧太后因其身材魁梧，相貌堂堂，称其为“山东大胖儿孩子”，足以看出慈禧太后对他的喜爱。齐恩铭后留在慈禧太后身边做侍卫，并被赐“侍卫府”金匾。民国四年齐恩铭逝世，当年同为举人的宋达升为其墓碑撰写了碑记，后来该碑被破坏没有保存。现在齐恩铭墓前的碑文是之后重新篆刻的，其墓碑顶端刻着盘龙样式，上面的“圣旨”二字仍清晰可见，因此这块碑又被称作是“龙头碑”。碑前端刻有“清诰援昭武都尉，钦点头等侍卫”，下方则是“干清门行走勋臣齐公墓道碑”。整个墓碑右侧题有“中华民国四年阴历十月吉日”的字样。齐恩铭的生平简介撰写于墓碑后，字迹经百年岁月洗礼，仍清晰可辨，“君躯体壮伟臂力过人，自幼习骑射力能挽二石……”

齐忠甲，光绪二十年（1894）中进士，二十一年官至翰林院编修。其一生为官正直，为官河南主考官时，他所选拔的人才均重理论而轻辞藻，他认为：“不通经义，不足以佐君临民”。为官期间，他清正廉明，不畏强权，视察满洲期间，齐忠甲对于段之贵花重金买歌姬杨翠喜以求得官职的行为予以揭露，其忠国之诚，可见一斑。

齐氏家风严谨，重视教育，为官清廉，乐善好施，堪称楷模。

从光绪十六年至光绪二十一年，在短短6年时间里，齐家叔侄4人先后考中进士，这成为我国有科举制度以来的一桩奇迹。基于齐家“一门四进士”的光辉事迹，光绪帝曾特意赏赐一副对联和三块金牌，这一副对联写的是：“丹桂有根偏生书香门第，黄金无种竟长勤俭人家。”三块金匾是“四第同庚”“桑影绵长”“家教可风”，从此不难看出光绪帝对齐氏家风的赞扬。

齐永安40岁的时候喜得子，虽是老来得子，但是齐永安对孩子从不娇惯。数九寒冬日，因风雪交加在私塾求学的齐毓珍便提前回家，其父齐永安得知后大怒，遂将房门紧闭，不允齐毓珍进屋。母亲心疼便打开房门放齐毓珍回屋。齐永安愤怒地说：“如果不能立身，终究也会饿死在风雪里。”从此以后，齐毓珍受到启发开始奋发读书，终有所成。

齐绅甲为齐尧封之子，对待后辈的教育依然认真，他循循善诱，同时对教育持之以恒。齐绅甲在家授业二十余年，无论炎夏还是酷冬均不会停止学业。受这种精神的影响，其二侄齐耀珊中光绪十六年进士。这是这种对待教育持之以恒的态度，齐氏家族才有“一门四进士”之说。

齐家多人从事教育事业，齐书甲便是其中之一，其于光绪初年在家授业。齐书甲说：“市帐虽小，非博览群书不能胜也”①。教育有方，方能举业有名。齐书甲的一生致力于教育事业，在家授业长达二十年，门生众多，深受景仰。

据吉林文史资料第十六辑《齐耀琳传》载：其叔父“齐绅甲学问渊博，品格高雅，为官廉政……对二齐（指齐耀琳、齐耀珊）有深刻影响，长进很快。”又载：齐耀琳“于曲周县任上，披星戴月，理民诉讼，使无冤抑。即使内僚幕友，也断然禁止受贿。因此，被称为‘齐青天’”。

齐家热心公益事业。冬舍棉、夏舍单、开粥棚。齐尧封捐建考棚和书院、魁星阁，虽“集巨款”，均如期竣工。可见，乐善好施，一直成为齐氏之家风。

齐氏家风讲究尊师重道、耕读传家、积德行善等，是中国民族传统美德的一个缩影。于古，齐氏后人在当时各个行业大多为行业中的佼佼者，于今，齐氏家族在当地依旧享有美誉。家风就是家庭的风气，齐氏家族之所以经历多年而不衰，主要得益于其优良的家风。家风是家族为人处世之准则，于家而言有利于家族团结，社会是无数个家族的集合，团结和睦的家族才有利于社会的稳定，社会稳定国家才能富强，因而弘扬优秀的家风具有重要的现实意义。

五、丰富多彩的民俗文化价值

民俗文化是诸多传统村落都具有的文化元素。传统村落更是民俗文化的载体，不同传统村落有着或共性、或个性的民俗文化。如：七月十五放河灯的习俗在山西街村流传至今，被列入泰安非物质文化遗产。据史料记载和民间艺人口传，放河灯习俗约始于元代末期，经明、清两代积淀与传承，成为一种传统。

大汶河原宽有400米左右，河水流速较快，在河中划船摆渡的风险极高，稍有失误便会船毁人亡。当家人不幸遇难过后，遇难者的家属在哀悼思念亲人的同时担忧冤魂在河上萦绕，就会在岸上烧香摆供。同时，为表达对逝去来人的思念，家属还会在河上放上一盏写有逝世人名字的灯，象征现存者的思念随灯逝去，希望冤魂能够早日投胎做人，同时也希望这些冤魂能帮助活人渡过生活的难关。放河灯的意义也由最初的祭奠亡灵后逐渐演变为祈求风调雨顺、国泰民安。

剪纸是民俗文化的一个典型代表，山东潍坊昌邑市龙池镇剪纸颇具特色，该地区剪纸兼具鲁西地区和胶东地区的双重特点，鲁西地区的剪纸较为粗犷和简练，胶东地区的剪纸则较为细腻和精巧。综合这两种特点的龙池镇剪纸独具风格，具有鲜明的地域特色。龙池镇剪纸的历史悠久，据记载就有400多年的历史，同时龙池镇剪纸的题

---

① 张万友，2005.“齐八翰林”家谱档案研究［J］. 兰台内外（1）：56.

材来源于农村生活，是当地生活的一个缩影。明嘉靖二十三年的《马氏族谱》记载了一位精于剪纸的妇女，其“善剪铰花卉、翎毛、人物，有巧名”，一位精于剪纸的村妇存在于一个大家族的族谱之上，由此可见剪纸在当时的盛行程度。目前，被列为潍坊市非物质文化遗产的“龙池剪纸”再次得到人们的重视。

“广袤滩涂间，三千年盐文化源远流长；勤俭巧思下，传承一脉魁星辈出商贸繁荣；老宅深巷里，二百年古民居见证世事变迁；红色圣地上，百年历史舞台仁人志士辈出；蓝黄热土中，经济社会建设正在谱写恢宏篇章。”第一届龙乡文化开幕词可以说是对齐西村文化的高度概括。政府以齐西古村落为核心，将抗日战争的红色文化、古民居的建筑文化、名人文化等融入其中，打造旅游文化产业品牌。当地政府着重对齐氏自明初至今600余年的发展历史进行深度发掘，体现“勤劳、诚信、教育、团结”齐氏家训的现实意义，将“一门四进士”“武进士齐恩铭”等村内历史文化元素融入其中。居民在享受到更好的居住环境的同时，对于村庄历史文化有了更深的理解。政府部门在原有的基础上，又开始建设了村史馆、民俗馆、剪纸馆、写生馆和盐业馆。传统村落是传统文化的一个载体，行走在齐西村的深宅古巷汇中，你会感受到历史的年轮静静地驶过，感受到历史流淌而带来的变迁，这其中，齐西村的历史文化得到一步步地传承。

民俗文化在传统文化中占有重要的地位，传统村落作为民俗文化的载体其文化意蕴有待进一步挖掘。山东省地区文化意蕴深厚，传统村落的民俗文化也各具特色，其深厚的文化意蕴，深邃的历史文化价值，需要在进一步挖掘的基础之上，更加合理科学地传承与利用。

第三节　聚落类农业文化遗产保护开发利用研究

聚落类农业文化遗产的保护开发利用，近几年来取得了诸多成绩，也存在诸多问题。需在传统村落的原生态保护及开发利用的各个环节，采取切实可行的举措，实现有效地保护开发利用。

一、聚落类农业文化遗产保护开发利用的成效

2012年、2013年、2014年、2016年评出的四批中国传统村落共4 153个。按照轻重缓急，山东省投资百亿元，先后启动数百个村落保护项目。地方政府也加强了传统村落保护力度，村落保护开发利用，取得一定成效。下面以山西街村、上九山村为例简要介绍。

泰安市山西街村是大汶口遗址第二、三次发掘地，共揭露面积约1 800米^2。大汶口遗址的考古发掘取得了丰硕的成果，其中发掘出56座墓葬，14座房址和120余个灰坑。山西街村内有2处国家重点文物保护单位（大汶口遗址与大汶口明石桥），1

处省级文物（山西会馆），并保存了相对完整的传统村落格局及建筑风貌，是泰安市“历史文化轴”的重要节点。

山西街村于2012年被列为第一批传统村落名单，得到了国家与当地政府的重视，并为山西街村的发展得到了财政支持。当地政府积极采取措施进行传统村落的保护与开发，对当地的历史文物、风俗民情进行保护，并开发设立民居民宿等进行旅游价值深度发掘。在2017年初山东省旅游发展委员会公布的2016年度乡村旅游示范单位的创建名单中，山西街村荣获农业旅游示范点、旅游特色村、开心农场、精品采摘园、好客山东星级农家乐等多项荣誉称号。

山西街村人拥有正确的历史观念，重视文物保护。生活在这个至今依旧保留较好的古村落，山西街村人对这个古镇有着浓厚的感情。改革开放后，随着人民生活水平的提高，大多数村民会选择翻盖新屋或者扩建住宅等，但山西街村人依旧选择住在传承了百年记忆的古楼里感受着那份历史的厚重。在大汶口遗址发掘不久、大汶口文化遗址博物馆创建之初，村民卢继超就积极奔走，通过联合镇上的十多个有识之士，集资50万元左右，成立了属于山西街村自己的博物馆；并且对于村内的明石桥、山西会馆、大汶河七月十五放河灯的习俗积极进行申报并采取措施进行保护。

山西街村的古建筑保存之多，除天然因素之以外，更多源于其实用价值，即古建筑能够顺应时代的潮流积极进行改造。山西街村标志性的建筑山西会馆在解放前就由会馆变成了学校，解放后又成为盐业和供销社储备物资之所，会馆的功用能够做到顺势而为是山西会馆保存较为完整的原因。在改革开放以后，山西会馆作为传统建筑被当地政府保存起来，成为山西街村悠久历史的见证。

作为第一批国家级并且保存完好的传统村落，山西街村受到了当地政府与居民的重视，政府多次拨款修补重建，居民积极投入保护，取得了显著效果。山西街村在传统村落的投资、保护修缮、开发等方面，有较为成功的值得借鉴学习的经验。

近年来，石墙镇不断加强对上九山村生态环境的保护和开发工作力度，计划利用三年时间，把上九山村打造成为山东省内一流、国内有一定知名度的古村旅游品牌和影视拍摄基地，规划建设以游客中心为“点”的旅游接待服务区、以古建筑群为“线”的古建文化游览区、以泉水为“带”的休闲娱乐区、以山上平台为“圈”的民俗佛教文化区、以山后为“园”的野生放养狩猎区、以城门前为“面”的农耕文化体验区，使其成为周边城市居民的观光休闲娱乐的旅游胜地。

石墙镇政府也加大了对上九山村的保护、开发和利用的工作力度。2012年由四川金盆地集团接手，致力于把上九山村打造为集旅游、休闲观光、社会人文博物馆和影视基地为一体的综合旅游区，2013年动工，2015年竣工并对外开放。目前，为促进上九山村田园旅游的发展，四川金盆地集团共投资3.6亿元，除观光旅游等功用外，山九山村兼具生态度假、文化传承和影视拍摄等功用，是多位一体的综合旅游度假区，带给游客不一样的审美享受。

二、聚落类农业文化遗产保护开发利用存在的问题

农业文化遗产是珍贵的，是不可再生的资源。古村落的逐渐淹没，不仅使得人类优秀文明淹没，也对当今社会造成了极大的文化损失。发掘和保护农业文化遗产主要存在的问题有以下几个方面：

1. 聚落类农业文化遗产普查力度不够

“中国民族众多，地域广阔，生态条件差异大，由此而创造和发展的农业文化遗产类型各异、功能多样。但截至目前，全国范围内尚未对农业文化遗产进行系统普查，更谈不上对农业文化遗产进行价值评估和等级确定。”[①] 我国传统村落的评选工作始于2012年，截至目前已经公布了五批中国传统村落名录，但目前仍有部分传统村落亟待发掘与保护。

2. 农业文化遗产开发利用保护意识较为薄弱

旧村改造中，有的是对传统民居进行外观改造，但改造得不伦不类，对历史文化要素造成了破坏。有的是对旧建筑与道路进行了修整，部分地破坏了原有的历史风貌，甚至存在恶意改造的情况。有的改造导致村落空心化严重，村内民居缺乏居住，建筑老化严重。当地政府要充分认识农业文化遗产的特殊性和不可逆性，认识其资源、技术、生态、文化等价值，提高调查、登记、保护和开发利用的认识和自觉，科学保护和利用农业文化遗产。

3. 未深入挖掘农业文化遗产的文化意蕴

传统村落具有历史、文化、社会等价值，就目前而言，对于聚落类文化遗产的文化意蕴没有形成系统性和完整性的研究，传统村落的文化意蕴挖掘较浅，同时保护宣传和科学利用等方面也没有与其文化意蕴相结合，这不利于聚落类农业文化遗产的永续利用。

4. 发掘与保护机制的有待健全

回顾当下，我们已经在农业文化遗产传承的探索上有了些许的方法和途径，但部分措施长远看来有些急功近利，存在忽视农业文化遗产可持续发展和广大农民经济利益的问题。农业文化遗产保护的终极目标是达成文化、生态、社会和经济效益的科学有机统一。

5. 宣传手段落后，宣传不到位，村落文化资料不完善，挖掘迟滞

目前，农耕文化、孝贤孝道、婚丧嫁娶、待人接物等方面的文化资料库未建立起来。古村落的宣传很大程度上依靠政府的提倡，村民未能真正做到人人成为古村落宣传的使者。古村落的文化底蕴和价值未得到深刻地挖掘。

---

① 杨绍品，2014. 保护农业文化遗产传承中华农耕文明［N］. 农民日报，05-14.

6. 村民被外迁，兴建旅游区，商业气息重，影响村落持续发展

开发过程中，部分地区过分追求方便旅游，食宿场所建筑多、体量大、装饰新，影响村落原有的历史风貌。为加大对于传统村落的开发力度，诸多村落将全部村民外迁，兴建旅游区。这种做法虽有利于保持村庄的原汁原味，但是缺少村民的村落，不足以称为村落。缺乏基础设施的支撑，旅游业也难以发展。因此完全依赖投资商，在空巢村发展旅游业，值得商榷。

7. 文化资源挖掘缺乏独特性

虽然山东省近几年注重古村落的挖掘和保护工作，可是古村落保护仍以观光旅游为主，缺乏旅游产品的开发，古村民俗文化、乡土文化等内涵文化没能很好地展现给游客。具有当地特色民俗的文化旅游项目较少，导致不少游客行人在景点游玩及驻留的时间短，半日游的旅客不占少数。这些也是由于文化资源挖掘过于单一，没有多元化地挖掘古村落的文化资源和文化产品。诸多村落受儒家思想的影响较大，大多数建筑的布局以及选址都符合着儒家思想的礼仪规矩，儒家文化的统摄性使得古村落的资源、建筑、文化等具有高度的一致性。这既是其优点和特点，但缺点也并存。因整齐划一，很多村落显得有些刻板，缺乏生动性、多样性。

8. 公共设施缺乏，服务人员素质有待提高

部分村落缺乏宣传，知名度较低，公共服务设施差，服务体系不健全，管理人员、服务人员等相应的能力与水平有待提高。

三、聚落类农业文化遗产保护开发利用对策研究

传统村落的保护是基础，开发利用既是经济社会文化发展的需要，也是传统村落保护和可持续发展的有效途径。

1. 尊重和保护传统村落既有的风貌与生态

古村落是传统农业文化与民俗文化的“活化石”，是中国文化的根植所在，凝结着先民的智慧和创造，是地方历史文化演变和发展的见证。传统村落不仅仅具有使用价值，其历史性和艺术性是其更为重要的价值，其文化凝聚力和张力是不可替代的。抢救村落文化遗产十分必要，对其进行科学有效保护与合理开发，具有重要意义。

对于古村落的建筑、墙体、古屋、古井、文物、树木等要尽量保持其原有风貌与生态，不要将其改造得不伦不类，甚至面目全非。

农业文化遗产改造要保留老建筑原有建筑风貌，适当修葺破损老建筑，改善老建筑内部的生活服务设施，留住村民，并为游客提供必要的居住环境。在此基础之上，当地政府要对传统村落中历史人物、建筑、民俗等史料加以整理，使得传统村落的历史文化得以传承，确保古村落保护工作的真实性、完整性和历史传承性。

2. 尊重村民的生活方式、情感寄托、利益关切，提高村民村落保护的积极性

农业文化遗产从创造到发展，当地村民都起着主导作用，很多遗产是村民们的生

活习惯在现实中的表现。因此文化遗产的保护不能一刀切，要从现实出发，关注当地村民的生活方式，还原最真实的文化遗产面貌。

古村落是居民的生活居住场所，是情感的归属与寄托，村落保护、开发、管理、旅游收益分配机制等，都要考虑群众利益和感情。开发农业文化遗产要提高村民生活水平，增强古村落居民的资源保护意识、态度和行为。

3. 加强保护与宣传力度，增强人们的保护意识

保护意识薄弱是农业文化遗产快速消失的主要原因之一，民众对于传统村落的保护意识还有待加强。当地政府首先可以通过传统的报纸、杂志等传统媒介加强对传统村落的宣传力度。学校和社区也是宣传的重要场所，可以发放相关宣传资料，可以开设专题讲座，组织志愿者加入传统村落的保护行列之中，同时利用互联网媒体，多种途径加以宣传，使社会各界意识到传统村落保护的必要性和紧迫性。提高村民的保护意识对于传统村落的保护至关重要，当地政府要加快对村民文化意识尤其是历史文化意识的教育与培养，建立健全政策机制、利益机制与舆论宣传机制，从而提升广大劳动人民对于古村落的文化保护意识和经济开发利用意识，有效促使古村落文化保护工作形成全面、全体、自觉的形势。此外，古村落保护要因材施教、因地制宜。当地政府要从古村落的实际情况出发，来安排具体保护、改善、保留、整饬和拆除等方式方法。目前，有关部门的宣传保护力度还不够，当地村民对农业文化遗产的作用与价值相当模糊。要很好地保护古村落，还需要提高人们保护古村落的自觉意识。有关部门要大力宣传村落价值，使人们明白村落保护开发利用的重要性，明确哪些行为有利于村落的保护与发展，最大程度保证传统村落的完整性。

4. 加强旅游管理与产业发展，开发与保护并举

各地要建立旅游村镇管理的相关制度，探索旅游村镇的有效管理方式，增强旅游活力。按照旅游业发展的客观要求，有关部门要在村镇规划中增加旅游公共服务设施面积，为旅游产品开发和旅游环境营造提供保障；加大改革旅游村镇基础设施投入，强化各级政府对旅游村镇基础设施投入的责任，与企业合理有效地合作；推动创新旅游村镇的土地承包和宅基地管理制度，增强村民自主支配的空间，为村镇旅游资源的整合和适度流转提供支撑。

农业文化遗产要“在发展中进行保护”[①]，农业文化遗产的保护要能保证当地村民能够从遗产的保护中得到切实的效益，这样他们才愿意主动参与到文化遗产的保护活动中，为遗产保护做力所能及的事情。除了对古民居进行保护之外，还要发展旅游业，兴建文化馆，将当地的文化元素融入其中，让村民从中得到切实的利益。在发展中保护，在保护中发展。

---

① 闵庆文，孙业红，2009. 农业文化遗产的概念、特点与保护要求［J］. 资源科学（6）：917.

5. 完善公共基础设施、旅游设施与服务体系

保护农业文化遗产要完善村落水、电力、电信网络体系建设，改造乡村厕所，设置粪池，实现乡村资源的合理利用，完善村落给排水技术，完善村落道路的同时加强村落排水设施的建设；加强基础设施、文化娱乐设施、商业及与旅游服务设施建设，形成公共服务体系。旅游设施的建立对于发展村落旅游是必不可少的，但是旅游设施的建立须与传统村落相协调，在最大程度上保证传统村落的完整性与和谐性。古村落旅游规划的原则一般是建立文化旅游区，因为导游和服务质量尤为重要，应在旅游区内设置专门的导游机构，同时规范导游制度。传统村落旅游区的建立应该提高传统村落的活力，如济宁市上九山村旅游区的工作人员均为村落的村民，还应设置专门的服务人员培训机构，提高服务水平。

6. 树立科学、整体、综合的保护与发展规划观念

村落规划不在于一朝一夕，要多方考量。改造要经过深思熟虑，多方考虑各种可能产生的结果，理性对待传统古村落的保护与开发利用。开发古村落要敬畏、尊重、传承历史文化，要顺应社会发展趋势，要恪守人文伦理，要科学发展经济。

规划设计应选择用“陪伴”的方式与高水平的设计单位合作。商业化运作的介入不能对传统文化遗存造成损害，当地政府应鼓励、倡导村民参与到保护开发利用中来。

泰安市山西街村的发展规划理念为点、线、面及非遗。点，是传统村落价值的基本构成单位，在山西街村主要指明石桥、山西会馆、古楼民居等历史要素。线，是指山西街内的古巷城墙、大汶河水体以及岸线形态等线状形态要素，同时其要注意保持和“点”要素的协调统一。面，主要指大汶口古镇的传统格局以及整体风貌。传统格局是指已在历史发展的过程中形成的传统村落的格局。整体风貌是指在长期发展过程中自然环境与人文环境相互协调，和谐共生的风貌。非遗，是指遗留下来的传统的工艺与习俗。大汶口文化遗址博物馆立足于当地的资源，在保护传统文化的同时也传承了传统文化。

“大汶口遗址、古村落、大汶河共同构成了山西街村历史文化发展的秀丽画卷，因此当地要依据合理划区、整体保护的原则，规划形成‘两区一带’的整体保护框架。”① 我们需要在重点保护的基础上合理开发，平衡保护与开发之间的关系，在不损害后辈利益的基础上达到当下利益的最大化，实现其可持续发展。

城市化进程中传统村落保护要因地制宜，科学合理地留住历史文化名片和记忆。建设成旅游区是多个传统村落的发展模式，在这种模式下更应处理好村落保护与旅游资源开发的关系，加强传统村落特色空间的保护、传承、利用和再塑造。

---

① 曹枭，2015. 泰安市山西街村传统村落的保护与传承［J］. 城乡建设（9）：69.

7. 健全古村落保护的相关法律法规

“法律法规是制约人们行为最好的武器，是保障传统村落不受破坏，并且能够合理开发的最直接和有效的途径。”[①] 因而，对于传统村落的保护，建立健全相关的法律法规是必然的，同时也有利于保证传统村落的可持续发展。泰安市山西街村法律法规的制定要从实际情况出发因地制宜，在专业理论的指导下制定具有较强针对性的保护性法规。同时，山东省的传统村落各有特点，对于法律法规的制定应该立足于实际，实事求是，切合于实际的同时也有需要专业知识的指导。

8. 发掘传统村落的文化内涵，为传统村落注入新的活力

深刻而独特的文化内涵是聚落类文化遗产最大的魅力所在。古村落文化意蕴的发掘，有利于增加传统村落的吸引力，同时有利于为传统村落注入新的活力。山东地区是儒家文化的发源地，耕读世家的文化对于山东省聚落具有重要的影响。山东省传统村落的文化内涵不仅体现在建筑文化，其中还包括哲学文化、宗教文化、民俗文化等等。

农耕文化是我国几千年农业历史留下的独有的文化印记，同时也是传统村落最主要的文化内涵。传统村落中的农业器具，如石犁、石磨、木质独轮车等，都是农耕文明的产物，同时也是劳动人民智慧的结晶。古村落中保留的传统农业器具，是中国传统社会农耕文明的见证，是中国农业文化的传承。

古村落悠久的历史也是其文化内涵之一。如雄崖所村，秦朝就有人在此聚居，此后形成村落。明置雄崖所，该地见证了明朝东部沿海抵御倭寇的历史。现在，雄崖所村的村民不乏当年所城守卫将士的后裔。

9. 建立多元融资、投资机制，加强保护开发

保护农业文化遗产要从国家支持、地方政府投入、市场融资、民营资本参与等多渠道入手，建立起多元投资机制，确保传统村落的切实保护与科学合理地开发。

当地应积极引导带动企业家以及社会各界人士，有效加大社会资金资本投入，切实投身参与保护传统古村落的行动中来。同时，对各专项资金及募集资金，市财政和审计部门要建立专门账户、严格把关，确保资金投向公开透明、专款专用。有关部门要制订合理有效的营销方案，对古村落的文化魅力要逐步加大其宣传力度。创新的旅游资源也可以带动经济的发展。对于聚落类文化遗产要实行生产性保护，“所谓生产性保护，是在遵循这类非遗项目自身发展规律的前提下，通过生产、流通、销售等方式，将非遗及其资源转化为生产力和产品，使非遗在创造社会财富的生产活动中得到积极保护。”[②]

---

① 罗长海，彭震伟，2015. 山东省古村落文化资源的保护与开发——以朱家峪为例［J］. 山东社会科学（6）：192.

② 刘德龙，2013. 坚守与变通——关于非物质文化遗产生产性保护中的几个关系［J］. 民俗研究（1）：5.

10. 推动一、二、三产业的深度融合和持续发展

统筹兼顾，因地制宜，突出中国传统古村的合理开发利用保护与乡土文明弘扬继承，加快形成具有特色古村落。同时要加快转变农业、农村发展方式，更好的发展农业功能，最终达到让农业良好发展、使农民逐步增收的美好愿望。实现一、二、三产业的深度融合和持续发展。

发挥传统村落资源优势，开展农家休闲等服务。将住宿、餐饮、采摘、加工体验等生动起来。坚持和完善经济发展方式，努力促进古村落与农业发展协同发力。整合部门资源，为古村落旅游发展服务，从培育村镇经济产业、增强自身发展能力出发，推动整合各部门的涉农举措，共同促进村镇旅游产业的发展；对接全局战略，将古村落旅游作为新型城镇化、扶贫攻坚等战略的重要组成部分，加强总体规划和顶层设计；努力完善农业政策，加快建立健全农业发展机制，一切从实际情况出发，一切为农民农村发展考虑、积极筹划各地村民自治组织的建设以及相关旅游业务辅导；总结推广各地发展村镇旅游的鲜活经验，推动各种开发经营模式和发展路径的创新；加强村镇旅游发展机制的引导，促进村镇旅游资源与工商资本和客源市场的对接；引导好村民自治组织的作用，创新资源转资本、物权换股权、环境变效益等具体方式，协调好个体与集体、旅游发展与村民生活的关系。

参考文献

〔意〕布鲁诺·赛维，2006. 建筑空间论 [M]. 张似赞，译. 北京：中国建筑工业出版社：16-17.

曹枭，2015. 泰安市山西街村传统村落的保护与传承 [J]. 城乡建设 (9)：16.

崔振华，2016. 民居的变迁与文化空间 [J]. 美与时代：城市版 (5)：11-12.

黄永健，2013. 传统民居建筑空间的营造特征：以山东古村落传统民居空间形制为例 [J]. 艺术百家 (8)：84.

(明) 计成. 陈植，注释，1981. 园冶注释 [M]. 北京：中国建筑工业出版社：47-48.

李文华，2013. 农业文化遗产保护的现实意义 [J]. 农业环境科学学报 (1)：15.

李文华，2015. 农业文化遗产的保护与发展 [J]. 农业环境科学学报 (34)：1-6.

李雨亭，2016. 我国非物质文化遗产保护现状 [J]. 合作经济与科技 (20)：45.

梁川，2015. 孝善并行：中元"放河灯"节俗文化再探 [J]. 中华文化论坛 (7)：56.

梁进涛，1996. 历史文化之河 [J]. 水利天地 (5)：5.

刘德龙，2013. 坚守与变通：关于非物质文化遗产生产性保护中的几个关系 [J]. 民俗研究 (1)：5.

鲁王，2014. 泰安山西街村：从一条街到国家级名村 [J]. 山东文化 (5)：2.

逯海勇，胡海燕，等，2017. 供给侧改革视域下传统村落旅游竞争力提升对策研究：以泰安市山西街村为例 [J]. 旅游纵览 (22)：133.

罗长海，彭震伟，2015. 山东省古村落文化资源的保护与开发：以朱家峪为例 [J]. 山东社会科学 (6)：192.

吕芸芳，1999. 泰安历代地方志介绍 [J]. 山东矿业学院学报：社会科学版 (2)：4.

闵庆文，孙业红，2009. 农业文化遗产的概念、特点与保护要求 [J]. 资源科学 (6)：914-918.

阮仪三，王建波，2013. 山东招远市高家庄子古村落：国家历史文化名城研究中心历史街区调研 [J]. 城市规划（10）：65.

田承军，2008. 泰安山西会馆寻踪 [J]. 文物世界（5）：34.

魏晓光，2013. 梨树县孟家岭镇四台子齐翰林家族轶事 [J]. 老潍县日志（10）：13.

杨斌，吴雯雯，张杰，2010. 泰安市历史地段建筑特色景观保护与改造研究 [J]. 山西建筑（10）：37.

杨绍品，2014. 保护农业文化遗产传承中华农耕文明 [N]. 农民日报，05-14.

张博远，2016. 从齐西村古建筑特点看清末潍县民居风格 [J]. 居业（11）：55.

张万友，2005. "齐八翰林"家谱档案研究 [J]. 兰台内外（1）：56-57.

第六章 CHAPTER 6

粮蔬类农业文化遗产调查与保护开发利用研究

在像中国这样的农业大国，农业文化遗产的保护应该发挥重要作用。山东省是农业大省，农业文化遗产是农业发展的重要资源。中国祖先创造的丰富农业文化遗产不仅使我们在自然条件稍差的背景下实现了几千年超稳定的发展。与此同时，我们的祖先也使用传统技术，如农家肥，轮作和间作，实现了可持续的土地利用。然而，在化肥、农药等现代西方文明的介入下，中国土地出现了土地硬化、土壤肥力下降、酸碱失衡、有毒物质超标等一系列问题。在这里，我们真诚地提出要保护农业文化遗产。

第一节　粮蔬类农业文化遗产名录提要

1. 龙山小米

龙山小米营养丰富，种植历史悠久。它种植于春秋时期，已有 2 000 多年的历史。它是清代四大贡米之一，被称为“米龙”。龙山村石质斜坡上的 400 亩土地产出的龙山小米最为著名。该地区是一个山前冲积地带，土壤层深，土壤黄色，质地相对肥沃。此外，其地理环境和气候条件适合小米生长发育，为形成龙山小米的优良品质创造了独特条件。由于谷物的味道随着生长和持续时间而增加或减少，龙山小米种植方法都是旱地和春播。在耕地之前，应该完全施用农家肥，并均匀地精细耕种。龙山小米品种主要为“东路阴天旱”，生长持续时间超过 120 天。

2. 金乡金谷

金乡金谷产地为济宁金乡县。它的圆粒、金黄色、黏香质、营养丰富、储藏几年依然品质不变，在全国闻名。用它制成的粥黏稠透明，米粒悬浮，香甜可口，具有润肠的功能。它是山谷中的瑰宝，在全国四大著名水稻品种中营养成分最高。

3. 泗水小杂豆

泗水小杂豆产于济宁泗水，主要品种有绿豆、豇豆、匍匐豆和红小豆。大槐花、小槐花绿豆 1 000 粒重 52.5 克，富含淀粉，蛋白质含量超过 22.1%，口感很好，还可用于医药。豇豆 1 000 粒重 150 克，蛋白质含量高；爬豆 1 000 粒重 52.5 克，富含蛋白质和维生素，营养价值高，可制成小吃和高档粉丝。

4. 柘山花生

山东省安丘市柘山镇被称为“中国第一花生镇”。据《安丘县志》记载，清嘉庆十五年（1810），柘山镇上开始种花生。柘山花生受到嘉庆皇帝的称赞，之后该镇产的花生被选为皇家贡品。这个镇的花生具有色泽鲜艳、香味甜美、籽粒饱满、出油率高的特点，但口感不油腻。1975 年柘山花生入选中南海贡品，2007 年柘山花生获得“国家有机食品安全许可证认证”，2008 年柘山花生被认定为“国家绿色食品”，2009 年柘山花生被认定为“中国地理标志产品”。

5. 滕州马铃薯

滕州市位于淮河流域，属于温暖的季风大陆性气候，光热充足，雨热同期，农业气候条件优越，年平均气温 13.6℃，年平均日照 2 383 小时。滕州市马铃薯种植已有 100 多年的历史。滕州马铃薯呈长圆形，芽浅，表皮光滑，肉黄。2008 年 12 月 3 日，农业部正式批准“滕州马铃薯”农业地理标志的登记和保护。

6. 鱼台大米

鱼台历史悠久，被誉为“鱼米之乡、孝贤故里、滨湖水城”。京杭大运河穿越县境，给鱼台带来肥沃的土壤，纵横交错的 17 条河流和星罗棋布的数千个方形池塘，为 49 年前治水改稻奠定了基础。鱼台大米的主要品种包括鱼农 1 号、圣农 301、豫粳 6 号、津稻 263 等优质高产品种。

7. 鱼山大米

鱼山大米历史悠久。自汉代以来，这里的大米远近闻名。鱼山周围的汉墓和曹植墓中都出土了大米和大米容器。围绕鱼山大米有许多美丽的传说，其中最为著名的有东阿王曹植的八斗贡米和鱼姑在灾年帮助人们的“鱼姑米”传说。

8. 安山大米

安山大米是地理标志认证产品。安山水稻种植集中于泰安市上老庄乡大安山村以西、八里湾以东的周边 9 个行政村。自清代以来，它有着悠久的种植历史和确切的历史记载。近年来，乡镇推广安山大米种植，充分发挥了促进农业规模发展和保障农民收入持续增长的作用。

9. 黄河口大米

受特定气候条件的限制，黄河口水稻仅产于黄河三角洲顶部，常年种植面积 20 万亩，总产量超过 8 万吨。垦利“黄河口大米”经省无公害农产品标志认定委员会审查后，已获准使用国家无公害标志。垦利位于黄河口，拥有 70 多万亩贫瘠的盐碱地。黄河口水稻光照充足，生育期长，病虫害少，具有质地光亮、光泽好的特点。1990 年，它被世界卫生组织认定为“无污染食品”，并被列入第 11 届亚运会运动员指定大米。

10. 明水香稻

明水香稻出产于济南章丘明水镇，它具有半透明、颗粒饱满、坚硬和油性的特点。明水香稻米饭的香味可以刺激食欲，让人回味无穷。因此，济南人俗称其为“香米”。它具有很高的营养功效，是补充营养的基本食品。

11. 胶河土豆

胶河土豆是山东省高密市柏城镇特产，是中国国家地理标志性产品，因其原产地位于山东省胶莱平原的胶河两岸而得名。这个地区的地理和气候条件适宜。柏城镇也是胶东半岛著名的“土豆镇”。土豆种植是该镇传统优势产业，种植历史悠久。因此，该镇产出的土豆品质优良，大小均匀，色泽淡黄，肉质细腻，微量元素含量高。

12. 唐王大白菜

唐王大白菜农产品地理标志地域保护范围为历城区唐王镇境内的6个办事处46个行政村。唐王大白菜是济南的“四大美食”之一，富含胡萝卜素、维生素B_1、维生素B_2和维生素C、粗纤维、蛋白质、脂肪、钙、磷和铁。唐王大白菜富含多种营养成分，多吃大白菜可以润肠通便，促进排毒，还能促进人体对动物蛋白的吸收，可以起到很好的护肤美容作用。

13. 章丘大葱

章丘洋葱是葱属的多年生草本植物，又称菜伯、和事草等。章丘大葱有“名”“特”“优”的特点，主要品种为“大梧桐”，辣味稍淡，微甜脆嫩，可长期保存。章丘大葱富含蛋白质、维生素、氨基酸和矿物质，并含有比较微量元素“硒”，故章丘大葱俗称“富硒葱”，也称“长寿葱”。章丘大葱同时含有维生素A、维生素C和大蒜素，杀菌能力强。

14. 明水白莲藕

明水白莲藕是济南著名的特产，产于明水百脉泉。它以洁白如玉、质地细腻、酥脆、清甜、块大、咀嚼后无残渣而闻名。据考证，明水白莲藕在战国初期就有种植。它起源于鲁中著名的泉水百脉泉，具体位于东门（今百脉泉公园）和西门（今梅明泉公园），有3 000多年的栽培历史，也曾有诗词赞曰：“绣江之水清如许，荷花香接稻花香”。

15. 章丘鲍芹

鲍芹的养殖历史悠久。据《章丘地名志》和刘、万二姓《族谱》记载，在元代，鲍姓在此建村，以姓氏命名。说明鲍芹距今已有1 000多年的养殖历史。在清代，鲍家大规模种植芹菜。在过去的100多年里，鲍家村的祖先长期种植了一种生长力旺盛的芹菜“大青秸”（现称鲍家芹菜或鲍芹）。近年来，鲍芹种植在科学技术方面的投资有所增加。鲍家芹菜的根系发达，植株高大，色泽翠绿，茎饱满，口感脆甜，咀嚼后无残留，芹菜风味浓郁，适合各种烹饪方法。“鲍芹没有鲍鱼价贵，鲍鱼没有鲍芹味美”。章丘葱，明水贡米，鲍家芹菜被称为章丘的“三宝”。鲍家村现有蔬菜种植者200多人。多年来，没有有效的组织形式。在了解情况后，当地政府抓住机遇，给予了有力的支持和指导。在各级政府的领导下，为了推广鲍芹种植，章丘成立了鲍芹蔬菜专业合作社和芹菜种植专业合作社，建立鲍芹标准化生产基地。2009 年该基地成为济南现代农业特色品牌基地。

16. 章丘香椿

香椿是章丘特产的始祖。每年春雨之前和之后，香芽都可以制成各种菜肴。它不仅营养丰富，而且具有很高的药用价值，是宴饮待客的一道名菜。香椿叶厚而嫩，绿叶是红色的，如玛瑙和玉。

17. 长清皱皮瓜蒌

长清瓜蒌是山东省传统的瓜蒌品种。根据《长清县志》的记载，长清庄科村和焦庄村早在清代就种植了瓜蒌。目前，马山镇是长清瓜蒌的集中生产区，其产量约占该县总产量的三分之二，并已培育了数百年。根据光绪十七年《肥城县志》的记载，光绪四年（1878），该县城北卸甲崖村的李明志成功引进了瓜蒌品种，成为全县的传统药材。长清瓜蒌果实为“棕红色，厚皮，易收缩，面筋，量重，味甜”，是山东省瓜蒌品种的主流，产量高，品质优良。该产品在中国和国际中药市场中享有盛誉。

18. 桓台山药

山东省桓台县有一种著名的地方特产新城细毛山药。它的栽培历史悠久，早在明清时期就享有很高的声誉。由于其特殊的土壤和水分生长条件，桓台山药已成为山药家族的最佳产品和宫廷贡品。桓台山药具有健脾益肺、补肾、提高品质的功效。它集蔬菜、药品、滋补品于一体，被评为“国家地理标志保护产品”“中国有机产品”。

19. 桓台四色韭黄

山东省淄博市桓台县东孙村有一种营养丰富由又具有观赏价值的特色蔬菜。它在东孙村的种植历史已近 200 年。1866 年，以蔬菜种植为生的荆家东孙人孙景礼和孙景谊兄弟，从冬韭中培育出“四色韭黄”，并流行起来，俗称“孙氏韭黄”。据《新修桓台县志》记载，“孙景礼与弟景谊，以农圃种植蔬菜甚著成效。冬日鲜韭为桓台邑著名土产，栽培法即其兄弟所创。”冬韭是桓台著名的土特产。据绿海合作蔬菜园园长孙元福介绍，“四色韭黄”是在冬季，在挡风玻璃前用保温性能好的芦苇毛覆盖冬韭而成。其突出特点是通过人工控制和调节温度及光照条件，形成独特的色彩分布：叶尖为紫色，下部为绿色、黄色和白色。四种颜色，非常漂亮。由于生产工艺复杂，环境条件独特，韭黄生长缓慢，干物质积累较多，几乎不产生纤维素，含水量较少。它的外表明亮有光泽，口感脆嫩，营养丰富。2007 年，东孙村按照自愿、自力更生、互利互惠的原则，在荆家东孙绿海建立了四色韭黄农民专业合作社。农民分享合作社提供的免费信息和技术服务，合作社为种植者的生产和经营开展技术指导、咨询、培训和交流活动。东孙村党支部书记李树海在接受记者采访时说，合作社“为种植户纷发生产技术和经营信息等资料，组织采购农户需要的种子、种苗、生产原料等农资产品，开展种植者要求的运输、储存、加工、包装服务活动”。

20. 桂河芹菜

寿光桂河芹菜是生长在桂河岸边的一种特殊产品。该地区为桂河冲积区，土壤是棕褐色的沙土。土层很深，富含矿物质和其他微量元素。芹菜为春种夏收，夏种秋收，生长期约为70天。植株生长后的高度约为80厘米，绿茎是空心的。收获后，农民将芹菜放入地窖，先洒水，促进其二次生长，发展断筋，约60天后，芹菜脆，入口无残渣，香味浓郁，冷食热炒均适宜。

21. 寿光羊角黄辣椒

寿光阳角黄椒是山东寿光蔬菜产业集团绿色食品基地和孙集街村所属各村的特色产品。该区保护生产面积约300亩，羊角黄椒年产量超过1 500吨。

22. 寿光大葱

寿光大葱是寿光地方葱的总称。早在明朝，寿光就有种植大葱的习惯。寿光大葱的主要品种有“鸡腿洋葱”“八叶气”和“硬叶洋葱”。“鸡腿葱”植株高度为60～70厘米，基部更厚更薄，形状像鸡腿。“八叶齐”植株粗壮，上粗下细，叶整齐紧凑呈扇形分布。“硬叶葱”有一个自上而下厚度相同的硬假茎，叶短而硬，平均株高1米，耐寒。寿光大葱富含维生素，具有很高的食用和药用价值。此外，它坚实耐冻即使在解冻后仍味美如初，因此便于长期储存和长途运输。

23. 安丘大姜

产于潍坊安丘的安丘姜是山东省著名特产。安丘生姜种植历史悠久。早在明朝万历年间（1573—1620年），安丘就有种植生姜的记载。安丘姜经过近500年的选育和栽培，已形成色泽鲜艳、结构紧凑、块大丝小、辛辣俱全的特点，具有较高的食用价值和药用价值。2006年，国家质量监督检验检疫总局批准对安丘生姜实施地理标志保护工作。

24. 安丘大蒜

安丘大蒜具有独特的特点，头大瓣均，吸水性强，风味浓郁，香辣可口，汁液丰富，素有“安丘大蒜头，一头顶两头”之称。清末即有小规模种植，当时栽培面积300多亩，总产量13万千克。现有种植面积数万亩，总产量数千万千克。省内省外都很有名。安丘大蒜销往全国各地，经加工制成的脱水大蒜片，糖醋蒜，蒜泥等产品，出口到国外。白芬子镇覆盖68个行政村，人口3.8万。该镇是一个农业大镇，盛产小麦，玉米，生姜，大蒜素产品，尤其以种植生姜和大蒜而闻名。1996年，它被农业部命名为“中国姜蒜之乡”。

25. 新泰黄瓜

新泰密刺黄瓜是山东省新泰市高蒙村的优良品种，具有株型均匀、茎节短、叶小、采收好、早熟、耐高温、抗性高等优良特性。小黄瓜有刺棱，刺红，皮薄，果肉淡绿色，顶花刺嫩果肉不分离，脆而可口。它可以生食，煮菜和做汤，从家庭聚餐到高级宴会都合适。经过实验室测试，每100克新泰黄瓜含有19毫克钙、2毫克磷和

0.4 毫克铁，高于正常品种。1955 年，当张凤明和他父亲在田里耕作时，他们发明了比“一串铃”还要繁荣的新单株。根据种植经验判定，张凤明和他的儿子认为这是“一串铃”和“大青把”的天然杂交品种。后来，张凤明以“大青把”作母本，“一串铃”作父本，进行杂交实验。经过五年的精心培育，一个新的品种——新泰密刺，终于成功选育。

26. 莱芜鸡腿葱

鸡腿葱也被称为流涧大葱，因为它的葱白粗厚，像鸡腿，故名鸡腿葱。产于山东莱芜地区。大葱营养生长在第一年完成，繁殖生长在第二年完成。植物的可食用部分是鳞茎和幼叶。其特点是：易栽培，病虫害少，适应性强，植株高。大葱又细又硬，又嫩又脆又辣，闻起来葱香四溢。鸡腿葱可长久保存而不变味，是烹饪的绝佳调料。

27. 莱城白花丹参

山东省莱芜市位于鲁中腹地。自古以来，它盛产各种中草药，是一些中药的重要生产基地。莱芜北部山区绵延数百公里，气候适宜，日照充足，降水充沛，土壤为沙质，水质无污染，地理环境优越，自然条件优越。白花丹参是丹参的最佳品种之一，也是山东省特产药材之一。由于许多原因，这种稀有物种已濒临灭绝。为保护珍稀物种，加快研发，1999 年莱芜市成立丹参研发中心。该中心对丹参的品种采集、野生驯化、良种选育、高产栽培、药理、药效学、毒理学等方面进行了系统的研究，筛选和培育出优质的亩产量品种。目前，白花丹参的种植技术取得了突破性进展，取得了丰硕成果。

28. 莱城姜

莱芜种植生姜已有 2 000 多年的历史。目前，莱芜生姜种植面积 25 万亩，生姜年产量 21 万吨。莱芜生姜以其薄皮，鲜色，小丝，细肉和辛辣而闻名。莱芜白蒜与生姜一样出名，它品质优良，香气浓郁，而且非常耐用。莱芜生产的鸡腿葱新鲜而辛辣，是烹饪的最佳原料。生姜，白蒜和鸡腿葱也被称为“莱芜三辣”，是当地著名的特产。

29. 莱城大蒜

莱芜大蒜种植历史悠久。1935 年，莱芜大蒜种植面积达 1 400 亩。目前，莱芜大蒜种植面积超过 10 万亩，年产量达 15 万吨。莱芜大蒜以白皮质量最好。白蒜分为两大品种：“大白皮”和“四瓣六瓣”。莱芜白蒜具有蒜瓣大，产量高，香味浓，抗寒性强，休眠时间长，耐贮藏等特点。自 1962 年以来，莱芜大蒜畅销全国各地，产品已出口国外，深受国内外客户的喜欢。

第二节　粮蔬类农业文化遗产保护开发利用

事实上，粮蔬类农业文化遗产的保护是系统地组织传统农业生产知识和经验，为蔬菜种植业的未来发展提供有益参考。同时，继承和保护农业生产经验和农业生活经验不仅有助于我们理解农业文化遗产中的文化联系，而且更容易通过综合保护，提升传统农业文化在农业社会中的整体性。

一、粮蔬类农业文化遗产保护工作的重点方向

1. 对传统农业种植技术与种植经验采取有效保护

在保护传统粮食蔬菜农业文化遗产方面，保护土地耕作和蔬菜种植经验，如育种、耕种、养殖、灌溉、排水、防虫、贮藏等，是我们保护工作的重要组成部分。它强调人与自然的统一和可持续发展，这是传统农业生产经验的精髓。保护农业生产经验首先要做的是深入调查，了解家庭背景，运用口述历史、多媒体技术等手段，全面记录和继承流传了几千年的农业生产技术。这些传统智慧和经验主要集中在70岁以上的老人手中，所以这个社会团体应该成为我们调查和保护的焦点。

2. 对传统粮蔬农具采取全面保护

传统的农业生产工具代表了一个时代或地区的粮田耕种和蔬菜栽培技术的发展水平。传统技术的基本驱动力来自自然，几乎不需要任何成本操作。它不仅满足了农村加工业和灌溉业的能源需求，而且有效地避免了工业文明造成的污染和巨大的能源消耗。我们没有理由任意消除它，也不应该简单地用另一种文明取代它。我们的任务是：第一，保护；第二，研究；第三，发展。在条件允许的地区，可以通过建立农具博物馆来保护这些工具。

3. 对传统粮蔬种植制度采取有效保护

生产系统是一套规则（包括以乡镇法规和民事公约为代表的民间文学艺术），道德规范和相应的民间禁忌。它的建立在社会和经济发展中发挥了重要作用。历史证明，没有生产技术和完整的生产体系，农业的培育和发展是不可持续的。例如，长期的粮食蔬菜种植习惯被传下来，形成了农业经营者的心理支柱。这些信仰在维护传统农业的社会和道德秩序方面发挥着非常重要的作用。没有信仰，传统农业文明就无法实现稳定发展。

4. 对当地特有粮蔬品种实施有效保护

在当今经济全球化的推动下，随着优良品种的普及，粮食和蔬菜品种呈现出明显的简化趋势。一方面，优良品种的推广为增加单位面积产量奠定了基础。另一方面，粮食和蔬菜品种的简化不仅为种植中病虫害的快速传播创造了条件，也影响了当代人对品种的选择。更重要的是，粮蔬品种的简化也将影响世界各地物种的多样性，从而给人类带来更大的灾难。为避免类似情况，我们应考虑建立一个国家种质基因库来保护作物品种，并明确告诉农民应该有意识地保留一些粮蔬品种，为未来的品种留下更多的来源。

二、粮蔬类农业文化遗产保护工作中需要注意的几个问题

1. 对传统农业文化遗产要持有兼容并蓄的态度

农业文明往往与农业信仰有关。这些信仰的存在对维护社会秩序、净化人类灵魂和保护自然起着非常重要的作用。在继承农业文化遗产时，我们要严格区分“大众信仰”和“迷信”。只要一项农业文化遗产利大于弊，我们就必须保护它们。我们对待农业文化遗产应坚持“大遗产”的理念，这更有利于农业文化遗产的保护和推广。因为与农业生活密切相关的传统工艺和表演艺术是农民生产生活的一部分，把它们纳入农业文化遗产，不仅可以满足农民的休闲需求，而且可以使他们增加收入，实现小康生活。在发现粮蔬原产地和利用粮蔬文化遗产时，我们也应该坚持这种兼容并蓄的态度。

2. 打破并澄清传统文化落后观对农业发展影响

为了实现对传统技术的理解，打破传统农业文化落后观是解决这一问题的关键。因为在很多人心目中，传统的粮田耕种和蔬菜栽培技术落后。事实上，这种观点并不全面。在过去没有电气化和机械化的情况下，传统技术巧妙地利用强大的自然力量成功地解决了传统农村人口稀缺和劳动力短缺的问题，为农村的发展做出了巨大贡献。这些传统文化和技术代表了当时的先进文化。今天，由于现代化问题，使用天然和无污染的传统种植技术也是我们学习的典范。我们的任务不是用现代化取代传统技术，而是在完全继承传统技术的同时，改进农业技术，使其更加科学合理。

3. 文化层次也对农业文化遗产保护起到作用

文化层次大致可以分为一般文化、文化遗产和地域象征文化。一个地区建立文化品牌时，该地区的文化遗产是在文化普查的基础上确定的。在文化遗产、地域符号文化的基础上选择地域灵魂是非常重要的。在选择过程中，局部识别非常重要。

4. 加强对粮蔬类农业文化遗产的活态保护

俗话说：“活鱼还要水中看。”保护粮蔬类农业文化遗产应在原始地方记录一些农业文化遗产或将其作为博物馆的标本，但这不是我们保护农业文化遗产的最终目标。我们的最终目标是在新的历史条件下，发扬人类历史上创造的农业生产经验，让它们以活跃的状态传递给人们。例如，中国寿光蔬菜博物馆记录了蔬菜的起源、演变和发展，成为保护农业文化遗产的活样板。

三、粮蔬类农业文化遗产保护的意义

粮蔬类农业文化遗产保护应该促进农村、农业和农民的全面发展。

1. 有利于继承农业文明，扩大农业功能

中国传统农业包含着简单的生态理念和资源保护与循环、生物共生、人与自然和

谐共存的价值。传统农业积累的生产技术和管理知识在现代农业发展中仍有应用价值。

2. 有利于保护农村生态，建设美丽农村

山东省寿光市农民在传统种植经验的基础上，采用了第七代温室技术，在电子设备上完成了对光、温、湿度、水肥灌溉等指标的监测和运行。在建设美丽乡村的过程中，山东许多村庄逐渐摆脱了“肮脏和混乱”，加强对生态的保护。目前，许多山东村庄已形成“积极的生产，强大的工业，美丽的生态，良好的环境，幸福的生活和和谐的家庭”的面貌。

3. 有利于发展旅游业，促进经济发展

根据许多传统粮食蔬菜种植地的开发实践，我们发现适度发展旅游业是保护粮蔬类农业文化遗产的有效途径。同时发展旅游业对促进当地社会经济发展具有重要作用。

四、对粮蔬类农业文化遗产保护建议与前景规划

农业文化遗产的研究和保护仍然是一个新课题。与教科文组织世界遗产四十年的发展不同，农业文化遗产的概念不如世界自然和文化遗产那样广为人知。农业文化遗产蕴含着丰富的生态经济价值，而其经济和文化价值尚未得到充分探索。信息与生态文明建设，美丽中国等进程中仍然有许多问题需要我们加强科学研究。

首先，政府应加快推进农业文化遗产相关政策法规的制定和管理。例如，农业农村部负责在其部内设立专职管理组织，尽快颁布《农业文化遗产管理办法》，推进“农业文化遗产保护”的有关内容，修订《农业法》等相关法律，将农业文化遗产的开发和保护纳入国家公园建设体系。

其次，加强粮蔬类农业文化遗产保护的研究，建立粮蔬类农业文化遗产保护的科技支撑体系。农业农村部和科技部制定了关于保护和研究农业文化遗产的专项或科技支持计划，开展了全国农业文化遗产调查，并对农业文化遗产进行了综合评价，对农业文化遗产的战略布局、指标体系的制定、评价方法、宣传、示范和推广、政策指导等进行深入的科学研究。我们应科学评价农业文化遗产价值，确定农业文化遗产保护的价值取向、分工和分类，鼓励多学科、多部门的综合理论研究和示范工作，加强对保护粮食蔬菜文化多样性和可持续资源管理的研究和宣传。

最后，鼓励探索可持续利用模式，更多参与共享。政府应建立利益共享机制，增强保护蔬菜农业文化遗产的能力，激发全社会参与的积极态度。例如，农业农村部和财政部联合设立了专门的农业文化遗产保护项目，来进行对农业文化遗产认定、支持和保护工作。

21 世纪是中国实现农业现代化的重要历史时期，农业现代技术已全面发展。现代农业是一种高效的生态农业。面对新的历史阶段，只要我们坚持以现代生态文明和

科学发展观为指导，整合传统技术和新技术的精华，不断创新和改进，中国粮食蔬菜种植产业就可以探索出一条可持续发展的道路。

参考文献

耿艳辉，闵庆文，成升魁，等，2008. 多方参与机制在GIAHS保护中的应用：以青田县稻鱼共生系统保护为例［J］. 古今农业（1）：109－117.

何露，闵庆文，张丹，2010. 农业多功能性多维评价模型及其应用研究［J］. 资源科学（6）：1057－1064.

何露，闵庆文，张丹，等，2009. 传统农业地区农业发展模式探讨［J］. 资源科学（6）：956－961.

焦雯珺，闵庆文，成升魁，等，2009. 基于生态足迹的传统农业地区可持续发展评价［J］. 中国生态农业学报（2）：354－358.

李文华，2003. 生态农业：中国可持续农业的理论与实践［M］. 北京：化学工业出版社.

李文华，刘某承，闵庆文，2012. 农业文化遗产保护：生态农业发展的新契机［J］. 中国生态农业学报（6）：663－667.

李文华，刘某承，张丹，2009. 用生态价值权衡传统农业与常规农业的效益［J］. 资源科学（6）：899－904.

刘某承，张丹，李文华，2010. 稻田养鱼与常规稻田耕作模式的综合效益比较研究［J］. 中国生态农业学报（1）：164－169.

闵庆文，2006. 全球重要农业文化遗产：一种新的世界遗产类型［J］. 资源科学（4）：206－208.

闵庆文，孙业红，成升魁，等，2007. 全球重要农业文化遗产的旅游资源特征与开发［J］. 经济地理（5）：856－859.

闵庆文，张丹，何露，等，2011. 中国农业文化遗产研究与保护实践的主要进展［J］. 资源科学（6）：1018－1024.

王思明，卢勇，2010. 中国的农业遗产研究：进展与变化［J］. 中国农史（1）：3－11.

张丹，闵庆文，成升魁，等，2010. 应用碳、氮稳定同位素研究稻田多个物种共存的食物网结构和营养级关系［J］. 生态学报（24）：6734－6742.

第七章 CHAPTER 7

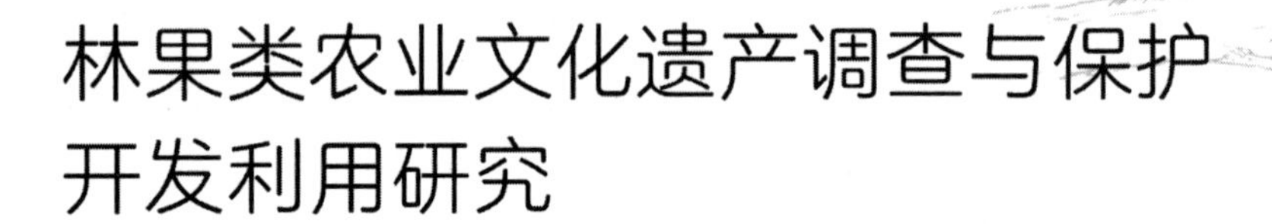

林果类农业文化遗产调查与保护开发利用研究

山东省林果栽培历史悠久，品种丰富，其中以核桃、葡萄、枣属为主的果树树种达 27 种。山东省既是林果资源和林果生产与消费大省，又是农业文化遗产资源大省，林果类农业文化遗产非常多。这些林果是山东省林果业的重要文化遗产，也是发展现代林果业的重要种质与文化资源。2016 年，中央文件明确部署了“关于开展农业文化遗产普查与保护”的任务。各个省份也相继开展了相关的普查与保护工作。在这种形势下，山东省林果类农业文化遗产的调查保护与开发利用已经提上了日程。

第一节　林果类农业文化遗产名录提要

山东省果树相关种质资源尤其是落叶果树资源非常丰富。在长期的生产与生活实践过程中，人民群众利用自身的经验、技术和智慧，创造选育出了一大批优良的地方果树品种，这些品种以其优良的品质驰名于世，有的曾经作为贡品进贡到宫廷，有的至今仍是地方的名优特产，有的甚至出口到海内外成为山东省农产品出口创汇的主力军，为繁荣发展山东省果树产业和农村经济发展做出了贡献。[①] 山东省林果类农业文化遗产名录提要如下：

一、林果类农业文化遗产名录

山东省林果类农业文化遗产众多，按照常规的分类方式，结合省内实际情况，本章将果树类分为水果和干果两大类，林木类分为国家农业文化遗产、重要经济林木、珍稀濒危树种、重要古树名林木四小类。具体简介如下：

(一) 果树类农业文化遗产名录

1. 水果类农业文化遗产名录

烟台苹果，五莲国光，沂源苹果，荣成苹果，泰安金帅，威海国光，莒南苹果，

① 山东省果树研究所，1996. 山东省果树志［M］. 济南：山东科学技术出版社：2.

招远苹果，昌乐朱汉苹果，平阴玫瑰红苹果，蒙阴苹果，沂水苹果，乳山苹果，栖霞红富士，寿光上口冰果，临朐九山苹果，平度旧店苹果，文登苹果，东大寨苹果，宝山苹果。

莱阳茌梨，阳信鸭梨，冠县鸭梨，龙口长把梨，栖霞大香水梨，泰山小白梨（美人梨），淄博池梨（酥梨），宁阳黄梨（金坠子梨），蓬莱巴梨（洋梨、葫芦梨），乳山巴梨，安丘石堆伏梨，文登砂梨，纪庄青梨（槎子梨），昌邑山阳大梨，平邑天宝山黄梨，荣成砂梨，徂徕黄金梨，枣庄紫苏梨（红梨），费县许家崖黄梨，昌邑线穗梨，商河李桂芬梨，济阳水晶梨，青岛恩梨，诸城冰糖子梨，滕县青皮槎子梨、曹县歪把糙梨，平原金香梨，山阳大梨，天宝山黄梨，刘村酥梨，冠县鸭梨。

肥城桃，黄河口蜜桃，蒙阴蜜桃，青州蜜桃，枣庄临城桃，秦安蜜桃，东平接山冬雪蜜桃，山亭水泉冬桃，邹城香城油桃，冠县油桃，安丘蜜桃，梁山蜜桃，莱芜黄金蜜桃，平阴黄桃，安丘红冠蜜桃，历城西营仙桃，惠民蜜桃，临邑中华寿桃，威海里口山蟠桃，海阳红巨桃，荣成黄桃，新泰放城秋红蜜桃，荣成蜜桃，平度麻兰油桃，王家庄油桃，店子秋桃。

烟台大樱桃（西洋樱桃），福山大樱桃，文登大樱桃，沂水大樱桃，荣成大樱桃乳山樱桃，长清五峰山大樱桃，临港坪上大樱桃，莱州云峰大樱桃，崂山北宅樱桃，泰安天宝樱桃，安丘石埠子（庵上）大樱桃，诸城黄樱桃，泰安玉红樱桃（粉红樱桃），泰安化马湾大樱桃，冠县樱桃，胶州北梁蜜桃，崂山山色峪樱桃，云山大樱桃，山旺大樱桃，双堠樱桃，五莲樱桃。

昌乐西瓜，东明西瓜，黄河口西瓜，青岛大黄埠西瓜，德州西瓜，泗水西瓜，齐河西瓜，费县西瓜，莱山西瓜，武城三白西瓜，许营西瓜，临朐柳山寨西瓜，牟平富姜西瓜，蓬莱市山上李西瓜，莘县西瓜，济阳仁风西瓜，胶州和睦屯西瓜，沂南双堠西瓜，薛城黑峪西瓜，惠民西瓜，胶州和睦屯西瓜，麻湾西瓜，许营西瓜，沙河辛西瓜，南王店西瓜。

张夏玉杏，济南红玉杏（金杏），历城红荷包杏，泰山红玉杏，邹平张高水杏，曲阜大胡果旦杏（巴旦杏），邹城香城黄杏，城阳少山红杏，梁山白核杏，城阳少山红杏。

青州银瓜，寿光兰家庄甜瓜，肥城王晋甜瓜，招远西罗家铁把瓜，莘县香瓜寿光香瓜，济宁马铃瓜，金乡胡集白梨瓜，济阳崔寨香瓜，胶州马连庄甜瓜，祝沟小甜瓜。

平阴漆柿，曹州镜面柿，沂南柿子，临朐五井山柿，青阳柿子，长清柿子，邹平柿子，峄城柿子，曹州耿饼，青州柿饼，张庄牛心柿，五井山柿。

昌邑草莓，崔召草莓，博山蓝莓，龙口草莓，安丘草莓，祝沟草莓，荣成草莓，姜格庄草莓，大店草莓，胶南蓝莓，砖埠草莓，乳山草莓。

大泽山葡萄，龙口葡萄，茌平葡萄，九仙山葡萄，贾寨葡萄。

枣庄石榴，峄城石榴，泰山大红石榴，泗水石榴。

夏津椹果，陵县桑椹，临清椹果。

新泰龙廷杏梅，泰安掌平洼杏梅。

曹州木瓜，菏泽木瓜。

临沭玉红李子。

博山猕猴桃。

荣成无花果。

瓦西黑皮冬瓜。

2. 干果类农业文化遗产名录

泰山板栗（明栗），莒南板栗，博山板栗，蒙山板栗，费县板栗，诸城板栗，五莲板栗，莱西大板栗，郯城大油栗，沂水板栗，荣成伟德山板栗，泗水板栗，昆嵛山板栗，临朐板栗，乳山板栗，临沂板栗，徐庄板栗，张庄小油栗。

乐陵金丝小枣，乐陵无核小枣，乐陵冻枣，寿光小枣，泰山牙枣，宁阳大枣，阴平大枣，济阳圆铃大枣，枣庄店子长红枣，平度长乐冬枣，阳谷乌枣，熏枣，茌平乌枣，台儿庄圆铃枣，滨州冬枣，黄河口冬枣，沂南南泉冰枣，雁来红冬枣成武冬枣，广饶冬枣，淄川无核软枣，沾化冬枣，薛城冬枣，茌平圆铃大枣，茌平乌枣，阴平大枣，枣庄刘庄小枣，临清枣脯，邹城香城长红枣，灰埠大枣。

历城核桃，泰山核桃，费县马庄镇核桃，芍药山核桃，平阴薄皮核桃，平度大田薄皮核桃，费县核桃，沂南县双候镇黑山安樱桃，东庄薄皮核桃，长清核桃章丘薄壳核桃，石墙薄皮核桃，曹范核桃。

安丘柘山花生，莒南花生，莱西大花生，泗水花生，平度大花生，临沭黑花生，乳山大花生，荣成大花生，沂源花生，文登大花生，宁阳花生，五莲花生，东平彭集花生，日照花生，蓬莱大花生，新泰花生，烟台大花生。

青州敞口山楂，泰山大货山楂，临沂山楂，沂源山楂，诸城山楂，邹城香城山楂，天宝山山楂，临朐三山峪大山楂。

（二）林木类农业文化遗产名录

1. 国家农业文化遗产名录

夏津县黄河故道古桑树群，乐陵枣林复合系统，枣庄古枣林系统，历城核桃栽培系统，章丘核桃栽培系统，章丘花椒栽培系统，章丘香椿文化系统，长清张夏玉杏栽培系统，峄城石榴栽培系统，滕州梨树栽培系统，台儿庄桃树栽培系统，台儿庄银杏栽培系统，安丘流苏树栽培系统，安丘花生栽培系统，安丘樱桃栽培系统，岱岳古栗林，新泰樱桃栽培系统，莱芜雪野古栗林，莱城花椒栽培系统，莱城朱砂桃栽培系统，莱城山楂栽培系统，临清古柘树林。

2. 重要经济林木类遗产名录

新村银杏，山东桐木，青城条桑，临沐白柳，郯城杞柳，菏泽松编，枣庄漆树，莱芜花椒树，紫穗槐，白蜡，平邑金银花，宁津枸杞，沂水酸枣仁，无棣麻草黄，邹县猪牙皂，陵县神头香椿，阳信香椿，文祖花椒，赵八洞香椿，瓦屋香椿芽，文登银杏，柳下邑猪牙皂，马家寨子香椿，郯城银杏，威海银杏，临沭柳编，莒南柳编，毛白杨。

3. 珍稀濒危树种遗产名录

省内国家级保护树种 14 种：北五味子，核桃楸，东北茶藨子，青檀（翼朴），玫瑰，蒙古栎，河北梨，软枣猕猴桃，紫椴，狗枣猕猴桃葛，朝鲜槐，枣猕猴桃，刺楸，山茶。

省内中国稀有树种 4 种：转子莲，裂叶水榆花楸，腺齿越橘，裂叶宜昌荚蒾。

山东特有树种 13 种：五莲杨，山东柳，鲁中柳，蒙山鹅耳枥，山东山楂，小叶鹅耳枥，崂山梨，泰山花楸，崂山鼠李，胶东椴，泰山椴，单叶黄荆，少叶花楸。

山东稀有树种 46 种：泰山柳，毛叶千金榆，毛榛，坚桦，锐齿槲栎，旱榆，刺榆，北桑寄生，槲寄生，褐毛铁线莲，北京小檗，红楠，狭叶山胡椒，红果山胡椒，三椏乌药，光萼溲疏，美丽茶藨子，小米空木，山东栒子，辽宁山楂，毛叶石楠，柳叶豆梨，三叶海棠，小果白刺，竹叶椒，白乳木，算盘子，苦皮藤，葛萝槭，苦条槭，多花泡花树，拐枣，河朔荛花，大叶胡颓子，无梗五加，楤木，迎红杜鹃，映山红，野柿，华山矾，毛萼野茉莉，玉铃花，单叶蔓荆，紫花忍冬，荚蒾，蒙古荚蒾。

4. 重要古树名木遗产名录

莒县浮来山大银杏，沂南青驼寺银杏，孔子手植桧，泰山五大夫松，泰山岱庙汉柏，孔庙汉柏，灵岩汉柏，崂山汉柏，泰山普照寺六朝松，济南柳埠九顶松，庆云隋枣树，泰山灵岩寺摩顶松，泰山岱庙唐槐，泰山壶天阁唐槐，济宁唐槐，济南千佛山唐槐，崂山唐龙头榆，灵岩千岁檀树，范公祠唐楸树，济南宋海棠，邹县孟庙宋桧。

二、林果类农业文化遗产名录提要

为了让读者更深入地了解山东省林果类农业文化遗产的内涵，笔者从上述名录中选择了 38 种比较有代表性的农业文化遗产，简短摘要如下：

1. 烟台苹果

烟台苹果栽培历史悠久。19 世纪 70 年代，美国传教士引入西洋苹果，成功改良并逐步推广至烟台多数宜栽辖地，烟台遂成为中国近代栽培苹果的起源地。由于烟台位于胶东半岛，地势较高，气候温润，日照充足，土壤肥沃，自然环境非常适宜苹果栽培，所产苹果向来以颜色鲜艳、清脆香甜而著称。目前，烟台苹果园面积有近 280 万亩，产量达 480 多万吨，品种有 200 多种，其中以红富士、青香蕉、国光、金帅、红玉等最具有代表性，尤其红富士更是占据市场的绝对主导，其他品种如红玉、红星、嘎啦等各具风味，能够满足不同人群的口味需求，很早就已畅销国内外。2008

年，“烟台苹果”获批原产地证明商标。目前，烟台成为我国最主要的苹果产区和出口基地，烟台苹果不仅集现代苹果栽培技术和标准之大成，成为新型现代苹果生产和出口行业的标杆，而且作为全国唯一品牌价值超百亿的果业品牌，烟台苹果连续九年蝉联中国果品品牌价值榜首位（图7－1）。

图7－1　烟台苹果（李鹏侦、马小婧　摄）

2. 五莲小国光

五莲小国光苹果栽培历史悠久，主要分布于五莲县内的11个乡镇，从20世纪60年代开始，便成为当地的主要品种。五莲小国光因色泽好、酸甜适中、耐存储等优点受到业内肯定，形成了“烟台苹果莱阳梨，五莲国光不用提”的说法。它不仅在全国各个省份畅销，而且远销至东南亚、俄罗斯等国外苹果市场。近年来，当地发挥自然环境优势，借鉴现代栽培技术，加强管理，制定标准，大力发展本土国光品种，小国光苹果的生产、销售又提升到了一个新的高度。2013年，“五莲国光苹果”顺利地通过了农业部的评审，荣膺“国家农产品地理标志保护产品”称号。

3. 泰安金帅

金帅是泰安苹果的代表，又称黄金帅、金冠。20世纪30年代，冯玉祥、马伯声先后从烟台引入金帅苹果，栽植于泰山之阳，后以泰山、徂徕山为中心逐步推广该品种，金帅的分布范围扩大至泰安境内的宜栽区域。泰安多山地，阳光充足，果园土质优良，富含钾、磷等元素，以上条件促成了泰安金帅苹果的优异品质。近年来，泰山和岱岳二区下辖乡镇如夏张、道朗、大津口、下港、粥店等地积极改良旧有果园，大力发展新型果园，重点培育出了以沙沟金帅等为代表的早熟品种。金帅具有产量高、成熟早、含糖量高、果肉脆嫩、多汁爽口、酸甜适中、耐贮藏的特点，不仅适宜鲜食，而且适合制作各类果饮和食品，非常适合苹果产品的深加工。泰安黄金帅和烟台青香蕉一起成为了山东苹果品种的代表。

4. 莱阳茌梨

莱阳茌梨，主产于莱阳五龙河，栽培历史长达400多年。得益于当地独特的沙土环境，莱阳茌梨的果实大、呈倒卵形，果皮薄而粗糙，呈黄绿色，间有褐斑，肉质细而多汁，清脆少渣，含糖量高达14%，含有多种营养成分。莱阳茌梨不仅鲜食美味可口，而且可以加工成罐头、梨干、梨脯等。莱阳茌梨有清肺、化痰、止咳、滋阴等作用，可用来制作梨膏、止咳糖浆等良药，还可用来酿酒、酿醋，堪称梨中佳品。莱阳梨曾是皇家贡品，如今更是畅销海内外。早在1998年，“莱阳梨”就被正式核准注册了“原产地证明商标”，成为山东首例原产地证明商标（图7-2）。截至目前，莱阳梨园种植面积达50多万亩，年均产量达150万吨。

图7-2　莱阳茌梨

5. 龙口长把梨

龙口长把梨又名山东梨，因果梗长而得名，属白梨系统，产地龙口，清初就有种植，至今已有270多年的栽培史。长把梨生命力强，高产稳产，果实大，呈倒阔卵形。果皮薄且细，皮有蜡质，果点较小。果肉呈白色，质脆多汁，口感稍粗，味酸甜，极耐贮藏，藏后品质更好。龙口长把梨作为山东省传统出口产品曾远销东南亚等地，近年出口量更是达到7 000多吨，是山东省出口最多的梨品种。长把梨还具有降火、清热、解毒的功效，常吃可补充营养、有益健康（图7-3）。

图7-3　龙口长把梨（徐冰夷　摄）

6. 阳信鸭梨

阳信鸭梨产于阳信，因梨梗底部突起似鸭头而得名，早在唐初就有人工栽培，宋明时初具规模，清代已大面积栽培，清末民初就已销至东南亚一带，至今已有千年历史。阳信鸭梨色泽金黄，皮薄核小，香气浓郁，清脆爽口，酸甜适中，风味独到，富含果酸、矿物质、维生素、蛋白质等营养成分，有止咳润肺、化痰通便之疗效，是辅助治疗、保持健康的佳品。鸭梨还可用来制作梨脯、梨糕等食品。近年来，通过新品开发、有机管理、深加工、品牌经营，阳信已经成为“中国优质鸭梨基地重点县”。阳信鸭梨不仅在国内畅销，而且远销欧美、东南亚、中东等地。2006 年，阳信鸭梨获批注册原产地证明商标（图 7－4）。这是滨州市继沾化冬枣之后第二个获批注册的果品类原产地证明商标，也是全省继章丘大葱、金乡大蒜、日照绿茶、沾化冬枣、肥城桃、莱阳梨后的第七家。随着鸭梨生产标准化体系和示范园区、旅游景区的建立，阳信鸭梨的产业链不断完善，鸭梨产业走上了一条高速发展的道路。

图 7－4　阳信鸭梨（杨琳爽　摄）

7. 肥城桃

肥城桃又名佛桃、大桃、肥桃，山东名优水果，产地肥城，迄今已有 1 700 多年的栽培历史，自明代定为贡品，被赐名“佛桃”。肥城桃果实大、外形与口味美、肉嫩多汁，含有多种果酸、胡萝卜素、维生素、钙、铁等多种营养成分和微量元素，营养和药用价值极高，因此被称为“群桃之冠”。鲜食可开胃健脾，还可制成果脯、果酱、果汁、果酒、罐头等产品。肥桃有红里、晚桃、柳叶、白里、香桃、大尖、酸桃等品种，以红里最多，白里最佳（图 7－5）。“肥城桃”不仅获批了产地证明商标，而且先后荣获了“中国驰名商标”“山东省十大地理标志商标”“山东省著名商标”等重要荣誉称号。肥城桃良种历经千年演化，具有极强地域性，只能在肥城市中部山区的特有条件下栽培，很难在异地推广种植。目前肥城已有五个乡镇主栽肥桃，面积 10 万亩，年产量达 20 万吨以上，肥城桃产业走上了持续快速健康发展的大道。

8. 张夏红玉杏

红玉杏又称金杏、御杏、汉帝杏，主产于济南历城、长清，原产地在张夏镇，至今有 2 600 多年的栽培历史，从汉武帝起其即为宫廷贡品，相传乾隆帝祭祀泰山途中曾品尝红玉杏。红玉杏果实大呈圆形，皮肉皆橘红，耐贮藏运输，果实及杏仁皆富含

图 7－5　肥城桃（王欣冉、孙晓蕾　摄）

维生素、无机盐等多种营养成分，营养价值很高。果肉除鲜食外，还可以制成干脯、罐头等，杏仁可制成杏仁霜、杏仁露等产品，红玉杏还有医疗功用可以入药。作为山东省重要出口商品，红玉杏远销国际市场。目前，张夏红玉杏分布在 17 个村，每年种植面积约 1.2 万亩，年产量 3 500 吨，张夏镇已成为山东最大的玉杏生产基地。

9. 大泽山葡萄

大泽山葡萄主产于平度北部大泽山，种植历史悠久，至少在清末已大面积种植。大泽山葡萄有品种百余个，其中良种几十个，鲜食品种以泽香、玫瑰香、巨峰为代表，酿造品种以龙眼、赤霞珠、莎当妮为代表。大泽山葡萄粒大饱满，肉软多汁，含糖量高，而且含多种维生素、氨基酸，有软化血管等功效，既可供人鲜食，也可用来酿酒，畅销国内外。大泽山镇被誉为“葡萄之乡”，葡萄种植成为当地的支柱产业，近年来该地还种植了名贵的酿酒专用品种。2008 年大泽山葡萄被认定为“地理标志保护产品”。

10. 烟台大樱桃

烟台大樱桃又名大红袍、大叶子，主产地为烟台福山、芝罘，百余年前先由福山果农从美国引入，后由华侨引入多个品种，在当地十个乡镇种植。烟台大樱桃可分红、紫、黄 3 个品系，硬肉、软肉两个类别，主要品种有大紫、鸡心、娜翁、早紫、水晶等。其果紫红，呈宽心形，肉软而皮薄，含糖量 18%。大樱桃果质软，纤维多、汁多，味甜稍酸，既可鲜食，又可用来酿酒、干制和深加工，是出口的高档商品，享誉国内外市场（图 7－6）。烟台大樱桃铁与维生素含量很高，能辅助治疗贫血、缺钙，

图 7－6　烟台福山大樱桃（李鹏侦　摄）

促进血红蛋白的再生，营养与医疗价值极佳。同时，烟台大樱桃树易栽培、冠高大、花叶多，是美化绿化的优良树种。2009年，烟台大樱桃正式注册地理标志、证明商标。

11. 峄城石榴

峄城石榴主产于枣庄峄城区，至今已有300多年的栽培历史，分为果石榴与花石榴两类，有40多个品种与类型，有甜、酸、酸甜三种风味，代表品种有冰糖籽、大青皮甜、谢花甜、大马牙等。其中，冰糖籽品质最优、最为出名。主栽品种大青皮甜个大、皮薄、有红晕、色泽鲜、籽粒饱满、汁多、含糖量约17%、耐贮运，远销国内各大城市。峄县石榴花瓣多而重叠，盛时绿叶如碧、花红似火，极富观赏价值，如今峄城万亩榴园已经成为省内重要旅游景点。1987年，石榴花被定为枣庄市市花。峄城以全国七成以上的石榴产量成为我国石榴的主产区，获得了中国石榴之乡的美誉。近年来峄城区委、区政府立足石榴资源优势，注意石榴的标准化和产业化，提高其科技含量和产品附加值；并以石榴文化开发为重点，组建了全国最大的石榴种质示范园，建设了省级农业科技示范园。至今，园区种植规模已达10万余亩。目前，该园区已被列入省级标准化基地。

12. 德州西瓜

德州西瓜是德州三宝之一，主产地为德州市和平原、武城、陵县，至今已有千年的种植历史，唐代诗人骆宾王、清代著名诗人田雯都曾写诗称赞德州西瓜。德州西瓜主要品种有喇嘛瓜、五月鲜、梨皮、手巾条、白皮三异等。其中喇嘛瓜呈长圆形，两端略尖，瓜皮黄绿有茴香叶纹，瓜籽鲜红，瓜瓤色黄沙脆。它不仅是夏季消暑的鲜食佳品，而且富含葡萄糖、维生素等多种成分，还具有助消化、降血压、利小便等功用，营养与药用价值丰富。20世纪70年代，德州开始从外地引入优良品种。目前，德州西瓜栽培面积约20万亩，当地政府注重引入新品种、新技术，打造德州高档有机西瓜基地和全新的有机西瓜品牌，德州西瓜迎来新的春天。

13. 昌乐西瓜

昌乐西产于昌乐南部的鄌郚金山和北部朱刘都昌，已有两百多年栽培历史。适宜的温带季风气候和富含钾的沙土为昌乐西瓜提供了优质的自然条件。昌乐西瓜以皮薄、瓤脆、味甜、早熟而著称，是山东名优特产瓜果，20世纪便已远销香港。如今，昌乐西瓜已经全部实现了标准化种植，西瓜种植总面积一直保持在20万亩左右，其中栽培设施西瓜面积有近16万亩，稳居全国首位。西瓜产业已成为昌乐县农业的支柱产业。

14. 益都银瓜

青州银瓜产于青州弥河两岸的白沙滩，因皮色银白而得名，它栽培始于清初，清中叶时成为贡品，距今已有250多年的历史。青州银瓜呈长圆筒形，柄稍长，果实表面有纵沟，中部凸起有棱，脐部稍大，成熟后瓜皮呈乳黄色，瓜肉白而嫩，含糖量高、水分大，口感清脆，香气浓郁。银瓜不仅可以生食，还可加工制作成银瓜罐头、银瓜酒、银瓜干、银瓜脯等产品。目前，益都银瓜畅销国内各地及港澳地区。

15. 泰沂山楂

泰沂山楂又名北山楂、山里红、红果，主产区位于泰沂山区和鲁中南的山地，集中于泰安、临沂、潍坊、济南等地。其中代表品种有产于青州、临朐的“敞口”山楂，它以个大、皮薄、色红、甘酸、微香著称，距今已有500多年的栽培历史，是山东山楂的代表品种，畅销国内外市场。产于泰安、历城的“大货”山楂果期早、耐存储；产于临沂地区的“大红星”山楂是制作山楂糕、山楂汁的良种。山楂富含山楂酸、维生素、柠檬酸、氨基酸、黄酮类等营养物质，尤其维生素C和微量元素含量很高，具有醒胃助餐、消食化积、降血脂、预防心血管疾病的功效。泰沂山楂既可以鲜食，又可加工成山楂汁、干、脯、罐头、酒等产品，是食品加工业的重要原料，开发前景广阔。

16. 平阴漆柿

平阴柿漆，又名柿水，主产于平阴南部的李沟、洪范、孝直、东阿镇等地。每年七月中旬到八月上旬，农民将落地青色柿子粉碎成豆粒形状，然后置于水泥池之内，发酵三到五个小时，捞出后包裹装入油草网袋，榨取其汁即得柿漆。每100千克青柿可榨柿漆40～50千克。榨取后的柿渣可用于酿酒或者制作饲料。柿漆可用来漆刷家具、雨伞、防雨篷布等物品，漆后色泽鲜亮，经久耐磨。平阴柿漆不仅闻名本地，而且畅销到江苏、浙江、福建等南方省份。

17. 菏泽木瓜

菏泽古称曹州，菏泽木瓜又称曹州木瓜，它是传统栽培树种，主产于菏泽的芦固堆、李集、赵楼一带，始于元代、盛于明清，距今已有500多年的种植历史。菏泽木瓜的主要品种有玉兰、粗皮剩花、豆青、大小佛手、细皮子、狮子头等。菏泽木瓜果大光滑，重达两斤，皮色金黄有蜡质，富含柠檬酸、苹果酸等成分，可生食、熟食、腌制，也可加工成木瓜糕、木瓜酒等，还可入药，有舒筋活络、调和肝脾、温胃化湿等功用，主治酸痛、麻木、吐泻、抽搐等。菏泽木瓜适应性强，树高，叶厚革质、色浓绿发亮，花朵鲜艳有粉、红、白三色，熟果金黄色，气味芳香浓郁持久，观赏价值高，是理想的园林绿化树种，近年来多为各大城市公园、绿化所引种使用。

18. 郯城银杏

郯城银杏产于山东郯城，主要分布于房庄、重坊等地，栽培历史悠久。沂河两岸现有大片银杏林带，百年以上古树众多。郯城银杏果粒大、味甜、籽匀，种子营养丰富，风味独特，含有白果醇、白果酸等成分，可用作滋补品。银杏种皮可提栲胶；银杏叶可用作农药来杀虫，且有效成分含量高，久负盛名；其树木呈浅黄色、纹理细密有弹性，易于加工，不易翘裂，是制作高档家具、工艺品和装饰的上等材料；银杏树形美、树叶鲜黄，观赏价值高，是常见的公园观赏树；同时，银杏还是重要出口创汇物资，远销日本及东南亚等地（图7-7）。

图 7-7 郯城银杏（王博 摄）

19. 历城绵核桃

历城绵核桃产于济南历城南部山区，有 600 多年的栽培史，当地还保存有数百年的古树。因其壳薄、取食容易故名绵核桃，又因其果枝似鸡爪形又名鸡爪绵核桃，其中又以“鸡爪绵”“纸皮”两种核桃最具代表性。历城绵核桃呈圆球形、果型大、表面光滑、出仁率高，生吃无涩味、脆而香，营养成分丰富，可滋养身体、有益神经、温肺补肾，不仅适合鲜食，而且是重要的药材。历城绵核桃可生产高级食用油和工业用油；其木材质地细而坚硬、纹理可观，耐冲压、不翘裂，是生产家具、创作雕刻的重要材料。目前，历城绵核桃作为济南重要的干果品种畅销欧美各国。

20. 泰山板栗

泰山板栗是山东板栗的优良品种，又称明栗、甘栗，主产于泰山及泰安区县、历城等地的山丘，距今已有三千多年栽培史。早在周朝就有泰山板栗的相关记录，元代王祯《农书》有其详细的记载，明清时它被定位为贡品，后来闻名于世。泰山板栗果实较小而均匀，种皮薄而呈枣红色、有茸毛，内皮易剥，水分少而含糖量高，糯性大，品质极佳且营养丰富，还有滋补功用和保健价值，深受消费者欢迎，人称干果之王。目前泰山板栗已经出口到日本及其他国际市场。

21. 郯城大油栗

郯城大油栗是山东特有板栗品种，产地郯城，主要分布于沭、沂河沿岸的城关、归义、小埠、红花、高峰头、马头、新村一带的十多个乡镇，距今有 200 多年历史。郯城大油栗粒大、色泽光亮、皮薄易取、肉质脆嫩香甜、糯性强，自古即是上佳食品，不仅可以炒食、煮食，还可以加工成相关成品。大油栗含有蛋白质、脂肪、维生素C等多种成分；其味甘、性温，具有健脾、养胃、强筋、补肾等功效，作为传统出口商品在海外享有盛誉。板栗木材质坚硬，耐潮湿，可用于家具、装饰、建筑领域。郯城已成为我国板栗重点产区。

22. 乐陵金丝小枣

金丝小枣因果肉间细丝连绵不断、闪烁金色光泽而得名，主产地乐陵，商周即有栽培，至今已有3 000多年历史。乐陵枣有制干、鲜食、观赏三大类24个品种，其中常见的有金丝小枣、无核枣、长红枣、圆玲枣、冬枣等，又以金丝小枣最为著名。乐陵金丝小枣多呈椭圆或鹅卵形，核小、皮薄、肉丰而细，鲜枣鲜红，甜酸清脆，干枣深红紧致坚韧，富有弹性，便于储运，含糖量极高。乐陵小枣含有十几种氨基酸，营养与药用价值丰富，鲜食干食皆可，也可用来加工枣酒，还可药用，用来滋补五脏、益气安神，辅助治疗相关病症。目前，乐陵金丝小枣在当地政府红枣富民战略的引领下，实现了枣农间作，年产量达10万吨，"乐陵小枣"被评为山东省著名商标，远销到十余个国家和地区。

23. 茌平圆铃大枣

圆铃大枣为茌平特产，因果形像圆铃而得名，已有两千多年栽培史，曾被定为上等贡品。茌平圆铃大枣个大饱满、呈短圆柱形，皮薄呈深紫红色，核小，肉厚实、甘甜香脆，含糖量、可食率、制干率高，耐贮运，可鲜食也可加工制成酒枣、蜜枣、枣汁、枣泥、枣脯等产品。圆铃大枣富含糖、蛋白质等营养物质及铁、钾等微量元素，堪称"天然维生素"。它药用价值高，其花、果、叶、根、皮皆可入药，木材也是上好的建筑、家具用料。由圆铃大枣加工熏制的茌平乌枣（又名熏枣），也是山东名特产，乌枣外表乌紫油亮，果肉金黄，风味独特，可食用也可药用，宋代即有外销，如今更是远销至欧美、东南亚等地。2006年，茌平圆铃大枣成为地理标志保护产品。

24. 阴平大枣

阴平大枣产于枣庄峄城区阴平镇，有数百年的栽培历史，主要分布于铁脚山、文峰、黄崖、丁母山的阳面，形成了绵延三十多公里、面积五千多亩的规模枣林，年产量高达50万公斤。阴平长红枣核小肉多，不仅富含多种氨基酸、维生素、矿物质，而且还具有较高的药用价值，也可制成枣干、罐头等产品。

25. 曹州耿饼

曹州耿饼为柿饼上品，是以本地所产镜面柿子为原料经多道工序制成，至今已有千余年的历史。镜面柿主要分布于赵王河两岸，属于涩柿，其果适中，呈扁圆形，顶如平镜，皮光滑而橙红，肉质细密少汁，含糖量高，代表品种有八月黄、二糙、九月青等十余个。曹州耿饼肉细质软，自带白霜，色泽橙黄而透明，味醇厚无核，口感细腻，是天然绿色食品，还具有较高药用价值，可凉血润肺、清热降火、润肺化痰，不仅供应本地消费，而且远销全国各大城市。

26. 乐陵桑葚

乐陵桑葚主产于乐陵大孙乡，有乳白、紫米葚、紫红三大品种。乐陵桑葚果大，肉肥多汁，醇香甘甜，可以作为水果生食，也可干制成罐头、酿成桑葚酒。其含有维生素等多种营养成分，可滋养肝肾、补气养血，起到食疗的作用。

27. 夏津黄河故道古桑树群

夏津黄河故道古桑树群位于山东德州夏津县黄河故道内，是我国现存的最古老、最庞大的桑树群。夏津桑树栽培历史悠久，历经元明清三代发展，鼎盛时期最大规模曾达到 8 万亩，后虽几经浩劫，损失不小，目前仍有 6 000 亩左右。古桑树群以桑为主，间植其他树木，在防风固沙、水土保护方面仍然发挥着重要的作用。目前，古桑树群中心保护区涉及了 12 个村庄，其中树龄逾百年的古树就有 2 万余株，甚至不乏千年古树（图 7-8）。夏津黄河故道古桑树群不仅见证了历史的变迁，而且蕴含着古人利用桑树种保障生态环境、改进农业生产的传统智慧。夏津黄河故道古桑树群于 2014 年、2017 年，先后入选第二批“中国重要农业文化遗产”和“全球重要农业文化遗产”名录，其价值得到了全世界的肯定。

图 7-8　夏津古桑树（李星涛　摄）

自 21 世纪以来，夏津县政府按照农业部的相关要求，对这一重要农业文化遗产进行了科学的保护，并制定了系统的开发策略。通过注册“夏津葚果”这一地理标志证明商标、延伸相关产业链、新植桑树万余亩等一系列举措，让古桑树群在得到保护的基础上又焕发出了新的生机，迎来了当地桑树产业的新发展。

28. 乐陵枣林

乐陵枣林复合系统于 2015 年成功入选第三批“中国重要农业文化遗产”名录。这一系统位于乐陵市枣林游览区，该区现有枣树约 1 300 余万株，栽培品种多达 170 余种。早在商、周时期，乐陵就栽培有枣树，至今已有 3 000 多年的历史。乐陵枣因其优异的品质一度成为皇家的御用品。乐陵枣林不仅是当地枣文化的大观园，而且已成为乐陵人民的宝贵文化遗产。它不仅见证了千百年来当地民众防风固沙的战斗历程，而且记录下了乐陵人民在小枣栽培方面日积月累形成的育枣经验，记录下了乐陵人民发明的多树混种、间养家禽的生态系统模式。目前，这一系统在提高经济收益、防治病虫害方面仍然发挥着应有的作用。

29. 枣庄古枣林系统

枣庄市古枣林是山东现存的最完整的、规模最大的古枣林，位于山亭区店子镇长红枣园。枣庄古枣林中心区域面积约 1 800 亩，树龄逾百年的古枣树 7 200 多棵，逾千年的有 372 棵，逾 1 200 年的有 38 棵。据文献记载，早在北魏，枣庄就有枣林的栽培，可以说历史非常悠久。得益于该地独特的红砂石土壤，长红枣形成了优良的品质：果肉厚、果核小、果肉细，富含多种氨基酸、微量元素，可食用也可入药。目前，该地把古枣林系统的保护与生态农业、乡村旅游相结合，大力发展相关的产业链，成为农业文化遗产保护开发的典范。

30. 山东桐木

山东桐木材优质良，纹理清晰，颜色浅而富有光泽，防潮湿、耐酸、耐腐蚀，容易加工，不易翘裂、变形，纤维素含量高，声学性能极佳，是制作家具、板材、纸张和精美乐器的上好材料。根据《尚书·禹贡》的记载，“峄阳孤桐”曾作为制琴良材进贡给大禹，现在山东桐木在国内外木材市场上也广受欢迎。

31. 青城条桑

青城条桑为桑树良种，高青县青城特产。青城植桑历史悠久，自清代起，桑条就已成为青城的重要产品，民国时种植条桑更盛。青城条桑是实生桑的选育品种，其枝条长而均匀，直而少杈无节，坚实而又有柔韧性。青城条桑全身是宝，其用于编器，编成的筐篓等工艺品坚固耐用，出口国外（图 7－9）；其用于造纸、制绳，造出的桑皮纸、品质极佳，享誉全国；其叶可养蚕；其根可入药，治喘咳等病症。

图 7－9 青城条桑（秘光祺 摄）

32. 临沭白柳

临沭白柳主产于临沭沭河两岸的冲积平原，核心区域在河东岸白旄镇一带，至今已有300多年的栽培历史与加工历史。临沭白柳主要品种有南柳、荣柳、山红柳3种，前两者每年收割两季，削皮后使用，称为白柳；后者带皮使用则称红柳。沭河白柳具有柔、软、滑、洁的优点，可用来加工精细的日用品、工艺品、特殊用品，既经济耐用，又美观大方，观赏与使用价值较高。目前，临沭已经成为全国最大的白柳种植和加工基地，种植面积十几万亩，产品多达六千余种，畅销欧美、日韩、东南亚等百余个国家与地区，带来了巨大的经济效益，实现了产业发展的良性循环。白柳及其加工产品，在周边的郯城、莒南、苍山等地也有大量生产。

33. 菏泽松编

菏泽松编是菏泽民众流传多年的传统技艺，即借助手工编织、捆绑，将当地桧柏编制成动物形象与仿古类景观。因为当地桧柏俗称“刺松”，所以这项技艺又被称为“松编”。菏泽松编至今已有两百多年的栽培和加工历史，其中以王梨庄“古今牡丹园”栽培最早、技艺水平最高，古公园内至今仍存有清代编制的牌坊和城楼，在其他牡丹园里也存有桧柏编造的各种动物与楼台景观，深受游客的喜爱。作为菏泽的传统优势产品，松编有很高的经济价值与观赏价值，随着社会生活和绿化观赏水平的提高，松编这种传统技艺也越来越受人们的欢迎。

34. 枣庄漆树

漆树是我国特有树种。枣庄漆树产于枣庄山亭，属于优质稀有野生漆树，不仅生命力顽强，而且具备生长迅速、高产的特点，成熟后可以割漆称为生漆，这种漆可用作涂料。树皮含漆蜡可以制作肥皂，树种仁可以榨油，其木材坚韧而细密、耐腐蚀，可用作建筑材料。漆树在日常生活、工业生产、医药领域都有着非常广泛的用途，经济价值很高。目前，山亭区徐庄、北庄等地均建起了漆树园，培植的漆树达百万余株。

35. 莱芜花椒

莱芜花椒的种植历史非常悠久。据文献记载，莱芜早在北魏时就开始栽植花椒，明代开始大量种植，主要品种有大红袍、香椒子、青皮椒、小红袍、大花椒等，尤其以大红袍花椒最具代表性，它产量高、品质优、易适应、皮厚、色泽鲜、香味浓、出皮率高，皮中挥发性的芳香物含量极高，不仅是炼制高档食用香精的极佳原料，而且是优质的调味品。花椒种子含油量很高，花椒油既可食用也可用于工业用油。同时，椒皮、种子都可以入药，具有开胃、健体之功效。大红袍花椒与生姜、鸡腿葱、大蒜并称莱芜“三辣一麻”。

36. 邹县猪牙皂

猪牙皂是山东特产树种，集中产于邹城看庄镇的古村寨柳下邑，其他各地也有少量栽培，有600多年的栽培历史。猪牙皂枝干上无刺，荚果较小，因荚果弯如猪之獠牙而得名，其果肥圆而肉厚实，偶有种子。荚果有药用价值。如今，看庄镇猪牙皂既有百年大树，又有新发展的两千亩树林，已经成为山东省最大的猪牙皂生产与加工基地。同时当地还将牙皂品牌与柳下惠“和圣”文化相结合，打造独特的乡村旅游业态，推动产业快速发展。

37. 神头香椿

神头香椿属紫芽香椿，至今约有四百多年的栽培史，主产于陵县神头镇及以北的槐里、高庄、南街、李家楼等周边村庄，尤其以槐里村香椿为最佳，槐里至今仍存有百年老树。神头香椿叶大，芽嫩而粗壮、呈紫红色，香气浓郁，少纤维，富含维生素C，食疗效果好。神头香椿古时曾为贡品，至今仍倍受消费者青睐。其木材呈红褐色，质地坚硬有光泽，纹理细密，是上等材料。其根、皮、果可入药，其种子可用于榨油，经济效益高。

38. 临清枣脯

枣脯是山东临清著名特产，素有“进京枣脯”美誉，至今已有两百多年历史。每年农历七八月间，正是鲜枣上市的季节，各处作坊专收“核桃纹”大枣，经过初步加工后，将枣置于糖水中煮半熟捞出，在裂口处涂蜜，表面撒上白糖，腌制成枣脯。产品色泽紫红而晶莹，形态均匀，香甜可口。临清各厂传承传统制作方法，融入现代制作技术，制作的产品以无核红枣为主，呈紫红色，晶莹透亮。目前，临清枣脯已经远销到沿海各大地市。

第二节　林果类农业文化遗产保护开发利用

林果类农业文化遗产具有科学、经济、生态与社会文化诸多方面的价值，是传统林果业留给现代农业、林业乃至社会的一笔财富，需要我们正确审视。各地只有深入了解其价值，才能真正实现林果农业文化遗产资源的保护与利用。

一、林果类农业文化遗产的价值

1. 科学价值

林果类农业文化遗产的价值首先体现在科学价值上，这种价值主要体现在两个方面。一是保护好林果类农业文化遗产，有利于保护林果物种的多样性和遗传的多样性。科学研究表明，就一般规律而言，植物物种的多样化是保证自然生态系统稳定的必要条件。植物物种越多样化就越能抵御外界给农业造成的危机，如气候异常、病虫和自然灾害的侵扰。但是正如专家指出：“农业生物资源多样性保护与农业生物品种培育既相统一又相矛盾，其统一性主要表现在农业生物品种培育以生物遗传资源的多样性为基础；其矛盾性则表现在人们在农业生物品种培育过程中，总是按照自己的意愿和经济原则，来选择、培育作物种类及品种，而淘汰或消灭掉经济价值较低的作物或改变对自己不利的作物性状。”① 植物的多样性面临着巨大的挑战：一方面物种在

① 惠富平，2014. 中国传统农业生态文化［M］. 北京：中国农业科学技术出版社：290.

不断消失，物种的灭绝、消失必然给农业以及其他科学研究事业造成严重的影响；另一方面，由于产量、效益等经济因素的考量，现实中栽植的植物品种越来越单一化，这种单一性造成了植物遗传特性的单调化，导致我们的农业生态系统越来越脆弱、抗逆性越来越低下。由此种原因造成的历史教训数不胜数。

林果业也面临着同样的问题。林果类农业文化遗产中有许多良种，在商品经济的大潮下，优良品种以其良好的品质，越来越受到果农和市场的青睐，也带来了单位面积产量和效益的提高。但这也造成了水果和果树品种的单一化，这种单一化不但影响了民众对果品的消费选择，而且为果树作物病虫害的产生与传播创造了条件。更重要的是，果树品种的单一化最终会影响到我国农业物种的多样性，有可能会带来更多潜在的危害。丰富林果物种的多样性，可以最大限度地避免或减少单一品种对林果植物多样性及本省农业环境造成的不良影响。

二是保护林果类农业文化遗产可以保护林果品种，为山东省未来的林果业良种的选育提供丰富的种质资源。林果类种质资源本身就是一种特殊的可再生资源，它不仅为我们提供多种林果产品，起到食用、药用、防护、观赏的作用，更是内部遗传多样性和物种多样性的载体，对林果良种的选育与未来发展起着至关重要的作用。古人培育出的传统林果品种含有更多的原生基因，是将来良种选育的基因资源宝库，需要我们珍惜、保护和利用。从实践来看，山东省林果类农业文化遗产在这方面的价值已经有所体现，有些地方林果良种本身就是由当地果农在种植实践中利用当地品种培育出来的，如龙口长把梨就是从铁皮梨、香水梨中逐渐选育出的，青城条桑是从当地实生桑中选育出的良种，龙眼葡萄由当地葡萄实生选育而来，莱芜黑红星是在星红山楂基础上长期选育而成。也有不少地方名优特林果良种不断出新，培育出许多新品种，如冬雪蜜桃就是当地果农通过青州蜜桃的实生选育培育成功，以天香、佛面、御枕、贵妃、香妃木瓜为代表的新品种均是在传统木瓜的基础上培育而成的，安丘蜜桃则是果农从乡土品种“九月菊”中选育而成的，郯城在传统板栗的基础上选育出了郯城023、207、盘龙栗等单株优良品种，庆云、沾化的金丝小枣更是开发出了数十个新品种，构成了庞大的小枣家族，这些新品种让传统林果遗产在今天焕发出了新的生机。

2. 经济价值

林果类农业文化遗产还具有重要的经济价值。山东省北方落叶果树众多，经济林木品种和类型高达3 000多个，其中有生产果品或林果兼用的果木林，如苹果、梨、核桃、枣、板栗、银杏等；有生产油料为主的油料林，如巴旦杏林等；有生产工业原料为主的工业林，如桐木、椴、白蜡、漆树等；有生产调味品、药材为主的药材林，如花椒林、酸枣林、枸杞等；还有其他林木如以采叶为主的桑树、茶树，以采芽为主的香椿，以采条取皮为主的桑条、杞柳等。这些林木果树或提供果实鲜食，或加工制成果脯、果干、果酒、果酱等相关食品，或提供香料、调味品，或提供药用、工业原料，它们都是山东省农林资源的重要组成部分。经济林果兼具经济、社会、生态效益，既能提高省内森林覆盖率，又能带动农民增收、农村致富。

山东省是全国果品供应和加工出口的重要基地，林果业是山东省农村的特色优势产业，林果类农业文化遗产的经济价值已经有所体现。“十二五”期间山东省林果业获得了很大的发展。数据显示，2016 年山东省经济林面积达 2 300 多万亩，年产量有 2 200 多万吨，年产值超过 1 200 亿元，经济林产量和产值连续多年居全国首位。2016 年，山东果品出口量占全国果品出口总量的四成以上。[①] 山东省果树业不仅单位面积产量最高，而且果树资源多样，管理水平高，果业已经成为山东省农民致富的主要项目，约有 1 200 多万人从事果树业，年产值达 800 多亿元，其中经营价值超百亿元，每亩效益六千至八千元。[②] 另外，以烟台苹果、肥城桃、莱阳梨为典型代表的一批产品已经形成了独特的林果品牌，产值及品牌价值均列全国林果品牌前茅。山东林果业正在向产业化、品牌化迈进，经济林果收入占农民年收入比重大幅提升。

3. 生态价值

我国乡村绿色发展意识淡薄，生态保护相对滞后，乡村生态环境保护不容乐观。这点与我们一直以来对农业的观念有关。我们只重视了农业的生产机能，却忽视了其生态机能。农业文化遗产尤其是林果类的农业文化遗产，不仅具有丰富的物种多样性，而且具备了生态系统的多样性。林果类农业文化遗产是一个有机的系统，具备多种生态服务的功能，尤其在控制水土流失、调节气候、涵养水土、提高物种适应能力、提高肥力、病虫害防治等方面具有举足轻重的作用。林果类农业文化遗产的存在可以提升农业文化遗产地的生态与环境质量，可以改善当地民众的生存条件，更可成为发展特色生态林果产品的资源宝库。

林果类农业文化遗产虽然也有自然资源的属性，但其价值不能简单地按照市场价格来衡量，而应更多地考虑其生态价值。中国林科院发布的中国森林生态服务评估成果显示，我国林木系统的生态服务总价值约为每年 10 万亿元，大致相当于当时国内生产总值的三成。林木系统的生态价值主要体现在水土涵养与保护、空气净化、供氧固碳、环境美化、森林防护、物种多样性等方面，这些价值是巨大且不可替代的。如位于德州夏津县东北部黄河故道中的古桑树群，以桑树为主、间有其他乔木、灌木，群落面积巨大，结构复杂，其中有众多数百年的古桑树，至今仍枝繁叶茂、根系发达，不仅仍结有鲜果，而且在水土保持方面发挥着巨大作用，古桑树群保证了黄河故道 30 余万亩沙荒区域水土和生态的稳定性，堪称山东省乃至我国林果农业文化遗产生态价值的典范。所以，只有充分发挥林果类农业文化遗产的生态服务机能，才能真

---

① 中华人民共和国农业部，2017. 中国农业统计资料（2016）[M]. 北京：中国农业出版社 .

② 束怀瑞，2015. 山东省果业的现状、问题及发展建议 [J]. 落叶果树（1）.

正实现山东省林果业生产与生态的可持续发展。

4. 文化价值

林果类农业文化遗产还具有社会与文化价值。作为重要的文化、传统教育基地，它展示了先民的勤劳、勇敢与智慧。林果类农业文化遗产中既有夏津县古桑树群这样的全球重要农业文化遗产，也有枣庄古枣林、乐陵枣林复合系统这样国家级重要农业文化遗产，还有几十项栽培系统进入全国农业文化遗产名单，这些遗产的历史少则几百年，多则数千年，无不饱经沧桑，它们见证了历史文化的变迁和传统林果业的发展。如夏津县古桑树群千年以来几经兴衰，客观记录了历代黄河故道的变化和当地植桑业的演进，蕴含了浓郁的桑文化和厚重的黄河文化。又如枣庄峄城区的万亩石榴园，始于西汉汉成帝时期，距今已有两千年的悠久历史，面积有十万亩之多，石榴有40多万株，是我国最大的石榴园。园中有青檀寺、匡衡祠、三近书院等多处人文古迹，这些古迹可以说是鲁南文化的一个局部缩影，再加上流泉飞瀑、碑碣石刻，自然景观与人文景观的融合，为石榴园带来了独特的吸引力。

有些林果类农业文化遗产还体现出时代精神的变迁，甚至成为某种精神的象征。如东明西瓜始种植于宋、金，至今已有千余年历史，千百年来，东明西瓜已经成为当地人辛勤耕耘、追求幸福美好生活的一种象征。当地瓜农在不断探索的基础上，培育出柳条青、三白、手巾条、黑仁青等30余个优秀品种，还培养出大批种瓜好手。自20世纪70年代起，东明每年都有数千名能手到祖国各地从事西瓜种植事业，大江南北都留下了东明瓜农的足迹。东明人在西瓜栽培领域贡献突出，谱写了林果特产经济发展的新篇章。

有些林果类农业文化遗产比如古树名木，不仅历史悠久，还流传着一些历史故事和历史人物轶事。根据省林业厅牵头多部门调查，截至2014年，山东省现存古树名木3万多株，曲阜、泰山、济南、青岛数量较多而且较为集中。[①] 从农业文化遗产角度看，古树名木既是林木资源，也是珍贵的活态文化遗产；既记录着历代气象、水文、地理、植被的变迁，又与历史故事、神话传说、名人轶事相关联，形成了深厚的古树文化，有重要的科研和文化价值。如现存树龄最大的古银杏是莒县浮来山银杏树，相传它植于春秋，方志记载鲁公曾与莒国国君在树下会盟。泰山灵岩寺有摩顶松，相传唐玄奘西行取经，临行前手摩庭前松约定归时东向，后果然应验，得名摩顶松。再如青州范公亭公园内的唐楸与宋槐，皆为名贤所植，历史悠久，人文底蕴深厚，成为当地市民喜爱的古树名木。可见，古树木已经成为历史传承和社会文明发达的重要标志。

林果类农业文化遗产还具有社会价值。林果类农业文化遗产是原产地重要的自然与文化资源，这种资源具有独特性。在党和国家乡村振兴的大战略下，各地深入挖掘

---

① 山东省林业厅，2012. 齐鲁古树名木［M］. 济南：山东美术出版社.

林果类农业文化遗产的社会发展价值，与休闲农业、创意农业等新业态结合，与现代农业科技结合，可服务于原产地农业和果业的更新换代，促进原产地农村的可持续发展，增加当地果农的增收，改善当地居民的生态与居住环境。目前，林果类农业文化遗产已经成为新农村发展的新支点。

二、林果类农业文化遗产保护开发与利用的现状

山东是我国较早利用果树资源的省份之一。我国现存最早的农事历书《夏小正》中，就记载了黄淮海地区的物候以及桃、杏等果树的栽培种植。《诗经》中记载了12种果树，多数已在齐鲁大地种植。《管子·地员篇》已经注意到果树栽植与地势、土壤的关联。汉代，山东已经成为北方果树的主要产区。《尔雅》中记载了多个树种及桃、枣、李的优良品种。《四民月令》更是介绍了果树栽培的适宜物候。两千多年前，山东地域已经栽培了梨、枣、桃、栗、桑、梅等常见果树，而且形成了良好的品种和技术。直到北魏时期，贾思勰《齐民要术》对之前的果树栽培的历史进行了全面总结，记载了17种果树共146个品种，还详细记录了果树繁殖、育种、管理、病虫害防治以及收贮加工等方面的内容，是一部集大成的农书。元代王祯《农书》是第一部涉及全国、兼论南北的综合性农书，其“百谷谱”部分也记载了各种果树的栽培、管理、利用等方面的技术，建立了较完整的体系。之后出现的各种专著对单种果树的栽培进行了总结。这些记载表明，山东省在历史上就是果树生产的重要区域，不仅果树品种繁多，而且栽培管理技术长期处于国内领先地位。

近年来，伴随着各界对农业文化遗产价值认识的不断加深，山东省在林果类农业文化遗产的保护与开发利用方面也取得一些成绩。

首先，山东省林果类农业文化遗产在地方农业经济和社会发展中起到了重要的作用。林果类农业文化遗产大多是在林果业实践中培育出来的品种，在长期发展的过程中，有些品种还在本地拥有较多的种植面积、产量、产值，有完整的产业链，已经注册了林果类商标，打造出著名的林果品牌，受到了国内外果品市场的肯定。如烟台苹果、枣庄石榴、乐陵小枣、莱阳梨等林果品牌不仅成为地方经济发展的支柱，而且还能够出口创汇，增加了农民的收入，形成了良性的循环。

其次，山东省林果类农业文化遗产多数都申请并获批了“国家农产品地理标志”，或者注册了林果类“农产品产地证明商标”。山东省果树文化遗产丰富，有不少地方形成了独具特色的林果产品。据悉，截至2016年底，山东省共获批489件国家农产品地理标志（参见山东省重要林果类农产品地理标志一览表）。[①] 烟台苹果、莱阳梨、肥城桃、阳信鸭梨等注册获得了农产品产地证明商标。这些举措都为林果类农业文化遗产保护提供了保障。

---

① 来源：农业部全国产品地理标志查询系统（http：//www.anluyun1688.com/）。

山东省重要林果类农产品地理标志一览表

序号	产品名称	产地	证书持有者	登记年份
1	峄城石榴	山东省枣庄市	峄城区标准化农业产业协会	2008年
2	昌乐西瓜	山东省潍坊市	昌乐县农产品质量检测中心	2008年
3	黄河口蜜桃	山东省东营市	垦利县西宋乡黄河口蜜桃协会	2008年
4	东明西瓜	山东省菏泽市	东明县西瓜协会	2008年
5	平阴玫瑰红苹果	山东省济南市	平阴玫冠苹果合作社	2008年
6	新村银杏	山东省临沂市	郯城县新村乡农业服务站	2008年
7	福山大樱桃	山东省烟台市	福山区果树站	2008年
8	蒙阴蜜桃	山东省临沂市	蒙阴县果业协会	2008年
9	柘山花生	山东省潍坊市	安丘市柘山镇山货协会	2009年
10	沂源苹果	山东省淄博市	沂源县生态农业与农产品质量管理办公室	2009年
11	莒南板栗	山东省临沂市	莒南县果茶技术推广中心	2010年
12	荣成苹果	山东省威海市	荣成市绿色食品办公室	2010年
13	莒南花生	山东省临沂市	莒南县花生产业发展办公室	2010年
14	张夏玉杏	山东省济南市	济南市长清区岳庄巾帼玉杏种植专业合作社	2010年
15	香城长红枣	山东省济宁市	邹城市圣香果林果生产专业合作社	2010年
16	旧店苹果	山东省青岛市	青岛旧店果品专业合作社	2010年
17	大黄埠西瓜	山东省青岛市	青岛市大黄埠西瓜专业合作社	2010年
18	麻兰油桃	山东省青岛市	平度市麻兰油桃协会	2010年
19	郑城金银花	山东省临沂市	平邑县金银花标准化种植协会	2010年
20	莱西大花生	山东省青岛市	莱西市花生产业协会	2010年
21	北梁蜜桃	山东省青岛市	青岛福寿蜜桃种植专业合作社	2010年
22	和睦屯西瓜	山东省青岛市	青岛胶州市和睦屯西瓜专业合作社	2010年
23	马连庄甜瓜	山东省青岛市	青岛马连庄甜瓜专业合作社	2010年
24	山色峪樱桃	山东省青岛市	青岛山色峪樱桃专业合作社	2010年
25	少山红杏	山东省青岛市	青岛少山红杏专业合作社	2010年
26	王家庄油桃	山东省青岛市	青岛王家庄油桃专业合作社	2010年
27	祝沟草莓	山东省青岛市	青岛岔道口草莓专业合作社	2010年
28	天宝山山楂	山东省临沂市	平邑县天宝致富水果专业合作社	2010年
29	荣成草莓	山东省威海市	荣成市绿色食品协会	2010年
30	荣成无花果	山东省威海市	荣成市绿色食品协会	2010年
31	泗水花生	山东省济宁市	泗水县泗河源花生种植专业合作社	2010年
32	文登大樱桃	山东省威海市	文登市农业环境保护站	2010年
33	文登苹果	山东省威海市	文登市农业环境保护站	2010年
34	沂水苹果	山东省临沂市	沂水县果品产业协会	2010年
35	沂水大樱桃	山东省临沂市	沂水县夏蔚镇圣母山果蔬专业合作社	2010年

（续）

序号	产品名称	产地	证书持有者	登记年份
36	张庄牛心柿	山东省济宁市	邹城市虎沃柿子种植专业合作社	2011年
37	石墙薄皮核桃	山东省济宁市	邹城市石墙核桃产销协会	2010年
38	宁阳大枣	山东省泰安市	宁阳县葛石镇大枣经济协会	2011年
39	曹范核桃	山东省济南市	章丘市名优农产品协会	2011年
40	文祖花椒	山东省济南市	章丘市名优农产品协会	2011年
41	赵八洞香椿	山东省济南市	章丘市名优农产品协会	2011年
42	山阳大梨	山东省潍坊市	昌邑山阳大梨协会	2011年
43	平度大花生	山东省青岛市	青岛平度蓼兰花生专业合作社	2011年
44	胡集白梨瓜	山东省济宁市	金乡县小张庄白梨瓜专业合作社	2011年
45	荣成砂梨	山东省威海市	荣成市果茶种植专业合作社联合会	2011年
46	荣成大樱桃	山东省威海市	荣成市绿色食品办公室	2011年
47	姜格庄草莓	山东省青岛市	庄河市农业技术推广中心	2011年
48	祝沟小甜瓜	山东省青岛市	青岛宏利德果菜专业合作社	2011年
49	大泽山葡萄	山东省青岛市	平度市大泽山葡萄协会	2011年
50	大店草莓	山东省临沂市	莒南县农学会	2011年
51	芍药山核桃	山东省临沂市	费县绿缘核桃专业合作社	2011年
52	天宝山黄梨	山东省临沂市	平邑县天宝圣堂种植专业合作社	2011年
53	临沭花生	山东省临沂市	临沭县植物保护站	2011年
54	乳山大花生	山东省威海市	乳山市农业环境保护站	2011年
55	蒙阴苹果	山东省临沂市	蒙阴县宗路果品专业合作社	2011年
56	文登大花生	山东省威海市	文登市绿色食品协会	2011年
57	安丘蜜桃	山东省潍坊市	安丘市植物保护协会	2012年
58	双堠西瓜	山东省临沂市	沂南县盛华西瓜种植专业合作社	2012年
59	大田薄皮核桃	山东省青岛市	青岛巴豆子核桃专业合作社	2011年
60	乳山苹果	山东省威海市	乳山市苹果协会	2012年
61	徐庄板栗	山东省枣庄市	山亭区徐庄富硒板栗种植专业合作社	2012年
62	仁风西瓜	山东省济南市	济阳县仁风镇西瓜协会	2012年
63	麻湾西瓜	山东省东营市	东营市东营区麻湾西瓜种植农民专业合作社	2012年
64	瓦屋香椿芽	山东省济宁市	邹城市仁杰香椿芽种植专业合作社	2012年
65	瓦西黑皮冬瓜	山东省济南市	商河县瓦西黑皮冬瓜专业合作社	2012年
66	九仙山葡萄	山东省济宁市	曲阜市祥文无核葡萄专业合作社	2012年
67	石埠子樱桃	山东省潍坊市	安丘市石埠子镇农业综合服务中心	2012年
68	沂源花生	山东省淄博市	沂源县大张庄生发花生专业合作社	2012年
69	莱西大板栗	山东省青岛市	青岛北辛庄板栗专业合作社	2012年
70	胶南蓝莓	山东省青岛市	胶南市蓝莓协会	2012年

（续）

序号	产品名称	产地	证书持有者	登记年份
71	乳山草莓	山东省威海市	乳山市新自然草莓专业合作社	2013年
72	文登银杏	山东省威海市	文登市绿色食品协会	2013年
73	刘村酥梨	山东省枣庄市	滕州市绿色食品协会	2013年
74	历城核桃	山东省济南市	济南市历城区果业协会	2013年
75	里口山蟠桃	山东省威海市	威海市环翠区植物保护站	2013年
76	荣成大花生	山东省威海市	荣成市绿色食品办公室	2013年
77	云山大樱桃	山东省青岛市	青岛凯旋生态农业专业合作社	2013年
78	东大寨苹果	山东省青岛市	青岛东大寨果蔬专业合作社	2013年
79	荣成蜜桃	山东省威海市	荣成市绿色食品协会	2014年
80	伟德山板栗	山东省威海市	荣成市绿色食品协会	2014年
81	乳山巴梨	山东省威海市	乳山市果茶蚕工作站	2013年
82	临朐三山峪大山楂	山东省潍坊市	临朐县农民专业合作社联合会	2014年
83	山旺大樱桃	山东省潍坊市	临朐县山旺镇大棚果协会	2014年
84	文登砂梨	山东省威海市	文登市绿色食品协会	2013年
85	齐河西瓜	山东省德州市	齐河县农业科学研究所	2013年
86	灰埠大枣	山东省济宁市	邹城市大束镇大枣协会	2013年
87	五莲板栗	山东省日照市	五莲县果树站	2013年
88	五莲国光苹果	山东省日照市	五莲县果树站	2013年
89	阳信鸭梨	山东省滨州市	阳信县鸭梨研究所	2013年
90	柳下邑猪牙皂	山东省济宁市	邹城市看庄柳下邑猪牙皂协会	2013年
91	许营西瓜	山东省聊城市	聊城高新技术产业开发区许营镇绿色农产品协会	2014年
92	王晋甜瓜	山东省泰安市	肥城市仪阳镇农业综合服务中心	2014年
93	冠县鸭梨	山东省聊城市	冠县优质农产品协会	2014年
94	泰山板栗	山东省泰安市	泰安市板栗协会	2014年
95	张庄小油栗	山东省济宁市	邹城市张庄镇油栗协会	2014年
96	贾寨葡萄	山东省聊城市	茌平县贾寨镇葡萄协会	2014年
97	五井山柿	山东省潍坊市	临朐县五井镇柿饼协会	2014年
98	乐陵金丝小枣	山东省德州市	乐陵市小枣加工销售行业协会	2015年
99	临清椹果	山东省聊城市	临清市黄河故道椹果协会	2015年
100	乳山樱桃	山东省威海市	乳山市农业环境保护站	2015年
101	马家寨子香椿	山东省泰安市	新泰市放城镇马家寨香椿协会	2015年
102	昆嵛山板栗	山东省威海市	威海市文登区绿色食品协会	2016年
103	天宝樱桃	山东省泰安市	新泰市天宝镇樱桃产业协会	2016年
104	沙河辛西瓜	山东省德州市	禹城市辛店镇沙河辛西瓜协会	2016年
105	双堠樱桃	山东省临沂市	沂南县果蔬种植协会	2016年

（续）

序号	产品名称	产地	证书持有者	登记年份
106	肥城桃	山东省泰安市	肥城市肥城桃产业协会	2016 年
107	砖埠草莓	山东省临沂市	沂南县草莓种植协会	2017 年
108	店子秋桃	山东省青岛市	平度市店子镇农业服务中心	2017 年
109	宝山苹果	山东省青岛市	宝山镇农业服务中心	2017 年
110	张高水杏	山东省滨州市	邹平县黛溪街道办事处农业技术服务站	2017 年
111	南王店西瓜	山东省菏泽市	菏泽市定陶区南王店镇农业综合服务中心	2017 年
112	五莲樱桃	山东省日照市	五莲县樱桃协会	2018 年

资料来源：据农业农村部全国产品地理标志查询系统编制。

不过从总体上看，山东省林果类农业文化遗产的保护并不平衡。多数林果种植产地在开发、利用方面还有很大的提升空间。山东省林果类农业文化遗产的保护与开发、利用现状具体表现如下方面：

第一，目前山东省林果类农业文化遗产的保护基本上还处于静态保护的层面，处理保护与开发的关系不够得当。静态保护即以种质资源库或良种基因库的形式收贮、保护历史曾经流传保存下来的林果类优良品种。2010 年，山东省成立了农作物种质资源中心，专门负责农作物类种质资源的保存，保护和利用。而始建于 1956 年的山东省果树研究所主要从事果树的研究与推广开发工作，在种质资源的保存、果树育种与引种等领域成绩显著，对山东省果树业的发展起到了重要作用。在省级资源库中，省林木种质资源中心暖温带珍稀树种资源库、枣庄石榴资源库、淄博柿树资源库、泰安乡土观赏树种资源库、中国林科院林业研究所滨海抗逆树种资源库均入选了国家林木种质资源库。种质资源库、良种基因库的建设有利于经济树种、名优特林果、珍稀树种种质资源的收集、整理、保护，有利于林果良种的选育。但这种方式的保护还是处于静态的层面，仅有静态保护是不够的，林果类农业文化遗产的开发与利用更加需要活态和动态的保护。林果类农业文化遗产保护与开发的关系尚未得到妥善处理，有些地方面对商品化和市场经济的冲击，对林果类农业文化遗产保护不力，造成了林果类农业文化遗产的边缘化甚至损失；有些地方则存在开发过度的情况，对林果类农业文化遗产造成了永久伤害，保存下来的果品品质也是忽高忽低。

保护开发模式的落后，与我国果树文化资源保护与开发的观念有关。目前在包括果树文化资源在内的农业文化资源的保护与开发上，普遍存在着观念偏差，存在重视物质资源、轻视精神文化资源的倾向，这也导致非物质的、精神文化资源并未得到开发利用。果树业也面临这种情况。我们在保护良种资源的同时，有大量的非物质文化资源正面临着流失危机，本来丰厚的果树文化资源日益变得贫瘠起来。这不得不引起我们的沉思。果树文化资源的开发和创意农业密切相关。但一些人在创意农业的理解上还存在一些误区，一是很多学者在定义创意农业时强调在农业生产中融入创意，但在事实上更侧重于产品创意，侧重于新的产业模式带动经济增长，而忽略了农业本身所特有的安全性、自然性和不可替代性。创意农业的本质和核心是属于农业范畴的。二是创意农业服务的对象。农民在创意农业中占有主体地位，发展创意农业不仅能实现生活改善与收入增长，而且能丰富农民的精神生活和文化素养。三是在区位选择上，创意农业首先在发达地区兴起，几乎都发展成为特色种植采摘、农业观光等隶属于农业旅游和郊区农业的活动，这种理解是片面的、狭隘的，是对文化创意产业模式的机械套用。①

第二，林果类农业文化遗产保护虽然已有认证及管理体系，但涉及林果类农业文化遗产的法律法规仍然不够健全。目前，我国在地理标志产品认证及管理方面有两种体系：国家知识产权局地理标志专用标志（GI）和农业农村部农产品地理标志（AGI）。但事实上，由于两者都属于行政法规，各地在具体的操作中缺乏明确的法律依据，导致有关部门在林果类产品监管保护的执法层面阻碍较大。山东省多数林果地方品牌还未学会运用法律手段维护自己的利益。

第三，虽然山东省相关部门和部分省内地市制定相关的规划，取得了一定的成绩，但是由于重视程度不够，政府在省内林果类农业文化遗产保护上总体投入不足，在林果类农业文化遗产的开发利用方面缺乏整体的、科学的、有效的规划和具体举措。省内不少名优林果产地虽然申请获批了农产品地理标志，注册了农产品产地证明商标，但从实际操作的层面来看，林果类农业文化遗产是一个复杂的系统，其形成有赖于当地独特的自然条件、生态环境，而这些因素涉及经济与生态的方方面面，地方林果原产地的保护力度需要加强。

第四，由于受到市场经济、商品化大潮的冲击，食品安全环境的影响，名优林果品种的种植面积和果品品质大受影响，存在着明显的退化现象。如在德州西瓜的种植中，不少种植户为追求效益，抛弃传统种植方式，更多地使用农药、化肥等化学物质，导致产品品质下降，效益下滑，进而导致种植面积萎缩，名气降低。再如龙口长把梨也曾经面临这样的困境，长把梨产地集中于龙口东南山区，由于上述原因的影响，长把梨价格、效益一路下滑，果农无奈砍掉梨树，换成效益好的苹果树。长把梨的生存困境，其实是全省林果类良种共同面临的困境。从全省范围看，有些品种只在本地小范围内种植，在本省甚至在本地销售，品牌知名度不高，产量与产值低；有些则更多地受到商品市场的影响，整体生存经营状况不善；有的甚至已经被遗忘、被淘汰出了商品生产的流程，仅存在于种质资源库内；有些野生林木、古树甚至徘徊在消失的边缘。

第五，林果类农业文化遗产的开发、利用方面还有很大的提升空间。山东省有关

① 包子文，2017. 对创意农业的理论反思及发展建议——以吉林省为例［J］. 中国市场（18）：46-47.

部门对林果类农业文化遗产的价值认识和重视程度有待提高。有些主管部门对林果类农业文化遗产的保护也存在片面性，只重视申报，申报后并未进行科学的保护与开发。有些则只重视物质文化遗产的开发，对其独特的物种资源、生态与文化效益开发不足。更多的情况是当地有传承与保护林果类农业文化遗产的意愿，但无法有效地处理保护与开发的矛盾，不能把遗产地农民利益、眼前经济利益和遗产地的生态环境、社会经济的可持续发展协调一致。

从全国范围内看，北京、江苏、陕西、浙江等省份在创意果业、文化果业以及林果产品的品牌打造方面均取得了丰硕的成果。与兄弟省份相比较，山东省林果类农业文化遗产的开发、利用也多亮点，如烟台苹果是全国唯一的品牌价值超百亿的果业品牌，已经连续九年蝉联我国果品品牌价值榜的首位，又如泰安市肥城桃文化节、临沂临港区厉家寨樱桃文化节都将林果农业文化遗产的开发利用与文化相结合，但总体上来说林果类农产品文化内涵的开掘还不够全面深刻，有很大的上升空间。

总体上，山东省林果农业文化遗产保护与开发利用喜忧参半，整体情况并不乐观。在传统农业向现代农业转换、过渡的今天，林果类农业文化遗产的保护与开发利用虽然因品种有所差别，但也面临着同样的问题与挑战。

第三节　林果类农业文化遗产保护、开发与利用的对策

近年来，夏津黄河故道古桑树群、枣庄古枣林、乐陵枣林复合系统、山东章丘大葱栽培系统均入选“中国重要农业文化遗产”名录；以山东历城核桃栽培系统为代表的46项农业文化遗产，入选2016年“全国农业文化遗产”名单；2017年，夏津黄河故道古桑树群又入选联合国粮农组织“全球重要农业文化遗产”；另外，山东省还有百余项农林产品列入中国农业全书名优特产，不少林果产品享誉海内外。这些既是对山东省林果类农业文化遗产丰富资源的肯定，也给山东省林果类农业文化遗产的保护、开发、利用带来了机遇与挑战。

一、转变观念和遗产保护方式

在现状部分，我们已经注意到各地在保护开发包括果树文化资源在内的农业文化资源时，呈现一种重农业科技、物质文化、现代文化，轻非物质精神文化、传统农业文化的普遍倾向，具体表现在对物种、遗址、生态系统、景观等物质层面的、看得见的农业文化较为重视，而对思想观念、民俗、意识形态等非物质的、精神层面的文化重视程度不够，甚至认为农业文化是过时落后文化的代名词。这也导致非物质的、精神层面的农业文化资源并未得到大范围的、全面的开发利用，这是我国农业文化资源不能得到充分开发的根本原因之一。我国果树、果品业面临的情况也是如此。我们在

保护果树良种资源的同时，也面临着大量非物质文化遗产、文化资源的流失，本来丰厚的果树文化资源并未为现代果业所用。

在实施乡村振兴在大战略下，国家非常重视农业的发展。2018 年中央 1 号文件提出要“切实保护好优秀农耕文化遗产，推动优秀农耕文化遗产合理适度利用。深入挖掘农耕文化蕴含的优秀思想观念、人文精神”，要“发展乡村共享经济、创意农业、特色文化产业”。中央高屋建瓴地指明了乡村发展的方向。在这种情况下，社会各界、相关部门应该改变传统的农业文化观念，从根本上认识到包括果树文化资源在内的农业文化资源所具有的经济、科学、生态和社会文化价值，认识到农业文化资源保护开发利用在乡村振兴和现代果业发展中的重要性，这是我国果树文化资源保护开发利用要解决的一个根本问题。

从农业文化资源保护开发的发展趋势看，我国果树文化资源的保护方式也应该有所转变，即从静态保护、单一保护转变为动态保护、整体性保护。静态保护主要采取建立种质资源库、良种基因库的方式，这种方式对于保护历史形成的果树良种有一定优势的，也能为现代育种与科研提供资源与平台。但这一收藏式的保护方式的不足在于：它只能静态、固态地保存果树品种本身，无法阻止种质资源消失。不能保护与之相关的果业生产技术、农耕经验、习俗制度，不能保护果品生产、果品安全和生物的多样性。由于脱离原产地，它也无法实现果树种植传统和经验的活态承传，原产地生产技术流失后，名优果树品种的品质也难以得到保证。因此，果树文化资源需要动态的、整体的保护。所谓动态保护即在发展中保护，让果树文化遗产地、原产地的农民自愿参与到果树文化遗产保护中来，并且能够不断从果树文化遗产保护中获取较为可观的经济利益、生态收益和社会效益，使果树文化遗产在发展中保护、在保护的基础上更好地开发和利用，形成良性循环。

专家①指出，目前我国农业文化遗产的动态保护途径大致有三种：有机农业、生态旅游和生态补偿。这三种途径也适用于林果类农业文化遗产。发展有机果业可以保证名优林果的高品质，也是林果类遗产品牌化的基础，是最为贴近林果类文化遗产现实的一种途径。林果遗产较为丰富的原产地也可在保护的基础上适度地开展以林果文化为主题的生态旅游，开掘林果遗产自带的生态价值与科学价值，促进当地经济的发展。林果类农业文化遗产蕴含巨大的生态价值，动态保护还要考虑其生态效益的补偿。目前，国家已经建立起生态效益补偿基金。山东省林果类遗产的生态补偿主要是以政府公益补贴为主，市场补偿的渠道尚未健全，各地应探索补偿主体的多元化与补偿方式的多样化，最终建立公益补偿与市场补偿相融合的完整补偿机制。以上举措可以解决林果类农业文化遗产保护的资金问题，实现山东省林果类农业文化的遗产动态保护和持续发展。

---

① 闵庆文，等，2013. 农业文化遗产的动态保护途径 [J]. 中国乡镇企业（10）.

二、健全林果类遗产保护法律法规

山东省林果类农业文化遗产的保护与开发利用，离不开相关法律法规的完善。我国在农业文化遗产领域起步较晚，相关的法律法规的完善需要长期的过程。农业部曾颁布《中国重要农业文化遗产管理办法（试行）》，为重要农业文化遗产保护与管理提供依据。2016年，山东省林业厅又出台了《山东省林木种质资源保护办法》，以保护和合理开发利用山东省内林果种质资源。应该说这些办法的出台还是补充了山东省在农业文化遗产和林果资源保护方面的某些不足。但是我们也应该看到，这两个办法中的前者宏观的、普泛的顶层设计，后者主要侧重于收存林木种质资源、维护林果的多样性，并非针对林果类农业文化遗产制定，而且两者均处于法规的层面，这就意味着山东省林果遗产的保护还缺少相关法律。当然，这种困境并不是山东省独有的，其他省份也面临着类似的问题。

从现实情况看，造成相关法律法规缺失的主要原因是立法保护对象的特殊性。农业类文化资源尤其是农业类的文化遗产是一种全新的类型，这加大了出台相关法律法规的难度。因此，应该敦促学界尽快起草有关建议规范，以加强农业文化遗产的保护。也有学者指出，我国已有了文物保护和非物质文化遗产保护的法律，可以在此类法律框架下，再制定相关的行政法规。还应该解决农业文化遗产的权益归属、参与和利益分配机制等关键问题，这样才能从根本上解决农业文化资源保护的法律依据问题。[①] 同时，果树文化资源的主管部门也要制定适宜的部门条例和法规，保障果树文化资源保护与开发。另外，果树文化资源具备了农业文化遗产的共同特殊性：动态性、活态性和可持续性，这也是果树文化资源与一般文化遗产的区别所在。在物种类农业文化遗产中，果树文化资源的保护与开发对产地自然条件、地理环境等外部因素的要求更高，与商品市场的联系更加紧密，故其保护与开发难度更大。因此，在制定相关的法律法规时要更加注意这一点。只有将保护切实落实到法律层面，再辅以林业、农业部门的各种条例、法规，包括果树类在内的我国农业文化遗产的保护才能有法律的依据，才能真正得到最有力的保障。

三、建立多元的林果保护机制

目前，山东省已经对农业文化遗产的重要性有了深刻的认识。在《山东省农业现代化规划（2016—2020年）》中，省政府明确强调要加强省内重要农业文化遗产的发掘、保护与传承、利用。农业文化遗产更多具有公共属性、公益事业，较难直接产生可观的经济效益，但是其中蕴含着巨大的生态、文化与社会效益。农业文化遗产保护与开发所产生的成本需要省政府公共财政的投入，需要由全省来分担。林果类农业文

① 张百灵，2013. 我国农业文化遗产保护的立法构想［J］. 西部法学评论（5）：34-40.

化遗产也是如此。山东省林果类农业文化遗产的保护与开发利用，还需要建立起多方参与机制，即由政府主导、多方力量参与保护开发管理机制和体系。多方参与机制是指政府、果树业主管部门、果树文化资源原产地主管部门、原产地果农、果树生产加工企业、相关科研院所等社会各界力量均参与其中的完善机制。

首先，政府在山东省林果类农业文化遗产的保护与开发利用中起到主导作用，负责制定省内农业文化遗产保护与开发利用的宏观政策和统一规划，以及专项保护基金的财政支付，提供财政与政策的支持。尤其是在相关产业开发的初期，政府应加大力度，为相关产业发展提供资金。在后续的进展中也需要政府的大力扶持。果树业主管部门负责制定果树文化资源保护与开发利用的具体办法和实施细则，以及承担果树类文化遗产保护与开发的监管职能。原产地主管部门负责具体实施相关政策。

其次，果树文化遗产的开发还面临着资金、产品、市场出口的问题，这些问题需要相关企业和产业链各相关方协调统一。其中果树类生产加工企业为果树产品的开发提供资金和渠道。最终形成财政、社会、金融资本三方投入、多元合作的投入机制，形成多元发展的新格局。①

再次，相关科研院所为林果类农业文化遗产的保护与开发利用提供学术支撑和智力支持。果树文化的开发利用需要专业人才的培养。目前，关于农业文化资源保护开发以及创意农业方面的专业人才还是比较缺乏，设置此类专业的高校并不多。各级高校要加大相关人才的培养，为农业文化资源的保护开发利用方面提供急需人才。各个方面参与其中，各司其职，才能最终建立起一个政府主导、多方参与、各司其职、分级管理的林果类农业文化遗产保护与开发利用机制。

四、打造林果类文化遗产品牌

山东省林果类农业文化遗产的保护与开发利用，还需要打造出独特的林果类文化遗产品牌，延伸产品产业链。

在市场经济繁荣的今天，农产品的品牌化越来越重要，“褚橙”“柳桃”“潘苹果”的成功，证明农产品品牌的魅力。而山东省林果产品的品牌价值也日益得以体现，山东林果品牌对全省林果业发展的带动作用愈发明显。尤其是在当前食品质量安全堪忧的大环境下，民众对农产品品质和安全的要求也越来越高，得到认证的著名农产品品牌，诸如“绿色食品”“无公害产品”“有机农产品”等越来越多地受到消费者的认可。这也为林果类农业文化遗产的保护与开发带来了全新的机遇和挑战，林果类农业文化遗产要实现真正的保护与长久的开发利用，必须要走一条符合现代市场经济的品牌化之路。

林果类文化遗产应借助农产品原产地地理标志和产地证明商标两大渠道，来打造

① 范子文，2014. 北京休闲农业升级研究［M］. 北京：中国农业科学技术出版社：259.

区域公用品牌、企业品牌和个体品牌。就农产品原产地地理标志和产地证明商标而言，两者的含义、内容及主体均有所不同。前者标识的是农产品来源的具有独特自然与人文环境的特定地域，其特有产品可以以地域名称冠名，主要由农业农村部负责登记，由地方、行业和生产者联合申报，政府参与较多，是一种通过申请原产地标志进行的行政保护。而后者的申报及使用主体则是市场化的法人，更能够体现我国在知识产权领域与国际的接轨，比较容易适应市场经济的要求。自 20 世纪 90 年代以来，随着商标法的颁布，我国证明商标制度也日渐完善，但 1999 年国家技术监督局又颁布原产地域产品保护规定，这就导致了后者与证明商标的矛盾。从目前的国际规则看，产品注册证明商标后，更容易从证明商标再上升到驰名商标，更容易得到相关法律的保护。①

林果类文化遗产品牌应优先创建有特色的农产品区域公用品牌。区域公用品牌，具有整合区域资源、力量的能力。以地理标志产品为基础，创建区域公用品牌，并形成区域公用品牌与企业品牌等的协同关系，能够最大限度形成区域、企业、农户的合力，打造林果产品品牌新形态。同时，打造林果类文化遗产品牌不应忽视个性品牌。林果类农业文化遗产具有品种的稀缺性和风土的独特性，这种特质能够为林果产品带来特殊的品牌核心竞争力。山东省林果良种资源丰富，历史文脉悠久，挖掘这类遗产中的文化内涵，才能造就林果类产品品牌的价值和特色，打造出不可复制的区域林果文化品牌。

林果类文化遗产品牌的打造不应故步自封，还应借鉴新技术，引入新品种，实现传统林果良种的更新换代。如德州西瓜就是这方面的代表。德州西瓜曾经面临着品质与品牌价值的下滑，在引入新品种、新技术后，德州打造出高档有机西瓜基地和全新的有机西瓜品牌，德州西瓜重新占领了市场，品牌也获利了新生。

林果类文化遗产品牌的打造还应注重林果类产品的安全监管与引导。2017 年，山东省林业厅为贯彻落实省政府文件精神，大力开展品牌创建活动。截至 2018 年 1 月，全省共推选出 60 家“齐鲁放心果品”品牌。这一活动培育了果品经营的重点单位，推动了山东果品品牌的打造和国内外市场的开拓。

五、探索林果类文化遗产开发新模式

2018 年，中央明确提出：一是要“切实保护好优秀农耕文化遗产，推动优秀农耕文化遗产合理适度利用。深入挖掘农耕文化蕴含的优秀思想观念、人文精神、道德规范。”二是要“构建农村一二三产业融合发展体系。大力开发农业多种功能。发展乡村共享经济、创意农业、特色文化产业。”这两项内容中前者从文化的视角、后者

① 陈用雅，2004. 浅谈农产品的“证明商标”与“原产地域产品”保护之比较 [J]. 中国工商管理研究 (4): 52-54.

从产业融合的角度，共同指明了乡村振兴的重要路径，那就是各地要挖掘浑厚的农业文化和农村文化资源，并使之与产业化融合。当前，山东省印发了《山东省农业现代化规划（2016—2020年）》，规划提出要“拓展农业多种功能”“大力发展生态休闲农业与乡村旅游”。这一规划也为山东林果类农业文化遗产的保护与开发利用提供了契机。此外，山东林果类农业文化遗产的保护与开发利用，还应与休闲农业、创意果业、新六产相结合，探索融合协同发展的模式。

山东省林果类农业文化遗产的开发利用可以与休闲农业相结合。林果类农业文化遗产的原产地一般都具备了良好的自然生态环境，这些为开展休闲农业和乡村旅游等项目提供了天然的便利，而休闲农业、乡村旅游的成功反过来又实现了农业文化遗产的动态保护和适度开发。

山东省林果类农业文化遗产的保护与开发利用又可与创意果业相结合。创意果业来源于创意农业，实质是将果业产品与文化、艺术创意相结合，增加其附加值，实现果业资源的优化配置，进一步提升林果业的科技文化含量、拉长果业的产业链，并通过创意活动把果业技术、文化活动与果业产品、市场需求、农耕文化等因素有机联系起来，形成良性产业价值体系，实现林果业价值的最大化。国内创意果业的可以采用以下渠道方式。

一是创办节会型创意果业，即以果品为主或包含果品在内的博览会、产品展或艺术节为依托，充分发挥其在信息交流、成果展示、休闲观光方面的作用，拓展综合功能。较成熟的如烟台果蔬国际博览会、寿光蔬菜博览会，尤其是后者已经举办了二十多届，值得其他品类的林果业产品借鉴。此外，各地还可采用乡村节庆的方式打造创意果业，如栖霞苹果艺术节、蒙阴肥城桃花艺术节、临沂樱桃艺术节等等都是较为成功的典型。二是发展休闲旅游型创意果业，即以林果类遗产地的资源为基础，借助创意理念提升，创造出带动果业和旅游的农林类新业态。如各地普遍出现的观光采摘园就是此种模式。三是采用品牌文化型创意的方式，如烟台苹果、蒙阴蜜桃都已经成为山东省不可替代的林果类品牌，而且形成了自己的品牌文化。四是发展林果园区型创意果业。各地可以通过设立果业创意园区，发展特色精品林果等重点，打造出融现代果业、乡村风情、休闲娱乐、文化教育与农事体验为一体的农业景区。五就是发展多种产业融合型创意果业，即集林果一产种植、二产果品加工、三产林果旅游于一体的模式。

此外，田园综合体、农业嘉年华也是近年来涌现出的新形式。如莘县中原现代农业嘉年华是融入当地文化，结合科技、景观打造出的属于莘县品牌的创意农业形式。莘县中原现代农业嘉年华的创新在于：一是产业融合上的创新，二是技术上的创新应用。农业嘉年华是多种形式的综合体，更加注重科技的投入及其与农业文化的融合，适合在大城市周边或现代科技含量较高的果品种植区使用。以上均属于果业的综合开发，其创意价值增值，主要体现在对乡村果树文化资源的挖掘和创意水平上。这离不开创意的主体经营者。经营者经过创意研发后，可将果树资源转化为旅游等产品，旅游体验产品的制造与创意果品有很大不同，要突出体验性娱乐性和休闲性。文化创意果业来源于创意农业，实质是将果业产品与文化、艺术创意相结合，增加其附加值，实现果业资源的优化配置，进一步提升果树业的科技文化含量、拉长果业的产业链，并通过创意活动把果业技术、文化活动与果业产品、市场需求、农耕文化等因素有机联系起来，形成良性产业价值体系，实现果树业价值的最大化。

总之，各林果遗产地原产地应积极探索“林果文化遗产＋”的创新发展模式，推动科技和文化、人文因素融入农业，提高原产地果农、居民的积极性与参与度，开发林果遗产本身的多种价值，开挖林果类农业文化遗产的文化内涵，并将其与现代果业科技，与品牌建设、农村一二三产业的发展相融合，让果农在农业文化遗产资源的保护与开发中受益；同时，让林果类农业文化遗产在开发中获利，在保护的基础上获利长久的发展，为当下农村经济和社会的发展注入新的动能。

参考文献

陈用雅，2004. 浅谈农产品的“证明商标”与“原产地域产品”保护之比较［J］. 中国工商管理研究（4）.

韩燕平，刘建平，2007. 关于农业遗产几个密切相关概念的辨析：兼论农业遗产的概念［J］. 古今农业（3）.

惠富平，2013. 中国传统农业生态文化［M］. 北京：中国农业科学技术出版社.

李法曾，李文清，樊守金，2016. 山东木本植物志［M］. 北京：科学出版社.

李文清，解孝满，2014. 山东林木种质资源概要［M］. 济南：山东科学技术出版社.

闵庆文，2013. 农业文化遗产的动态保护途径［J］. 中国乡镇企业（10）.

闵庆文，钟秋毫，2006. 农业文化遗产保护的多方参与机制［M］. 北京：中国环境科学出版社.

山东省果树研究所，1996. 山东省果树志［M］. 济南：山东科学技术出版社.

山东省农业科学院，2000. 山东果树［M］. 上海：科学技术出版社.

束怀瑞，2015. 山东省果业的现状、问题及发展建议［J］. 落叶果树（1）.

王思明，沈志忠，2012. 中国农业文化遗产保护研究［M］. 北京：中国农业科学技术出版社.

徐旺生，闵庆文，2008. 农业文化遗产与“三农”［M］. 北京：中国环境科学出版社.

苑利，2015. 民俗学与遗产学视域下的乡土中国［M］. 北京：时代华文书局.

苑利，等，2012. 农业遗产学学科建设所面临的三个基本理论问题［J］. 南京农业大学学报（1）.

第八章 CHAPTER 8

畜禽类农业文化遗产调查与保护开发利用研究

山东省畜禽类农业文化遗产资源丰富。在《国家级畜禽遗传资源保护名录》（2006年公布、2014年修订）、《中国畜禽遗传资源志》（国家畜禽遗传资源委员会，中国农业出版社2011年版）中，收录多种山东省珍贵畜禽物种。山东省畜牧兽医局根据全国畜禽遗传资源保护和利用规划，进行山东省畜禽遗传资源调查，公布了《山东省畜禽遗传资源保护名录》。这些珍贵的畜禽遗传资源，保护开发利用的价值巨大。

第一节　畜禽类农业文化遗产名录及提要

山东省畜禽类农业文化遗产资源丰富，择优梳理重要名录，并对部分重要的畜禽类农业文化作概要介绍，有利于提高人们对山东省畜禽类农业文化遗产的认知和保护。

一、畜禽类农业文化遗产名录

一个优良的地方动物物种的形成，是多元素共同作用或影响的结果。在这些因素之中，遗传因素起决定性作用，生态环境、人为因素也发挥着重要的作用。特定的地理位置、气候特征、土壤植被、生态条件，漫长的进化过程等，形成了地方动物品种不同的外貌特征、个性特点、生产性能等。

1. 国家级畜禽遗传资源保护名录

2006年6月2日，《中华人民共和国农业部公告》（第662号），根据《中华人民共和国畜牧法》第十二条的规定，确定八眉猪等138个畜禽品种为国家级畜禽遗传资源保护品种，公布《国家级畜禽遗传资源保护名录》。

● 猪　八眉猪、大花白猪（广东大花白猪）、黄淮海黑猪（马身猪、淮猪、莱芜猪、河套大耳猪）、内江猪、乌金猪（大河猪）、五指山猪、太湖猪（二花脸、梅山猪）、民猪、两广小花猪（陆川猪）、里岔黑猪、金华猪、荣昌猪、香猪（含白香猪）、华中两头乌猪（通城猪）、清平猪、滇南小耳猪、槐猪、蓝塘猪、藏猪、浦东白猪、撒坝猪、湘西黑猪、大蒲莲猪、巴马香猪、玉江猪（玉山黑猪）、河西猪、姜曲海猪、关岭猪、粤东黑猪、汉江黑猪、安庆六白猪、莆田黑猪、嵊县花猪、宁乡猪。

- 鸡　九斤黄鸡、大骨鸡、鲁西斗鸡、吐鲁番斗鸡、西双版纳斗鸡、漳州斗鸡、白耳黄鸡、仙居鸡、北京油鸡、丝羽乌骨鸡、茶花鸡、狼山鸡、清远麻鸡、藏鸡、矮脚鸡、浦东鸡、溧阳鸡、文昌鸡、惠阳胡须鸡、河田鸡、边鸡、金阳丝毛鸡、静原鸡。

- 鸭　北京鸭、攸县麻鸭、连城白鸭、建昌鸭、金定鸭、绍兴鸭、莆田黑鸭、高邮鸭

- 鹅　四川白鹅、伊犁鹅、狮头鹅、皖西白鹅、雁鹅、豁眼鹅、酃县白鹅、太湖鹅、兴国灰鹅、乌鬃鹅。

- 羊　辽宁绒山羊、内蒙古绒山羊（阿尔巴斯型、阿拉善型、二狼山型）、小尾寒羊、中卫山羊、长江三角洲白山羊（笔料毛型）、乌珠穆沁羊、同羊、西藏羊（草地型）、西藏山羊、济宁青山羊、贵德黑裘皮羊、湖羊、滩羊、雷州山羊、和田羊、大尾寒羊、多浪羊、兰州大尾羊、汉中绵羊、圭山山羊、岷县黑裘皮羊。

- 牛　九龙牦牛、天祝白牦牛、青海高原牦牛、独龙牛（大额牛）、海子水牛、富钟水牛、德宏水牛、温州水牛、延边牛、复州牛、南阳牛、秦川牛、晋南牛、渤海黑牛、鲁西牛、温岭高峰牛、蒙古牛、雷琼牛、郏县红牛、巫陵牛（湘西牛）、帕里牦牛。

- 其他品种　百色马、蒙古马、鄂伦春马、晋江马、宁强马、岔口驿马、关中驴、德州驴、广灵驴、泌阳驴、新疆驴、阿拉善双峰驼、敖鲁古雅驯鹿、吉林梅花鹿、藏獒、山东细犬、中蜂、东北黑蜂、新疆黑蜂、福建黄兔、四川白兔。

2014年2月14日，《中华人民共和国农业部公告》第2061号，根据《中华人民共和国畜牧法》第十二条的规定，结合第二次全国畜禽遗传资源调查结果，对《国家级畜禽遗传资源保护名录》（《中华人民共和国农业部公告》第662号）进行了修订，确定八眉猪等159个畜禽品种为国家级畜禽遗传资源保护品种，并公布修订后的《国家级畜禽遗传资源保护名录》：

- 猪　八眉猪、大花白猪、马身猪、淮猪、莱芜猪、内江猪、乌金猪（大河猪）、五指山猪、二花脸猪、梅山猪、民猪、两广小花猪（陆川猪）、里岔黑猪、金华猪、荣昌猪、香猪、华中两头乌猪（沙子岭猪、通城猪、监利猪）、清平猪、滇南小耳猪、槐猪、蓝塘猪、藏猪、浦东白猪、撒坝猪、湘西黑猪、大蒲莲猪、巴马香猪、玉江猪（玉山黑猪）、姜曲海猪、粤东黑猪、汉江黑猪、安庆六白猪、莆田黑猪、嵊县花猪、宁乡猪、米猪、皖南黑猪、沙乌头猪、乐平猪、海南猪（屯昌猪）、嘉兴黑猪、大围子猪。

- 鸡　大骨鸡、白耳黄鸡、仙居鸡、北京油鸡、丝羽乌骨鸡、茶花鸡、狼山鸡、清远麻鸡、藏鸡、矮脚鸡、浦东鸡、溧阳鸡、文昌鸡、惠阳胡须鸡、河田鸡、边鸡、

金阳丝毛鸡、静原鸡、瓢鸡、林甸鸡、怀乡鸡、鹿苑鸡、龙胜凤鸡、汶上芦花鸡、闽清毛脚鸡、长顺绿壳蛋鸡、拜城油鸡、双莲鸡。

● 鸭　北京鸭、攸县麻鸭、连城白鸭、建昌鸭、金定鸭、绍兴鸭、莆田黑鸭、高邮鸭、缙云麻鸭、吉安红毛鸭。

● 鹅　四川白鹅、伊犁鹅、狮头鹅、皖西白鹅、豁眼鹅、太湖鹅、兴国灰鹅、乌鬃鹅、浙东白鹅、钢鹅、溆浦鹅。

● 牛马驼　九龙牦牛、天祝白牦牛、青海高原牦牛、甘南牦牛、独龙牛（大额牛）、海子水牛、温州水牛、槟榔江水牛、延边牛、复州牛、南阳牛、秦川牛、晋南牛、渤海黑牛、鲁西牛、温岭高峰牛、蒙古牛、雷琼牛、郏县红牛、巫陵牛（湘西牛）、帕里牦牛、德保矮马、蒙古马、鄂伦春马、晋江马、宁强马、岔口驿马、焉耆马、关中驴、德州驴、广灵驴、泌阳驴、新疆驴、阿拉善双峰驼。

● 羊　辽宁绒山羊、内蒙古绒山羊（阿尔巴斯型、阿拉善型、二狼山型）、小尾寒羊、中卫山羊、长江三角洲白山羊（笔料毛型）、乌珠穆沁羊、同羊、西藏羊（草地型）、西藏山羊、济宁青山羊、贵德黑裘皮羊、湖羊、滩羊、雷州山羊、和田羊、大尾寒羊、多浪羊、兰州大尾羊、汉中绵羊、岷县黑裘皮羊、苏尼特羊、成都麻羊、龙陵黄山羊、太行山羊、莱芜黑山羊、牙山黑绒山羊、大足黑山羊。

● 其他品种　敖鲁古雅驯鹿、吉林梅花鹿、中蜂、东北黑蜂、新疆黑蜂、福建黄兔、四川白兔。

2014年修订后公布的《国家级畜禽遗传资源保护名录》，较2006年公布的《国家级畜禽遗传资源保护名录》，品种增加21个，个别品种有减少，部分品种有调整。

2. 山东省入选《国家级畜禽遗传资源保护名录》《中国畜禽遗传资源志》的畜禽名录

入选《国家级畜禽遗传资源保护名录》《中国畜禽遗传资源志》的山东省畜禽类农业文化遗产有渤海黑牛、鲁西牛、蒙山牛、渤海马、莱芜黑猪、里岔黑猪、大蒲莲猪、鲁西斗鸡、汶上芦花鸡、琅琊鸡、寿光鸡、百子鹅、豁眼鹅、济宁青山羊、小尾寒羊、大尾寒羊、莱芜黑山羊、鲁北白山羊、洼地绵羊、泗水裘皮羊、沂蒙黑山羊、鲁中山地绵羊、德州驴、山东细犬。

3. 山东省特有或珍稀畜禽遗产名录

山东省畜牧兽医局根据全国畜禽遗传资源保护和利用规划，进行山东省畜禽遗传资源调查，公布《山东省畜禽遗传资源保护名录》：

● 猪　地方畜禽遗传资源：莱芜猪、大蒲莲猪、里岔黑猪、五莲黑猪、沂蒙黑猪、烟台黑猪。

培育畜禽遗传资源：鲁烟白猪、鲁莱黑猪、鲁农1号猪配套系、胜利白猪。

● 鸡　地方畜禽遗传资源：鲁西斗鸡、琅琊鸡、济宁百日鸡、寿光鸡、汶上芦花鸡。

培育畜禽遗传资源：鲁禽 1 号麻鸡配套系、鲁禽 3 号麻鸡配套系。

- 鸭 地方畜禽遗传资源：微山麻鸭、文登黑鸭。
- 鹅 地方畜禽遗传资源：豁眼鹅、金乡百子鹅。
- 羊 地方畜禽遗传资源：小尾寒羊、洼地绵羊、大尾寒羊、泗水裘皮羊、山地绵羊、济宁青山羊、鲁北白山羊、沂蒙黑山羊、莱芜黑山羊、牙山黑山羊。

培育畜禽遗传资源：崂山奶山羊、文登奶山羊。

- 牛 地方畜禽遗传资源：鲁西黄牛、渤海黑牛、蒙山牛。
- 兔 培育畜禽遗传资源：鲁南薛城长毛兔、鲁东烟系长毛兔、鲁西茌平长毛兔、鲁南泰山长毛兔、鲁南蒙阴长毛兔、鲁东珍珠长毛兔、鲁南泰山长毛兔。
- 其他品种 地方畜禽遗传资源：德州驴、山东细犬、临清狮猫。

培育畜禽遗传资源：渤海马。

在《山东省畜禽遗传资源保护名录》之外，山东还有泰山赤鳞鱼、微山湖大闸蟹、黄河刀鱼、夏津白玉鸟等鱼鸟类珍贵物种。

4. 泰山保护动物名录

泰山列入国家一级保护动物 1 种：白鹳。

泰山列入国家二级保护动物 15 种：苍鹰、鸢、普通鵟、雀鹰、红脚隼、红隼、雕鸮、红角鸮、领角鸮、斑头鸺鹠、鹰鸮、纵纹腹小鸮、鸳鸯、长耳鸮和豺。

泰山列入山东省重点保护的野生动物共有 24 种，其中鸟类 13 种：三宝鸟、寿带鸟、凤头鹏鹛、黑颈鹏鹛、中白鹭、石鸡、四声杜鹃、蚁鴷、星头啄木鸟、棕腹啄木鸟、凤头百灵、黑枕黄鹂、黄雀；哺乳类 6 种：狼、狐、狗獾、花面狸、豹猫、黄鼬；爬行类 1 种：乌龟；两栖类 4 种：金线蛙、黑斑蛙、泽蛙、中华大蟾蜍。

二、畜禽类农业文化遗产名录提要

1. 鲁西黄牛

鲁西黄牛原产于山东省西南部的菏泽、济宁两市，分布于北至黄河、南至黄河故道，东至运河两岸的三角地带。该地区为黄河三角洲的冲积平原，地势平坦，河流众多，气候温暖，降水量丰富，土层深厚且肥沃，但土壤质地比较黏稠，透水性较差，耕作较为费力，需要较大的畜力。综合以上环境，该地区具备孕育良种牛的自然环境。

鲁西黄牛在历史上，由于地域分布和人为选种的原因，体型结构分为三类：高辕牛、抓地虎与中间型。其形成和区别如下：

地域上：黄牛的地域性特点与其发挥的价值息息相关。济宁、菏泽两市北部的土壤肥沃但土质黏重，需较大的畜力，所以以抓地虎型牛居多；中南部地区土质较为疏松，且交通较为便利，因此黄牛还需承担交通运输的社会功能，因此以高辕牛类型居多。

体型上：抓地虎牛个体稍矮，体躯长，四肢粗短，胸深广，胸围、管围较大，具有良好的役肉兼用体型。高辕牛则个体稍高，体躯稍短，四肢长，侧视几乎为正方形，肌肉组织良好，但欠丰满。

毛色上：抓地虎牛毛色较深，有正黄、深黄、浅棕色几种毛色，毛皮较粗厚。高辕牛毛色较淡，多为浅黄色，三粉特征很突出，毛细皮薄有弹性（图 8－1、图 8－2）。

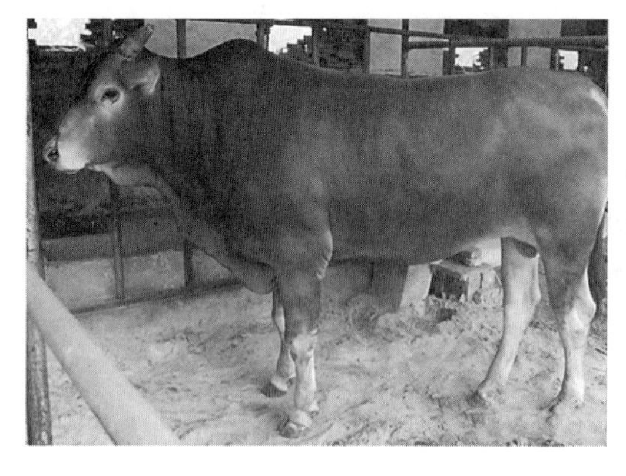

图 8－1　鲁西黄牛公牛
（引自《中国畜禽遗传资源志》）

图 8－2　鲁西黄牛母牛
（引自《中国畜禽遗传资源志》）

2. 渤海黑牛

渤海黑牛，属黄牛科，主产区在滨州市无棣县，因此又被称为“无棣黑牛”，它是世界三大黑毛黄牛品种之一，也是中国八大名牛之一。渤海黑牛是环渤海地区农民长期驯化，培育出来的优良的品种。渤海黑牛因其皮毛、蹄、角、鼻镜、舌面全黑，故有“黑金刚”之称。渤海黑牛成年公牛、阉牛体高 133 厘米左右，体重 460 千克左右，母牛体高一般 120 厘米左右，体重 360 千克（图 8－3、图 8－4）。渤海黑牛平均屠宰率 53.13％，净肉率 44.72％，胴体产肉率 84.18％，胴体骨肉比 1∶5.09。渤海黑牛遗传性能稳定，适应能力强。它肉质细嫩，呈大理石状，营养丰富，肉品蛋白质

图 8－3　渤海黑牛公牛
（引自《中国畜禽遗传资源志》）

图 8－4　渤海黑牛母牛
（引自《中国畜禽遗传资源志》）

中的氨基酸总量达95.11%。20世纪90年代渤海黑牛开始出口日本等国家，以及我国香港地区。2011年，渤海黑牛始受农产品地理标志保护；保护范围为无棣县车镇、小泊头、碣石山、埕口、信阳、无棣镇、水湾、柳堡、畲家巷、马山子、西小王等11个乡镇，地理坐标为东经117°31′—118°04′，北纬37°41′—38°16′。

3. 德州驴

德州驴属于哺乳纲，奇蹄目，马科，马属，源于北魏时期，是我国著名的役肉兼用品种。因清朝时期德州地区水运交通便利，驴子在交通中承担着重要的作用，因此有“德州驴”之称，现主要分布在德州、沧州和滨州等地，是我国五大优良驴种之一。

根据体型外貌，德州驴可分为三粉驴与乌头驴两种。三粉驴毛为黑色，唯有鼻周围、眼周围及腹下粉白；乌头驴即全身为黑色。“三粉驴体质结实，头清秀，四肢较细，肌腱明显，体重较轻，动作灵敏。乌头驴身体各部分均显粗重，头较重，劲粗厚，胛宽厚，四肢较粗壮，关节大，体型偏重，动作迟钝。”①

德州驴具有重要的生产性能和多样功用，养殖发展前景广阔（图8-5、图8-6）。

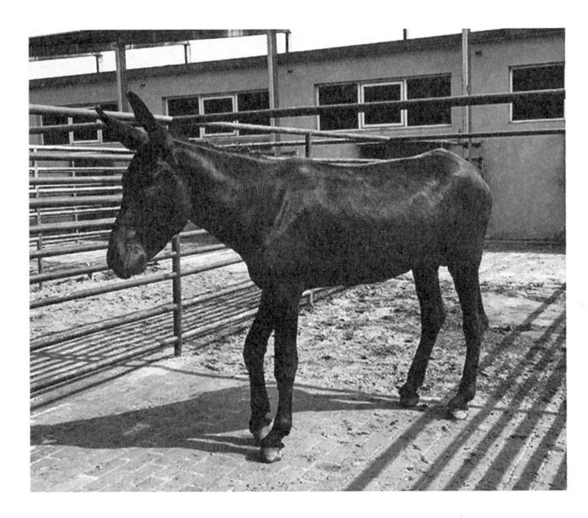

图8-5 德州驴公驴（张崇玉 摄）

图8-6 德州驴母驴（张崇玉 摄）

4. 莱芜黑猪

莱芜黑猪因其被毛全黑而得名，获全国农产品地理标志登记。莱芜黑猪具有繁殖力高、大理石花纹丰富、肉质鲜嫩、有嚼劲、杂交优势明显等特点，是山东省特色的优良猪种。联合国粮农组织与农业农村部都将莱芜黑猪视为特色的猪种保护资源。莱芜黑猪历史悠久，至少可以追溯到新石器时代的原始社会。

莱芜黑猪是华北中型猪，体型中等，被毛全黑，耳大且下垂至嘴巴，嘴巴较长且额头有6～8条倒“八”字纵纹。莱芜黑猪背腰较为平直，后躯欠丰满，斜尻，铺蹄

① 耿丽英，张传生，2001. 德州驴的品种特性及开发利用[J]. 山东畜牧兽医(2)：17-18.

卧系，四肢健硕，尾巴粗长，乳头为7～8对且乳房发育良好（图8-7、图8-8）。

图8-7　莱芜黑猪公猪

（引自《中国畜禽遗传资源志·猪志》）

图8-8　莱芜黑猪母猪

（引自《中国畜禽遗传资源志·猪志》）

5. 沂蒙黑猪

沂蒙黑猪是山东省特色的优良猪种，于2014年被列为国家农产品地理标志登记保护产品之一。沂蒙黑猪的中心产区为临沂市的沂水、沂南和日照市的莒县三县交界地区。该地区属于丘陵地带，人少地多，有利于沂蒙黑猪的生长培育。沂蒙黑猪具有基因性能稳定，繁殖力强，抗病力强，适应性好，生长发育快的品种特性，是开展瘦肉猪杂交生产的理想母本（图8-9、图8-10）。沂蒙黑猪肉质鲜嫩，营养丰富。屠宰率在70%以上，瘦肉率53.8%，精肉率28%，含有13种人体必需的氨基酸，胆固醇含量仅为0.077%。沂蒙黑猪市场效益较好，为广大人民群众所喜食。

图8-9　沂蒙黑猪公猪

（引自山东省畜禽遗传资源网）

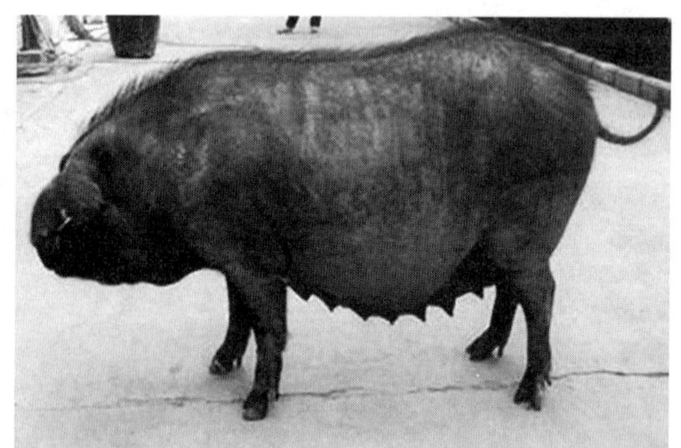

图8-10　沂蒙黑猪母猪

（引自山东省畜禽遗传资源网）

6. 大蒲莲猪

大蒲莲猪亦名"五花头""大褶皮""莲花头""沿河大猪"。大蒲莲猪又分"莲花头"和"黄瓜嘴"两个类型。"莲花头"体型大，身上有皱褶，嘴微翘，大耳下垂与嘴齐。"黄瓜嘴"体型略小，嘴长直约三十厘米，故称"黄瓜嘴"。大蒲莲猪主要产于济宁市西部，以及菏泽市东部南旺湖边沿地区。它抗病性强，耐粗食，多胎高产，富含钾、钠、镁、铁、锌、硒等矿物元素和不饱和脂肪酸，肉质好，营养丰富（图8-11、图8-12)。

图8-11 大蒲莲猪公猪
（引自《中国畜禽遗传资源志·猪志》)

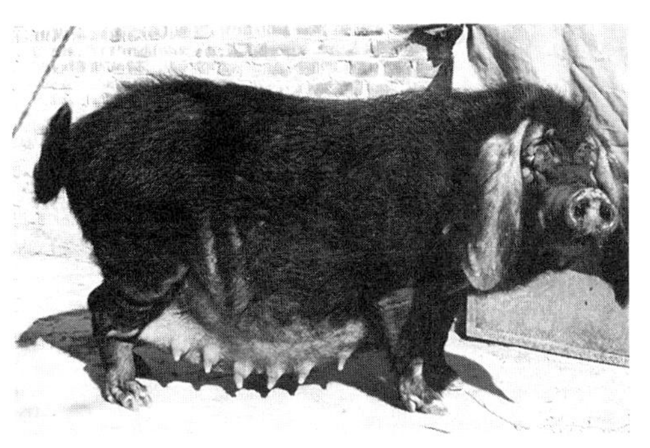

图8-12 大蒲莲猪母猪
（引自《中国畜禽遗传资源志·猪志》)

7. 济宁青山羊

济宁青山羊是山东省著名的地方良种，属于肉毛兼用型羊，是我国优良的裘皮用羊品种之一，以“青猾皮”闻名于世。济宁青山羊被毛由黑白二色毛混生而成青色，性成熟早，全年发情，一年可繁殖两窝或者两年三窝，适应能力强，遗传性能稳定，性情温和易管理，具有抗病力强，裘皮轻薄美观，肉质鲜美等特点（图8-13、图8-14)。

图8-13 济宁青山羊（陈雷 摄，济宁青山羊原种场场长韩代芹协助提供）

图8-14 济宁青山羊（陈雷 摄，济宁青山羊原种场场长韩代芹协助提供）

济宁青山羊主产于山东省西南地区的济宁、菏泽等地。该地区为温带大陆性气候，除部分的丘陵地形外，该地区大部分为黄河冲积平原，适合农业的发展，为青山羊的饲养创造了良好的条件，菏泽单县在1997年还被中国特产评审委员会命名为“中国青山羊之乡”。同时青山羊的饲养成本低，效益高，具有良好的发展前景。

8. 小尾寒羊

小尾寒羊是由山东本地的大绵羊和新疆细毛羊杂交而成，是山东著名的地方特色良种，我国优良的绵羊品种，还被国家列为二类保护动物。小尾寒羊主产于汶上地区，在山东地区主要分布在曹县、汶上、梁山等地区，该地区地势低平，土壤肥沃，适宜发展农业，为小尾寒羊的饲养提供了充足的饲料来源。小尾寒羊具有体大，成熟早，生长快，适应性强等特点，同时小尾寒羊是肉毛兼用型羊，发展前景广阔。小尾寒羊是我国优良的绵羊品种，产区饲养小尾寒羊历史悠久，广大农民经过几千年的定向选育，小尾寒羊遗传性能较为稳定（图 8－15、图 8－16）。

图 8－15 小尾寒羊公羊（范敬常摄于嘉祥县种羊场）

图 8－16 小尾寒羊母羊（范敬常摄于嘉祥县种羊场）

9. 洼地绵羊

洼地绵羊是山东省地区优良的绵羊品种，主产于滨州，主要分布在黄河以北的滨州、惠民、沾化、无棣、阳信等地，黄河以南的博兴、邹平以及与滨州接壤的德州、济南、淄博等地的部分县区也有其少量分布。洼地绵羊是国内罕见的四乳头母羊，全身被毛白色，少数羊头部有褐色或黑色斑点。洼地绵羊具有个体大、耐粗饲、成熟早、性格温顺、高泌乳力、繁殖率高等优点，改良种羊肉质鲜嫩，味道极好，深受北方以及全国群众的喜爱（图 8－17、图 8－18）。

图 8－17 洼地绵羊公羊（任艳玲摄于山东省滨州洼地绵羊研究开发推广中心）

图 8－18 洼地绵羊母羊（任艳玲摄于山东省滨州洼地绵羊研究开发推广中心）

洼地绵羊近年来发展迅速，养殖范围、养殖模式逐步扩大。

10. 鲁北白山羊

鲁北白山羊是山东省优良的地方良种，原产于山东省的滨州、聊城、东营以及济南等周边县市。鲁北白山羊全身被毛白色，颌下有须，体形壮硕结实，身体结构匀称，毛发短小且稀少，羊皮很薄但很有弹性，绒毛甚少。鲁北山羊是肉毛兼用型羊，肉质鲜美，周岁公羊平均胴体重为 5.03 千克，屠宰率为 44.24%（图 8-19、图 8-20）。但是随着波尔山羊的大量引进，鲁北白山羊的纯种繁殖遭受了巨大的冲击。

图 8-19 鲁北白山羊（徐兴照摄于山东世缘农牧科技有限公司）

图 8-20 鲁北白山羊（徐兴照摄于山东世缘农牧科技有限公司）

11. 沂蒙黑山羊

沂蒙黑山羊是山东省的地方优良品种，属于多用型品种，它的肉、毛、皮用途很广，得到人们广泛的喜爱。沂蒙黑山羊多分布在山东省泰山、沂蒙山山区，以及沂河和沭河流域的沂源县等部分县区。该种羊身躯较其他山羊更为高大，身体较匀称，头骨稍短且额头较宽，眼睛较大，下巴处有鬓毛且大部分有角，颈部肩部较为平滑，腰直毛顺，四肢有力，尾短上扬。被毛主要以黑色为主，也有红色和其他颜色。沂蒙黑山羊多生长于山区，受自然环境的影响，多在山区放牧饲养，因此力气较大，耐力较好，能爬较低的树木或者枝丫，善于登山，适合于山区放养。黑山羊肉质鲜美，膻味较小，富含蛋白质，是理想的营养保健食品。母羊发情时间不受限，发情周期一般为 15～20 天，一年可生一到二胎，多为单胎，成活率 90%以上（图 8-21、图 8-22）。

12. 泗水裘皮羊

“泗水裘皮羊”又称“泗河绵羊”。泗水裘皮羊原产于济宁市的泗河两岸，培育时间悠久，是我国珍贵的畜牧遗产资源之一，是国家地理标志产品。该羊生物特征明显，公母羊的头部均又窄又长，鼻梁较其他品种稍高，公羊有无角各占一半，角多为螺旋角。母羊无角的占大多数，耳小颈细脚短。从侧面看，泗水裘皮羊体型成矩形状，尾短上扬，皮毛为纯白色，但头部和四肢部分会有褐色或黑色斑点。泗水

图 8-21　沂蒙黑山羊公羊（李富宽、王振南、潘章源摄于山东省临沂市费县胡阳镇养殖户）

图 8-22　沂蒙黑山羊母羊（李富宽、王振南、潘章源摄于山东省临沂市费县胡阳镇养殖户）

裘皮羊肉色为浅红至鲜红，肉质较好；皮下脂肪层较薄且分布均匀；腹内脂肪为白色，质地坚实。但该羊繁殖能力较差，母羊性成熟一般要 10 个月以后，一岁到一岁半方能繁殖，全年皆可发情，一般条件下两年三胎，且多为单胎（图 8-23、图 8-24）。

图 8-23　泗水裘皮羊多角种公羊（吴付安摄于山东泗水益农裘皮羊保种场）

图 8-24　泗水裘皮羊母羊（提纯）（吴付安摄于山东泗水益农裘皮羊保种场）

13. 山东细犬

山东细犬，别名细狗或跳狗。原产山东省，在黄河下游山东省及河北靠近山东的一部分平原地区广有分布。山东细犬在 2006 年 6 月被列入国家级畜禽遗传资源保护名录。山东细犬既可狩猎，又可看家、护卫，因其聪明、忠心、温顺得到人们的喜爱。山东细犬主要有藏獒犬、松狮犬、唐犬等中国土生的其他古老犬种的血统。金代张瑀所画《文姬归汉图》（现藏吉林省博物馆）中有细犬的图案。所绘细犬口吻较粗，背部强壮，腰细，样子非常凶猛。金代宫素然所绘《明妃出塞》图卷，明朝着名画家仇英《明妃（昭君）出塞图》，元朝刘贯道《元世祖出猎》图轴，清朝艾启蒙绘《十骏犬图册》，均有山东细犬的画面。山东细犬具有贵族气质，王者风范，整体动作轻柔、协调、优美。山东细犬侧观身体呈方形，口吻部较长，呈楔状，前额至头顶部比较宽阔，额段平直不明显；杏状眼，眼色深者佳，目光锐利，呈“鹰眼”形状最佳；毛色多为单色，乳白色、黄色、黑色、虎斑色等。德州市天骄山东细犬保种场的种犬“希凤”“斗龙”参加2004年9月中国工作犬管理协会主办的2004年世界名犬展评暨训练比赛并获奖，国际评判、新西兰国家犬业协会会长加里·爱德华·多伊尔赞誉其为“中国纯种犬活化石”。

14. 鲁西斗鸡

鲁西斗鸡属玩赏型鸡种，原产于山东省菏泽市，是中国地理标志产品。鲁西斗鸡与漳州斗鸡、吐鲁番斗鸡、西双版纳斗鸡并列为“中国四大斗鸡”。鲁西斗鸡是我国古老的鸡种之一。我国对于鲁西斗鸡的广泛饲养起源于2 000～3 000年前的渭河和黄河流域。《列子》载：“纪渚子为周宣王养斗鸡”是最早关于斗鸡的文字记载。鲁西斗鸡原产于古城曹州一带（今菏泽、鄄城、曹县一带），据记载，从春秋至唐代，王公贵族乃至平民百姓以观赏斗鸡为乐，唯曹州鸡最佳。鲁西斗鸡属大型斗鸡，体形较长，较为健硕，肌肉较为紧实，同时皮薄而坚。鸡头较小，脸较长，冠较小，呈瘤状。喙短粗，呈弧形。眼大，眼窝深，水彩为水白眼和豆绿眼、耳叶短小。鸡冠有仙鹤顶、泰山顶两种。斗鸡毛色种类较多，主要有青（黑）、红（紫）、白三色，另尚有芦花、柿黄等其他杂色。成武斗鸡于1989年被载入《山东土特产大全》，1990年又被载入《山东风物大全》。鲁西斗鸡是我国特有的禽类珍稀资源，1981年鄄城县被山东省农业厅命名为“鲁西斗鸡保种基地县”，并建立了鲁西斗鸡原种场。2006年6月鲁西斗鸡又被农业部列入国家级畜禽遗传资源保护名录，是我国重点保护的斗鸡品种（图8－25）。

图8－25 鲁西斗鸡（李显耀、鄄城鸿翔牧业有限公司 供）

15. 寿光鸡

寿光鸡是我国四大鸡种之一，山东地区的优良品种，全国农产品地理标志。寿光鸡原产于寿光稻田乡一带，因慈家村、伦家村饲养的鸡最好，所以又称“慈伦鸡”。寿光鸡有大中小三种，小型鸡较少。大型寿光鸡体躯高大威猛，骨骼粗壮，鸡头较大，脸较为粗糙，胸部发达，翅高且粗。中型寿光鸡鸡头大小适中，脸部平滑，身躯较大型鸡略小。成年鸡全身羽毛均为黑色，且有绿色光泽，单冠。寿光鸡历史悠久，主要分布在寿光的弥河流域，历经劳动人民的培育，遗传性较为稳定，外貌特征比较一致（图 8－26、图 8－27）。

图 8－26　寿光鸡公鸡

（李显耀、山东寿光慈伦大鸡有限公司　供）

图 8－27　寿光鸡母鸡

（李显耀、山东寿光慈伦大鸡有限公司　供）

16. 琅琊鸡

琅琊鸡，原产于胶南市南部沿海地区琅琊、寨里、泊里、信阳一带，因该地区历史上曾属“琅琊郡”而得名。琅琊鸡是宝贵的地方品种资源。它体格小、肉质好、产蛋多、抗病性强，1978 年被列入山东地方家禽良种，2009 年被山东省畜牧兽医局列入《山东省畜禽遗传资源保护名录》。琅琊鸡母鸡全身雀毛，黄褐或麻黄色，体小、眼大、腿短、翘尾、敏捷，单冠为主，亦有双冠，红色脸、耳、冠，深灰色喙、趾、爪，皮肤白色为主，亦有黄、乌皮色。“琅琊蛋”皮红、黄大、质好，口感好，味道香。琅琊鸡公鸡毛色火红光亮，腿高且壮，昂首挺胸，精神饱满（图 8－28、图 8－29）。琅琊鸡与里岔黑猪、豁眼鹅、崂山奶山羊一同被誉为青岛市畜禽“四宝”。

17. 济宁百日鸡

济宁百日鸡，系山东省济宁市任城区特产，2018 年 2 月 12 日，农业部第 2651 号公告批准对其实施农产品地理标志登记保护。地理标志保护的区域范围为济宁市任城区所辖唐口街道、喻屯镇、安居街道、南张街道、二十里铺街道共计 5 个镇（街道）。地理坐标为 116°26′—116°44′，北纬 35°08′—35°32′。济宁百日鸡体型小而紧凑，头大小适中，体躯略长，头尾上举，背部呈 U 字形，美观、精气神十足

图 8－28 琅琊鸡公鸡

（李显耀、青岛禽之宝琅琊鸡育种有限公司 供）

图 8－29 琅琊鸡母鸡

（李显耀、青岛禽之宝琅琊鸡育种有限公司 供）

（图 8－30、图 8－31）。济宁百日鸡营养价值丰富，100 克鸡肉中蛋白质含量为 21.0～22.9 克、钙含量为 9.5～11.3 毫克、钠含量为 60.2～65.1 毫克、锌含量为 1.20～1.40 毫克。

图 8－30 济宁百日鸡公鸡

（唐辉、山东百日鸡家禽育种有限公司 供）

图 8－31 济宁百日鸡母鸡

（唐辉、山东百日鸡家禽育种有限公司 供）

18. 临清狮猫

临清狮猫又名山东狮子猫，多产于我国山东省聊城市临清市，是一个非常具有观赏价值的优质猫类品种，名声远播海外，许多外地客人把被赠予临清狮猫视为很高的荣誉。临清狮猫由波斯猫与鲁西狸猫杂交而来。在这么多的品类中，“鸳鸯眼狮猫”是最为珍贵的一个品种，这种猫蓝眼、黄眼各一只，被毛雪白，最受人们喜爱。它的蓝眼晶莹剔透；黄眼金光闪闪，清澈透明。临清狮猫较其他猫体型偏大，但性格温顺，毛发较长且柔软，头部偏大且眼睛略圆，耳朵稍尖且腿部修长，腹部尾部皆较为粗壮，喜欢干净而且擅长跳跃。母猫性成熟一般在 7～10 月龄，多在春秋两季发情配种，每胎一般 2～4 只，一年可产两窝。临清狮猫寿命一般为 8～12 年。

19. 微山湖麻鸭

微山湖麻鸭是中国四大名鸭之一，原产于济宁市微山湖地区，是微山湖地区人们长期培养的优良禽畜。微山湖麻鸭是蛋肉兼用型鸭，体型略小，前胸较小，后躯丰满，身体呈船型，适宜在湖中生活。微山湖麻鸭依据羽毛颜色可分为青麻鸭和红麻鸭。母鸭以红麻鸭为主，颈羽及背部羽毛颜色相同，喙豆青色最多，黑灰色次之。公鸡以青麻鸭居多，头部颈部呈乌绿色，发蓝色光泽。微山湖麻鸭富含营养，深受消费者的喜爱，发展前景广阔。

20. 泰山赤鳞鱼

泰山赤鳞鱼是泰安市泰山区的地产，于 2008 年被列为“国家地理标志保护产品”，是山东省首个鱼类国家地理标志产品，同时在 2012 年赤鳞鱼被列为国家二级保护动物。赤鳞鱼生长于 300～800 米的泰山溪水中，是一种小型的野生鱼类。赤鳞鱼是泰山泉水哺育的珍贵山区淡水鱼，成年鱼体长不超过 20 厘米，重量不超过 100 克。该鱼体型略扁呈暗褐色，腹白，背部微显蓝色，体色可随环境变化而改变，行动敏捷，对外界反应敏感，一遇到外界刺激即迅速逃入石下。

21. 微山湖大闸蟹

微山湖大闸蟹是山东省微山县的特产，中国国家地理标志产品。微山湖是我国北方最大的淡水湖，该湖水质清澈，物产丰富，适宜大闸蟹的生长。微山湖大闸蟹头胸部成方圆形，且较为坚硬，侧身长着具有两对尖锐的蟹齿，但腹肢已退化。雌性腹部为圆形，雄性腹部呈三角形。微山湖大闸蟹每年秋季产卵，第二年的 3—5 月孵化，成长为幼蟹之后，再回到淡水中生长发育。当地政府于 2012 年从企业手中买下了微山湖品牌，微山湖大闸蟹将正式往品牌化的方向发展。

22. 黄河刀鱼

黄河刀鱼又叫“茅刀鱼”，学名为“刀鲚”，其形似利刃，是山东地区的特产。黄河刀鱼产于黄河中下游，体侧扁，尾较长，嘴较小而微微上翘，全身呈银白色，身长五六寸，长的可达一尺左右。春季是黄河刀鱼产卵的季节，孵化后的幼鱼三年方可成熟。因独特的生长环境，黄河刀鱼可在淡水与咸水中自由生存，因此黄河刀鱼既有海鲜的鲜味，又有淡水鱼的鲜味，营养价值高，受到广大消费者的喜爱。

23. 夏津白玉鸟

夏津白玉鸟又叫芙蓉鸟、金丝雀、雪雀、黄雀，产于山东省德州市夏津县，是一种适合家庭养殖的观赏鸟。白玉鸟体型健美，鸣声婉转动听，适应环境能力强，适合粗放饲养。白玉鸟历史悠久，养殖历史超 600 年。白玉鸟的被毛可分黄白两种，白者洁白无瑕，黄者全身乳黄；眼分红、黑两种，以毛色纯白、赤眼凤头的为上等。白玉鸟繁殖能力强，一月可产卵一窝，每窝 4～6 个，14 天即可孵化，出壳后 18 天即能飞翔。白玉鸟喜好干净，炎热时节需备工具让其沐浴。

第二节 畜禽类农业文化遗产的性能、功用和价值

一、生产、役用性能

德州驴、鲁西黄牛、渤海黑牛等，都具有良好的生产、役用性能。

例如，德州驴体格高大有力气，脚步轻快，头颈躯干结合良好，平均体高一般在130～135厘米，最高可达155厘米。长期以来，德州驴不仅为当地的农副业做出贡献，而且曾作为优良种畜被引进到全国的24个省，市，自治区，甚至还在国防建设中发挥重要作用。“自建国后至70年代前期，经常有部队到德州成批选购德州驴，主要用作与军马杂交，生产拉炮车和军需运输的军骡。”①

鲁西黄牛、渤海黑牛，体型较大，体能较好且其原产地农业较为发达，因此在机械化未普及之前，它们是重要役用耕牛，同时用牛作为主要动力的牛车也相当普及。

二、产肉、肉用性能

鲁西黄牛产肉性能较好，现代其最大的利用性能在于肉用，它产肉率高，肌纤维间均匀地分布着脂肪，呈现出明显的大理石花纹，红白相间，同时肉质鲜美，营养价值高。育肥成品牛体重≥550千克，屠宰率54%，胴体净肉率77.2%，高档肉占净肉重的13%，优质肉占到净肉重的52%。牛肉中蛋白质含量为23.5%，脂肪含量为1.5%，钙含量为5.2毫克/千克，锌含量为46毫克/千克。鲁西黄牛受其生长环境的影响，耐粗饲，脂肪含量较低，适合亚洲人的口味，在日韩和东南亚地区具有较高的知名度。同时陆行黄牛被业内人士认为是目前中国生产高档牛肉和最具潜力走向世界的地方优良品种。

渤海黑牛平均屠宰率53.13%，净肉率44.72%，胴体产肉率84.18%，胴体骨肉比1∶5.09。育肥后的渤海黑牛肉质呈大理石纹路，肉色红白相间，肉质鲜嫩，脂肪含量较低，蛋白质含量高，其中的氨基酸含量高达95.11%，属于典型的“高蛋白低脂肪”食品，符合当前人们在选择肉食品时对营养和保健的需要。因此，渤海黑牛具有绿色食品的开发潜力。

驴肉是一种高蛋白、低脂肪的健康的食品，其具有较大的食补的功效。驴肉素有“天上龙肉，地上驴肉”的美称，德州驴除役用以外，也具有较大的食用价值。清代嘉庆年间，德州地方的名吃“保店驴肉”就已经名满京城。驴肉肉质细嫩，口感较高，其营养成分不低于牛肉、兔肉和狗肉等，目前，食驴肉之风已风靡北京、河北、

① 张瑞涛，张燕，张帅，等，2016. 德州驴体尺、性行为与精液品质的相关性研究［J］. 家畜生态学报（6）：14-18.

山东等地，这足以表明驴肉具有广阔的发展前景。

三、营养保健功能

德州驴具有多样功用和生产性能。驴的浑身都是宝，驴肉具有保健功能，能够补血，补虚、补气，是理想的保健肉类食品；驴皮具有药用价值，阿胶以驴皮为主要原料，是名贵的中药补品，深受消费者的喜爱；驴奶也具有较大的营养价值，研究表明，驴奶的营养成分与人奶的相似度极高，是人奶绝佳的替代品，同时驴奶还具有滋养皮肤，改善人体面部环境的作用。

鲁西斗鸡同样也是一种高蛋白、低脂肪的珍禽品种，具有较大的开发潜力。其鸡肉脂肪较少，肉质鲜嫩，具有浓郁特色。食用斗鸡具有强身健体、补肾壮阳的功效，是一种较为理想的补品。鲁西斗鸡鸡肉中氨基酸和其他微量元素的含量均高于其他同等饲养环境的其他鸡种。鲁西斗鸡独特的口感和保健功效使其具有较大的市场前景。

四、市场潜力、商品性开发价值与经济价值显著

德州驴因其独特的价值以及多种利用方式，市场前景好。德州驴出肉率高达50%，适合于食用，同时各种驴肉熟食制品、各种礼盒保健品等日益增加，保店驴肉、驴肉火烧、全驴宴等许多驴肉地方名吃大受欢迎。同时，以德州驴驴皮熬制的阿胶深受消费者欢迎，驴皮的需求量很大，而供应量较少，存在很大的市场空缺。“据本地养殖户测算，现在毛驴的价格每公斤 8 元以上，一头驴一年半的时间可长到 300 多千克，除去 2 000 元的成本，还能够赢利 3 000 多元。一般农户可饲养 30 头，年收入 6 万元左右。因此，德州驴的市场潜力大，发展前景好。”[①]

济宁青山羊同时也具有较大的市场发展潜力，商品开发价值显著。就羊肉而言，以其羊肉熬制的单县羊汤具有 200 多年的历史。单县羊汤起源于嘉庆十二年，肉汤色白似奶、水脂交融、质地纯净、鲜而不腻，不仅是一道可口的美食，而且冬饮保暖，夏饮清凉，常饮有滋补益阳、温中健脾、祛寒保健的功效，深受全国消费者的赞誉，已被列入《中华名菜谱》。就其羊皮而言，青猾皮色彩和花纹独特，质地轻柔保暖，是高档裘皮的原材料。因此，无论是在饮食行业还是在高等衣料行业，济宁青山羊具有良好的发展前景。

此外，鲁西斗鸡是肉蛋兼用型鸡，其饲养简单，适应能力强，发病率低，可粗放管理，具有较高的经济效益，同时鲁西斗鸡的种蛋价格高达每枚十几元，是当地农民创业致富的新型的经济产业。

---

① 王艳秋，2009.“德州驴”的保护与开发［J］. 中国畜禽种业（10）：61－62.

五、良种性能突出，优良性状利用价值高

鲁西黄牛毛色好。据山东省畜牧兽医局1949年调查资料，鲁西黄牛毛色中正黄色占78.2%，棕红色和浅黄色分别占18.49%和3.31%。鲁西黄牛一般前躯毛色较后躯深，公牛毛色较母牛深。鼻子与皮肤均为肉红色，部分有黑色斑点。

鲁西黄牛具有“三粉特征”。70%左右的牛，眼圈、口轮、腹下及四肢内侧呈粉色，俗称“三粉”。

鲁西黄牛是役肉兼用型牛，具有体重和体尺优势。鲁西黄牛历史悠久，其遗传性能稳定。其体躯高大，性成熟后的公牛体重高达420千克，体高可达155厘米；性成熟后的母牛体重可达420千克，体高可达135厘米。梁山县曾培育出种公牛“金龙”，体重1 130千克、体高193厘米；培育出种母牛“金凤”，体重820千克、体高165厘米。“鲁西黄牛成年母牛体重与体高、体长、胸围、管围存在明显的线性关系。”[①] 除此之外，鲁西黄牛毛色好，牛皮可以熬制黄明胶，具有益气和补血解毒的功效，同时也是皮革制品的优良原料之一。

德州驴历经当地人民几百年的培育，具有体型大，产肉多和挽力强等多种优良的基因，是培育优良驴种的重要基因库。各个地区都倾向选择性状较好的驴与当地的驴种进行杂交，培育出优良性状的驴。如今，全国多个地方引进德州驴对当地的驴进行改良，包括云南、广西，黑龙江等地，同时以德州驴为主要原料的保健品与食品也越来越得到大家的关注。

济宁青山羊具有较高的繁殖能力，且该品种具有较强封闭的繁殖方式，没有受到其他外来品种的影响，纯种率高，这是在本土的生长环境下，自然环境和人为培育共同作用的结果。济宁青山羊是研究山羊高繁机制的良好素材。为了保护济宁青山羊这一优良的种质资源，目前当地已经建立了青山羊保护区和保种场，青山羊现已被列为国家级畜禽遗传资源保护品种和《山东省畜禽遗传资源保护名录》，对于济宁青山羊的保护成果已初见成效。

鲁西斗鸡是山东省的优良鸡种，同时也是国家家禽稀有的品种资源，鲁西斗鸡于2006年被列为国家级畜禽遗传资源保护名录，是重点保护的斗鸡品种。鲁西斗鸡的历史悠久，遗传性能稳定，具有体躯长、高大健壮、肌肉紧实、生长速度较快的特点，是宝贵的基因库，可作为优良肉用鸡的育种素材。鲁西斗鸡与其他鸡品种进行杂交，可以提高鸡的生长速度、产肉量、品质和口味，减少饲料消耗。

六、观赏价值

鲁西斗鸡主要的价值在于观赏，斗鸡的表演是人们喜闻乐见的表演活动，可作为

---

① 周正奎，李姣，姬爱国，2008. 鲁西黄牛成年母牛体重与体尺指标的相关回归分析［J］. 安徽农业科学，36（3）：214.

一个旅游项目，吸引游客，与此同时也促进了本地的观光农业。鲁西黄牛、德州驴、山东细犬、临清狮猫、夏津白玉鸟、白鹳、苍鹰、鸢、雀鹰、红脚隼、红隼、雕鸮、红角鸮、领角鸮、斑头鸺鹠、鹰鸮、纵纹腹小鸮、鸳鸯、长耳鸮、豺、啄木鸟、凤头百灵、黑枕黄鹂、黄雀、狼、狐、狗獾、花面狸、豹猫等动物，均具有极强的观赏性，有许多进了动物园。

第三节　畜禽类农业文化遗产保护开发利用研究

一、畜禽类农业文化遗产保护开发利用现状

（一）保护开发利用的成效

1. 品种选育、改善工作有成效

渤海黑牛是山东省特色的地方良种资源，但是进入21世纪以后，随着农业机械化的普及和其他品种牛的冲击，渤海黑牛的饲养与培育受到巨大的冲击，甚至一度濒临灭绝。渤海黑牛的现状自20世纪就得到了山东省以及滨州市的高度重视，1984年，原山东省科委下达了《渤海黑牛选育及品种特性研究》省级重点课题；1990年又下达了《渤海黑牛综合技术开发》省级重点课题，通过科学的手段促进渤海黑牛的繁育工作。1994年，滨州在农业部的指示下成立了“滨州地区渤海黑牛育种辅导站”。历经十年的努力，有关专家依据渤海黑牛的生产性能和独特的价值制定渤海黑牛的发展计划，确定了渤海黑牛主要的价值在于肉用作用，并在自然生长的基础之上，加强人工选育，培育出产肉性能更加突出，更加优良的品种。

莱芜黑猪的保种工作成效显著。莱芜猪经过几十年的保种选育与利用开发，成功实现了在保种中进行利用，在利用中进行生产，在研究中进行提高，在开发中进行保存的良性循环机制，发挥了巨大的社会效益和经济价值。“莱芜猪的培育为优质肉猪生产提供了一个专门化母本品种，拓展了种质资源。”① 近年来，有关部门重新制定了莱芜黑猪保护和改善保种的计划，莱芜黑猪的保种目标由原来的注重其繁殖、增重的能力更改为注重其肉质，并且兼顾其繁殖能力和产肉性能。同时，根据莱芜猪的种质特点，当地组建起了莱芜猪繁殖性能系和肉质性能系，把以家系选择为主的本品种选育转变为以个体选择为主的性能系本品种选育。

同时当地制定了莱芜黑猪的选育方案，选育进展良好。“在莱芜猪第九世代选育的基础上继续进行本品种选育，群体内采用家系选择和家系内选择，以家系选择为主，采取不完全闭锁的世代选育方法，应用综合选择指数，完成了第10个世代的保

① 魏述东，吕政印，孙秀云，2015. 莱芜黑猪的育种规划与保护策略［J］. 猪业科学，32（2）：129.

种选育和性能测定，使莱芜猪的不良性状得到改善、经济性状得到提高、遗传性能更加稳定。”①

2. 养殖规模逐渐扩大，建场扩群有实绩

由于莱芜猪原种场（老场）的种猪生产已达最大容量（存栏莱芜猪原种核心群200头），而且由于保种场位于莱芜市开发区内，按照市规划要求，不允许再扩建。现有场地已不能满足莱芜猪繁育的要求，为进一步扩大莱芜猪种群生产规模，亟需新建一个莱芜猪保种场。2012—2015年，当地政府根据莱芜猪的种质特性，结合传统理念与现代工艺，在莱芜市莱城区牛泉镇祥沟村新建设了1处占地面积260多亩的生态型莱芜猪原种场，有效改善了莱芜猪保种科研基础条件。同时，通过加强后备猪选育，原种场不断增加莱芜猪种群规模，莱芜猪核心群存栏量由200头增加到了400头，扩繁群达到了1 000头。

青山羊因其独特的优势，目前养殖规模较为可观，养殖数量逐年飙升。现在，仅菏泽地区饲养青山羊规模超过100的饲养场就有52家。同时，以青山羊为主导的养殖合作社也初见规模。以合作社的形式进行养殖，这表明原来粗放经营的管理模式正逐渐走向科学化、规模化的经营管理模式。青山羊养殖合作社的建立，不仅在保存良种方面有重要的作用，同时也必将成为带动当地新型产业的经济发展。

3. 场内档案记录管理情况

目前，原种场对莱芜黑猪建立了完善的纸质及电子档案，并配备专人管理。一是对每头核心群种猪都建立了档案记录信息包括种猪的个体信息、系谱信息、繁殖成绩（公猪配种成绩）、后裔肉质测定成绩等，而且持续录入种猪的繁殖成绩以及后裔肉质测定成绩，并及时进行统计分析，为种猪选留、淘汰提供依据。二是建立了母猪产仔哺乳记录（记录内容包括产仔胎次，产仔日期、总产仔数、产活仔数、初生重、21日龄窝重及个体重、45日龄断奶窝重及个体重等信息）、配种记录（记录内容包括母猪品种及耳号、与配公猪品种及耳号、配种日期、预产期等信息）、育肥猪肉质测定记录（肉色、大理石花纹、pH、嫩度、肌内脂肪等）、后备猪测定记录（6月龄体重、体尺及活体膘厚）、疾病治疗记录、防疫消毒记录、销售记录、疾病化验检测记录等各种记录表格，每年进行整理统计分析并归档。三是“建立了种猪、生长育肥猪、后备猪档案卡，其中生长育肥猪档案卡在猪屠宰剥离及肉质性状测定完成后再返回猪场，测定数据归档到其父母本档案中；后备猪档案卡在后备猪转为基础母猪后更换为种猪档案卡；外卖的种猪、育肥猪档案卡交给购猪客户；淘汰的种猪其档案卡也要进行归档，真正做到了‘一猪一卡’和‘卡随猪走’。”

4. 品牌意识逐步增强

山东省动物类遗产因其独特的食用、药用和保健等功效，促进了其产业化的发

---

① 魏述东，2013. 莱芜猪种质资源的保护利用研究与开发 [J]. 中国猪业（S1）：89-92.

展。现如今，济宁青山羊因其脂肪含量较少，味道鲜美受到广大消费者的喜爱，青山羊也逐渐成为一个被广大消费者所接受和认可的品牌。2009 年伊始，青山羊的价格优势也越发的明显，目前市场上青山羊的价格可达到 100～120 元/千克，有些地方甚至高达 140 元/千克，品牌经济所带来的效益将促进青山羊养殖规模的扩大。微山湖大闸蟹因其独特的口感深受市场欢迎，但传统生产、加工和运输等环节的落后，严重制约了微山湖大闸蟹的销量和知名度。2012 年政府斥资 300 万从企业手中买回了大闸蟹的品牌，推动了大闸蟹品牌化的发展。

（二）动物类农业文化遗产保护开发利用存在问题

1. 数量减少，品种退化

山东省动物类农业文化遗产面临着很多问题，就目前而言主要在于数量减少和品种退化。其主要原因之一是外来物种的冲击。青山羊品种数量，养殖数量锐减，导致其与引入品种（黄淮山羊、奶山羊、波尔山羊）杂交现象的泛滥，品种纯度受到严重影响。“目前市面上所见到的青山羊，只能说是毛色显示青色，多数带有波尔山羊或白山羊的基因，并不是真正意义上的青山羊品种，能够完全显示青山羊品种特征的个体不足 50%，优秀种公羊数量更是少之又少。鲁北白山羊的纯种繁育同样受到波尔多山羊的巨大冲击，近来调查结果显示纯种种公羊已不足 20 只，种质资源状况甚忧。”① 主要原因之二是品牌效益差，难以形成规模化经营。渤海黑牛具有较大的发展潜力，但目前受资金不足，群众认可度不高和缺乏龙头企业带动等因素制约，渤海黑牛的市场效益差，从而造成农民饲养热情不高，使得渤海黑牛这一优良物种濒临灭绝。主要原因之三是保护措施不力。目前由于受外来物种的影响，各地尚未找到一条品种保纯的方法。例如，德州驴混杂和提纯工作不到位，德州驴品种严重退化，纯种的德州驴更是少之又少，目前仅有几千头，且数量还在不断下降。主要原因之四是不能适应市场需求的变化。受市场的影响，羊肉从皮肉兼用型市场开始流向食肉型市场，许多裘皮羊养殖户开始引进小尾寒羊及其他肉羊品种和裘皮羊同群饲养，并用其公羊杂交裘皮羊，不仅直接造成裘皮羊种群混乱，纯度下降，而且致使纯种裘皮羊数量日趋减少，目前泗水裘皮羊纯种程度受到冲击。

2. 龙头企业少，带动能力弱

龙头企业较少，农户散养难以实现规模化的经营，饲养效益差，饲养热情降低，也是目前山东省畜禽类农业文化遗产存在的较为严重的问题。“目前与青山羊屠宰加工有关的龙头企业仅有单县百寿坊 1 家，数量少、规模小、产品单一、知名品牌少、辐射带动能力弱、精深加工程度低、产品附加值低。商品羊主要依靠个体贩运户运往

---

① 许腾，2010. 济宁青山羊生产发展模式的探讨 [J]. 当代畜牧（9）：40－42.

各地销售，或就地加工，多是初级加工产品。”①

3. 品种缺点

品种自身的缺点对于保存纯种种质资源是极其不力的，当一个品种自身的缺点暴露时，饲养户多采用杂交的方式进行解决，这可能对于纯种种质资源造成毁灭性的冲击。如鲁西黄牛虽有众多的优势，但也存在着生长缓慢、增重不大、母牛乳房发育较差、泌乳期短、产乳量低等缺点，与部分外国的品种牛仍有一定的差距，如不对其进行择优培育，很难提高它的商品价值、促进其发展。

二、畜禽类农业文化遗产保护开发利用存在问题分析

1. 杂交技术使得纯种动物数量减少

“70年代中期，我国肉用牛浪潮兴起，大量引入国外的肉用品种和兼用品种。此时正值牛的冷冻精液人工授精技术在我国成功推广应用，国外品种得以借此长驱直入，改良覆盖面逐年加大，在黄牛的改良上占据了主导地位。杂交一代表现出极强的杂种优势，具体表现在体重体尺提高、生产速度快、饲料报酬高，受到了农牧民的欢迎。但当时部分杂交却忽略了地方优良品种保护，把一代杂交牛也作为种牛选育，使得近亲繁殖率由原来自然繁殖率的1%上升到30%～40%，后代品质严重退化。”②鲁西黄牛常规保存方法有活体保存和配子或胚胎的超低温保存，活体保存最常用，超低温保存是补充。据山东省畜牧兽医局统计，纯种的鲁西黄牛数量越来越少，生长繁育的范围日渐萎缩，鲁西黄牛种质资源的保护受到了巨大挑战。

2. 基本性能发生变化，养殖成本较高

在传统的农耕社会里，农户饲养的驴可以作为劳役，役用功能突出，同时农作物秸秆也可用来饲养驴子，养驴在帮助农业生产活动之余，还有利于增加家庭收入。但是随着农业机械化的普及，驴子的役用功能不再突出，随着农作物秸秆还田，饲养原料减少，很多家庭已经不再养驴，驴的数量不断减少。其次，驴的生产周期较长，投入较大，相对于打工而言对农村青少年的吸引力较低。

3. 市场需求的变化

“过去在青山羊的选育过程中，饲养户一直以生产猾子皮为主要目标，以成熟早、多胎性为选育方向。然而目前，由于青猾子皮销路不畅，青山羊产业由以毛皮为主逐渐转向以肉为主。青山羊生长周期长，生长速度慢，饲料转化率低，屠宰性能差，与其他品种羊相比经济效益较低，不适应目前的市场需求，严重影响了养殖户的积极性，致使青山羊数量锐减，品种数量急剧减少，几乎面临濒危状态。”③

---

① 许涛，孙广勇，2011. 单县青山羊养殖现状及发展建议［J］. 山东畜牧兽医，32（8）：65-67.

② 宫本芝，楚惠民，王富国，2015. 鲁西黄牛品种资源综述［J］. 中国牛业科学，41（2）：65-67.

③ 王可，蔡中峰，等，2013. 山东省济宁青山羊种质资源调查与分析报告［J］. 江苏农业科学（41）：7，215-217.

三、畜禽类农业文化遗产保护开发利用对策研究

（一）加强保种与选育工作

1. 技术路线与技术方案

加强畜禽类农业文化遗产保种工作要做到“改良与保种相结合，以本品种选育为主；动态保种与静态保种（生物技术保种）相结合，促进本品种的选育、保存和利用；结合动物模型估计的BLUP育种值对种牛进行共轭选择，最终形成高繁、哺犊能力强、肉质好、耐粗饲的新品系。”① 通过现有技术的应用，在达到保种的基础之上，饲养者应同时选取优良品种进行杂交，培育出更加优良的品种，以适应现代社会发展的需要。

2. 保种方法

（1）建立保种场。渤海黑牛是山东省独特的优良品种，是需要保护的种质资源，1998年被列入国家地方畜禽良种保护名录。滨州市在2002年建立了“山东省渤海黑牛原种场”，原种场的建立，极大程度地保证了渤海黑牛的纯种度，同时滨州采取原种场保种与保种选育区保种相结合和种群活体保种与冻精、冻胚保种相结合的方式进行保种。

（2）建立完善的保护体系。对于鲁北洼地山羊的保护，当地首先要建立完善的保护体系，以保种场和保护区保种为主，在该区域内禁止随意引种杂交。还可利用基因库进行保种，例如采取活体保种和胚胎、精子、基因保存技术进行资源保护。

3. 原种场保护群保种

原种场保护群保护利用遗传学的原理，目的是为了尽量减少外部环境干预，实现随机留种和交配，从而实现对动物种质资源的保护。对于牛类的资源，我们可以采取这种保护措施。为保证100年内保种群体不发生明显的近交退化（近交系数不超过0.1），并不受遗传漂变的影响，按其世代间隔为5年，公母比例为1∶5，各家系随机留种的前提下，保种群应有30头公牛和150头母牛。② 同时，还要做到以下几点：在留种的时候每头公牛选择一个公牛后代，每头母牛选择一个母牛后代；制定合理的配种制度，在保种群中避免全同胞、半同胞的不完全随机交配；保持外部环境的相对稳定，防止基因突变。③

鲁北白山羊是山东省独特的优良品种，其中沾化是其主要产区，但近年由于波尔山羊的大量引进和杂交，纯种的鲁北白山羊濒临灭绝，当地需要在政府等部门的大力扶持下，建立核心繁育区，保护白山羊纯种资源。

---

① 曹河源，尹宝华，2006. 浅谈渤海黑牛的保种方法与选育方向 [J]. 畜禽业（10）：30-32.

② 吴常信，1991. 畜禽保种“优化”方案分析（下）[J]. 黄牛杂志（3）：2.

③ 鲁建民，刘文，2002. 秦川牛的保种与改良 [J]. 黄牛杂志，28（5）：48.

4. 利用现代生物技术保种

现代生物技术的发展，也会给动物资源的保护提供新的途径与方法。人工授精技术在牛的生产中被广泛应用，胚胎冷冻以及胚胎移植等生物技术也日渐成熟，促进了牛类资源的保护。而目前各地对于鲁北白山羊则主要采取冻精、胚胎等遗传资源保护方式，这对于鲁北白山羊的保护是切实可行的。生物技术的发展在新时代更能适应社会发展的变化，对传统优质种质资源的保护起着重要的作用。

5. 选育与提高

山东省特有动物类资源的保护是以本地的生物资源为主题，目的是促进省内优质资源的发展与繁育。渤海黑牛的保种与选育是以该品种为主体，完善谱系登记制度，严禁与其他品种的牛进行杂交。在此基础上，加强选育，在保证群体数量、保留本品种特征特性的基础上，不断提高渤海黑牛的产肉性能和产品品质。渤海黑牛虽然具有毛色纯黑、抗病耐粗、肉质细嫩等优点，但在体形结构及生长发育等方面也存在很多缺陷，特别是肉用指数较低。因此，在适当控制其他品种引进的同时，各地应有计划地导入日本和牛、安格斯牛等外血，用导入杂交、横交固定的方法，改善种质，培育出肉用指数较高的牛，适应社会消费需求的变化。

杂交技术是改善动物类性能的主要手段之一。莱芜黑猪虽具有繁殖率高和肉质优良的优势，但其生长速度和产肉性能较差，莱芜从20世纪80年代中期开始，以莱芜猪为母本，引入国外猪种约克夏、长白、杜洛克、汉普夏，皮特兰等开展杂交优势，培育出生长速度较快的瘦肉型猪，先后进行了6批次二元、4批次三元和4批次四元共计600多头的杂交配合力测定，筛选出了“大莱”“汉大莱”“杜长大莱”最优杂交组合。这种最优杂交组合型猪，深受市场喜爱，开展商品生产以后，带来了巨大的经济效益。

6. 基因导入，改善生产性能

就传统动物类种质资源的保护而言，保种是为了保证该种群体遗传资源的稳定性，避免因突变、迁移等因素造成的基因消失。选育提高是打破群体结构的平衡，导入有利的基因，提高该种动物的性能，更适合社会发展的需要。

保种不但是国家职责，企业也有义务。随着农业机械化的普及，动物役用的性能逐渐衰退，往肉用方向发展。鲁西黄牛是山东省独特的品种，其肉具有一种稻香的味道，具有成为高档牛肉的潜力，但其生长速度较慢，需要加强对生长发育性状的选择力度，同时兼顾对繁殖和胴体性状的选择。市场的大量需求为鲁西黄牛的发展创造了绝佳的条件，因此应抓住机遇，大力营造鲁西黄牛的品牌效益。

济宁青山羊数量急剧下降，加之外来物种的影响，本土的青山羊受到巨大的冲击。因此济宁等地应该加强济宁青山羊的品种选育工作，建立良种保护基地，加大种群提纯复壮力度，同时明确新品种的培育方向，采用基因技术，建立裘用、多胎、肉用新品系，提高青山羊的竞争力。

（二）健全组织机构，建立科研平台，加大科技研究与推广力度

各地应建立专门的组织机构，联合教学、科研、企业等部门和单位，搭建产、学、研平台，开展联合育种，加强动物类遗产资源的保护和育种，加快产业化开发。

动物的饲养按照规模可以分为散养和集中养殖。每一种动物可依据其自身的特点采取不同的养殖方式，比如济宁青山羊的养殖仍要以传统的散养为主，家庭式的养殖具有其自身的优势。第一，就饲养的原料而言，农作物的秸秆等可以作为饲养原料，可以在一定程度上减少饲料成本；第二，家庭式饲养的方式可以利用家庭剩余劳动时间和劳动力，降低劳动成本；第三，散养的方式可以把动物的粪便转化成农作物的饲料，促进资源的循环利用，减少对自然环境的污染；第四，家庭式养殖风险小，灵活性大，受市场波及较小。家庭式的散养方式具有独特的优势，因此应该在这种基础之上，通过科学技术的推广，提高农民的素质，使其发展更加适应社会发展的需要。

（三）建立完善合理的饲养体系

完善的饲养体系，不仅可优化资源的配置，创造更大的经济效益，还有利于打造品牌效益。山东鲁西黄牛的饲养是以专业的饲养公司为主导，有专门的业务指导部门，同时以村政府相协调。饲养公司负责繁育种牛和后期的育肥工作，技术指导负责解答的养牛有关的技术问题。依托合作社的基础，繁育的犊牛由专业公司合同收购，规避农民的风险。目前，各地通过完善饲养体系，优化资源合理配置，在完善饲养体系的基础上组建了鲁西黄牛的核心群，提高了品牌知名度。

（四）因地制宜整合资源，建立重点养殖区

一个优良动物物种的形成，遗传因素占主要方面，但是也和自然环境紧密相关。因此，养殖基地的选择应该尊重动物的生长习性。鲁西黄牛养殖基地的选择应具有区域性，在该物种的原产基地进行选择，并且选择重点培育繁殖区，进行资金扶持，提供较好的种牛，让符合条件的农民饲养，在充分利用资源的条件下，还能够带动当地经济的发展。

（五）加大养殖与保护开发力度，增加经济效益

保种也是为了更好的利用。随着市场需求的变化，各地应该及时延长产业链，获得更大的经济效益。比如，在渤海黑牛的开发中，应该形成相应规模并加大开发深度，打造特色优质品牌，同时也为保种工作积累资金和物质基础。

目前我国大力发展节粮型畜牧业，而德州驴符合这一发展要求，因此应顺应社会发展的要求和市场的需要，在保护物种的前提下，大力促进德州驴的发展，努力营造本土品牌，增加养殖户的收益。

德州驴是山东省特色的优质物种，但还是存在着生长周期长和出栏率低等问题，因此应该提高该物种的质量，才能获得更大的经济效益。首先，各地可以加快德州驴良种的培育；其次，应加大科学饲养的培训力度；最后可以发展饲料草地基地的建设，为德州驴的发展提供充足的饲料来源。

（六）创建产品品牌，延伸产业链条，推进产业经营

在优良物种的保护方面，企业的战略决策也至关重要，单一的产业链很难满足市场的需求，因此企业要以发展产业为己任，利用科学的手段，延长产业链，形成生产、加工、销售为一体的经营模式，打造自主品牌。

德州驴作为山东省的特色品牌，具有得天独厚的发展条件，所以对德州驴进行产业化的发展，是一条科学而又可实施性较强的路径。首先。德州驴属于肉役兼用型品种，随着农业机械化的推广，其役用功能日渐衰退，但是德州驴肉质好，且体型高大具有先天发展的优势。因此，企业应该改善其饲养方法，培养其成为更加优良的肉用驴种。同时企业应该与市场紧密结合，与养殖户签订协议，在保证农民收入的前提下，从市场获得充足的原材料来源。除肉产品以外，企业还可以发展驴肉的精加工，同时打造阿胶的优良品牌。对于德州驴的发展，相关部门应该制定严格的标准，通过广告宣传和产品促销等手段提高知名度。

莱芜通过与企业集团的合作，打造本土独特的优质品种莱芜猪。2002 年，莱芜引进得利斯集团，建设年出栏优质肉猪 50 万头的商品基地。通过努力，当地已建立起了完善的优质肉猪繁育生产示范体系。2006 年，莱芜成立了产业开发中心，注册“莱芜黑猪”地理标志证明商标和“莱黑牌”产品商标，开发周边产品 20 种，民众接受度较高。2008 年，为了莱芜黑猪相关产品的发展，得利斯集团将其转给六润食品有限公司，近年来，该企业投资过亿，形成了初具规模的产业链，且市场效益较好。截至目前，该公司累计推广莱芜猪、鲁莱黑猪及优质肉猪配套系母本 10 万余头，出栏特色品牌肉猪 20 万头，优质特色品牌猪肉的多元化市场需求和生产开发体系已初步形成。

济宁青山羊的开发要遵循延长产业链的发展模式，以青山羊为主体，深化产品的加工，延长产业链，把资源优势转化为经济优势，在促进经济发展的同时，保护生物的多样性。首先，政府应该大力扶持龙头企业的发展，尤其是科学技术含量高，深加工的企业；其次，各地应该实行企业与养殖户紧密合作的生产模式，在确保农民收入的前提下，保证企业的原料来源，形成“公司＋合作社＋基地＋农户”的养殖经营模式，提高市场竞争力。

（七）挖掘历史文化内涵

莱芜猪经过五千多年的历史沿革，形成了其特有的肉质、繁殖、抗逆等优良特

性，积累了众多极具文化价值的历史资料和文献记录。为深入挖掘莱芜猪的科技文化内涵，莱芜以“莱芜黑猪”地方猪文化为主体，通过资料搜集、编排等在全国率先建立了地方猪科技文化馆——莱芜猪科技文化馆。科技文化馆的建立，旨在通过追溯莱芜猪的渊源，再现莱芜猪的发展历程，突出莱芜猪的产业优势，展现莱芜猪的科技成果，展望莱芜猪的发展远景，以此彰显莱芜猪独特的品牌文化魅力，为我国地方猪种资源的保护及发展起推进作用。

（八）发挥政府职能，加大扶持力度，提供政策保障

政府对于本土品牌的打造也具有至关重要的作用。首先，政府在资金上可以给予支持，同时将一部分的资金用于保种技术；其次，政府可以出台相应政策，重视该产业的发展，鼓励农户饲养；最后科研部门可以予以协助，促进产品的优化改良。

例如，济宁政府为青山羊产业化提供政策保障，加强宣传力度，提高认识水平，把青山羊产业化建设作为生态建设和经济建设的一个重要组成部分，纳入主产区各级政府的重要工作内容，纳入当地经济发展总规。在政府的带动下，青山羊品牌正日趋被广大群众所熟知。

（九）加强福利养殖观念与实践

莱芜市莱城区牛泉镇祥沟村生态型莱芜猪原种场充分尊重莱芜猪的生物习性，坚守传统养殖模式，遵守“以猪为本”的动物福利养殖原则进行莱芜猪的福利养殖。原种场在养殖过程中着重注意以下几点：一是仔猪不剪牙、不断尾，并提供适当的垫料和可供翻弄的材料。二是母猪进行群养，终生不使用限位栏，并给产仔母猪提供絮窝材料。三是不使用人工授精，进行种猪自然交配。2015 年 11 月 21 日，凭借国际领先的福利养殖理念，该场实现了人、猪与环境的和谐共存，获得了世界农场动物福利协会授予的“五星级国际福利养殖金猪奖”。

（十）提高农民技术素质，加强养殖户科技培训

农民饲养技术与养殖动物的品质具有重要的关系，因此有关部门应该加强农户养殖技术的培训，使得农民接受最新的养殖技术，发挥农业推广部的职能作用，同时利用现代的传播手段，比如电视和无线网络传播，培养农民树立质量意识，形成科学的养殖手段，提高品牌效益，提升产品的知名度，提高劳动生产率。

参考文献

曹河源，尹宝华，2006. 浅谈渤海黑牛的保种方法与选育方向 [J]. 畜禽业（10）：30－32.

耿丽英，张传生，2001. 德州驴的品种特性及开发利用 [J]. 山东畜牧兽医（2）：17－18.

宫本芝，楚惠民，王富国，2015. 鲁西黄牛品种资源综述 [J]. 中国牛业科学，41（2）：65－67.

国家畜禽遗传资源委员会，2011. 中国畜禽遗传资源志［M］. 北京：中国农业出版社.
鲁建文，刘文，2002. 秦川牛的保护与改良［J］. 黄牛杂志，28（5）：48.
王可，蔡中峰，等，2013. 山东省济宁青山羊种质资源调查与分析报告［J］. 江苏农业科学（41）：7，215-217.
王艳秋，2009. "德州驴"的保护与开发［J］. 中国畜禽种业（10）：61-62.
魏述东，2013. 莱芜猪种质资源的保护利用研究与开发［J］. 中国猪业（S1）：89-92.
魏述东，吕政印，孙秀云，2015. 莱芜黑猪的育种规划与保护策略［J］. 猪业科学，32（2）：129.
吴常信，1991. 畜禽保种"优化"方案分析（下）［J］. 黄牛杂志（3）：2.
许涛，孙广勇，2011. 单县青山羊养殖现状及发展建议［J］. 山东畜牧兽医，32（8）：65-67.
许腾，2010. 济宁青山羊生产发展模式的探讨［J］. 当代畜牧（9）：40-42.
张瑞涛，张燕，张帅，等，2016. 德州驴体尺、性行为与精液品质的相关性研究［J］. 家畜生态学报（6）：14-18.
周正奎，李姣，姬爱国，2008. 鲁西黄牛成年母牛体重与体尺指标的相关回归分析［J］. 安徽农业科学，36（3）：214.

第九章 CHAPTER 9

遗址类农业文化遗产调查与保护开发利用研究

第一节　遗址类农业文化遗产名录提要

1. 山东后李遗址

后李遗址位于淄博临淄区齐陵街道后李官村西北约 500 米处，淄河东岸的二级台阶上，它地处沂泰山系北侧山前冲积扇和鲁北平原，距临淄区辛店城区约 12 千米，西北距临淄齐国故城约 2.5 千米。由于受淄河水的冲刷，遗址的西、南两侧形成高达 10 余米的断崖，遗址东西约 400 米，南北约 500 米，总面积约 15 余万米^2。该遗址时代为新石器时代早期，距今 7 800～8 200 年，而文化特征不同于北辛文化，因而被命名为“后李文化”。后李遗址是山东地区最早的新石器时代的考古文化和人类遗存。① 1992 年，后李遗址被山东省人民政府公布为山东省重点文物保护单位，2006 年 5 月 25 日，后李遗址被国务院公布为第六批全国重点文物保护单位。

1988—1990 年，山东省文物考古研究所为配合济青高速公路建设，对遗址进行了 4 次发掘，共开探方 179 个，揭露面积约 6 500 米^2，清理小型墓葬 189 座，大、中型春秋墓各一座，大型春秋车马坑一座，不同时期的灰坑 3 800 余座，另有灰沟、水井、陶窑、房基计 40 处，其中的大型春秋车马坑入选 1990 年中国十大考古发现。通过发掘发现，遗址的文化堆积厚达 2～5 米，分为 12 层。自下而上的地层分期是：12～10 层为新石器时代早期的后李文化遗存，9 层为新石器时代中期的北辛文化遗存，8～6 层为周代遗存，5～3 层为西汉至明清遗存。

后李文化出土有灰坑，墓葬、烧灶、房址、陶窑等遗迹。灰坑为圆形，椭圆形和不规则形。墓葬有小型土坑竖穴式和土坑竖穴侧室两种形制。房址为半地穴式，不规则圆形，地面为夯土，坚实较硬。陶窑为竖式陶窑，分窑室、火膛和泄灰坑三部分。后李文化出土遗物有陶器和骨器。器形有鼎、钵、双耳罐、釜、盂、器盖及尖顶器

---

① 王志民，2008. 山东省历史文化遗址调查与保护研究报告［M］. 济南：齐鲁书社：274－275.

等，其中以深腹圜底釜最为常见。陶质以夹砂陶为主，陶色以红陶、红褐陶居多，有少量黑褐陶和黄褐陶。纹饰有附加堆纹、指甲纹、压印纹、乳钉纹。骨角蚌器多为凿、匕、镖、刀、镰等。另后李文化出土有少量石器，以磨制为主，种类有锤、斧、铲、磨盘、磨棒、刮削器、尖状器等。

后李文化年代为距今 7 500～8 500 年，它是山东地区迄今最早的新石器时代的考古文化和人类遗存。长期以来，受资料、实物等诸多条件的限制，考古学者一直把北辛—大汶口文化视为山东地区最早的文化，但是后李文化遗址的发掘，将山东新石器时代文化的发源年代向前推进了 1 000 多年。后李文化也因临淄后李遗址而得名。

后李文化遗址是我国新石器文化遗址的代表之一。后李文化遗址的出土文物虽然在今天看来简单、制作水平也比较低，但是这里的先民在 8 300 年前已经开始制作陶器，在当时的世界上已经是极高的水平。有学者提出，根据后李陶器制作的水平推断，山东淄博是中国陶瓷的发源地，这一点，尚需进一步研究和证实。其实后李文化遗址的发掘，真正意义不仅仅在于其文物所代表的文明程度，还在于它把整个山东地区的文化历史提前了一大步，并最终连成了一个完整的体系。同时，整个海岱地区史前文化的谱系脉络也从此清晰地显现了出来，即后李文化—北辛文化—大汶口文化—龙山文化—岳石文化。

后李遗址上不仅有后李文化，还有其他时代的文化。该遗址文化层次多而丰富，除了新石器文化遗存外，还有两周（西周、东周）文化遗存和晚期文化遗存。其中，后李遗址出土的商周文化遗存数量较多，文化面貌也相当复杂。该遗址出土的鬲、罐、簋等地方特色非常浓厚，表明土著文化因素占有很大比重，另外又具有商文化、周文化的因素。史载商末至西周前期，这一地区分布着众多的方国，后李遗址的发掘，对于研究该地区商、周、土著等各种文化的传承、交流及其融合有着极为重要的意义。后李遗址的发掘为鲁北地区新石器文化及商周等文化的研究提供了参考，对于齐地文化的年代分期和研究也具有十分重要的意义。

2. 山东西河遗址

西河遗址位于济南城东章丘市龙山镇西北约 400 米处，遗址呈缓坡状隆起，周围渐低。西河遗址东西约 500 米，南北约 350 米，面积约 15 万米^2，文化堆积厚约 2～3 米。西河遗址东距城子崖遗址约 1 600 米，其主要文化遗存年代为后李文化时期，还有少量大汶口文化、龙山文化以及部分汉唐时期的遗迹和遗物。

1987 年春，济南市文化局文物处和章丘县博物馆在文物普查时发现西河遗址。由于窑场取土，该遗址已被破坏约 6 000 米^2。1991 年 7—8 月、1993 年和 1997 年，山东省文物考古研究所对遗址进行抢救性发掘，发现房址、墓葬、灰坑、灰沟等遗迹和陶器、石器、骨器等遗物，时代分属于新石器时代的后李文化、大汶口文化、龙山文化和唐代遗存。

西河遗址清理的两座后李文化的房址均为半地穴式，平面以圆角方形为主，面积40余米^2。房子西半部地面和部分墙壁先用黄泥抹光后经火烤而成，地面干燥坚硬。房址排列有序、布局合理、分布密集，显示出当时已存在相当完善和成熟的经过统一规划设计的聚落形态。房子中心设有3组由3个石质支架组成的灶，其中西北一组的支架上还留着一件陶釜。出土遗物有陶釜、盆、罐、壶、碗等，石器有磨盘、磨棒、铲等。陶器多为夹砂红褐陶，烧制火候较低，陶色斑驳不纯，器表纹饰比较简单。此外，该次文物普查时还于遗址上采集到商周时期的遗物。

西河遗址是山东境内新石器时代早期文化中一处保存较好、面积较大的典型聚落遗址，距今7 700～8 400年，是山东地区目前发现的最早的考古文化遗存之一，填补了山东地区旧石器时代向新石器时代过渡的空白，为研究黄河下游地区新石器时代早期考古学文化的面貌特征、年代与分期、经济生活、社会性质以及聚落形态等学术课题提供了重要的科学资料。1992年，西河遗址被评为山东省重要文物保护单位。1997年，章丘西河遗址被评为“全国十大考古发现”之一。2001年西河遗址被公布为第五批国家重点文物保护单位。

3. 山东北辛遗址

北辛遗址位于滕州市官桥镇东南北辛村北首薛故河南岸，面积约5万米^2。该遗址在1964年全省文物普查中首次被发现，1978年冬至1979年春经中国社会科学院考古研究所发掘，出土大批陶器、石器等文物2 000余件。经测定，北辛遗址年代为距今7 300～8 400年，是我国在黄淮地区发现最早的新石器时代遗址之一。

北辛先民仍然处于母系氏族社会，但是生活习惯已经跟之前的后李文化时期有了很大区别。从居住区出土的柱洞来看，当时的房屋结构已较为合理，原先的房子大的有70多米^2，卧室可以容纳十几个人使用，到北辛遗址这里通常都是单间，面积大约3～7米^2。表面上看，室内空间狭小，但实际上基本实现了“独门独院”，人均面积并不小，显然是一种进步。其中也传递出一个信号：北辛先民已经开始有家庭的概念，或许已经有了稳定的伴侣，这些不起眼的小房子正是教科书上那句“由母系氏族向父系氏族过渡”的生动写照。

遗址出土文物中，最能反映北辛文化特点的是陶器。陶器均为手制，有夹砂陶和泥质陶两种。纹饰有窄堆纹、篦纹、划纹、压划纹等。窄堆纹以数条为一组，组成各种纹饰，颇有特色。篦纹、划纹、压划纹也有一定的代表性。器型有鼎、釜、罐、钵、碗、盆、壶、支座等，都是这一遗址典型性的器物。制陶处在较原始阶段，器类较简单，手制痕迹比较明显，但却发现了单色的“红顶碗”，为其后东方原始文化中出现的彩陶追溯到了渊源。

石器有打制和磨制两种，打制石器数量较少，有敲砸器、盘状器和斧、铲、刀等，制作虽较简单，但器型相当规整。磨制石器有铲、刀、镰、磨盘、磨饼、磨棒、凿、匕首等。其中铲的残片居多，在千件以上，呈长方形、长梯形、舌形等几种，器型较大，通体磨光，制作比较精制，有使用痕迹。磨盘呈三角形的为多，矮足的磨盘甚为罕见。骨、角、牙器有镞、鱼镖、鹿角锄、凿、匕、梭形器、针、锥、笄等，都颇具特色。这表明当时的农业生产从耕作、播种到收割、加工，已有一套较为完备的工具，原始农业初具规模，农业生产已是他们生活资料的重要来源，也是定居生活得以巩固的重要保障。从出土的骨针、石纺轮来看，当时北辛先民已开始用野生纤维和动物绒毛进行纺线和编织，他们从身披兽皮过渡到穿衣的文明阶段。

北辛窑穴遗址上发现粟类颗粒碳化物，是目前我国出土发现最早的粟类实物之一。同时出土的骨箭、网坠、弹丸、动物骨骸及磨制精细的骨针、陶纺轮等表明当年先民以渔猎为主。

北辛遗址的发现是海岱文化区新石器时代的一次重要的发现，“北辛文化”的命名，是山东大汶口文化发展的源头，将山东的史前考古向前推进了一大步，具有重大的历史意义。1991 年，北辛遗址被列为省级重点文物保护单位。2006 年，北辛遗址被列为第六批全国重点文物保护单位（图 9-1）。

图 9-1　北辛遗址

4. 山东大汶口遗址

大汶河，古称汶水，是黄河在山东境内的唯一支流，它源于泰沂山区的五汶诸水，在泰安市岱岳区大汶口镇汇流成大汶河后一路西奔，经东平湖流进黄河后汇入大海。

这是一条古老的河流。远在 6 000 多年前，东夷先祖就在这里刀耕火种，用坚硬的岩石磨制石刀、石斧，用潮湿的泥土烧制黑陶、白陶，用锋利的骨针勾画创造了象形文字，用勤劳和睿智创造了灿烂的大汶口文化。

大汶口遗址位于泰山南麓大汶口镇的汶河两岸，泰安城南 30 千米处的大汶河畔，遗址面积 80 余万米²，文化层堆积 2～3 米，是大汶口文化的发现地和命名地（图 9－2）。

图 9－2　大汶口文化遗址（孙金荣　摄）

1959 年 6 月，考古队在汶河南岸的宁阳县堡头村西首次发掘大汶口遗址，揭露面积 5 400 米²，清理墓葬 133 座，出土随葬品 2 100 余件，年代属大汶口文化中期和晚期。1974 年、1978 年考古队又在汶河北岸先后两次发掘该遗址，揭露面积 1 800 米²，发现墓葬 56 座、房址 14 座、灰坑 120 余个，主要遗存的年代属大汶口文化早、中期。3 次发掘证明，大汶口遗址包括大汶口文化发展的各个阶段，例如，距今 4 600～6 400 年前的新石器时代中期文化遗存，以翔实资料揭示原始社会解体、阶级社会生产的全过程。此外，大汶口遗址下有 4 000～4 600 年前的龙山文化遗存，上有距今 6 400～7 500 年前的北辛文化遗存。

三次挖掘发现，“大汶口文化”内涵丰富，遗址有墓葬、房址、窖坑等遗迹。其中，房屋多属地面建筑，少数半地穴式房屋。遗址出土的陶、石、玉、骨、牙器等不同质料的生产工具、生活用具和装饰品都异常精美。生活用具主要有鼎、豆、壶、钵、盘、杯等器皿，分彩陶、红陶、白陶、灰陶、黑陶几种，特别是彩陶器皿，花纹精细匀称，几何形图案规整。生产工具有磨制精致的石斧、石锛、石凿和磨制骨器，而骨针磨制之精细，几乎可与现今的针媲美。一般认为，大汶口遗址早期属于母系氏族社会末期向父系氏族社会过渡阶段，中晚期已进入父系氏族社会。

大汶口遗址是大汶口文化的命名地。它的发现揭示了大汶口文化时期当地居民的墓葬形制，为山东地区的龙山文化找到了渊源，也为研究黄淮流域及山东、浙江沿海地区的原始文化，提供了重要的线索。大汶口遗址的墓葬中普遍盛行随葬獐牙的习俗，有的还随葬猪头、猪骨以象征财富。葬式以仰身直肢葬为主。许多墓葬中还随葬有数量不等的牲畜，表明当时社会已经出现了贫富分化现象，说明私有制已经出现。墓葬以男、女分别单葬为主，也有成年男女合葬，合葬墓中女性处于从属地位，预示着母权制的动摇和父权制的产生。随葬品数量悬殊，质量优劣差别大，有的墓空无一物；有的墓随葬品多达 180 多件，而且品种复杂，制作精细，有珍贵的碧玉铲、玉臂环、玉指环、透雕象牙梳、绿松石镶嵌象牙雕筒、象牙梳、可与现代针媲美的骨针等。陶器中有精美的彩陶和光洁的白陶，有独特的猪形器、鸟形器（图 9-3）。

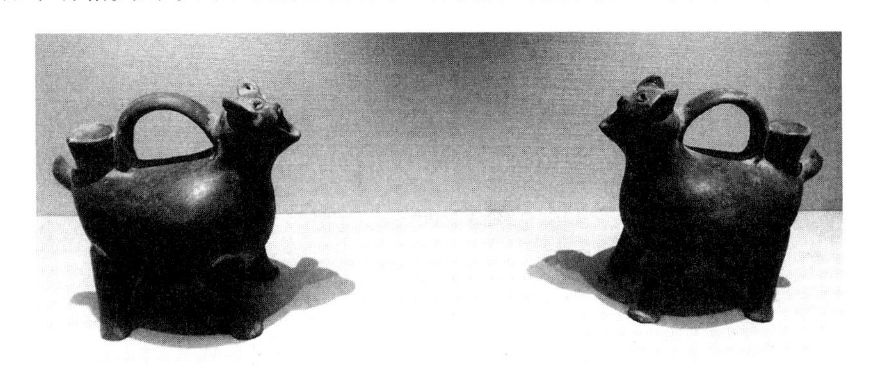

图 9-3　大汶口文化红陶兽形壶（孙金荣　摄）

大汶口文化的居民盛行青春期拔牙和枕骨人工变形的习俗。在大汶口文化的墓葬中，发现很大比例的人骨没有门齿或侧门齿。考古学家据此推测，大汶口先民是在成年后拔除门齿，并非死后才被拔掉。除了拔牙，大汶口墓葬中还有一个与众不同之处，就是很多人骨都有头骨枕部人工变形的特征。这种特征的形成自然也是墓主人生前很长一段时间有意压迫头部的结果，有数人骨在变形处置有小石球或陶球，推测变形可能是由于长期口含小球所致。

1982 年，大汶口遗址被列为第二批全国重点文物保护单位，并入选“20 世纪百项考古大发现”。

5. 山东丁公遗址

丁公遗址位于山东省邹平县苑城乡丁村东，西南距邹平县城约 13 千米，处于鲁北平原南部的山前平原上，其西 0.8 千米有孝妇河自南向北流入小清河。遗址总面积约 16 万米^2，文化层一般厚 2～4 米。文化遗存延续时间较长，地层堆积自下而上依次为大汶口文化、龙山文化、岳石文化、晚商和汉代 5 个大时期的堆积，并见有零星的东周和宋代墓葬等，但未发现与其相应的文化层堆积。文化层堆积仍以龙山文化为主，堆积厚度超过其他各个时期的总和。丁公遗址所采集的文物标本除蚌器，主要有石铲、磨制石斧等石器，还有骨簇、骨针和其有龙山文化典型特征的蛋壳陶片。

丁公遗址的遗迹种类有房址、灰坑和墓葬等。其中，属龙山文化时期的房址共 20 余座，多被打破，残损较甚。房地有地面式和半地面式两种，而以前者为多，形制上大多数为（长）方形，圆形者较少。灰坑共发现 500 余个，在发掘区内分布普遍，绝大多数坑口呈（椭）圆形，有的直壁，有的为斜壁，多无特殊加工痕迹，为一般垃圾坑。坑内一般出土物丰富，以陶片为大宗，多有可复原者。葬墓计 20 座，均为长方形土坑竖穴墓。葬式一般为单人仰身直肢葬，多有木质葬具，墓底多有熟土或生土两层台，以熟土两层台为多，墓葬方向多东偏南，有的有随葬品。

遗址内发现的龙山文化城址，城墙宽约 25 米左右，面积 10.5 万米^2。城外有宽 30～40 米的壕沟，最深处低于城内地面 3 米以上。城内发现房屋基址近百座，其中既有面积超过 50 米^2 的大型房屋，也有面积不足 10 米^2 的小屋。

龙山文化时期出土的遗物相当丰富。陶器有鼎、鬲、罐、匜、平底盆、三足盆、杯、盒、器盖等，以泥质夹砂灰陶、泥质灰陶、泥质黑陶为主，多为轮制，少数手制。岳石文化时期遗迹有房址、灰坑、灰沟，出土遗物有罐、盆、豆、平底尊、器盖等。尤为珍贵的是，丁公遗址出土了黑陶鬼脸式鼎腿、猪嘴鼎腿等。经考证，其为典型的龙山文化和岳石文化遗存。这类型的陶器在滨州地区尚属首次发现，对研究古文化发展有重要意义。

丁公遗址是重要的史前遗址，对于研究中国文明起源，具有重要的学术价值。丁公龙山文化城址和文字的发现，对研究中国文明起源、中国古代城市起源与发展、中国文字起源等课题，具有十分重要的意义（图 9－4）。

图 9－4　丁公龙山文化

1997 年，丁公遗址被列入“全国十大考古发现”。2001 年，丁公遗址被列入第五批全国重点文物保护单位（图 9－5）。

图 9－5　丁公遗址

6. 山东城子崖遗址

城子崖遗址位于济南市章丘龙山镇龙山村东北，巨野河东岸、胶济铁路的北侧。1928 年，吴金鼎在这里发现了龙山文化，发掘工作对中国史前考古与古史研究产生了深远影响。城子崖遗址是一处新石器时代晚期的龙山文化遗存，总面积为 22 万米^2（图 9－6）。

图 9－6　城子崖遗址

城子崖遗址内涵丰富，延续时间长，堆积层分为三层，上层为周代文化层，中层为岳石文化层，下层为龙山文化层，出土了大批各时代的文化遗物。1928 年和 1930 年，吴金鼎、李济等对城子崖进行过两次发掘，首次揭示出以精美的磨光黑陶为显著特征的龙山文化。

考古发掘发现了城子崖龙山文化城址。该城始建于距今 4 500 余年前的龙山文化早期，南北最长处 530 米左右，东西宽约 430 米左右，墙基宽约 10 米，占地面积约 20 万米^2，这是目前黄河流域最大的龙山城，也是我国最大的龙山城址之一。城址内文化层堆积丰富，一般为 4 米左右，最厚可达 6 米以上，有房基、水井、窑穴等遗址。陶器以黑陶、灰黑陶为主，石器多为磨制，还有骨器。此外，考古发掘还确认了 20 世纪 30 年代初发现的“黑陶文化期城”是岳石文化城址。这是目前黄河、长江流域第一座有夯筑城垣的夏代城址，而且可能是一座由龙山文化时期直接延续到夏代的城址，其格局与龙山文化城址一致，晚期阶段城内面积约 17 万米^2。城子崖龙山文化和岳石文化城址在地层上相互衔接，不存在间歇层。这为研究从龙山文化时期到夏代连续发展千余年的早期夯筑技术和城垣建筑史提供了形象、直观的科学资料。该遗址丰富的堆积，复杂而明确的地层，大量的陶器，可为建立该地区系统而可靠的龙山文化编年提供依据。考古发掘查明城子崖上层的周代城基本属于春秋时期的城址，其上限为西周晚期，下限在春秋末年，战国时已废弃，代之而起的是此城东北两千米的平陵城。

龙山文化的陶器多素面磨光黑灰陶，器表常饰弦纹、压划纹，流行盲鼻和横向宽鋬，代表器型有白衣黄（红）陶粗颈袋足鬶、素面肥袋足甗、素面筒腹袋足鬲、扁三角形足或鸟首形足的各式鼎及扁足盆、高圈足盘、直腹宽鋬筒形杯等。石器多磨制，有斧、铲、镰、半月形穿孔石刀、镞等。骨角器有锥、针、笄、镞、鱼叉等，还有穿孔蚌刀和带齿蚌镰。此外首次发现由牛和鹿等肩胛骨修治的卜骨。

城子崖下文化层出土器物表明，城子崖的文化遗存，与在河南省渑池县仰韶发现的距今 6 000～7 000 年前的以红陶、彩陶为特征的仰韶文化遗存完全不同，它是仰韶文化之后我国新石器时代晚期文化的一个重大发现。因为它的发现地属历城县的龙山镇，所以城子崖下文化层的文化遗存被命名为“龙山文化”，也称“黑陶文化”。

城子崖龙山文化遗址年代在前 2600 年—前 2000 年，前后延续达 600 年左右。它上承大汶口文化，下限已进入我国历史上的第一个王朝——夏朝，是我国历史上的一个重要时代。

1990 年山东省文物考古研究所对城子崖遗址进行了勘探和发掘，发现城子崖遗址是由龙山文化城址、岳石文化城址和周代城址重叠而成，澄清了 60 年来城子崖遗址时代的争论。其中龙山文化城址面积为这一时期古城址之最；岳石文化城址是迄今发现的唯一一座夏代城址。这一发现对研究中国古代城市发展和中国文明起源等问题具有十分重要的意义，并由此揭示出来的龙山文化，对于认识中国新石器时代文化起了巨大的推动作用。城子崖及其周围的古代遗址，形成了一个从新石器时代到两汉的基本完整的古代文化区。城子崖龙山文化城址具有早期城市的雏形，说明当时它已经成为一个权力中心、经济中心、文化中心。城子崖岳石文化的发现，填补了我国城市考古的空白。在此之前，在龙山文化城址和商代文化城址之间尚未发现夏代文化城址。城子崖岳石文化城址的发现，为研究中国文明起源、中国城市发展史及夷夏关系提供了重要资料。

1961 年，城子崖龙山与岳山文化遗址被列为第一批全国重点文物保护单位。1990 年，城子崖遗址入选“全国十大考古发现”，并被评为“20 世纪百项考古大发现”。2006 年，城子崖遗址被列入国家文物局发布“十一五”期间全国重点保护的 100 处大遗址之一。

7. 王因遗址

王因遗址位于山东省兖州市王因镇王因村南面的一片稍隆起的台地上，比周边平地高约 1 米。遗址中心部分面积为 6 万米^2，外缘面积 12 万米^2，是一处较大型的遗址。遗址东 2 公里为古老的泗河，遗址北侧有一条古河道。

1975 年秋至 1978 年秋，考古队对王因遗址进行了七次发掘，共清理出大汶口文化偏早时期的墓葬八百余座，房址十余座，窖穴和灰坑四百余个。墓葬分为早、中、晚三期。该遗址为研究山东地区史前生活习俗、埋葬方式、人类体质特征和史前环境提供了重要的实物资料。

王因遗址分为五层，二至四层为大汶口文化早期地层，第五层为北辛文化晚期地层。王因遗址墓葬全部出在大汶口文化地层中，是全国最大的史前墓地之一和发现墓葬最多的氏族公共墓地。墓葬多为长方形浅穴，填土中有意掺入红烧土末。墓向一般朝东，以单人仰身直肢葬为主（其中有 30 座左右合葬墓，少则 2 人，多则 5 人，多数为同性合葬），个别为单人俯身葬。王因遗址的发掘以墓葬区为主，尚有大面积的生活区保存完整。王因遗址所反映出来的大汶口文化和北辛文化，为确立两种文化的传承关系，提供了非常关键的地层依据。王因遗址的发掘资料由中国社会科学院考古研究所编著为《山东王因》考古报告，并由科学出版社出版发行。

王因遗址1992年被公布为山东省文物保护单位。2006年5月王因遗址被国务院核定为第六批全国重点文物保护单位（图9-7）[①]。

图9-7 王因遗址

8. 东海峪遗址

东海峪遗址位于山东省日照市经济技术开发区东海峪村西北，为大汶口文化和龙山文化遗址，遗址面积约7.5万米^2。

东海峪遗址于1960年被发现，1973—1975年，山东省博物馆、山东大学和地方相关部门对其进行三次发掘，发现了大汶口文化晚期、大汶口文化向龙山文化过渡期和龙山文化时期的“三叠层”，为认识大汶口文化和龙山文化间的相互关系提供了地层依据。从发掘情况看，下层厚0.2～0.3米，系大汶口文化晚期的遗存；中层厚0.2～0.35米，系大汶口文化向龙山文化过渡层；上层文化层厚0.5～0.55米，系龙山文化层，分布范围广，是该遗址的主文化层。从调查、勘探情况看，遗址断面显示灰坑、房址分布密集，村西部高台处文化层较厚，东北部文化层更厚，约2.5米左右，西部、西南部文化层较薄[②]。

东海峪遗址下层出土的陶器如黑陶高柄杯、细颈袋足、夹砂鼓腹罐以及鼎、壶、觯等，都具有大汶口文化晚期的特征。据放射性碳素断代并经校正，年代为前2860—前2690年。中层器物中，如蛋壳黑陶高柄杯、觯形杯、等腰三角形堆纹鼎足等，既是由下层同类器物演变发展而来，又是上层同类器物的祖型。中层遗存具有从

① 中国社会科学院考古研究所，2000. 山东王因——新石器时代遗址发掘报告［M］. 北京：科学出版社.

② 刘红军，2006. 日照地区龙山文化［M］. 济南：山东友谊出版社：70.

大汶口文化向山东龙山文化过渡的性质，有的学者则把它定为山东龙山文化的早期遗存。上层发现的粗颈实足、粗颈袋足、大宽沿蛋壳黑陶高柄杯、近直腹小平底带耳杯、豆、罐、敛口盆、鸟首形鼎足等，都具有山东龙山文化的特征。这里的3个文化层不仅在器物发展上互相衔接，同时，在墓葬、房屋建筑方面也有承袭关系。

东海峪遗址的文化遗迹主要是房址和墓葬。房址共发现12座，都是西南向，在结构上是方形土台建筑。房址由土台、墙基、土墙和墙外护坡构成，有的还有灶址。这种房址的土台应是夯打筑成，然后再在土台上挖基槽或平地起建土墙。墙外设置护坡，室内地面采用黄黏土和砂铺垫而成。墙体则是多为黄黏土夹石垛成（四角石块较多，应为加固墙体用），该遗址房屋台基的出现、夯筑技术的使用，也开启了中国传统的夯筑台基式土木建筑的先河。东海峪房屋建筑出现“散水”设施，也说明先民已掌握了较为先进的防潮技术。这种技术的使用和台基建筑的形式及房屋的整体布局对研究当时此区域的社会组织形式、文明程度及区域气候环境等方面提供了重要参考资料，在中国古代建筑史上具有重要意义。

墓葬共发现18座，形制有长方形土坑竖穴和长方形竖穴石椁墓两种，葬式皆为仰身直肢、头向朝西北。以上的一致性，表明这些墓主人应属同一部族，这为族属的研究提供了佐证。

全国仅有的两件完整的蛋壳黑陶镂孔高柄杯均出土于东海峪遗址，这两件黑陶杯位居1992年中国文物精华展中200件文物珍品之一。该陶器高26.5厘米，器壁薄处仅有0.2～0.3毫米，每件重量仅22克，造型规整，质地细密，厚薄均匀，色泽光亮漆黑，代表了龙山文化制陶艺术的最高水平。此外，遗址还出土磨制石器、乐器等遗物。

该遗址1977年被山东省革命委员会公布为省级文物保护单位，2006年被国务院核定公布为第六批全国重点文物保护单位。2016年1月14日，日照市重新修订了《日照市文物保护管理规定》。东海峪遗址保护与展示工程项目立项及方案编报工作已经完成。

9. 日照两城镇遗址

两城镇遗址位于山东省日照市东港区两城镇西北，胶日公路（即204国道）以西，两城镇政府西北侧。遗址东西约990米，南北约100米，面积约100万米²。两城镇遗址是我国新石器时代遗址之一，也是距今4 000年前龙山文化时期的一处古国都城城址（图9-8）。据牛津大学《世界史便览》记载：“前3500年—前2000年的两城镇为亚洲最早的城市。”

图9-8　两城镇遗址

两城镇遗址文化层厚 2～5 米，文化内涵丰富。文化层以龙山文化层为主，兼有周代、汉代、宋代、元代等遗存。龙山文化层是两城镇遗址的代表性文化层，在遗址中普遍存在。两城镇遗址的堆积可分为两个区域：一是文化层堆积比较密集区。该区域位于遗址北部，包括现在的两城六村、七村、八村、六村村西、六村和七村的村西北部区域。该区文化层保存较好，大部分文化层堆积在 1.0～1.5 米，部分区域最深达 3 米以上，但也有局部文化层已破坏，甚至已无文化层。该区域有大量的房址、灰坑、墓葬以及壕沟，出土遗物也十分丰富，二是文化层堆积比较稀薄区①。

自 1934 年发现该遗址以来，考古工作者在遗址内发现龙山文化和周、汉时期遗迹 400 多个，出土各类遗物 3 000 余件。出土的陶器以黑陶为主，其中胎薄质坚的蛋壳陶造型优美，水平最高。该遗址出土的龙山文化中期兽面纹玉圭，为国之重宝。遗址内发现近百座房址和 100 多座墓葬，出土玉器、石器、陶器等大量文物。考古表明，两城镇遗址是龙山时代两城地区的中心，是筑有大型防御设施、经过高度整合的早期国家的都城。同时，考古发掘过程中出土的较早的小麦遗存、大豆遗存、确切的酿酒证据等，表明了当时的社会生产力已非常发达。

根据《两城镇 1998—2001 年发掘报告》及相关专家学者的研究，两城镇遗址的考古工作还有诸多重要意义。其一，确认存在“两城镇古国”。经过 10 余年的调查发掘，确认日照两城地区发掘的古城遗址是距今 4 200～5 000 年的史前古国。据估算，该古国约有 6.3 万人，其都城占地近 100 万米^2。同时，“两城镇古国”聚落群周围有 4 个区域性聚落核心。以两城镇遗址为中心形成高度核心化的结构，显示出该中心同其周围较小的聚落群之间可能有一定的经济和社会交往。其二，“两城镇古国”已进入早期国家阶段。两城镇遗址发现了内、中、外三圈环壕，中圈环壕内侧有夯土墙，揭露出较多房屋建筑和墓葬。以两城镇遗址为中心的地区存在三个等级的聚落遗址，这种聚落结构呈现金字塔状分布。一级聚落两城镇位于交通便利、水源充足的中部位置。山东大学历史文化学院教授、龙山文化研究会会长栾丰实认为，这种聚落形态显示出龙山文化时期的社会已经进入“都、邑、聚”三级控制体系的早期国家阶段。其三，表明水稻在当时农业经济中占主要地位。20 世纪 70 年代，大量史前水稻遗存在长江中下游地区被发现，而在中原以及北部地区，考古工作者发现较多的则是粟的遗存，因而很多人认为在新石器时代粟是华北绝大部分地区最主要也可能是唯一的农作物。两城镇遗址出土的植物遗存中，有炭化农作物种子 570 粒，包括炭化稻谷、炭化粟以及少量黍和小麦，这表明水稻在龙山文化时期农业经济中的比重远远超过粟和黍。其四，发掘表明葡萄酒并非舶来品。两城镇遗址出土陶器残留物的化学分析结果，提供了中国史前时期生产和使用酒饮料的直接证据。中国人酿酒历史可以追溯到距今 4 600 年的新石器时代。那时候古人已经懂得用稻米、蜂蜜和野葡萄等酿酒。学

① 朱正昌，2002. 山东文物丛书：遗址［M］. 济南：山东友谊出版社：82.

术界通常认为葡萄酒起源于中亚，于公元前2世纪传入中国，这比日照地区检测出的混合型酒的年代晚了约2 000年。

1977年，两城镇遗址被山东省政府公布为省级文物保护单位[①]。2005年，两城镇遗址被国家文物局列入全国100处重大遗址保护项目。2006年，两城镇遗址被国务院公布为第六批全国重点文物保护单位。

10. 大范庄遗址

大范庄遗址位于临沂市河东区相公镇大范庄西0.5公里处，岚济公路侧。遗址南北长160米，东西宽140米，总面积为3万米^2，高出地面6～8米，呈馒头状土丘。土丘上层多周、汉时代遗存，但多数已遭破坏流失。

1965年，村民在此取土填洼，发现器物，报告上级部门，随后原临沂县文物部门组织人员到此发掘，共清理新石器时代墓葬26座，出土文物768件，并采集到大量的大汶口文化、龙山文化和岳石文化遗物。遗址东北部分有大量的墓葬，应为墓葬区；西南部文化堆积较为丰富，应为居住区。遗址表面耕土层可采集到商周至汉朝的文化遗物，下层灰褐色堆积，为新石器时代文化层，厚度为2米。出土石器20件，主要有铲、镯、镞、石佩等。出工骨器23件，主要有骨镞、獐牙、兽牙等。该遗址出土最多的器物为陶器，计725件，主要有夹砂陶、泥质黑陶、夹砂白陶、夹砂红陶。器形大多数为平底器，三足鼎、圈足豆和柄镂孔杯。其中，高柄镂孔杯有30件，胎壁极薄，近似蛋壳，故称为蛋壳陶，它是龙山文化黑陶中的精品，器型规整，光亮漆黑，是古陶中的瑰宝。

随葬品主要是日常生活用的陶器，平底器有背壶、瓶、杯、碗、匜等；三足器有鼎、鬶等；圈足器有豆、镂孔高柄杯等。背壶在陶器中数量最多，达284件，其中有部分物品体积很小且火候较低，乃非用性的明器（即冥器，是专为随葬而制作的象征性器物）。

大范庄遗址出土的器物，有明显的时代特征。背壶、细颈鬶、台座折腹豆、黑陶镂孔高柄杯等，属于新石器时代大汶口文化晚期的器物；深腹平底罐、罐式鼎、绳纹匜、粗颈小袋足鬶、浅盘豆、黑陶壶和镂孔高柄杯，属于新石器时代龙山文化早期的器物；盆形鼎、长流粗颈大袋足鬶、镂孔粗柄豆、大平底盘，属于龙山文化中、晚期的器物。

该遗址出土随葬品有两个方面突出的价值与意义：一是随葬品数量悬殊，如第17号墓有85件，而第16号墓只有1件夹砂灰陶盆。这种现象表明，当时社会已经出现私有制，贫富差别已存在。二是出土30件黑陶镂孔高柄杯，数量之多时居全国第一位。其通体乌黑发亮，质地极为细腻，轮制技艺精湛，造型优雅美观，因胎壁薄如蛋壳（不足半毫米），故被称为“蛋壳陶”。因“蛋壳陶”的柄部精雕着密集的几何形

① 刘红军，2006. 日照地区龙山文化［M］. 济南：山东友谊出版社：33.

镂孔，所以称镂孔高柄杯。一件高 20 厘米的黑陶杯，重量仅有 50 克左右，堪称国宝。它作为龙山文化时期制陶工艺的最高峰，为研究山东新石器时代文化提供了极其珍贵的资料。

11. 山东潍坊姚官庄遗址

姚官庄遗址，为胶莱平原龙山文化遗址，发现于 1959 年。姚官庄遗址位于潍坊市坊子区张友家水库库泛区，东距孙吕家村约 600 米，面积约 16 万米^2。1960 年，为配合水库工程建设，考古队对其进行发掘，揭露面积 1 700 余米^2。

遗址的文化层厚达 1.6～4.55 米，以西部的堆积最厚，包括汉代、周代及龙山文化的遗迹和遗物。其中周代文化层堆积厚 0.4～1.4 米，土为黄褐色，质地坚硬，并伴随少数墓葬、灰坑及一口井。龙山文化层在下层，土色灰黑，质地松软，分布范围较广，厚达 0.8～2.5 米。

出土陶器以泥质和夹砂黑陶为主，器表多素面、泥质黑陶多磨光。常见纹饰有堆纹、弦纹，还有压印纹、镂孔等。器形有鬶、甗、鼎、罐、盆、盘、杯、豆、盂、碗、瓶、蛋壳高柄杯等。石器有铲、斧、锛、凿、刀、镰、矛、镞、纺轮等，矛和镞所占比例可观①。

姚官庄遗址是一处典型的龙山文化遗址，出土遗物之丰富远超城子崖遗址。通过初步整理，专家发现它与日照两城镇遗址遗存有着密切的关系，应属于同一类型文化，其出土的文物丰富了典型龙山文化的资料②。

12. 鲁家口遗址

鲁家口遗址位于潍坊市寒亭区政府西北 9.75 公里，鲁家口村西南 1 公里处。该遗址东离白浪河故道 0.5 公里，西距白浪河 2 公里，北到渤海岸 31.5 公里，现今属寒亭区开元街道。遗址地势较高，周围平坦，面积约 4 万米^2。遗址地层叠压关系比较清楚。第一层为耕土，第二层为战国文化层，第三、四层为龙山文化层，第五、六、七层为大汶口文化层。

1973 年，中国科学院考古研究所对此进行了发掘，在龙山文化层中发现 10 座房屋遗迹，多为圆形或椭圆形，出土了斧、铲、锛、刀、矛、箭头、纺轮等石器，以及骨刀、骨锥、骨针等骨器。同时出土了大量生活用具，可复原为完整器物的约 200 件左右。陶器的制作是原始社会一种很重要的生产工艺，陶器最能说明这一地区的艺术风格和文化面貌。这些陶器多是用泥条盘筑法手制而成，器形有鼎、罐、盆、瓮、缸、豆、壶、尊、杯、盘、勺等。陶器中泥质红陶和夹砂陶较多，还有不少彩陶片，多是红底绘黑、褐、白等色彩，有以圆点与弧线构成的图案，有网状的斜方格，有八角或六角的星状等，有的塑有壁虎等动物造型，色彩鲜艳，造型美观大方，反映着当

① 车吉心，1989. 齐鲁文化大辞典［M］. 济南：山东教育出版社：723.
② 郑笑梅，1963. 山东潍坊姚官庄遗址发掘简报［J］. 考古（7）：347－350.

时人们的审美观。

经^{14}C测定，该遗址大汶口文化层出土遗物的年代约为距今4 000年，龙山文化层出工遗物的年代约为距今3 750年。从遗址文化层的叠压关系分析，大汶口文化层叠压在龙山文化层之下，这说明大汶口文化层比龙山文化层早，也说明这两个文化层具有承继关系。从遗址的遗迹和遗物分析，这处文化遗址是原始社会晚期到奴隶制社会再至战国时期的遗存。这些遗存有力地说明了我们的祖先早在四五千年以前就栖息、生活、劳动在这块美丽富饶的土地上，为我们创造了光辉灿烂的古老文化。

鲁家口遗址的发掘资料已经全部存入中国社会科学院考古研究所。1979年，鲁家口遗址被公布为县（区）级文物保护单位，2000年4月，该遗址被公布为市级文物保护单位。

13. 三里河遗址

三里河遗址为山东省重点文物保护单位，位于胶州市南关街道办事处北三里河村神仙沟西，东西约200米，南北约250米，面积约为5万米^2，发掘面积约1 570米^2。三里河遗址属于新石器时代大汶口文化和龙山文化的遗址。该遗址是60年代山东大学历史系刘敦愿等人根据南阜山人（清初山东名画家高凤翰）一幅画的线索，考察高氏故里三里河村而发现。1974年秋和1975年春，中国社会科学院考古研究所山东队对三里河遗址两次发掘，出土文物2 000余件，确定遗址年代大约为距今3 900年（图9-9）。

图9-9　三里河遗址

遗址的地层堆积分为上下两层，上层为龙山文化类型，下层为大汶口类型。该遗址文化层上下叠压的关系，不仅再一次证明了大汶口文化早于龙山文化的相对年代，更明确了两者的继承关系。三里河遗址出土的大量珍贵文物被列为国家文物珍品，其中，出土的钻形黄铜器改变了一般认为黄铜的出现年代较青铜晚的认识；出土的薄胎黑陶高柄杯，壁薄仅0.3毫米，其制作工艺之精妙，为后人所不及，这些都为研究东夷文化提供了珍贵的实物资料。考古队在三里河遗址地表还可以采集到商代的陶片，说明遗址可能原有商代遗存，但为后代破坏掉了。三里河遗址两次发掘的主要遗迹为房址、灰坑、墓葬。其中大汶口文化房址5处，灰坑31个，墓葬66座；龙山文化灰坑27个，墓葬98座。

从遗址发现的遗物看，当时人们定居的农耕生活已相当发达，不但有剩余的粮食储存，而且还饲养家畜，养猪已经十分普遍。大汶口文化墓中随葬的猪下颌骨共有143块，数量十分惊人，龙山文化也有70块，它们多在个人墓葬中出现，应是私人圈养的。养猪还需要消耗部分粮食，可见在当时，先民们的食物资源较为充足。除农耕外，人们凭临海优势，到海边捕捞和采集。遗址中大量的贝壳、鱼鳞及鱼骨便是这种状况的证明。依鱼骨鉴定，考古学家发现当时人们可以捕捞到外海的鱼类，如蓝点马鲛，由此看来，他们的航海能力也是不可低估的。

根据已有资料和发掘情况，可以发现大汶口文化墓葬中已经出现社会的贫富分化及财产的私有化。大汶口文化有些墓中无随葬品或只有很少随葬品，而随葬品最多的墓中却达 60 余件。而在稍后的龙山文化墓葬，这种差距明显缩小，随葬品最多的一墓只有 26 件。这种变化大致反映了社会内部结构的调整。

14. 呈子遗址

呈子遗址位于诸城市皇华镇呈子村西约 100 米的河边台地上，系大汶口文化中期的遗址。该遗址地处丘陵地带，西北距常山约 1.5 公里，北、西、南 3 面为杨家庄子河环绕。因长年山洪冲刷，周围形成了高约 3～5 米的断崖，比呈子村高出 2 米左右。遗址发现于 1965 年 5 月，东西长约 200 米，南北宽 100 米，总面积 2 万$米^2$。呈子遗址文化层厚 1～3 米，下层为大汶口文化，中层属龙山文化，上层有龙山文化晚期和商周的遗迹、遗物。经^{14}C年代测定，呈子遗址最早年代距今约 4 900 年（树轮校正为约 5 500 年），是山东沿海一带较早的人类定居村落。

1976 年秋至 1977 年春，考古人员对该遗址进行了科学发掘，发现原始社会晚期墓葬 100 座，房基 3 处，灰坑 16 个，出土了陶器、石器、骨器和角、牙、蚌等器物 700 余件。其中，有盆形“鬼脸式”足黑陶鼎和蛋壳陶高柄杯等十分珍贵的文物。1978 年，山东省博物馆的考古工作者又对该遗址进行了第二次发掘，共发现灰坑 44 个，房基 4 座，墓葬 26 座，出土文物有陶、石、骨、蚌、玉器等。在这次发掘中，尤为重要的是在龙山文化层中发现了一铜器残块，这是继胶县三里河遗址发现同时期铜器之后的第二次重大发现，为确定龙山文化时期已进入铜石并用时代提供了可靠的依据。

呈子大汶口文化的人们过着以原始农业为主的定居生活。呈子遗址出工较多的以猪牙为原料制作的工具、骨料及半成品，说明遗址猪骨来源丰富，这反映出以养猪为主的家畜饲养业在经济中占有一定比重。呈子龙山文化遗存给我们展现了更加开阔的视野。这时锄耕农业已有较大发展。石斧、橛、铲、刀及蚌镰等生产工具的普遍使用，为加速原始农业的发展创造了重要的条件。大型墓葬中用多量猪下颌骨随葬，反映出畜牧业的发展。这时氏族内的手工业有了重大发展，特别在制陶手工业方面发生了一次变革，制陶普遍采用快轮技术，火候高，陶胎薄，造型规范化。另外，龙山文化遗存体现出，当时男子在社会主要生产部门中取代妇女而占统治地位，父权制根深蒂固。这也可由大型墓葬的主人皆是男性可知①。

① 杜在忠，1980. 山东诸城呈子遗址发掘报告［J］. 考古学报（3）.

15. 西夏侯遗址

西夏侯遗址位于山东省曲阜市息陬乡西夏侯村西约 500 米，沂河南岸约 500 米。西、北两面呈漫坡状，地势稍低。东北为管勾山及蓼河。西夏侯遗址发现于 1957 年。1962 年、1963 年，中国科学院考古研究所两次对西夏侯遗址进行了考古发掘，发掘总面积为 414 米^2，遗迹有灰坑、陶窑、墓葬及房址等，出土了大量大汶口文化器物，龙山文化和商代遗存较少。遗物主要以陶器为主。2013 年 5 月，西夏侯遗址被国务院核定为第七批全国重点文物保护单位（图 9－10）。

图 9－10　西夏侯遗址

遗址耕土下即为文化层，厚约 1.5 米，共清理灰坑 17 个，陶窑 1 座，墓葬 32 座。遗址还保存有 6～7 米的烧土层及平整的大块红烧土块，推测为建筑遗迹。陶窑仅存窑壁基部、火膛和火门。墓葬为长方形竖穴，底部留有二层台。

遗址出土大汶口文化器物鼎、鬶、盉、壶、罐、缶、豆、钵、杯等陶器 800 余件；铲、斧、锛、环、坠、纺轮等石器 10 余件。此外，还出土了龙山文化器物罐、盆、盘、杯等陶器和斧、纺轮、针等石器、骨器。大多数墓主手中都持有獐牙，其珐琅质都保存完好，这里部分獐牙还连带小块牙骨的情况为别处所未见，所有獐牙恐非用作工具。此外，随葬猪头的情况值得重视，一些墓葬随葬超过一般畜养食用年岁的公猪，这些可以为研究当时的畜养业以至财产状况提供材料。

16. 陵阳河遗址

陵阳河遗址位于莒县城东南 10 公里的陵阳乡大寺村西侧、陵阳河南岸。该遗址南至厉家庄村北，西到集西头村，东邻寺崮山五峰，西为寺崮山山脚下的平原冲积滩。陵阳河自东而西穿过遗址北部注入沭河。遗址东西约 1 000 米，南北约 500 米，总面积约 50 万米^2，土质为黄褐色，文化层厚 1.2 米。

墓葬均为东西向，方向偏东南，以长方形土坑竖穴为主，墓深者距河床表层 1 米左右，浅者仅几十厘米。因长年取土，河水冲刷等原因，一些墓葬受到较严重的破坏。全部墓葬按贫富差别，共分为四个墓葬区。其中第一区在陵阳河南岸河滩，规模较大，随葬品较多的大、中型墓都在这里，刻有图像文字的陶尊、陶质牛角号、石璧、骨质雕筒等象征身份地位的随葬品也都在这里出土。贫穷的小墓则散见于其他各区墓葬之间。这种贫富异区分葬的情形与野店大汶口文化墓葬、呈子龙山文化墓葬十分相似，表明第一墓葬区的墓主人们属于一个富有的家庭和权力集团。

发掘的 6 号葬，长 4.8 米，宽 3.2 米，随葬品多达 206 件，可谓同时期墓葬之冠。墓 6 和墓 17 各出土了一套酿酒器，由滤酒漏缸、瓮、尊和盆组成。同时出土的还有大量高柄杯、觯形壶等酒具。大墓中酒具占随葬品总数的百分之三十以上。这从侧面反映出我国先民在 5 000 年前就开始用谷物酿酒。他们的生产已有了相当的发展，氏族内除了采集、打猎、捕鱼之外，以粟黍为主的农作物种植已有了相当规模。当时，劳动已经开始分工，谷物已有盈余，贫富已经开始出现，已有了剥削和被剥削，氏族首领们已具有相当的特权。在那时，谷物虽有了剩余肯定并不十分丰盈。民以食为天，谷物的占有，果品的占有，猎物的占有都是特有的享受。酒应该是最能说明占有者特权的物品了。从陵阳河出土的酿酒器看，当时的酿酒技术已臻完善，酿酒技术的起源肯定还要自那时起上溯很远的年代。陵阳河的酿酒饮酒器不只说明了当时农业的发展，手工业的发达，制酒技术的成熟，更说明了这里也是我国酒文化的发祥地之一。

陵阳河 19 号墓中出土了一件保存完好制作精美的夹砂褐陶牛角形号，这是中国考古史上首次发现号。它不仅告诉我们墓主人的身份是军事首领，更重要的是对研究原始社会末期氏族组织结构及其变化，具有其他任何器物所不能代替的意义和价值。

陵阳河遗址的发掘及其重大发现，对研究我国文字的起源、酿酒技术的发明与发展、针灸医术的发展与应用、军事集权首领的出现具有重大意义，也为进一步探寻我国私有制的产生、文明的起源、氏族社会向国家转变提供了珍贵的实物资料。而大汶口文化最常见的枕骨人工变形，手执獐牙等风俗在这里不曾发现，反映了陵阳河大汶口文化特有的风貌。

17. 白石村遗址

白石村遗址于 1972 年被发现，位于山东省烟台市芝罘区。该遗址出土的新石器时代器物具有胶东沿海一带的文化特征，被命名为“白石文化”，是中国史前海洋文明的重要发源地。对该遗址的研究证明，胶东半岛和辽东半岛在距今 6 000 年前就有了文化交流，并对朝鲜半岛、日本列岛等也有一定的影响。

遗址的发现，证明了烟台是中华文明发祥地之一，对确立胶东半岛新石器时代文化的序列具有重要意义。一期文化填补了胶东半岛新石器时代文化的空白。在白石村遗址出土的新石器时代的石斧、石铲、石网坠、三角足盆形鼎、骨针等器物，具有胶东沿海一带文化特征。骨器的磨制相当精细，骨针已接近现代的针，说明当时的打磨、纺织和缝纫技术已具有较高的水平。

白石村遗址可分为两期，即第一期文化和第二期文化。第二期文化又分为早晚两个阶段。第一期文化中发现的石球、箭镞等狩猎工具较多，而加工谷物所使用的磨盘、磨棒多出在二期。这种现象说明两期的经济状况是有区别的。在长期稳定的经济生活中，农业生产的比重呈现逐渐上升的趋势。

根据发掘情况看，白石村遗址所处时代的人们，其居室属于半地穴式的海草房，他们能够制作各种石器，如石斧、石镰、石球、石箭头、石磨盘和石磨棒。他们在石器打制和磨光中，不仅对器物形状有充分的认识，而且审美能力也比较强。白石村遗址还出土了许多形式多样且美观的陶器，有钵、罐、三足钵、钵形鼎、筒形罐和斧形鼎等。筒形罐的设计与制作，尤具明显的地方特色。白石村先民制作了许多的骨器，有骨针、骨锥、骨箭头等。古人云："工之巧，得之于针者大矣"。在考古的价值上，石器的打洞与骨器的穿孔，都被看作原始文化进一步发展的一个标志。白石村先民还利用骨笄与壳器，制成了束发器。这个器具的制作，意义重大。束发可以便于劳动和生活，也改变了原始的容貌，反映了白石村人有很强的爱美、爱装饰之心。这也证明了"人类在物质生活提高的同时，必然需要在精神生活上获得相应的提高"的道理。

过去，人们认为胶东半岛在新石器时代是落后于内陆地区的。但是经过近几十年的考古工作，白石村遗址与烟台邱家庄遗址、长岛北庄遗址等，已经建立起了完整的胶东史前文化序列，填补了胶东地区新石器时代考古文化的空白，证明了半岛地区具有悠久的历史和灿烂而独具特色的文化。

18. 邱家庄遗址

邱家庄遗址在福山区东南楼镇邱家庄北高丘上，南北长 180 米，东西宽 170 米，面积约 3 万米^2。遗址与白石村二期文化相当（大汶口文化一期），是烟台市及半岛东端新石器时期的较早遗存。1956 年该遗址被发现后，省、地、市文物部门对其进行过多次调查。1979 年秋，中国社会科学院考古研究所、北京大学和烟台地区文管组联合对邱家庄遗址进行发掘。1987 年该遗址列为市级重点文物保护单位。

遗址的文化层堆积厚 2 米左右，有柱洞、灰坑和墓葬。采集的陶片 80%以上是夹砂红褐陶，次为泥质红陶等，均为手制、素面，少数有附加堆纹和划纹。遗址中还出土了大量的骨制箭头和石球等狩猎工具，以及大量鹿、獐、猪、鸡、牛、羊等野生动物与家畜的骨骼，表明当时远古"福山邱家庄"人们在从事原始农业生产和采集活动之余，尚开展着狩猎活动，用以补足生活资料的不足。发掘出的遗物有石斧、磨盘、骨锥、骨针等，骨针制作得很精巧，它一端有孔，可以穿线，由此可以断定，当时这里已经有了原始的纺织业。陶器器类有鼎、筒形罐、钵、小口罐等。其中筒形罐和小口罐多有对称的蘑菇状或鸟首状把手，这是胶东地区新石器时代遗物的特征。在遗址中还出土了一件罕见的陶制古老吹奏乐器，它是由一种用于狩猎的"口哨"发展而来的。最初，人们只是用哨发出鹿鸣一类的声音来吸引野兽，便于狩猎，后来逐渐发展成为一种吹奏乐器。邱家庄出土的松绿石坠饰，略显梯形，光泽晶莹，制作精美，上有一个孔，这是远古人在生活温饱后，追求美的一个重要标志。

19. 长岛北庄遗址

北庄遗址位于大黑山岛北庄村的东北部，北有烽台山，南邻南河，距海 50 米，遗址南北宽 180 米，东西长 140 米，总面积约 2 万多米^2。被誉为中国的“东半坡”。

北庄遗址最下层是距今 6 500 年的母系原始社会村落遗址，最上层也有距今 3 900 年左右的历史。文化内涵丰富、延续时间长，历经北庄、龙山文化、岳石文化等数千年，其中以北庄遗存最为丰富。自 1976 年被发现以来，北庄遗址经 6 次大规模探察发掘，发现清理出古房基址 104 座，墓葬 60 余座，各种灰坑和窑穴等 200 余座，出土器物 3 000 余件，各种动植物遗存 2 000 余件。其中有大量陶器、骨器、石器。陶器有鼎、鬲、罐、盆等；骨器有镖、箭头、锥、针、鱼叉等；石器有斧、锛、刀、磨棒、纺轮等。另外，还有贝壳、束发器等装饰品。

房址多以半地下方形圆角地穴式为主，设有斜坡门道。房屋内用黄土铺设地面，并垒有灶台。北庄遗址出土的墓葬多为合葬墓，从骨骼的位置可判断出，男女老少分一次或多次葬于同一坑内，说明以血缘关系维系的母系氏族制度在当时具有较强的影响力，这在胶东地区比较罕见。北庄遗址的发掘进一步印证了胶东半岛和辽东半岛自古以来就有较为频繁的文化交流。1996 年，国务院公布北庄遗址为全国第三批重点文物保护单位，并在原址建起了北庄遗址博物馆。

20. 河口遗址

河口遗址位于荣成市人和镇西河口村南 200 米的台地上。西临海湾，东边有河口河自南向北流过，地势西高东低，1973 年整修农田时发现，面积达 13.5 万米^2，是一处文化内涵较为单纯的新石器时代邱家庄类型遗址，为胶东半岛年代较早的贝丘遗址。1975 年与 1976 年，山东省博物馆文物工作队及烟台地区文物管理委员会文物组，曾先后两次对河口遗址进行过试掘，出土有石斧、石锤、石球、砺石和陶器鼎、钵、罐、纺轮、支座以及骨锥、骨针等。遗址还采集到石羊一件，滑石质，圆雕，阴纹勾画，线条粗犷简约，造型朴拙。石羊一身双首，前后一致，出土时一端面部残损，长 23.5 厘米，最宽处 9 厘米，厚约 4 厘米。器物标本和资料现存烟台市博物馆。1992 年 6 月 12 日，河口遗址被公布为山东省第二批重点文物保护单位。

21. 蓬莱紫荆山遗址

紫荆山遗址位于蓬莱市古城西门外。20 世纪 50 年代蓬莱一中在此建校发现该遗址。其西面和背面临海，金沙泉流经遗址东侧，是一处三面环水的高台地。台地高出河岸 4～6 米。遗址南北约 150 米，东西约 200 米，文化堆积 1.0～1.5 米，自然环境很适宜于原始农耕和渔猎，是人类栖息生活的好地方。1963 年，山东省博物馆对遗址进行了考古发掘，出土了大量石斧、石凿、石刀、鼎、碗、杯、盘等器具，以及陶环、石环等装饰品。

根据以上发掘出土的情况可以看出，紫荆山遗址的文化堆积，可以分为上下两个文化层，上层为距今 4 300～4 500 年前的“龙山文化层”；下层为以彩陶为特征之一的文化遗存。

22. 杨家圈遗址

杨家圈遗址位于烟台市栖霞县杨础镇杨家圈村东，海拔 130 米，东临清水河，于 1956 年文物调查时被发现，遗址南北宽 250 米，东西长 400 米。后来由于盖民房、建窑厂、修路等，遗址遭到严重破坏，现仅存东北角一部分，长宽各 100 米，呈略近方形的台地。1981 年，山东省文物考古研究所、北京大学历史系考古专业及烟台地区部分文物干部对遗址进行了抢救性发掘，共开方（沟）33 个，发掘面积 880 米^2。遗址第一层为耕土层；第二、三层属龙山文化层；第四、五层属大汶口文化层，均出土石器、骨器、陶器等。遗址发现 6 座房屋残迹，其中 4 座属龙山文化遗存，平面略近方形，四周有深基槽。3 号房址东西长 6 米，南北宽 5.0～5.4 米，四周基槽深达 2.0～2.3 米，基槽中尚有 28 个柱洞。两座属大汶口文化遗存，平面略近方形，四周基槽较深，槽内柱洞排列有序。遗址清理出 6 座墓葬，其中 1 座属龙山文化遗存，头东脚西单身屈肢；5 座属大汶口文化遗存，长方形土坑竖穴，多无随葬品，唯 2 号墓随葬 1 件鱼椎骨饰。大汶口文化墓有合葬，头西脚东，侧身屈肢葬；有俯身屈肢单身葬，头东脚西；婴儿仰身直肢，头向东，葬式与头向不同，是其特点。

此次发掘，是在胶东第一次发现了龙山文化和大汶口文化的直接地层关系，为研究两种文化的早晚关系增加了新的地层证据。发掘中尤其珍贵的是，在遗址中发现了龙山时代的（距今 4 500 年）粟和水稻的皮壳及印痕，是现知史前栽培稻分布的最北界限。这也表明，在当时的栖霞杨家圈，人们已经开始耕种水稻，并以大米为食了。

杨家圈遗址，是我国已发现新石器时代水稻遗迹纬度最北的史前文明遗址。研究杨家圈遗址对于研究中国水稻种植、中国历代农业经济乃至亚洲水稻变迁都有着重要意义。

23. 莱阳于家店遗址

于家店遗址位于莱阳市柏林庄镇于家店村西北方向，其在古地图上标注名称为方崮崖。早年这里就常常有古物出土，如铜箭镞、土灶和大量异形陶片等，居民一直以为此处是金元时期的军营遗迹。1956 年，省、地、县文物管理人员进行实地考察，探明遗址总面积为 3.84 万米^2，初步认定这是一个较大的新石器时代遗址，仅其表层有部分战国遗存。1981 年 11 月，北京大学师生对此进行了发掘考察，自地表 0.2 米耕作层以下，依次是褐土、灰黑土、灰黄土、灰沙土和黄绿土 5 层，每层中都出土有不同时期的遗物，而且数量丰富。试掘中发现的文物有陶鼎 3 件、杯 2 件、豆 1 件、罐 1 件、碗 1 件、纺轮 2 件、石锛 1 件、石箭镞 1 件和骨针 1 件。其中发掘的一座小墓，葬有一成年女性，俯身头朝东，随葬有鼎、罐、杯、豆等 6 件大汶口时期的陶器，死者下颌骨上的 4 颗臼齿被人为拔去，齿槽完全愈合。

经专家鉴定，莱阳于家店古人类遗址上部地层遗物年代相当于龙山文化时期

（距今 4 000～4 500 年，在夏代稍前），下部地层遗物年代近似于大汶口文化时期（距今 5 000～7 000 年）。1981 年 4 月，莱阳于家店古人类遗址被列为县级重点文物保护单位，并立有文物保护碑，2000 年于家店遗址被确定为烟台市级重点文物保护单位。

24. 尹家城遗址

尹家城遗址位于泗水县金庄镇尹家城村南，坐落在高约 10 米的台地上，遗址南北长 100 米，东西宽 50 米，东西两侧分别有泗河支流流过。遗址文化内涵丰富，文化堆积一般厚 2.8 米左右，局部地段达 4 米以上。全部堆积可以划分为八个大层，分属龙山文化、岳石文化、商代、周代、汉代和唐宋等六个时期，六个阶段之间在时间和文化内容上，都是首尾相接，前后连续不断发展的。其中以龙山文化、岳石文化遗存比较丰富。此外，在遗址的下层之下，还发现一座大汶口文化中期阶段的成年男女双人合葬墓，但没有发现相应的文化层。

尹家城龙山文化遗迹比较丰富，主要有房址、灰坑、沟和墓葬等。灰坑共有 200 多个，按平面形状有圆形、椭圆形、方形、长方形和不规则形五大类，据壁的情况又可分为袋状、筒状和锅底状三小类。其中以圆形筒状灰坑数量最多。

龙山文化房址共发现 20 座，有半地穴式和地面式建筑两类。平面形状均为方形或长方形。半地穴式建筑皆为浅穴，面积一般在 10 米^2 左右。四壁和居住面经火烘烤，呈暗红色，灶面一般与居住面平齐，呈圆形，中心部位略内凹。门道为坡状或台阶状，位于西南隅。室内多数放置数量多寡不一的陶器、石器等遗物，有的还有身首异处的人骨，其中以儿童居多。地面式建筑有单间与双间之别，面积在 10～41.7 米^2。房址四周均挖有基槽，槽内绝大多数有密集的柱洞，四角的柱洞一般较大较深。居住面或用纯黄土铺垫并加工得平整坚实，或在表面涂抹一薄层白灰面。

墓葬共清理 65 座。形制皆为长方形或近似长方形的土坑坚穴墓，30 座有木质葬具，多为一棺，少数大墓有一椁一棺，最大的 M15 使用两椁一馆。葬制以一次葬为主，二次葬较少，葬式均为仰身直肢。除 2 座墓主头朝南外，余者皆为头东脚西，方向在 80°～115°之间。部分墓主有枕骨人工变形和拔牙的习俗，近五分之一的墓主手握獐牙。60％的墓葬有随葬品，数量不等，最多者 40 余件，最少者仅 1 件，大型墓葬均随葬有幼猪下颌骨。

石器数量较多，原料均产自当地。制作一般经过打制、琢制和磨制三道工序，穿孔技术运用得较为普遍。器形有斧、锛、凿、铲、镰、刀、钺、镞、矛、杵、磨棒、石球和纺轮等。此外，还出土少量玉器、细石器和一件圆雕石猪。出土的农业生产工具表明当时的人们从整地、播种到收获每一个生产环节都有相应的农具，可见当时农业生产已积累了相当丰富的经验和知识，农具制作非常精细，造型规矩，通体磨光，刃部锋利。从农具的数量和质量情况来看，农业已是当时的主要经济形式，农具制作也得到了高度重视。

陶器出土多达1 300多件。陶色以灰、黑陶占绝大多数，另有少量褐陶、白陶、红陶和黄陶。陶器普遍采用快轮制作，胎壁厚薄均匀，造型规矩优雅，纹饰简洁朴实，器物种类繁多。器表装饰以素面和素面磨光为主，少数器表施一层陶衣，纹样种类有凹凸弦纹、篮纹、方格纹、附加堆纹、绳纹、竹节纹、锥刺纹、圆圈纹、波浪纹、三角纹和云雷纹等。器形十分繁杂，主要有鼎、鬶、甗、鬲、罐、瓮、盆、壶、匜、钵、圈足盘、豆、盒、碗、杯、器座和器盖等。许多器物的口部、颈部、肩部和腹部配饰以盲鼻、小泥饼、耳和鋬手等物，实用和装饰得到了完美统一。这些精湛的制陶技术表明我国古代制陶业的发展水平之高。

骨器共出土180余件，从选料下料，到磨制加工等工艺都相当完备。器具种类也很多，有凿、镞、矛、笄、钻、鱼镖、锥、针和匕等。骨器制作极精工，通体磨光，尤以骨针为突出。这些精美的器具表明当时已经出现了一批技术熟练专门从事作坊行业的手工业者。石器、陶器和骨器的制造工艺是不完全相同的，各有一套制作方法。因此，手工业内部似已产生了不同行业的作坊，有着明确细致的分工。手工业及其内部分工的出现对历史前进必然产生巨大的推进作用，必将引起社会发生重大变革。

25. 青堌堆遗址

青堌堆遗址位于梁山县小安山镇董庄村西约500米，遗址处在东平湖二级湖区内，1958年蓄水加之历年的雨水冲刷，堌堆逐年缩小，现仅存东西61米、南北40米的缓坡堌堆，并大部分为农田所覆盖。青堌堆遗址是一处新石器时代龙山文化，周围地势低洼。几次发掘探明其文化内涵丰富，出土遗物较多，既有生活用具，也有生产工具。其典型的器物如浅盘圈足豆，肥大袋足甗和侧三角式足鼎等在别处龙山文化遗址较少见（图9－11）。

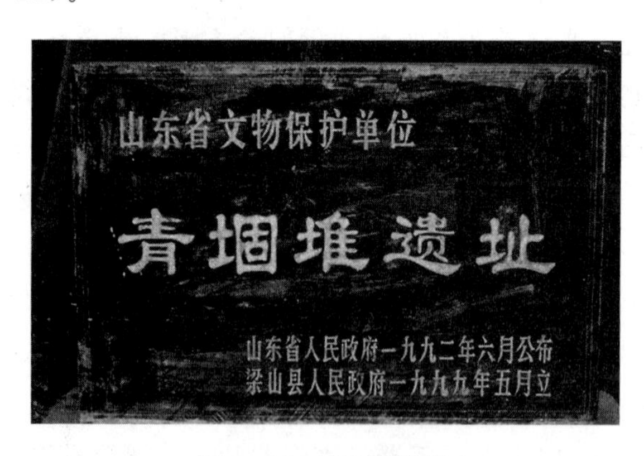

图9－11　青堌堆遗址

1959年中国社会科学院考古研究所山东发掘队在此进行了发掘，开探方三个，探沟一条，发掘面积72米^2。1976年菏泽地区文物工作队又进行了调查性试掘，在堌堆的东北角和两侧各开5米×5米的探方1个，发掘面积50米^2。通过两次发掘，发现了大批遗物和遗迹，遗物有石器、骨角器、蚌器和陶器具，遗迹有房屋、灰坑、墓葬等。

该遗址文化既有山东龙山文化的特点，又有河南龙山文化的特点，是一处具有独特地域性特征的龙山文化遗址。它对两地龙山文化的研究具有重要价值，在学术界有人称之为“龙山文化青堌堆类型”。1972年梁山县革命委员会公布青堌堆遗址为县级重点文物保护单位，1992年山东省人民政府公布其为省级重点文物保护单位。2013年5月，青堌堆遗址被国务院核定为第七批全国重点文物保护单位。这实现了梁山县国家重点文物保护单位零的突破，不仅展示了梁山县深厚的文化底蕴，而且对推进全县文物保护、加快发展文化旅游产业具有重要的意义。

26. 尚庄遗址

尚庄遗址位于聊城市茌平县城西南1.5公里的尚庄村东20米处隆起的土岗上，南北约250米，东西约300米，总面积7万多米^2，中心部位高出地面约3米，文化堆积2～3米。1975年春，该遗址被当地农民发现。1975年秋，省、地、县文物工作者联合对尚庄遗址进行第一次发掘，1976年春又进行第二次发掘。两次发掘揭露面积共1 125米^2，发掘大汶口文化墓葬17座，龙山文化灰坑139个，灰沟1条，房址1座，出土遗物1 360余件。出土汉代、商周、龙山文化、大汶口文化时期较完整的遗物400～500件。该遗址为研究新石器时代的商周文化提供了重要的实物资料。1977年12月，被列为山东省重点文物保护单位。2013年5月，尚庄遗址被国务院核定公布为第七批全国重点文物保护单位（图9－12）。

图9－12　尚庄遗址

遗址的文化堆积分为6层：第1层是近代扰土层，第2层为汉代层，第3层是西周层，第4层系龙山文化层，第5层、第6层为大汶口文化层。尚庄遗址大汶口文化遗存分布范围较广，堆积较厚。从其墓葬形制、结构、葬俗和随葬器物组合、器物造型等方面看，其年代相当于大汶口文化的中期。其文化面貌与龙山文化城子崖类型的面貌比较接近，但与河南龙山文化也有相似之处，这可能与尚庄所处的地理位置有关。

尚庄大汶口文化发现墓葬17座，均为长方形土坑竖穴，少数有二层台和原始木椁。出土随葬品102件，种类主要为陶质生活用具和少量石、骨、蚌器和装饰品，有随葬獐牙和龟甲的习俗。葬式为仰身直肢，头东向，多为单人葬，仅见1座成年女性与儿童的合葬墓。一墓的随葬品多在8～22件，有3座墓未见随葬品。这种现象反映出当时氏族公社成员间所占有的财富不同，而出现了贫富分化。此外，随葬品中的玉器、绿松石等是当地不产的东西，应是通过交换得来的。龙山文化遗物中新型收割工具蚌刀的大量出现，显然是为适应原始农业生产大幅度发展的需要。畜骨的大量出土，反映了当时畜牧业的发展。出土的大量陶片，反映了当时制陶业的发展。当时先民已普遍使用轮制技术，烧陶技术能较好地控制氧化和还原作用，能烧出质地坚硬、色泽一致的陶器，蛋壳陶及胎薄器形大的泥质灰陶大瓮，是当时手工业生产发展水平的代表作。这就反映了当时原始农业、畜牧业、手工业生产较大汶口文化时期的生产水平有大幅度的发展，二者之间似乎有着质的变化，这就为私有制的发展创造了物质基础。

龙山文化遗存分两期，早期灰坑多数为圆形，少数为椭圆形，坑壁较直，坑底平坦；晚期灰坑有圆形、椭圆形和不规则形等，均为锅底状。灰沟和房址同属晚期。灰沟呈长方形，沟底由北向南倾斜，沟壁加工整齐，留有木耒和石斧加工痕迹。房址呈圆形，仅残存居住面，中部微凹，门东向。地面用草抹泥铺垫6层，表面抹一层白灰，平整光滑。从倒塌的草拌泥土块分析，墙壁似为土坯构筑。出土遗物以陶器、蚌器和动物骨骼为多，还有一定数量的石、骨、角器和卜骨。卜骨5件皆为牛、羊肩胛骨制成，有灼无钻。

尚庄遗址的发掘填补了鲁西地区新中国成立以来考古工作的空白，也表明这一地区与鲁东地区的龙山文化有明显区别，诸如白灰面的房址，鬲的出现及陶器纹饰中方格纹、绳纹比例较大等特征，都与河南龙山文化更相似。该遗址对于探讨山东龙山文化的分布、类型、分期及山东地区与周边地区诸原始文化的相互关系有重要价值。

尚庄遗址中的大汶口文化遗存的发现，扩大了学界对大汶口文化分布范围的认识。考古学者对尚庄遗址的研究表明该地区随葬品表现出了多寡和质量优劣的明显区别，墓葬的规模大小也不尽相同，这反映出氏族成员所占有的财富不同，出现了贫富差距。

27. 野店遗址

野店遗址位于山东省济宁市邹城市峄山镇野店村南，遗址地势北高南低，东西长约700米，南北宽约800米，总面积约80万米^2。古文化堆积厚0.5～1.6米。1971—1972年，由山东省博物馆和邹县文物保管所联合对该遗址进行发掘，共揭露面积1 660米^2。文化序列包含山东省典型的大汶口、龙山文化，兼有周至汉代遗存。

野店遗址清理出大汶口文化墓葬、灰坑、房址、陶窑及龙山文化的房址、灰坑，出土各类文物千余件。出土文物有生活用具、生产工具和装饰品。随葬品多寡不一标志着氏族内部贫富分化日趋明显。野店遗址对考证该城的发展史有着重要的参考价值。

遗址中发现大汶口文化和龙山文化的双叠层，清理大汶口文化墓葬100余座、灰坑17个、房址6座、陶窑2座；龙山文化的房址1座、灰坑6个。经放射性同位素^{14}C测定，该遗址年代为距今6 170～4 640年，延续了1 500年左右。

野店遗址的古文化层分为4层，内含大量陶片、木炭、红烧土。房址有方形、圆形，均有半地穴式建筑。部分区域墓葬密集，多呈长方形土坑竖穴，可分为有葬具的原始大、中型木椁墓和无葬具的小型墓，以女性单人墓葬为主，合葬墓仅占10%。随葬品多寡不一，大、中型墓随葬品，大都在50～80件。小型墓仅一两件，存有按贫富分区埋葬的情况。

野店遗址出土的生活用具多为陶器，品类繁多、制作精细，采用镂孔、刻花、拧花等工艺。彩陶器用白、赭、红、黑等色，组成网状、星形、圆圈和植物纹图案，有较高的艺术价值。生产用具是磨制精细的石器。装饰品多是玉簪、玉环、玉璜等玉器。

野店遗址所表现的社会生产水平及其差异，反映了不同的社会现象。该遗址早期尚处在母系氏族末期；中期时父系氏族制因素开始突出，为母系氏族社会向父系氏族社会过渡时期；晚期随着生产力的迅速发展，父系氏族已基本形成和确立，出现私有制以及阶级。1977年12月，野店遗址被公布为山东省重点文物保护单位。2013年5月，野店遗址被国务院核定为第七批全国重点文物保护单位。

第二节　遗址类农业文化遗产保护开发利用研究

一、遗址类农业文化遗产保护开发利用现状

总体上来说山东省目前常用的保护开发利用方法有：

相关单位积极申报，争取将遗址类农业文化遗产列入各级文保单位，例如被国务院公布为全国重点文物保护单位；被山东省人民政府公布为山东省重点文物保护单位；以及入选市级重点文物保护单位。

政府出资建设展馆（如临淄中国古车博物馆、邹平丁公遗址考古楼、济南龙山文化博物馆）或各类文化公园（如大汶口国家考古遗址公园、济南城子崖遗址国家考古遗址公园）以及纪念碑（如官桥镇“北辛文化”遗址纪念碑亭、城子崖遗址保护碑刻）等。

各种媒体渠道宣传各类文化遗址（如中央电视台中文国际频道《国宝档案》栏目

摄制组在丁公遗址拍摄纪录片；山东章丘西河遗址被评选为“1997年中国十大考古发现”之一），以起到教育作用，提高各方面人群的重视程度。

学者对遗址探究后撰写材料（如《两城镇：1998—2001年发掘报告》等），以提高遗址知名度，宣传遗址各方面的价值。

申请各类遗址保护项目（如“十一五”期间全国100处重要大遗址保护项目、国家文物局批复，省政府公布实施的《日照两城镇遗址保护总体规划》项目等），建设各种级别的遗址保护区（如城子崖遗址重点保护区、大汶口文化遗址保护区）等。

二、遗址类农业文化遗产保护开发利用存在问题及原因分析

总体上讲，遗址类农业文化遗产的破坏主要是由于城镇的建设需要、人们的保护意识不到位以及其他自然灾害等原因。但反过来，遗址的发现往往是由建设施工、自然灾害等原因导致的。例如打井、取土填洼、修整农田等农事建设对王因遗址的破坏，建造砖厂等对大范庄遗址的破坏。

具体来说，遗址类农业文化遗产开发过程中的问题主要是遗址保护开发利用的资金不到位，导致很多时候存在于遗址上的违章建筑无法拆除。此外，百姓因需要维持生计而持续破坏遗址的现象比比皆是，同时也导致很多规模较小的遗址得不到有效的发掘和利用。

另外，因为政策的落实不到位，导致很多遗址得不到应有的保护和利用。很多遗址在进行抢救性发掘之后，因得不到妥善保护而必须通过重新掩埋的方法使遗址得以存留，同时还能解决当地的土地问题。一般情况下，这种情况只允许在遗址之上进行基础的农事耕作，以此达到保护遗址的目的。

教育的推广不到位等原因，导致当地人民普遍认为没有金银玉器出土的农业文化遗址价值很低。许多农业文化遗址得不到当地基层领导及民众的重视，以至于出现省级、市级“重点文物保护单位”石基周围经常出现杂草丛生，广告满地的现象。

三、遗址类农业文化遗产保护开发利用对策研究

以大汶口文化遗址为例，为了更好地保护大汶口文化遗址，泰安市政府出台了《泰安市大汶口镇总体规划》，将大汶口文化遗址保护区分为遗址重点保护区、一般保护区、建设控制地带三部分。其中重点保护区以保护单位标志碑为基点，总面积约达83万米^2，在重点保护区内不准进行其他工程建设及深挖。一般保护区从重点保护区的外缘线外扩170米，在一般保护区的保护范围内，不得进行其他建设工程，不得拆除、改建或迁移地上文物。如因特殊建设需要，必须按法定程序履行报批手续。建设控制地带从一般保护区的外缘线各外扩100米，在这一范围内不准修建两层以上的建

筑物，不准深挖2米以下的土地。建筑物或构筑物不得破坏文物保护单位的环境风貌，其设计方案应根据文物保护单位的级别，经同级文物行政管理部门同意后，报城乡建设规划部门批准。

同时，当地政府建立大汶口文化遗址博物馆、大汶口国家考古遗址公园等机构，通过文化旅游的方式将遗址蕴含的文化知识传播出去，提高遗址文化符号的知名度，带来各方面收益的同时提高当地居民的重视程度。

第三，相关部门可通过各类传统媒体和新兴媒体，以论文、著作、电视节目、视频短片、网络博客、新闻报纸等方式，充分提炼遗址的文化价值和意义。

一般情况下，山东省的遗址往往存在于河道支流附近，多位于乡镇农村，所以遗址的保护开发利用还可以结合乡村振兴中的产业振兴和文化振兴，在保护遗址的同时开拓文旅产业，以达到提高当时居民重视程度和生活水平的目的。

山东省全国重点农业农村类文物保护单位

批次	名称	时代	文物保护单位
第一批	城子崖遗址	新石器时代	章丘县
第一批	淄博齐国故城	周	淄博市
第一批	曲阜鲁国故城	周—汉	曲阜市
第二批	大汶口遗址	新石器时代	泰安市
第三批	牟氏庄园	清、民国	栖霞县
第三批	十笏园	明、清	潍坊市
第三批	薛城遗址	东周	滕县
第四批	北庄遗址	新石器时代	长岛县
第四批	丹士遗址	新石器时代	五莲县
第四批	魏氏庄园	清	惠民县
第五批	西河遗址	新石器时代	章丘市
第五批	桐林遗址	新石器时代	淄博市
第五批	丁公遗址	新石器时代	邹平县
第五批	景阳冈遗址	新石器时代	阳谷县
第五批	安丘堌堆遗址	新石器时代—商	菏泽市
第五批	即墨故城遗址	东周—北齐	平度市
第六批	沂源猿人遗址	旧石器时代	沂源县
第六批	北辛遗址	新石器时代	滕州市
第六批	王因遗址	新石器时代	兖州市
第六批	贾柏遗址	新石器时代	汶上县

（续）

批次	名称	时代	文物保护单位
第六批	小荆山遗址	新石器时代	章丘市
第六批	东岳石遗址	新石器时代	平度市
第六批	白石村遗址	新石器时代	烟台市
第六批	两城镇遗址	新石器时代	日照市
第六批	尧王城遗址	新石器时代	日照市
第六批	东海峪遗址	新石器时代	日照市
第六批	后李遗址	新石器时代	淄博市
第六批	三里河遗址	新石器时代	胶州市
第六批	傅家遗址	新石器时代	广饶县
第六批	教场铺遗址	新石器时代	茌平县
第六批	归城遗址	周	龙口市
第六批	郯国遗址	周—汉	郯城县
第六批	邾国遗址	周—汉	邹城市
第六批	偪阳故城	周	枣庄市
第六批	东平陵故城	汉	章丘市
第六批	中陈郝窑址	南北朝—清	枣庄市
第六批	寨里窑址	南北朝—清	淄博市
第六批	大运河古建筑	春秋—今	京杭大运河
第七批	赵家庄遗址	新石器时代	胶州市
第七批	前掌大遗址	新石器时代	滕州市
第七批	史家遗址	新石器时代	桓台县
第七批	土桥闸遗址	明	聊城市东昌府区
第七批	南王绪遗址	新石器时代	蓬莱市
第七批	西朱封遗址	新石器时代	临朐县
第七批	魏家庄遗址	新石器时代	临朐县
第七批	野店遗址	新石器时代	邹城市
第七批	西夏侯遗址	新石器时代、商	曲阜市
第七批	青堌堆遗址	新石器时代	梁山县
第七批	西吴寺遗址	新石器时代、周	兖州市
第七批	杭头遗址	新石器时代、春秋、战国、汉	莒县
第七批	大朱家村遗址	新石器时代	莒县

（续）

批次	名称	时代	文物保护单位
第七批	尚庄遗址	新石器时代、商、周、汉	茌平县
第七批	牟国故城遗址	周—汉	济南市钢城区
第七批	西沙埠遗址	周—汉	莱西市
第七批	北沈遗址	新石器时代—战国	淄博市淄川区
第七批	五村遗址	新石器时代、战国、汉	广饶县
第七批	嬴城遗址	新石器时代、商、汉	济南市莱芜区
第七批	小谷城遗址	新石器时代、汉	临沂市兰山区
第七批	北沟头遗址	新石器时代、周、汉	临沭县
第七批	照格庄遗址	夏、商	烟台市牟平区
第七批	大辛庄遗址	商	济南市历城区
第七批	南河崖盐业遗址	商、周	广饶县
第七批	双王城盐业遗址群	新石器时代、商、西周、金、元	寿光市
第七批	陈庄—唐口遗址	西周—战国	高青县
第七批	鄫国故城遗址	周、汉	苍山县
第七批	杨家盐业遗址群	周	沾化县
第七批	丰台盐业遗址群	周、汉、金	潍坊市寒亭区
第七批	杞国故城遗址	春秋—汉	潍坊市坊子区
第七批	费县故城遗址	春秋、汉、北魏	费县
第七批	南武城故城遗址	春秋—南北朝	平邑县
第七批	琅琊台遗址	秦	胶南市
第七批	祓国都城遗址	汉	胶州市
第七批	昌邑故城址	西汉	巨野县
第七批	磁村瓷窑址	唐—元	淄博市淄川区
第七批	板桥镇遗址	宋—清	胶州市
第七批	萧城遗址	宋	冠县
第七批	建新遗址	新石器时代	枣庄市山亭区
第七批	平阴永济桥古建筑	明	平阴县
第七批	大汶口古石桥古建筑	明—清	泰安市岱岳区
第七批	金口坝古建筑	南北朝—明	兖州市
第八批	邱家庄遗址	新石器时代	烟台市福山区
第八批	焦家遗址	新石器时代	济南市章丘区

（续）

批次	名称	时代	文物保护单位
第八批	汶阳遗址	新石器时代	济南市莱芜区
第八批	岗上遗址	新石器时代	滕州市
第八批	十里铺北堌堆遗址	新石器时代—商	菏泽市定陶区
第八批	呙宋台遗址	新石器时代、商周—汉	寿光市
第八批	梁堌堆遗址	新石器时代—商周	曹县
第八批	刘台子遗址	西周	济南市济阳区
第八批	曲城故城遗址	西周—北齐	招远市
第八批	高密故城遗址	东周—东汉	高密市
第八批	卞国故城遗址	春秋	泗水县

第十章 CHAPTER 10

技术类农业文化遗产调查与保护开发利用研究

第一节 技术类农业文化遗产名录提要

一、土地利用技术类农业文化遗产

1. 梯田

梯田是在丘陵山坡地上沿等高线方向修筑的条状阶台式或波浪式断面的田地。在古代文献中，梯田之名最早应当来自南宋范成大，他在《骖鸾录》中记载道："出庙三十里，至仰山，缘山腹乔松之磴甚危，岭阪上皆禾田，层层而上至顶，名曰梯田。"作为一种重要的土地利用方式，梯田在我国有非常悠久的历史，先秦时期的《诗经·小雅·正月》载："瞻彼阪田，有菀其特。"高亨注："阪田，山坡上的田。"《尚书·禹贡》中也有"厥土青黎，厥田上下"的描述。后来的文人墨客也写出了众多关于梯田的诗句，如宋玉《高唐赋》："长风至而波起兮，若丽山之孤亩。"唐代崔道融《田上》："雨足高田白，披蓑半夜耕。"宋代王安石《送彦珍》："挟策穷乡满鬓丝，阪田荒尽岂尝窥。"明代杨慎《出郊》："高田如楼梯，平田如棋局。"等等。

山地和丘陵约占山东省总面积的33%，为有效利用土地，山东人民创造了多种类型的梯田。梯田不仅可以有效防止坡耕地水土流失，达到蓄水保墒的效果，而且梯田通风透光条件较好，有利作物生长发育和积累营养成分，从而达到增产增收的结果。

山东的梯田类型多样，历史悠久。《氾胜之书》载："区田以粪气为美，非必须良田也。诸山陵近邑，高危倾阪，及丘城上，皆可为区田。"这说明，汉代时梯田在山东就已经出现了。而王祯《农书》的记载最为详细：

> 梯田，谓梯山为田也。夫山多地少之处，除磊石及峭壁，例同不毛。其余所在土山，下至横麓，上至危巅，一体之间，裁作重蹬，即可种艺。如土石相半，则必叠石相次，包土成田。又有山势峻极，不可展足。播殖之际，人则伛偻蚁沿而上，耨土而种，蹑坎而耘。此山田不等，自下登陟，俱若梯磴，故总曰梯田。

山东的辉渠梯田是全国十大梯田景观之一。辉渠梯田位于潍坊安丘市辉渠镇，辉渠镇的群山属沂蒙山系，该地由于独特的地理位置和自然条件形成了一望无尽的梯田景观，仅辉渠大安山，梯田面积就在万亩以上。辉渠梯田保存完好，刚劲雄伟，气势磅礴，壮观秀美，具有北方梯田的显著特征（图 10－1）。

图 10－1　辉渠梯田

2. 沟洫农业

沟洫指的是田间的水道，这些水道形成一个系统，可以起到排水、灌溉和养殖水产等作用。这些水道根据尺度大小有不同称呼。《周礼·考工记·匠人》载：

> 匠人为沟洫，耜广五寸，二耜为耦，一耦之伐，广尺深尺，谓之畎。田首倍之，广二尺，深二尺，谓之遂。九夫为井，井间广四尺，深四尺，谓之沟。方十里为成，成间广八尺，深八尺，谓之洫。方百里为同，同间广二寻，深二仞，谓之浍。专达于川，各载其名。

这些水道，从田间小沟——畎开始，以下依次叫遂、沟、洫、浍，纵横交错，逐级加宽加深，最后通于河川。

这种沟洫体系，是中国古代劳动人民在同洪涝灾害长期斗争的过程中形成的。山东地处黄河中下游地区，属于北方旱作区，但却有着丰富的水利资源。据《尚书·禹贡》记载，山东很早就形成了“浮于济、漯，达于河”“浮于汶，达于济”“浮于淮、泗，达于河”的水上交通网。古代的山东人民利用优越的水利条件，较早创造了沟洫体系。孔子就曾对大禹致力创建沟洫体系的功绩给予大力赞赏。《论语·泰伯》云：“禹，吾无间然矣。菲饮食而致孝乎鬼神，恶衣服而致美乎黻冕；卑宫室而尽力乎沟洫。禹，吾无间然矣。”

沟洫体系基础上形成的沟洫农业，使黄河中下游的山东大平原，成为我国的农业中心。沟洫农业最初的表现形式是井田制。从夏商周开始，由于黄河流域河水经常泛滥，要在平原地区发展农业就必须先开沟排水。在这一过程中，先民们也对土地进行了规划整治，划分出田界疆域，形成方块的井田。井田中有较为规整的沟洫系统。山东沟洫农业从夏禹致力创造沟洫开始，到了周朝形成比较完备的井田式沟洫农业，成为那个时期黄河中下游农业的主导形式和标志（图 10－2）。

井田制对我国古代的沟洫农业有着重要影响，以后历朝历代的劳动人民以此为基础，对沟洫农业形式不断进行创新。如，“沟洫畦田”，这是农民用挖沟之土筑埂形成的。又如“沟洫条田”，这是农民在排水较畅的畦地或地势较平坦的缓坡地开挖浅而密的田间沟而形成的。还有“沟洫台田”，这是农民在排水不畅的易涝易碱地区，开挖深而密的田间沟渠，挖沟取土提高地面而形成的，这样可以相对降低地下水位，有利于除涝治碱。

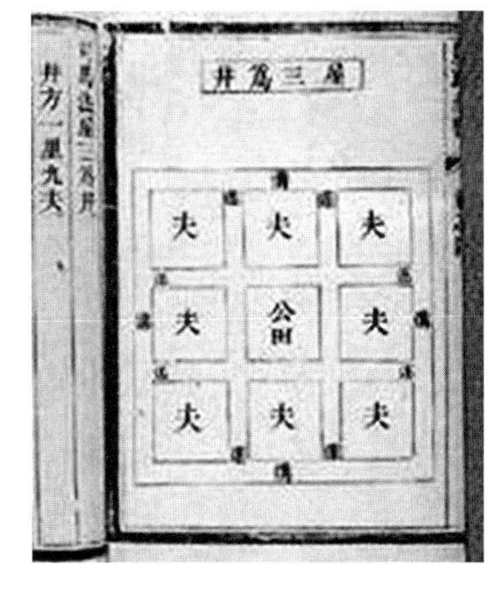

图 10－2　井田示意图

沟洫农业的推行，缓解了干旱和水涝对农业造成的影响，保障了农业生产，提高了作物产量。

> 1962 年冬至 1963 年春，山东各地安排冬春水利建设时，接受之前水利建设的经验教训，因地制宜抓住重点，尽量符合各地实际情况，符合群众要求，符合发展农业生产的需要，取得良好效果。如连年遭受特大涝灾的鲁北平原地区和鲁西平原，以治涝为主，以疏浚、治理支流为主，线面结合。这些地区 90％左右的水利工程是排涝工程。胶东、鲁南地区则以水库配套防洪灌溉为主，或以整修水井、水具与灌溉配套为主，以充分发挥已有水利设施的作用；有条件的地区还增打了一部分新井；同时大力进行了山区水土保持。这些地区的冬季水利建设，70％是灌溉和水土保持工程。涝洼地区总结了过去的经验，有计划地整修和新建沟洫畦田或台田，改造涝洼地，仅德州地区即完成大地畦田 18 万亩，沟洫畦田 14 万亩。①

这一记载说明，直到现代沟洫农业还在山东某些地区发挥作用。

二、土壤耕作技术类农业文化遗产

1. 畎亩法

《孟子》载：“舜发于畎亩之中”。可见，畎亩法是先秦时期山东干旱地区常见的一种起亩垄作技术。至迟在西周时期，具有排水泄滞功能的垄作法已经形成，当时称为“亩”，如《诗经·周颂·载芟》：“有略其耜，俶载南亩，播厥百谷。”《诗经·周颂·良耜》：“畟畟良耜，俶载南亩。”《诗经·小雅·大田》：“以我覃耜，俶载南亩。”这里的“亩”，又称“畎”。《周礼·考工记·匠人》：“匠人为沟洫，耜广五寸，二耜为耦，一耦之伐，广尺深尺，谓之畎。”所谓“畎”，就是田里垄亩间的小沟。

① 常连霆，2015. 中共山东编年史　第十卷［M］. 济南：山东人民出版社：9.

西周到春秋战国时期，形成了畎亩法，这在当时是一种比较先进的垄作技术。根据《吕氏春秋·任地篇》记载，畎亩法主要特点是："上田弃亩，下田弃畎。"《庄子·让王》中司马彪疏"畎亩"时有言："垄上曰亩，垄中曰畎。"意思是说，在高田旱地要将庄稼种在垄沟内，而在低田湿地就要将庄稼种在垄台上。这种因地制宜的垄作技术是很有科学性的。高田种沟而不种垄，是因为高田需要防旱保墒，垄沟里比较湿润，垄台又能挡风，庄稼种在里面能够有效防止水分流失，起到抗旱保墒的作用。低田种垄而不种沟，是因为低田怕涝，庄稼种在垄台上，就有利于排水防涝（图 10－3）。

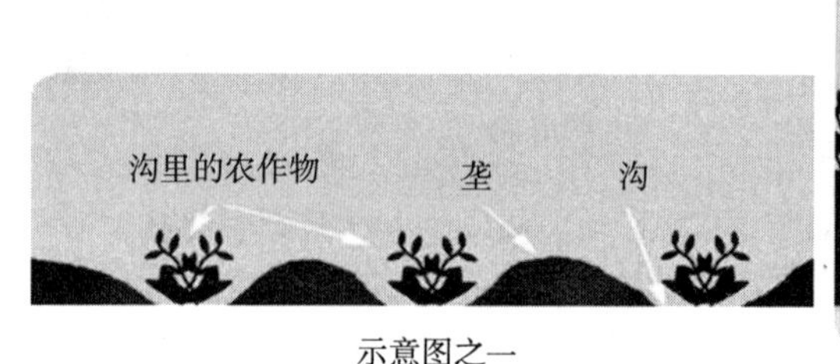

示意图之一

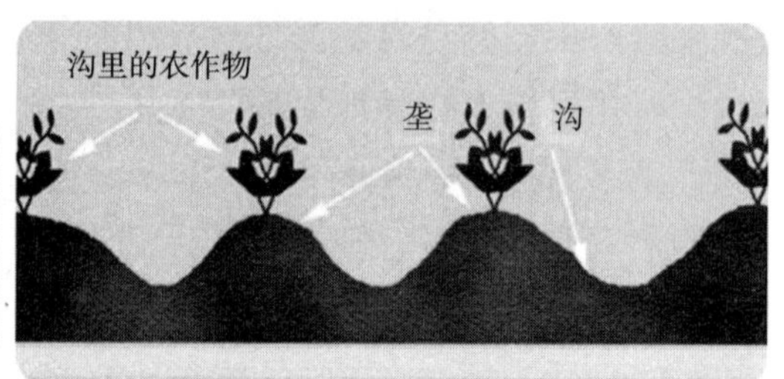

示意图之二

图 10－3　畎亩法示意图

（图片来源：中国数字科技馆农作物博览馆）

畎亩法在耕作技术上的具体要求，古代文献中还有几点记载：

《吕氏春秋·辩土篇》载："亩欲广以平，畎欲小以深，下得阴，上得阳，然后咸生。"这就是说，合乎规格的垄台应当宽而平，垄沟要窄而深，这样才能可以有效地利用地力和阳光，来保证农作物生长发育良好。又载："稼欲生于尘，而殖于坚。"这是对垄体内部结构的要求，垄体应当表土松细，下层坚实，以便形成"上虚下实"的耕层结构，给庄稼的生长发育创造一个良好的土壤环境，所有这些都是合乎科学原理的。

畎亩垄作技术，具有很多优点。由于水往低流的作用，若把农作物种在垄上，可以起到排涝的作用，故此种植法适用于降水较多的地区及低洼地带。它既可抗旱防涝，加深耕层，提高地力，又有利于农作物通风透光，生长发育，提高产量。因此，这种技术对后世产生了重大影响，直到今天山东地区旱田依然采用这种耕作方法。

2. 代田法

代田法最早记载于《汉书·食货志》："武帝末年……以赵过为搜粟都尉。过能为代田，一晦三甽。岁代处，故曰代田，古法也。"这种耕作法是西汉中期农学家赵过发明并推广的一种适应北方干旱地区的耕作方法。具体做法是在长方形的面积为一亩的地面上（汉制横一步纵二百四十步为一亩，一步六尺，每尺约合今市尺七寸）开三条一尺宽一尺深的沟（畎），沟的位置每年都有轮换，因此称为"代田"。

代田法是由畎亩法发展而来的，它的基本结构也是由亩和畎，即垄和沟组成。它的技术特点主要有以下几个方面：

一是沟垄相间。《汉书·食货志》载："一夫三百甽，而播种于甽中。苗生叶以上，稍耨陇草，比盛暑，陇尽而根深，能风与旱。"这就是说，代田法要求将种子播种在沟中，待出苗后，中耕除草时用垄土壅苗。这样一方面可以防风抗倒伏，另一方面也可以防止水分流失，起到保墒抗旱的作用。这与畎亩法中"上田弃亩"的原则是一致的。

二是沟垄互换。垄和沟的位置逐年轮换，今年的垄，明年变为沟；今年的沟，明年变为垄。由于代田总是在沟里播种，垄沟互换这种独特的农田结构，起到了用养兼顾的作用，就达到了土地轮番利用与休闲，体现了"劳者欲息，息者欲劳"的原则。

三是耕耨结合。代田法每年都要整地开沟起垄，等到出苗以后，又要通过中耕除草来平垄，将垄上之土填回到垄沟，很好地起到抗旱保墒、抗倒伏的作用（图10－4）。

图10－4　代田法示意图

（图片来源：中国数字科技馆农作物博览馆）

代田法是一种当时比较先进的耕作技术，它大大提高了农作物的亩产量，对于西汉经济发展起到了很好的作用。不仅如此，代田法的推行还催生了耦犁、耧车等农具，促进了牛耕的推广。《汉书·食货志》："（赵过）用耦犁，二牛三人，一岁之收，常过缦田畮一斛以上，善者倍之。"

代田法最初在西汉三辅地区流行，后来推广到北方很多地区。据《齐民要术》、王祯《农书》等的记载，山东地区很早就有了这种农业技术，而且得到了广泛应用。直到今天，在自然条件比较特殊的山东某些山区，依然采用垄沟种植法，还保留着代田法的某些痕迹。

3. 区田法

区田法是山东旱作地区的重要栽培方法。它的记载最早出现于汉成帝时代山东人氾胜之所著的《氾胜之书》，后来的山东农书《齐民要术》、王祯《农书》等均有相关记载和转述。这是西汉后期在甽种法和代田法基础上发展起来的一种园田化的集约耕作方法。

区田法又称区种法，这里的"区"，读音是"欧"（ōu），它的原义是掊成的坎窖。区田法就是因为庄稼种在"区"中而得名。它布局的具体方式有两种：

一种是沟状区田法，规范做法是将长十八丈（汉一丈约当今六尺九寸四分），宽四丈八尺的一亩土地，横分十八丈为十五町。町宽一丈五分，长四丈八尺。町与町间有宽一尺五寸的行道。每町又竖挖深一尺、宽一尺、长一丈五分的沟，作物即点播在沟内。此法主要种植禾、黍、麦、大豆、胡麻等。

一种是窝状区田法，即在土地上按等距离挖方形或圆形的坑，坑的大小、深浅、方圆、距离，随作物不同而异，作物即点播在坑内。此法主要种植粟、麦、大豆、瓜、芋等（图 10-5）。

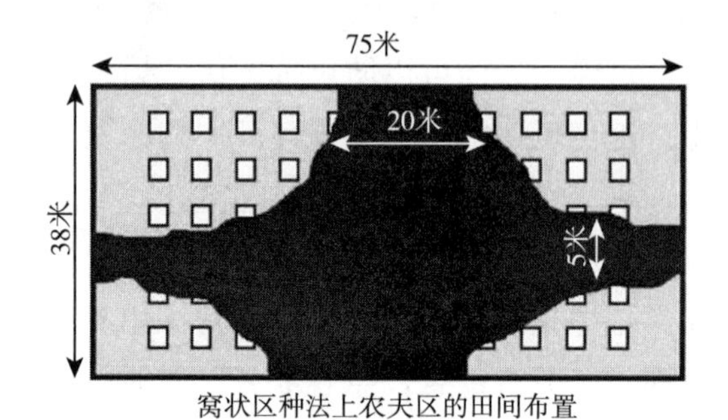

窝状区种法上农夫区的田间布置

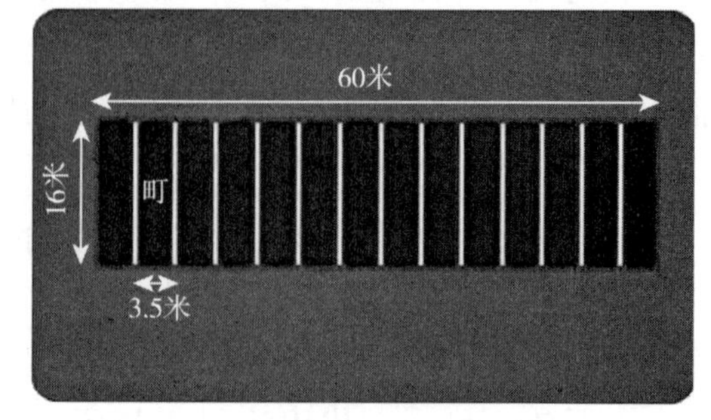

沟状区田法的田间布置

图 10-5　区田法示意图

（图片来源：中国数字科技馆农作物博览馆）

区田法的技术特点如下：

一是作区深耕。《氾胜之书》载："区田不耕旁地，庶尽地力。"区田在土壤耕作上的特点是深耕作"区"，"区"内深耕，不耕"区"外的土地。由于"区"在地平面以下，便于接纳浇灌的水，又可减少水分的向上蒸发，尤其是水分的侧渗漏出与蒸发；这样既可以防止水分和营养物质流失，有利于保墒和保肥，又可以集中人力与物力进行耕作，做到精耕细作。

二是等距点播。宽幅区田所种作物的行距、株距都有一定的规格，呈等距点播形式；方形区田，"区"的大小、"区"间距离、每"区"的株数也都有一定有规格，因而也呈等距穴播状态。这样可以通风透光，使植株在行列间有较多接触斜照日光的机会，提高植株对日光的吸收利用率，从而达到增产的目的。

三是集中管理。由于采取了区田的形式，为集中进行施肥灌水和田间管理提供了方便。《氾胜之书》："区田以粪气为美，非必良田也。"这里指出区田不一定要有好地，但必须要施肥。《氾胜之书》："区种粟（每窝）二十粒，美粪一升，合土和之"；又，区种大豆，"取美粪一升，合坎中土搅和，以纳坎中"；又，区种瓜，"一科（坎）用一石粪"，等等。又："区种，天旱常浇之，一亩常收百斛。"

灌溉是区田增产最重要的原因之一。《氾胜之书》载区种麦田："秋旱，常以桑落时浇之"；又，区种大豆，不但"临种沃之"，而且生长期间也"旱者浇之"，都是"坎三升水"。栽培管理也很细致，《氾胜之书》载，播种后覆土的厚度有一定的要求，不能厚了，也不能薄了。播后采取"以足践之"或"以掌抑之"的办法进行镇压，以达到"种土相亲"的要求。

中耕除草亦很重要，《氾胜之书》："区中草生，拔之，区间草以刬刬之，若以锄锄"；又，"苗长不能耘之者，以钩镰比地刈其草"。区种麦还有一些特殊的措施，《氾胜之书》："麦生根成，锄区间秋草。缘以棘柴律土壅麦根"；又，"春冻解，棘柴律之，突绝其枯叶。区间草生，锄之"。

总之，区田法是一种在小面积土地上集中使用人力物力，精耕细作，防旱保收，求得单位面积高产的集约耕作方法。从汉代以来，各个朝代都有采用，直到今天，山东山地旱作区还在应用该方法。

4. 亲田法

亲田法是明末耿荫楼在做山东临淄、寿光两县知县时所著《国脉民天》一书中记载的一种农作法。

关于亲田法，《国脉民天》载：

> 亲田云者，言将地偏爱偏重，一切俱偏，如人之有所私于彼，而比别人加倍相亲厚之至也。每有田百亩者，除将八十亩照常耕种外，拣出二十亩，比那八十亩，件件偏他些，其耕种、耙耢、上粪俱加数倍，务要耙得土细如面，搏土块可以八日不干方妙。旱则用水浇灌，即无水，亦胜似常地。遇丰岁，所收较那八十亩定多数倍。即有旱涝，亦与八十亩之丰收者一般。遇蝗虫生发，合家之人守此二十亩之地，易为捕救，亦可免蝗。明年，又拣二十亩，照依前法，作为亲田。是五年轮亲一遍，而百亩之田，即有硗薄，皆养成膏腴矣。如止有田二十亩者，拣四亩作为亲田，量力为之，不拘多少，胜于无此法者，甚简，甚易，甚妙，依法行之，决不相负也。

亲田法是在一小部分的土地上，特别施加耕作措施，"如人之有所私于彼，而比别人加倍相亲厚之至。"所以耿氏把这几亩田称作亲田，把这种耕作方式称作"亲田法"。

在古代人口密度较低的地区，每个农户耕种的土地面积较广。要在较广的耕地上精耕细作，做到水足粪勤，根本是不可能的，再加上当时技术条件的限制，人们只能采用广种薄收的办法。但广种薄收在经济上很不合算，古人早就认为有加以改善的必要，陈旉《农书》云："多虚不如少实，广种不如狭收"主张少种多收。而亲田法，就很好地实践了这一主张。亲田法主张在地多的基础上划出一部分土地来精耕细作，增施肥料。一方面农民在亲田的那几亩田里求得丰产，增加农家总的收入；另一方面，此法可通过轮作来全面增进地力，以求持续的增产。

亲田法的确是在地广人稀的情况下，确保丰收的好方法。当然，在目前地少人多，且化肥、农药、机械化日益发展的山东地区，该法已经很难有应用价值。但是，作为一种农业技术，亲田法还可以用在试验田上。而且它所蕴含的土地循环利用和生产经营思想，对于今天的生态农业发展和农村家庭经营也具有一定的参考价值。

5. 牛耕技术

春秋时期，山东地区已经出现牛耕技术。孔子的弟子冉耕的字为伯牛，司马耕的字为子牛，这都是当时出现牛耕技术的证明。西汉赵过对原来的牛耕技术进行了改进，发明了耦犁法。《汉书·食货志》云：赵过“用耦犁，二牛三人”。也就是说，汉代的牛耕方式最初是二牛三人，即由二牛挽拉，三人操作。具体的操作方法有两种：一种是两人在前各牵一牛，一人在后扶犁耕作；另一种是一人在前牵两牛，一人在单长辕的一侧控制犁辕，调节耕深，一人在后扶犁。西汉晚期，由于出现了可供调节深浅的犁箭，取消了掌辕人。随着耕牛技术的进步又取消了牵牛人，发展为二牛一人式，俗称“二牛抬杠”，这是牛耕技术的一大进步。山东邹城出土的汉代画像中就有二牛三人的耕地图，山东藤县黄家岭东汉牛耕图则为二牛一人式耕作方式（图 10－6）。

魏晋时期，在二牛一人式牛耕技术的基础上出现了更为简单方便的一牛一人式耕作技术，不过由于土地地形和土质的关系，两者各有优点、同时并存，并一直沿用至今（图 10－7）。

图 10－6　二牛一人式耕作示意图

图 10－7　牛耕（刘铭摄于沂蒙山农耕博物馆）

牛耕技术从出现一直延续到 20 世纪末，在中国农村延续了 2 000 多年。在 2 000 多年的延续过程中，牛耕虽然也有技术上的改进，但是改变并不大。应该说牛耕技术在历史上是起过重要作用的，对山东农村的生产和生活影响也尤为深刻。

6. 耧播法

耧播法就是用耧车（耧犁）来播种的方法。西汉以前，播种都用手工，没有专门的播种农具。直至西汉武帝时，赵过才发明了播种机械——耧车。最初的耧车是三脚耧，后来又有独脚、两脚和四脚等不同形制。

古代山东地区很早就采用耧播法，王祯《农书》就有关于两脚耧的记载：“其制两柄上弯，高可三尺，两足中虚，阔和一垅，横桄四匝，中置耧斗；其所盛种粒，各下通足窍。”而山东的农书《齐民要术》则引汉代崔寔《政论》记载了耧播的方法和功效。《齐民要术·耕田》云：“武帝以赵过为搜粟都尉，教民耕殖。其法三犁共一牛，一人将之，下种，挽耧，皆取备焉，日种一顷。”

耧犁的使用，极大地提高了播种速度，也促使条播方法在北方旱地农业中成为主流，北朝时期，耧犁已推广到西北边区。在敦煌壁画中，还可以看到宋代该地区使用耧车的情状。

耧播要求播种人有丰富的经验，摇耧播种，要求一个人综合运用手、臂、腰、腿、眼、耳的技巧，做到人畜动作协调，才能很好地完成（图10-8）。有人总结道：

图10-8　耧播（刘铭　摄）

两手端平，两臂夹紧，脚步要碎，脚步要稳。摇耧要有三只眼：一看耧眼出籽匀，二看牲口两耳中，宽窄曲直都照顾，耳听耧里滴籽声。土地要绵，耧要找好，插耧三摇，停耧三不动。籽眼大小要合适，浑身精力要集中。耧要斜插不须直，插耧入土破底墒。上坡慢摇，下坡快摇，籽多快摇，籽少慢摇。回牛停住斗，回耧踢一脚。拢耧摇耧一股劲，一步一摇下籽匀。轻打牲口，轻喊牛。虚土扶，实土压，放耧要轻，摇耧要稳。凸湾牛走宽，凹湾牛走窄。①

目前，山东农村一些偏远地区，仍然在施用耧车进行半机械地播种。耧车是世界上最早的播种机，欧洲一直到16世纪才发明了和耧车原理相同的播种机械，比中国晚了1 000多年。

7. 耜耕法

耒耜为先秦时期主要的农耕工具。耒为木制的双齿掘土工具，起源甚早。《周易·系辞》有载神农氏“揉木为耒”。在新石器时代晚期的遗址中，已发现有保留于黄土上的耒痕。甲骨文中，耒字作方，刻画出商代木耒的大致形象。双齿之上有一横木，表明使用时以脚踏之，以利于耒齿扎入土中，也即《淮南子·主术训》所说的“一人跖耒而耕”。

耒在战国文献中也很常见，《国语·周语》所引《周制》中有“民无悬耜”之语。《孟子·滕文公》：“农夫岂为出疆舍其耒耜哉?”《吕氏春秋·孟春纪》记载，每年之春，天子要亲载“耒耜”，来到籍田。《周礼》中还谈到制作木耜的情况，《地官·山虞》：“凡服耜，斩季材，以时入之”即选择较小的树木以作为耜材之用。《吕氏春秋·任地》：“是以六尺之耜，所以成亩也。其博八寸，所以成甽也。”可见，耜之通高和耒相近。战国时耜也称为臿，故《说文》云：“耜，臿也。”当时往往将臿和耒连在一起，如《韩非子·五蠹》：“禹之王天下也，身执耒臿以为民先。”由于方言关系，山东一带称臿为梩，如《孟子·滕文公》：“盖归反虆梩而掩之。”赵岐注：“虆梩，笼臿之属。”

在铁器出现之后，山东地区的木耒、木耜也开始套上铁制的刃口。如《管子·海王》说到当时铁官时，以为“耕者必有一耒一耜一铫”，这是这类工具变为铁制的明

① 高建章，葛承斌，张沛忠，1954. 榆次专区农民摇耧播种技术经验［J］. 农业科学通讯（9）：469-470.

确证据。这一改进，不仅深翻了土地，改善了地力，而且将种植由穴播变为条播，使谷物产量大大增加。有了耒耜，才有了真正意义上的“耕”和耕播农业。它标志着人类在刀耕火种之后进入到了耜耕农业的阶段。

山东在新石器时代晚期的龙山文化时期，农业生产工具就有明显进步，不仅复合工具增加，而且出现了前所未有的石镢、石犁等工具，其中最显著的是收割工具的增加，这时期已进入耜耕时代（图 10－9、图 10－10）。

图 10－9　新石器时代石耜
（中国农业博物馆　供）

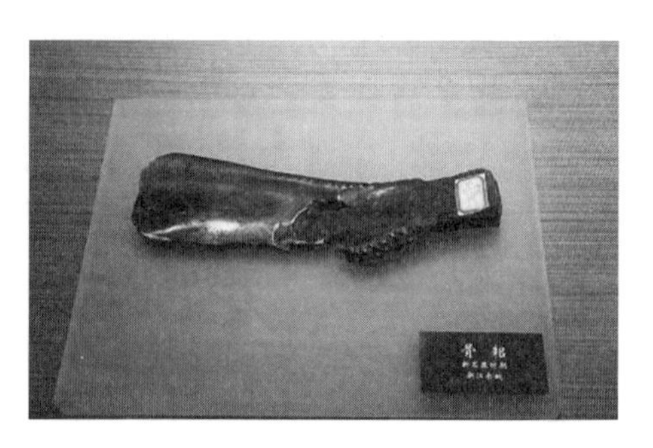

图 10－10　新石器时代骨耜
（中国农业博物馆　供）

虽然现在的山东地区已经没有了耜耕，但是作为一种农业文化遗产它依然具有一定的价值：“一方面有益了解探索历史上耕播农业的发生过程，另一方面还有助于展示、发挥古老耜耕方法与技术的应用及其观赏教育意义。”①

8. 耕耙耱

耕耙耱是山东地区重要的保墒防旱的耕作技术体系，大约在魏晋南北朝时期就已经形成。据北魏《齐民要术》所载，当时已经有了“铁齿𨭉楱”，即铁齿耙这种工具，这样就可以将耕地、耙地、耱地相互配合，形成土壤耕作的体系。这一体系主要包括耕、耙、耱（或称盖、耢）等环节。

（1）耕地。《齐民要术·耕田》对耕地技术有详细要求。

一是耕作时间。要在土壤墒情最为合适的时候耕地，“凡耕，高下田，不问春秋，必须燥湿得所为佳”。所谓“燥湿得所”，就是在土壤中所含的水分适中时，不过干，也不过湿。在这种情况下耕地，耕作的阻力最小，土壤易碎散，能提高耕作质量。如果在水旱不调的情况下，耕地就“宁燥不湿”，因为“燥耕虽块，一经得雨，地则粉解”；而“湿耕坚垎，数年不佳”，即湿耕会形成僵块，破坏耕性，造成跑墒，好几年都会受影响。

二是耕地深度。耕地深度要随耕作季节和耕作方法变化。“秋耕欲深，春夏欲浅”，秋耕后到春耕之间，有较长的时间让土壤冻融风化，因此，秋耕宜深。这样，一方面有利于土壤吸收雨水和冬雪，增加土壤的蓄水能力。另一方面，将底层生土翻

① 王思明，李明，中国农业文化遗产名录［M］. 北京：中国农业科学技术出版社：528.

上，让其长时间风化，土壤变熟，土壤中的潜在有效养分得以充分释放。而春耕夏耕距离播种期近，耕地都宜浅；如果耕深了，将生土翻上，由于时间短暂，生土来不及风化；且春多风旱，盛夏炎热水分蒸发大，会跑墒，就会使水分和养分流失，不利于作物生长。

另外，耕地方法不同，耕地深浅也不同，“初耕欲深，转地欲浅”，这个道理和上面的道理一样，因为“耕不深，地不熟；转不浅，动生土也”。初耕不深，不利于土壤熟化；再耕不浅，容易翻动深层生土，影响作物生长发育。

三是耕地要细。“犁欲廉，劳欲再”，就是犁条要窄小，耱地要把小土块磨得细碎。这样地才能耕得透而细，不至于留下大隔条。

（2）耙地。耕地之后，就要紧跟着耙地。耙地就是用牲畜拉铁齿耙，把耕地时产生的大土块耙小。铁齿耙的形制，王祯《农书》记载有方耙、人字耙等（图 10－11、图 10－12）。耙地一般分为顺耙、横耙和斜耙三次。第一次顺耙，即顺耕作方向行进，目的在于耥平耕翻后的垡头，使地块基本平整；第二次称斜耙，自地块一角开始，纵向曲线行进，以平整和镇压耕土层为主要目的，并随时将残留于表层的杂草剔出，便于播种；第三次仍为直耙，耙的标准是“细、透、平”。所谓细，即所耙地块无遗漏死角，表层土壤细碎均匀；透，即地表以下无夹生土块，坚实匀称；平，即地表平整，无坑洼和突起。

图 10－11　耙（刘铭摄于南京农业大学农博馆）

图 10－12　耖（刘铭摄于沂蒙山农耕博物馆）

（3）耱地。耱是将耙地之后的小土块碾磨成粉末。《齐民要术》中记载有“耕而不耢，不如做暴”的谚语。王祯《农书》更指出“凡已耕耙欲受种之地，非耢不可”。耱，有些地方也称作“耢”，有些地方也称作“盖”，是手指粗细的树枝条编在长方形木框上的一种农具，使用时把耱平放在翻耕过的田地上，由牲畜拉着前进，操作者站立其上，或者用石块放在上面，以增大对地面的压力。

强调耙、耱的目的就是要把土块弄碎，在地面形成一层松软的土层，切断土中的毛细管，尽可能地减少水分蒸发，起保墒防旱作用。这也就是《齐民要术·耕田篇》

所说的“再劳地熟，旱亦保泽”。黄河中下游地区，气候干燥，降水少，80%左右的降水集中在7—9月，春夏少雨，蒸发量大，容易因为干旱影响播种和作物生长。耕、耙、耱耕作技术体系较好地缓解了这一矛盾，意义十分重大。魏晋南北朝以后，我国北方基本上也都是沿用这一精耕细作的耕作技术。

9. 轮作与间、套、混作技术体系

轮作是重要的土壤耕作技术体系，对古今的农业生产都有重要的意义。

> 轮作是在同一田地上不同年度间按照一定的顺序轮换种植不同作物或采用不同复种形式的种植方式。如一年一熟条件下的大豆→小麦→玉米三年轮作，这是在年间进行的单一作物的轮作。在一年多熟条件下既有年间的轮作，也有年内的换茬（生产上把轮作中的前作物——前茬和后作物——后茬的轮换，通称为换茬）。如南方的绿肥→水稻→水稻→油菜→水稻→水稻→小麦→水稻→水稻轮作，这种轮作由不同的复种方式组成，称为复种轮作。在同一田地上有顺序地轮换种植水稻和旱田作物的种植方式称为水旱轮作，这种轮作对改善稻田的土壤理化性状，提高地力和肥效，以及在防治病、虫、草害等方面均有特殊的意义。在田地上轮换种植多年生牧草和大田作物的种植方式称为草田轮作。[①]

轮作的命名是由该轮作的主要作物决定的，一种作物群占到了该轮作区的三分之一，就可以以这种作物来命名了。

中国轮作制度历史悠久，战国李悝提出的“尽地力之教”的理论，就包含有采用轮作，充分利用土地，力求提高单产的方法的思想。山东地区轮作制度也产生得很早。《孟子·告子上》：“今夫麰麦，播种而耰之，其地同，树之时又同，浡然而生，至于日至之时，皆孰矣。”又，《孟子·梁惠王上》：“王知夫苗乎？七八月之间旱，则苗槁矣。天油然作云，沛然下雨，则苗浡然兴之矣。”这里，孟子谈到每年的六月份夏至时节，麰麦成熟，继而又谈到，蕹麦（大麦）到“日至”（夏至）时成熟；又说七八月之间，粟苗干旱枯槁，一下雨有生机勃勃了。也就是说，当时的土地上大麦收割后，粟苗又生长着，可知当时山东地区已经推行着两熟制。

汉代时代田法的推行说明，土地连种制在山东乃至华北地区已经定型，并且产生了轮作复种制。到了北魏时代，山东地区的轮作技术又有了很大的发展。《齐民要术》中有“麻欲得良田，不用故墟”“凡谷田，绿豆、小豆底为上，麻、黍、故麻次之，芜菁、大豆为下。……谷田必须岁易”等记载，这指出了作物轮作的必要性和重要性以及当时作物的轮作顺序。

山东作为旱作区，多采用以禾谷类为主或禾谷类作物、经济作物与豆类作物的轮换模式，亦有与绿肥作物轮换的模式等。经过以后朝代的不断发展，山东的轮作制到

---

① 杨文钰，2008. 农学概论［M］. 北京：中国农业出版社：140-141.

明清时期已经普遍流行。

> 明代后期至少在鲁西平原的兖州府、东昌府已经实行（复种）。如顺治十年汶上县孔府12个屯庄中有10个实行了复种，平均复种指数为116.9；此时的山东还处于明末战乱破坏后的恢复时期，故复种应是沿明代旧例。[①]

清代以后，山东地区一年两熟、两年三熟、三年四熟的作物轮作制已经普遍采用。

康熙《巨野县志》："种植五谷以十亩为率，大约二麦居六，秋禾居四。"又，"二麦种于仲秋，小麦更多，先大麦播种，历冬至夏五月收刈，大麦先熟，小麦必夏至方收"。又，"秋禾以高粱、谷豆为主，其次则黍稷，沙地多种棉花，芝麻与稻间有种者"。又，"初伏种豆，末伏种荞麦，多用麦地，俱秋杪收刈"。[②]

清代丁宜曾《农圃便览》："秋分，稻麦正在此时。……获稻毕，速耕，多送粪种麦。"[③] 这里记载了山东日照地区实行稻麦复种轮作一年两熟的情况。清代吴树声《沂水桑麻话》："坡地（俗称平壤为坡地），两年三收，初次种麦，麦后种豆，豆后种蜀黍、谷子、黍稷等谷，皆与他处无异。……涝地（俗称污下之地为涝地），二年三收亦如坡地。"[④] 这里，总结了山东沂水地区实行麦豆复种轮作二年三熟的经验。此外，三年四熟的作物轮作制已经普遍流行了，一直到现在，当地农民还在采用这种耕作技术。

间作，指在同一田地上于同一生长期内，分行或分带相间种植两种或两种以上作物的种植方式。

套作，指在同一块田地上，在前季作物生长后期，按照一定的行距、株距和占地宽窄比例，播种或移栽后季作物的种植方式，也可称为套种、串种。

间作和套作的区别主要是在种植时间上，一般来说，间作是几种作物同时播种，而套作是不同时期播种几种作物。

混作指的是不同种类或品种的农作物在同一块土地上的间作与套种，混作作物的种植没有一定的规律，可以无规则地分布种植，甚至可在同行里混合种植多种作物。

间作、套作、混作制密切结合，构成了非常完整的用地体系，是中国古代尽地力思想不断发展的体现。

这种用地体系在山东地区产生较早。《氾胜之书》云："又种薤十根，令周回瓮，居瓜子外。至五月瓜熟，薤可拔卖之，与瓜相避。又可种小豆于瓜中，亩四五升，其藿可卖。"这说明西汉时期，山东瓜、豆间作的种植方式就出现了。《氾胜之书》中还

① 傅海伦，2011. 山东科学技术史［M］. 济南：山东人民出版社：332.
② 傅海伦，2011. 山东科学技术史［M］. 济南：山东人民出版社：339.
③ （清）丁宜曾，1957. 农圃便览［M］. 北京：中华书局：72.
④ 山东省沂水县地方史志编纂委员会，1997. 沂水县志［M］. 济南：齐鲁书社：858.

有黍和桑套种的记载：

> 种桑法：五月取椹著水中，即以手溃之，以水洗取子，阴干。治肥田十亩，荒田久不耕者尤善，好耕治之。每亩以黍、椹子各三升合种之。黍桑当俱生。锄之，桑令稀疏调适。黍熟，获之。桑生正与黍高平，因以利镰摩地刈之，曝令燥。后有风调，放火烧之。桑至春生，一亩食三箔蚕。

这种桑黍混作，既可为桑树提供良好的生长环境，对黍也有好处。到后魏时期，山东地区间、套、混作的技术已初步成熟了（图 10－13、图 10－14、图 10－15）。《齐民要术》记述了多种模式的间、套、混作方法。

图 10－13　间作（图片来源：中国数字科技馆农作物博览馆）

图 10－14　套作（图片来源：中国数字科技馆农作物博览馆）

间作。如，《齐民要术·种葱》：“葱中亦种胡荽，寻手供食；乃至孟冬为菹，亦不妨。”

套作。如，《齐民要术·种桑、柘》：“其下，常劚掘，种绿豆小豆。（二豆，良美润泽，益桑。）”“又法：岁常绕树一步散芜菁子。收获之后，放猪啖之，其地柔软，有胜耕者。种禾豆，欲得逼树。（不失地利，田又调熟。绕树散芜菁者，不劳逼也。）”这里提到了在桑树间套作绿豆、小豆、谷子、芜菁等，桑树和绿豆、小豆、谷子、芜菁的间、混作方式，这种方式有两方面的好处：一是可以逼树生长的同时兼收谷子、豆子；二是可以调节地力，改善土壤的环境和质量，可谓一举多得。

图 10－15　混作（图片来源：中国数字科技馆农作物博览馆）

混作。如，《齐民要术·养羊》：“羊一千口者，三四月中，种大豆一顷，杂谷并草留之，不须锄治。八九月中刈作青茭。”

这些记载反映出人们对充分利用地力和太阳光能的重要性有着深刻认识。此外，人们对间、混、套作中作物与作物、作物与环境之间的关系也有了正确认识，并采取了正确的选配作物组合和田间配置方式。

农林间作和作物间的间套作，既增加了农业产品的产出总量，提高了土地的利用效率，又减少了杂草及病虫害，而且可以培肥土壤，是我国人民在农业技术上的伟大创造。

三、栽培管理技术

1. 踏粪法

踏粪法，就是利用动物践踏制造粪肥的方法。这种积肥的方法在山东出现较早。《齐民要术·杂说》载：

> 其“踏粪”法：凡人家秋收治田后，场上所有穰、谷䅌等，并须收贮一处。每日布牛脚下，三寸厚；每平旦收聚，堆积之。还依前布之，经宿即堆聚。计：经冬，一具牛踏成三十车粪。至十二月正月之间，即载粪粪地。计小亩亩别用五车，计粪得六亩。匀摊，耕，盖著；未须转起。

可见，踏粪法是将给牲畜垫圈与积肥相结合，把牲畜粪尿与秸秆、谷糠等混合起来，通过牲畜不断地踩踏而形成厩肥。

元代王祯《农书》也记载了踏粪法：

> 踏粪之法：凡人家秋收后，场上所有穰䅌等，并须收贮一处。每日布牛之脚下，三寸厚；经宿，牛以蹂践、便溺成粪。平旦收聚，除置院内堆积之。每日俱如前法。至春，可得粪三十余车。至五月之间，即载粪粪地，亩用五车，计三十车可粪六亩。匀摊，耕盖，即地肥沃。兼可堆粪桑行。

这里的记载与《齐民要术》的内容大同小异。

蒲松龄《农桑经》载：

> 牛栏积粪在春冬；至夏则上山牧放，不在栏中矣。宜秋日多锼草根，堆积栏外，每以尺许。牛卧立处，受其作蹋，承其溲溺，既透则掘坫栏中，又铺新者。一冬一春，得好粪若干，又使牛常卧干处，岂非两得。

清代山东人孙宅揆的《教稼书》则提出“造粪法”，书中云：

> 夏日有草时，每日芟青草置牛脚下，微洒以水，草上垫土，使牛践踏。草经牛踏，又著粪腐烂，俱成好粪。冬日锄地边干草，土垫之，不用洒水，粪亦不用出，常匀之使平而已。依法行之，每年一牛可行好粪二十车，且牛不受暑温严寒之伤，瘟疫之灾可以永绝。

可以看出，这种“造粪法”与“踏粪法”在方法上基本上是一致的。

踏粪法是山东地区农村常见的积肥方法，除牛以外，还可用马、骡、驴、羊、猪等动物踏粪。

孙宅揆《教稼书》记载了猪圈旁砌坑，坑内投草、垫土，“久之，草、土俱成粪矣。”

2. 基肥

基肥，又叫底肥。就是在播种前或移植前置于土壤之中的肥料（图 10－16）。我国古代先民非常重视施用基肥，把使用基肥称为“垫底”。《沈氏农书·运田地法》载：“凡种田总不出‘粪多力勤’四字，而垫底尤为紧要。垫底多，则虽遇水大，而苗肯参长浮面，不致淹没；遇旱年，虽种迟，易于发作。”使用基肥在我国出现的很早。《诗经·周颂·良耜》载：“荼蓼朽止，黍稷茂止。”意思是苦菜杂草等腐烂在地里使庄稼长势茂盛。这说明，在 3 000 多年前先民们就已经知道为农田施用基肥了。

图 10－16　施用基肥

（图片来源：中国数字科技馆农作物博览馆）

汉代的时候山东地区就有了使用基肥的记载，这在《氾胜之书》中有多处记载：“种枲：春冻解，耕治其土。春草生，布粪田，复耕，平摩之。”这里的“布粪田，复耕”，讲的就是在耕地前，把粪先漫撒于土地表面，然后再翻耕，粪肥进入土壤深处，成为基肥。又：“又种芋法，宜择肥缓土近水处，和柔粪之。”这里的“和柔粪之”，可理解为通过耕作和施肥使土壤达到“和柔”的目的。在谈到区田法时，书中记载道：“以三月耕良田十亩。作区方深一尺。以杵筑之，令可居泽。相去一步。区种四实。蚕矢一斗，与土粪合。”又，“种芋，区方深皆三尺。取豆萁内区中，足践之，厚尺五寸。取区上湿土与粪和之，内区中萁上，令厚尺二寸，以水浇之，足践令保泽。”可以看出，人们采用区种法时，施用基肥采用的是穴施法。

《氾胜之书》中记载的用区种法的作物有禾、黍、麦、大豆、荏（即苏子）、胡麻（即芝麻）、小豆、瓜、瓠等 9 种，种植这些作物的一个关键问题就是施足基肥。

此后的《齐民要术》也有对基肥的记载：

> （种葵）春必畦种水浇。畦长两步，广一步。大则水难均，又不用人足入。深掘，以熟粪对半和土覆其上，令厚一寸；铁齿杷耧之，令熟；足蹋使坚平；下水，令彻泽。水尽，下葵子；又以熟粪和土覆其上，令厚一寸余。

这里是基肥和种肥结合起来使用，更有利于作物的成长。

3. 追肥

追肥是指在作物生长过程中加施的肥料。追肥的作用主要是供应作物某个时期对养分的大量需要，或者补充基肥的不足（图 10－17）。《沈氏农书》云：“盖田上生活，百凡容易，只有接力一壅，须相其时候，察其颜色，为农家最紧要机关。”在作物生长过程中，人们施用的基肥很可能不够用，而影响作物生长，这就需要“接力”，也就是施用追肥。对于如何施用追肥，《沈氏农书》提出了“看苗施肥”方法：

图 10－17 追肥
（图片来源：中国数字科技馆农作物博览馆）

> 下接力须在处暑后，苗做胎时，在苗色正黄之时，如苗色不黄，断不可下接力，到底不黄，到底不可下也。若苗茂密，度其力短，俟抽穗之后，每亩下饼三斗，自足接其力，切不可未黄先下，致好苗而无好稻。

山东地区关于追肥法的记载最早出现于汉代，《氾胜之书》云：

> 种麻，豫调和田。二月下旬，三月上旬，傍雨种之。麻生布叶，锄之。率九尺一树。树高一尺，以蚕矢粪之，树三升；无蚕矢，以溷中熟粪粪之亦善，树一升。

可以看出，这时候施用追肥可能并不普遍，书中只记载了种麻的时候如何施用追肥。

《齐民要术》中也特别强调追肥的使用。如种葵时，“葵生三叶，然后浇之。每一掐，辄杷耧地令起，下水加粪。三掐更种，一岁之中，凡得三辈。”此处正文后还有注释：“凡畦种之物，治畦皆如种葵法，不复条列烦文。”也就是说，凡是畦种的蔬菜，都需要适时地使用追肥。如种韭，“至正月，扫去畦中陈叶。冻解，以铁杷耧起，下水，加熟粪。韭高三寸便翦之。翦如葱法。一岁之中，不过五翦。（每翦，杷耧、下水、加粪，悉如初。）”种苜蓿，“七月种之。畦种水浇，一如韭法。（亦一翦一上粪，铁杷耧土令起，然后下水。）等等。施肥量或重或轻，视作物而异。

4. 绿肥

绿肥是用绿色植物体制成的肥料。我国很早就重视利用绿肥，最初是利用自然界中的绿色植物，《诗经·周颂·良耜》载：“其镈斯赵，以薅荼蓼。荼蓼朽止，黍稷茂止。”荼蓼，泛指田野沼泽间的杂草，让锄下的杂草在田间腐烂，以之肥田，说明早在周代，人们就已经使用野生杂草作为绿肥了。《荀子·富国篇》：“掩地表亩，刺草殖谷，多粪肥田，是农夫众庶之事。”《吕氏春秋·季夏纪》：“是月也，土润溽暑，大雨时行，烧薙行水，利以杀草，如以热汤，可以粪田畴，可以美土疆。”这表明，战国时人们已经从利用野生绿草沤制绿肥发展到利用土地空隙诱发杂草生长而后耕翻杂草作肥料的“养草肥田”农作制。这就为以后人们栽培绿肥奠定了基础。

我国栽培绿肥的最早文字记载是3世纪的西晋，时人郭义恭在《广志》里记载："苕草，色青黄，紫华，十二月稻下种之，蔓延殷盛，可以美田，叶可食。"这是说苕子既可作绿肥，叶又可食。

这种栽培绿肥方式，标志着人类农业史进入了新的阶段，这种用地养地相结合的农业生产技术，对于维持土壤肥力，促进农业可持续发展，起到了不可磨灭的作用。这种方式一直延续至今，目前，我国很多地方还有用苕子作稻田冬绿肥（图10－18）。

图10－18　苕草绿肥

（图片来源：中国数字科技馆农作物博览馆）

山东地区使用绿肥的记载，在西汉时期就出现了。《氾胜之书》："须草生，至可耕时，有雨即种，土相亲，苗独生，草秽烂，皆成良田。"这里是说，要让田间杂草生长繁茂时再耕地。这样，翻耕后，腐烂的杂草就可以肥田。很明显，这里人们是有意识地养草沤肥。

到了北魏时期，山东人民在长期的生产实践中，认识到利用绿肥的重大作用，所以绿肥就被广泛种植起来，不仅品种增多，而且范围增加，从大田扩展到园艺上。山东人贾思勰深入总结经验，对绿肥的使用进行了系统的总结。主要的成绩有：

（1）他比较了绿肥与有机肥的肥效，认为用绿豆作绿肥的肥田效果与蚕沙及腐熟有机肥相似，但还是绿豆的肥效更好。《齐民要术》：

凡美田之法，绿豆为上；小豆、胡麻次之。悉皆五六月中穊种，七月八月，犁稀杀之。为春谷田，则亩收十石；其美与蚕矢熟粪同。

（2）提倡绿肥与其他作物的轮作制。《齐民要术》提到了八种绿肥轮作顺序有：笤草—稻；绿豆—谷；小豆—谷；胡麻—谷；小豆—麻；绿豆—葵；绿豆—葱；绿豆—瓜。例如，绿豆与瓜轮作，"区种瓜法：六月雨后，种绿豆。八月中，犁稀杀之。十月又一转，即十月中种瓜。"再如，绿豆与葵轮作，"若粪不可得者，五、六月中概种绿豆，至七月、八月犁掩杀之，如以粪粪田，则良美与粪不殊，又省功力。"等等。这表明当时人们充分利用作物茬口的空隙时间种绿肥来肥田，提高地力，对现在仍有指导意义。

（3）总结了绿肥与桑树间作的经验。《齐民要术》："其下（桑树下），常劚掘，种绿豆小豆。（二豆，良美润泽，益桑。）"又，"又法：岁常绕树一步散芜菁子。收获之后，放猪啖之，其地柔软，有胜耕者。种禾豆，欲得逼树。（不失地利，田又调熟。

绕树散芜菁者，不劳逼也。)”这里总结了在桑树行间间作绿豆、小豆和绿肥作物，如绿豆、小豆和芜菁的间作方式，这不仅可以改良土壤，还可以以绿肥滋养桑树，使桑树生长繁茂，即“二豆，良美润泽，益桑”。

(4) 指出使用绿肥肥田可以省工省力。《齐民要术·种葵》云：“若粪不可得者，五、六月中穊种绿豆，至七月、八月犁掩杀之，如以粪粪田，则良美与粪不殊，又省功力。”如果粪肥不可得，绿豆来肥田，它的肥效不比粪肥差，而且省工省力。这是符合农业经济规律的。

贾思勰对绿肥生产经验的总结，对我国绿肥发展起到了重大的推动作用，是中国绿肥发展史上的一个重要里程碑。

到了元代，山东人王祯《农书》上记载了苗粪与草粪两种绿肥，苗粪指栽培的绿肥作物，草粪指野生绿肥。他指出：

于草木茂盛之时，芟倒，就地内掩罨腐烂，草腐而土肥美也。记礼者曰：“仲夏之月，利以杀草，可以粪田畴，可以美土疆。今农夫不知此，乃以其耘除之草，弃置他处，殊不知和泥渥漉，深埋禾苗根下，沤罨既久，则草腐而土肥美也。江南三月草长，则刈以踏稻田。岁岁如此，地力常盛。”

明代山东人王象晋《群芳谱·谷谱·田事各款》也有关于绿肥的记载：

肥地法，种绿豆为上，小豆、芝麻次之，皆以禾黍末一遍耘时种，七八月耕掩土底，其力与蚕沙熟粪等，种麦尤妙。

清代山东绿肥种植面积和范围不断地发展扩大，以后逐渐遍及全省各地。绿肥成了很多地区的重要有机肥源，在培肥地力，增加粮、棉、油等作物的产量，促进农牧业结合等方面起到了重大作用。山东省绿肥的产生、发展及其应用，是中华民族的又一项伟大创举，是劳动人民智慧的结晶，是山东省传统农业科学遗产的重要组成部分。我们要发掘它、珍惜它、丰富它，充分利用它为山东省农业现代化建设服务。

5. 火粪

火粪是一种熏土造肥的方法，可能来源于古代的烧田之法。目前，在我国很多地区还有应用。最早的记载应该是南宋时期的陈旉《农书》，书中云：“凡扫除之土，烧燃之灰，簸扬之糠秕，断稿落叶，积而焚之，沃以粪汁，积之既久，不觉其多。”山东地区利用火粪应该很早，但目前较早的记载是在元代王祯《农书》里面，“积土同草木堆叠烧之，土热冷定，用碌碡碾细用之。”这里的积土，可能是墙土、炕土、灶土、熏土、烧土、尘土等。

明清时期，山东火粪的制作方法有了新的进展。主要有以下两种：

一种是把土和草相杂，堆积起来，反复熏烧。明代王象晋《群芳谱·花谱》在论述积制肥料时云：

酿土：用泥不拘，大要先于梅雨后，取沟内肥泥曝干，罗细备用。或取山上可烧处，用水冲浮泥，再寻蕨叶，待枯以前，泥薄覆草上，再铺草，再加泥，如此三四层，以火烧之。干则浇之以粪，再烧数次，待干取用。

一种是烧窑式积制火粪法。明末耿荫楼的《国脉民天》记载了山东寿光、临淄一带采用砌窑烧土或用锅炒的办法：

如无力之家，难辨前粪，止将上好土团成块，砌成窖，内用柴草将土烧极红，待冷，碾碎与柴草灰拌匀，用水湿遍，放一两日，出过火毒，每烧过土一石，加细粪五斗拌匀。如不砌窖，止随便用火将土或烧或炒极熟，俱可代粪也。

又，清代蒲松龄《农桑经》：

和稠泥为丸，升口大，烧锅时，以一二枚入灶腮中，待其红透，又易之，敲破未透者，复入烧之，此与炕土无异。至长烧之炕，炕面一年一换，换时将洞中土倒翻一遍；不三年表里熏透，则全换之。用豆碾瓣堆地上，滚水拌匀令透。以苫覆之，发热后上地最壮。每种麦用芝麻炒黄拌土，碾令破。发热耩地亦佳。

6. 嫁接技术

嫁接，即把一种植物的枝或芽，嫁接到另一种植物的茎或根上，使接在一起的两个部分长成一个完整的植株。这是植物人工繁殖的方法之一。它的原理是利用植物受伤后的愈伤机能来达到目的。

我国古代文献中有“木连理”的记载，所谓“木连理”就是不同根的树，其上部枝干连生在一起。古人认为这是祥瑞。《后汉书·安帝纪》：“（元初）三年春正月甲戌……东平陆上言木连理。”其实，这是古人对自然界中树木枝条相互摩擦损伤后，彼此贴近而连生的现象的解释。由于这种自然现象的启发，人们创造了嫁接技术，广泛应用于农业生产中。

我国古代嫁接技术起源于何时，目前尚无明确文献记载。辛树帜先生说：“我个人从研究古代梨之种种名称，因而推测秦、汉之际，中国劳动人民，或已掌握了用梨与棠或杜嫁接的技术。”[①] 也就是说，嫁接技术很可能在秦汉时代已被人们采用了。

山东人民很早就懂得了嫁接法，汉代《氾胜之书》载：“区种瓠法，……既生，长二尺余，便总聚十茎一处，以布缠之五寸许，复用泥泥之。不过数日，缠处便合为一茎。”这里讲到了用10株瓠苗嫁接成一蔓，可以结出大瓠，从而提高了产量。可见，那时嫁接技术还只限于同属同种的植物。而到了北魏时代，山东的嫁接技术就已经达到了很高的水平。《齐民要术》中，贾思勰对果树嫁接技术进行了细致描述，书中不但出现了同属不同种间的嫁接（梨与棠、杜；桃与杏、李等），还出现了不同科、

① 辛树帜，1983. 中国果树史研究［M］. 北京：农业出版社：151.

不同属的嫁接（梨与桑、枣、石榴；葡萄与枣等）。如，《齐民要术·插梨》中谈到的梨树嫁接技术：

插者弥疾。插法：用棠、杜。（棠，梨大而细理；杜次之；桑，梨大恶；枣、石榴上插得者，为上梨，虽治十，收得一二也。）杜如臂以上皆任插。（当先种杜，经年后，插之。主客俱下亦得；然俱下者，杜死则不生也。）杜树大者，插五枝；小者，或三或二。梨叶微动为上时，将欲开莩为下时。

书中对于砧木、接穗等的选择；嫁接的方法、嫁接的日期等，叙述非常详尽，很符合现代科学原理，体现了很高的科技含量（图 10－19）。

图 10－19 魏晋时期果木嫁接技术的场景

（图片来源：中国农业博物馆）

到了元代，山东王祯《农书》则对嫁接技术、嫁接工具等进行了全面总结，如：

接工必有用具，细齿截锯一连，厚脊利刃小刀一枚，要当心手款稳，又必趁时。（以春分前后十日为宜，或取其条衬青为期，然必待时暄可接，盖欲藉阳和之气也。）……夫接博，其法有六。一曰身接，二曰根接，三曰皮接，四曰枝接，五曰靥接，六曰搭接。

大体来讲，这些嫁接方法与现代的嫁接方法相同或相似。

王祯《农书》还谈到了砧接和穗接相互影响的问题：

凡接枝条，必择其美，根（砧木）株（接穗）各从其类。……一经接博，二气交通，以恶为美，以彼易此，其利有不可胜言者。

到了 17 世纪，山东人王象晋在《群芳谱》中，认为嫁接和培养相结合能促进植物变异，这说明古人对嫁接技术的认识更加深刻了。

可见，在古代山东地区，人们对嫁接技术和有关原理的认识，已经达到很高水平。

7. 选种技术

山东人民很早就懂得选种的重要性，西汉时期的《氾胜之书》就有关于选种的记载：

> 取麦种，候熟可获，择穗大强者，斩束，立场中之高燥处，曝使极燥。无令有白鱼，有辄扬治之。取干艾杂藏之，麦一石，艾一把；藏以瓦器竹器。顺时种之，则收常倍。取禾种，择高大者，斩一节下，把悬高燥处，苗则不败。

这种选种法现代称之为“穗选法”，就是在禾、麦成熟之后，选出那些又大又强，颗粒饱满之穗，悬挂高燥处曝干作为将来的种子。这应该是关于穗选良种的最早可靠记录了。

到了魏晋南北朝时期的《齐民要术》，对选种的技术记载更为详细。如书中讲到谷类作物的选种时，特别强调了保纯防杂的重要性。书中云：

> 粟、黍、穄、粱、秫，常岁岁别收：选好穗纯色者，劁才雕反刈，高悬之。至春，治取别种，以拟明年种子。（耧耩稀种，一斗可种一亩；量家田所须种子多少而种之。）其别种种子，常须加锄。（锄多则无秕也。）先治而别埋；（先治，场净，不杂；窖埋又胜器盛。）还以所治蘘草蔽窖。（不尔，必有为杂之患。）将种前二十许日，开出，水洮。（浮秕去则无莠。）即晒令燥，种之。

对谷类作物的选种，这里讲了三层意思：一是，须年年选种，而且要选择那些纯色好穗，勿与大田中其他作物混杂；二是，对于选出的良种，收藏方式要讲究，应单收单藏，且要以自身的稿秸来塞住窖口，以免混杂别种。三是，在用种之前，还要用清水浸种，以此将那些轻浮不饱满的种子、秕子以及混杂的其他种子去掉。

到了明清时期，选种技术更加进步，对谷类作物的选种，讲究粒选、穗选和混合繁殖，这种方法很类似于今天的混合选种或集团选种法。山东人耿荫楼《国脉民天·养种》云：

> 凡五谷、豆果、蔬菜之有种，犹人之有父也，地则母耳。母要肥，父要壮。必先仔细拣种，其法……于所种地中，拣上好地若干亩，所种之物，或谷或豆等，即颗颗粒粒皆要仔细精拣肥实光润者，方堪作种用。此地比别地粪力，耕锄俱加数倍……则所长之苗，与所结之子，比所下之种必更加饱满……下次即用此种可结之实内，仍拣上极大者作为种子……如此三年三番后，则谷大如黍矣。

这里形象地将种子比作父亲，将田地比作母亲，强调在播种前要仔细挑拣种子，并且连年培育。这种粒选法与穗选相结合的方式，是防止品种混杂、退化，保证大田增产的有效措施。这种选种法一直是山东地区优良的种植传统，直至今天仍有其实用价值。

8. 溲种法

溲种法是在播种之前对种子进行的一种处理工序，类似于现在的种子包衣。这种方法在山东出现的很早，西汉《氾胜之书》中对此有具体叙述。书中云：

> 薄田不能粪者，以原蚕矢杂禾种种之，则禾不虫。又马骨锉一石，以水三石，煮之三沸；漉去滓，以汁渍附子五枚；三四日，去附子，以汁和蚕矢羊矢各等分，挠令洞洞如稠粥。先种二十日时，以溲种如麦饭状。常天旱燥时溲之，立干；薄布数挠，令易干。明日复溲。天阴雨则勿溲。六七溲而止。辄曝谨藏，勿令复湿。至可种时，以余汁溲而种之。则禾不蝗虫。无马骨，亦可用雪汁，雪汁者，五谷之精也，使稼耐旱。常以冬藏雪汁，器盛埋于地中。治种如此，则收常倍。

这种方法，叫后稷法。用此法溲种，应当选干燥的天气里进行。这样，种子干得快。还可以将种子薄薄地摊开，并多次搅翻，加快种子干燥的速度。阴天不宜溲种，因为种子不容易干燥。溲种大约六、七次就可停止，晒干后妥善贮藏，切不可让种子受潮。到了播种之时，最好用原先溲种的余汁，再溲一次后播种。经过这样处理，不仅可以使庄稼免于蝗虫等害虫的危害，而且还可以使庄稼更加耐旱。从而，可以获得加倍的收成。

书中又云：

> 验美田至十九石，中田十三石，薄田一十石，尹择取减法，神农复加之骨汁粪汁溲种。锉马骨牛羊猪麋鹿骨一斗，以雪汁三斗，煮之三沸。以汁渍附子，率汁一斗，附子五枚，渍之五日，去附子。捣麋鹿羊矢等分，置汁中熟挠和之。候晏温，又溲曝，状如后稷法，皆溲汁干乃止。若无骨者，缲蛹汁和溲。如此则以区种，大旱浇之，其收至亩百石以上，十倍于后稷。此言马蚕皆虫之先也，及附子令稼不蝗虫；骨汁及缲蛹汁皆肥，使稼耐旱，使稼耐旱，终岁不失于获。

这种溲种法叫神农法。就是先把锉碎的马、牛、羊、猪、麋、鹿等骨共一斗，与雪水三斗混合，煮沸。三次后，漉去骨渣，用剩下的清汁来浸渍附子，每一斗骨汁浸渍附子五枚。五天以后，取出附子，把等量的麋粪、鹿粪和羊粪捣烂后倒入清汁里，并搅拌均匀备用。等到晴天温暖的时候，就用上述拌好的清汁溲种，溲后随即晒干，一定要等到附在种子上的稠汁干了才可以。如果没有上述骨头，也可以用煮蚕茧缫丝的水来调粪溲种。经过这样处理的种子播种，出苗后如遇大旱，要进行灌溉。这种溲种方法与后稷法一样，也能起到免虫、耐旱的功效，保证农业稳产的作用。

四、防虫减灾技术

1. 治蝗法

山东是我国蝗灾多发的地区之一。我国关于蝗虫发生地的最早记载见于《春秋》，多发生于“鲁”，即今山东境内。《左传·文公三年》：“秋，雨螽于宋。”《春秋·宣公十五年》：“秋螽……冬蝝生。”何注：“蝝，即螽也，始生曰蝝，大曰螽。”

据张学珍等《1470—1949 年山东蝗灾的韵律性及其与气候变化的关系》一文统计，1470—1929 年，山东省就发生了大小蝗灾 1 174 次。陈正祥在《中国文化地理》专著的《方志的地理学价值》一文中，根据我国 3 000 多种方志中有关八蜡庙、虫王庙和刘猛将军庙的记录绘制了中国蝗神庙的分布图。从我国蝗神庙的分布图中，我们不仅可以看出历史上蝗灾发生的地理位置、范围，还能从蝗神庙分布的密度反映出蝗灾发生的程度。从图中可以看出，黄淮平原的山东省是蝗虫庙最多的省份之一。

面对蝗灾，劳动人民创造了很多灭蝗法，如火烧法、人工扑打法、挖沟掩埋法等，这些方法在山东都有应用。

火烧法灭蝗应用很早。《诗经·小雅·大田》：“去其螟螣，及其蟊贼，无害我田稚。田祖有神，秉畀炎火。”所谓“秉畀炎火”，按郑玄的解释是“持之付与炎火，使自消亡”。而唐代的姚崇认为这是古人灭蝗之法。唐代开元四年（716），山东发生严重的蝗灾，身为宰相的姚崇主张以火烧的办法灭蝗。《旧唐书·姚崇传》载：“蝗既解飞，夜必赴火，夜中设火，火边掘坑，且焚且瘗，除之可尽。”这是利用蝗虫向火的习性，以火诱蝗，边烧边埋，这是消灭蝗虫的有效措施。

清朝乾隆年间山东巡抚崔应阶在七月初三日的上奏中提到火烧灭蝗。他从任丘回山东，看见德州平原一带田内，有零星细小蚂蚱跳跃，“询之土人，佥云系前次蚂蚱遗子复生。臣即亲加督办，因禾稼盈畴，每处俱令民夫先于空地挑壕排列，雁翅驱入壕内，用火焚烧，立时尽净”。[①]

人工扑打法是最普通的灭蝗办法。不过，在古代生产力不发达的情况下，这种人海战术，确也是很有效的措施。汉代文献中就有山东人工扑打捕蝗的记载，《汉书·平帝本纪》：“郡国大旱，蝗，青州尤甚，民流亡。……遣使者捕蝗，民捕蝗诣吏，以石、斗受钱。”

挖沟掩埋法就是在田间地头挖深沟或坑，然后设法将蝗虫驱赶入内，以土掩埋的灭蝗法。唐代时，山东蝗灾，姚崇就是利用蝗虫向火的特性，挖下深沟，边烧边埋，效果很好。清代山东巡抚阿尔泰提到德州、济南的刨沟法灭蝗蝻。“一面扑打，一面张网兜捕，俾无漏逸。又于隙地刨沟，夜间燃火，蚂蚱见火奔趋，群集沟内，加草焚烧，用土埋压。并于黎明露重之时，上紧扑捕。”[②]

蒲松龄《捕蝻歌》中也有这方面的记载，歌云：

我前建蝗策，顺风熏烟瓶。行者已有效，高缈胜旗旌。小蝗无翎翅，

① 王建革，2009. 传统社会末期华北的生态与社会［M］. 北京：生活·读书·新知三联书店：350.

② 王建革，2009. 传统社会末期华北的生态与社会［M］. 北京：生活·读书·新知三联书店：349.

此术难概行。但须捕治早，欧诗良可铭。因循不急剪，健跃势弥宏。莫惜方丈地，拔禾为巨坑。同井齐捍御，驱逐如群蝇。一坑几万万，数顷讵足乎？

2. 传统农业防治法

农业防治是中国古代最常用的一种灾害防治法，古代山东农业生产中创造了许多农业防治的方法（图 10-20）。

图 10-20 古代病虫害防治图（刘铭摄于南京农业大学农博馆）

压雪保墒杀虫法。《氾胜之书》载："冬雨雪止，辄以藺之，掩地雪，勿使从风飞去；雪复藺之；则立春保泽，冻虫死，来年宜稼。"这是指通过压雪的办法既可以抗旱保湿，又可以冻死害虫。

对种子进行处理进行防虫。《氾胜之书》中提到了"溲种法"，就是通过对播种前的种子进行处理来防虫的办法。《氾胜之书》中还记载道："种伤湿郁热则生虫也。"这说明了种子收后暴晒，对防治虫害有效。

防除仓库害虫的新经验。主要有"窖麦法"和"劁麦法"。

（1）窖麦法。《齐民要术·大小麦》："令立秋前，治讫。（立秋后，则虫生。）蒿艾箪盛之，良。（以蒿艾蔽窖埋之，亦佳。窖麦法：必须日曝令干，及热埋之。）"窖麦法是把立秋前收获的麦种，先在日光下晒干，然后把麦种贮藏在用艾蒿茎秆编成的篓子里，趁热进窖，并用艾蒿塞住窖口，这样就可避免虫害。

（2）劁麦法。《齐民要术·大小麦》："多种久居供食者，宜作劁麦：倒刈，薄布；顺风放火。火既著，即以扫帚扑灭，仍打之。（如此者，经夏虫不生；然唯中作麦饭及面用耳。）"劁麦法是将割倒后的稻或麦，铺成薄铺，然后顺风放火，火着之后，用扫帚扑灭，然后脱粒。经过"劁麦"处理的稻麦，可能丧失其发芽力，不能作种子用，但是用于贮藏粮食，可久贮不为虫害。

掌握农时，适时耕种和收获。按时耕种和收获也是防治病虫的重要方法。《氾胜之书》载："种麦得时无不善。夏至后七十日，可种宿麦。早种则虫而有节，晚种则穗小而少实。"强调了适时栽植的防虫作用。《齐民要术·蔓菁》："六月种者根虽粗大，叶复虫食”，而主张“七月初种，根叶俱得”，即是考虑到避开虫灾发生期而适时播种的例证。《齐民要术》还介绍了适时收获防治虫害的经验，如《齐民要术·伐木》：“凡伐木，四月七月，则不生虫而坚肕。”。

合理轮作。《齐民要术·种麻》载：“麻，欲得良田，不用故墟。（故墟亦良，有点叶、夭折之患，不任作布也。）”这里指出，种麻“不用故墟”，否则有“点叶、夭折之患”。所谓“点叶”“夭折”指的是两种植物病害。“点叶”，相当于现在所说的危害叶片的炭疽病，“夭折”，大约是现代说的危害大麻茎的立枯病。这两种病都可通过土壤传染。这就是说，实行农作物的合理轮作是防治农作物病虫害的有效措施。这是我国历史上用轮作防治病虫害的开端。

合理进行间作亦可防虫。清代蒲松龄《农桑经》记载道：“又有韭地种芥种麻，则虫自无。”

3. 药物防治

用药物防治害虫，在我国应用的历史很悠久。古代防治害虫所用药物主要有植物性药物和无机化学药物等。如，用莽草、嘉草、牡菊等熏洒治虫；用草木灰和石灰防除室内害虫，如《周礼·秋官》记载“赤灰氏”和“蝈氏”掌除“墙屋”的害虫和“灶黾”“焚牡鞠”“以蜃炭攻之”“以灰洒毒之”，证明石灰和草木灰在防治室内害虫上的应用已有二千年以上的历史。《周礼·秋官·翦氏》：“掌除蠹物。以攻禜攻之，以莽草熏之。”汉郑玄注：“莽草，药物杀虫者，以熏之则死。”《名医别录》云：“矾石，杀百虫。”等等。

山东人民很早就懂得了用药物防治农业害虫。《氾胜之书》云：“种伤湿郁热则生虫也。……取干艾杂藏之，麦一石，艾一把；藏以瓦器竹器。”这是用艾来预防贮麦害虫。《齐民要术·大小麦》进一步发挥了这种做法，“蒿艾箪盛之，良。（以蒿艾蔽窖埋之，亦佳。）”

《齐民要术》还谈到了治瓜笼病的方法。《齐民要术·种瓜》：“凡种法：先以水净淘瓜子，以盐和之。（盐和则不笼死）”这是指用盐浸的方法可以杀灭病菌，防治瓜苗病死。又，“旦起，露未解，以杖举瓜蔓，散灰于根下。后一两日，复以土培其根，则迴无虫矣。”把灰撒于瓜根际，日后复土，有“迴无虫”的效果。这可能是因为根际的灰对瓜的地下害虫有忌避作用，或者有抑制枯萎、根腐病菌等效果。

清蒲松龄《农桑经》谈到了用砒石防治害虫。书中云：

> 煮信（信即砒石。出信州者佳。），地多虫。宜将信石捣细入谷煮至裂，加信再煮，水尽晒干。临用时少调油，乃拌麦中。大约信一斤，煮谷五升，耩十五亩。收晒宜谨，关系性命非小也。

4. 诱杀法

所谓诱杀法，就是利用害虫的习性，用其所喜食的食物来引诱害虫聚集，然后聚歼之的方法。

山东人在很早就利用诱杀法防治害虫了（图10-21)。《齐民要术·种瓜》：“（瓜田）有蚁者，以牛羊骨带髓者，置瓜科左右；待蚁附，将弃之。弃二三，则无蚁矣。”书中又引崔寔曰：“十二月腊时祀炙箑，树瓜田四角，去‘蠸’。”

图10-21 诱杀害虫（刘铭摄于沂蒙山农耕博物馆）

利用某些害虫的向光性而用火烧死害虫的方法，在《齐民要术》中已经得到应用。《齐民要术·种枣》：“凡五果及桑，正月一日鸡鸣时，把火遍照其下，则无虫灾。”

蒲松龄《农桑经》对用诱杀法防治害虫也有详细记载。书中云：

> 蜚之为害，《春秋》书之。今俗谓之臭虫。暵禾麦，唯不伤。其暵苗，自根而秸，吮其津液。则日见其槁。冬蛰土内，生又繁，最难治。惟青鱼头多积晒干为末，拌种种之；或用柏油、用砒者。有以咸鱼水灌瓶中半瓶，向垄中虫盛处埋之，令口与地平，则虫闻其味赴集瓶中；死将满倾出。更换水埋之，可以渐尽。

5. 人工捕捉

人工捕捉害虫在山东出现很早。北魏贾思勰《齐民要术·收种》：“氾胜之术曰：‘牵马，令就谷堆食数口；以马践过。为种，无虸蚄等虫也。’”虸蚄，即黏虫。幼虫头褐色，背面有彩色纵纹；成虫淡灰褐色，有迁飞习性。是农作物的重要害虫。

清代《农桑经》中有关于人工防治虸蚄的详细记载。书中云：

> 虸蚄初出小如蚕蚁，一见便打之。打蚁一合，可将米一斗，勤打之三日可尽，勿以小而忽之也。至大时遍地蠕蠕，打少懈则禾立尽，打太久则禾亦枯矣，难为力矣。又法：虫畏日，日出高半伏土中，夜则俱出，宜雇多人乘夜打之。夜凉即不苦热。雇人亦省三餐，而虫亦易尽。此甲申年验过之良

方，慎勿听龙天门愈打愈胜之妖言以自误也。

蚜蚄之害，惟除子之法最捷最易，用力少而见功多。盖每逢蚄出之前，必先阴雨连绵，或雾气熏蒸，此时必有小白蛾，飞扑谷内，谷梢嫩叶，必有子卷裹嫩尖。早拿白汁一缕，少晚者渐有子形，再晚者即蠕蠕欲出，一叶内小蚁可藏八九十个。此时速使剪子剪去，其子挫死地上，趁此拿一日，胜后来拿十日。

此外，《农桑经》还有人工捕捉豆虫的记载。书中云："（豆虫）虫大，捉之可净。"

五、生态优化技术盐碱地改良法

山东鲁西北地区自古以来就存在着大量盐碱地。《汉书·地理志》云："齐地负海泻卤，少五谷而人民寡。"这些盐碱土的类型虽然各有不同，但土地瘠薄，作物产量极低，严重影响这些地区的农业生产和人民生活。自古以来，山东人民创造了许多的治碱方法，诸如换土改良、水利改良、生物改良、农业改良等等，并取得了良好的效果。其中不少方法，至今仍应用于农业生产之中，表现出旺盛的生命力。

1. 耕作改良

在长期的农业生产实践过程中，人们已认识到盐碱土基本局限于土壤表层，大多数情况下，深层土壤含盐量是正常的。根据这一原理，人们创造了改造盐碱土的方法——"耕作改良"。具体方法也有两种：

一种是采用刮盐起碱后深耕的办法。内陆盐碱土地积盐期盐分大量集中至耕作层表面，越向下盐分越少。根据这一特征，人们首先把表层碱土铲除，具体铲除深度为去土 15 厘米，所起碱土用以培作田埂，或培垫路基。然后深耕，破坏盐碱地的盐根层，提高淋盐效果，这就是在传统深耕技术基础上发展起来的刮盐窝碱法。

另一种是铺垫客土法，清代孙宅揆《增订教稼书》云："薄地、碱地不生五谷，然土各有所宜，利在人兴。沙薄者，一尺之下常湿，斥卤者，一尺之下不碱。山东之民掘碱地一方，径尺深尺，换以好土，种瓜瓠，往往收成。"第二年以此法换土再种，碱气渐退，不几年可以正常耕作了。另据道光二十年（1840）《巨野县志》云："又一法掘地方数尺，深四五尺，换好土以接引地气，二三年后则周围方丈地皆变为好土矣。"这种方法较费功但效果却很好。清代时山东人口密集，劳动力相对充足。因而，山东各地多流行此种治理盐碱地的方法。

2. 生物改良法

所谓的生物改良就是种植作物以抗盐碱，山东人民创造了多种生物改良的方法。

（1）种稗治盐。元代，山东就有在滨海盐碱地上种植水稗来脱盐的做法。王祯

《农书》云：

> 濒海之地，……其潮水所泛沙泥，积于岛屿。或垫溺盘曲。其顷亩多少不等，上有碱草丛生，候有潮来。渐惹涂泥，初种水稗，斥卤既尽，可为稼田，所谓泻斥卤兮生稻粱。

这可以说是我国利用生物治盐的开端。水稗为稗的一种。明代山东不少滨海地区在盐碱地上种稗。如咸丰《滨州志》卷十一所载明代王邦瑞《薄赋记》曰："海滨广斥。斥碱之地，五谷不生。农者树荑稗充饘粥。"明杨士雄《日照县志序》曰："（日照县）地皆斥卤，民多流离，用供朝夕者咸藉荑稗。"

（2）绿肥治盐。种植绿肥作物治盐碱在山东也很常见。这种方法初见于《增订教稼书》，书云："先种苜蓿，岁荑其苗食之。四年后犁去其根，改种五谷、蔬果，无不发矣。苜蓿能暖地也。"后来，乾隆四十三年（1778）《济宁州志》卷二《物产·附治碱法》云："碱地寒苦，惟苜蓿能暖地不畏碱，先种苜蓿，岁荑其苗食之，三年或四年后犁去其根，改种五谷蔬菜无不发矣。"道光十八年（1838）《观城县志》，所记情况也大体相同。苜蓿是一种绿肥作物，可以耐碱养地，是我国首先用来治盐的一种绿肥作物，明清时代，山东盐碱土分布地区，此法十分普遍，效果也很灵验。

（3）种树治盐。道光十八年（1838）《观城县志·治碱》中，对此有详细的记载：

> 卤碱之地，三二尺下不是碱土，掘沟深二尺宽三尺，将柳橛如鸡卵粗者砍三尺长，小头削光，隔五尺远一科，先以极乾桑枣杏槐者，木如大馒头粗者三尺半长，下用铁尖，上用铁束，做个引橛，拽一地眼，将柳橛插下九分，外留一分，乃将湿土填实，封个小堆，得一二个月芽出，任其几股，二年后就地砍之，第三年发出，粗大茂盛，要做梁檩，只留一二股，不消十年都成材料。其次于正月后二月前，或五、六月大雨时，将柳枝截三尺长，掘一沟，密密压在沟内，入土八分，留二分，伏天压桑亦照此法，十有九活，盗贼难拔，牲畜难咬，天旱封堆不干、天雨沟中聚水，又不费浇，根，入地三尺又不怕碱，十年以后，沙地，碱地如麻林一般矣。

这说明，古代山东农民在植树改盐这个问题上，对于树种的选择，栽种的技术，管理的措施，躲盐的方法等方面都已积累了不少经验。

（4）种穇治盐。这种方法主要适合于一些盐碱含量较低的"活碱地"，而且还要乘降水集中时节，来播种穇。据清代顾炎武《天下郡国利病书》原第十五册《山东上·沾化志》记载，明代沾化农民在活碱地上"乘暑雨种穇，获可食"。

3. 水利改良法

（1）灌水种稻洗盐法。当盐碱土中的淡水含量增加时，会有自然脱盐现象（图10-22）。因此，人们发明了引水灌溉种稻洗盐的办法。经过长期的实践，这一办法被证明是改良和利用相结合治理盐碱地的最有效办法之一。

图 10-22 盐碱土剖面

（图片来源：中国数字科技馆农作物博览馆）

明代，山东一些地区便了采用引水种稻洗盐法改良盐碱地，取得了可喜的成绩。乾隆《掖县志》卷二所录明代侯效职《龙泉河复故道记》中有掖县人民用流经境内的龙泉河水“灌卤亩为沃壤”的记载。道光《博兴县志》卷三记载，崇祯时，博兴县丞郑安国度水势建地漏引小清河水灌溉盐碱之地，又招募江南数十人教民种稻，“置戽斗桔槔耘耔之具，习浴种莳植之分，而又大开水门为因时启闭灌溉之法，岁辄穰穰成熟。故博民因之家传户习，自是水利大开而沿河无弃壤矣”；“变斥卤为膏腴，沿河之民颇以殷饶”。清代《诸城县志》云：

> 海上斥卤原隰之地，皆宜稻。播种苗出，芸过四五遍，即坐而待获。但雨旸以时，每亩可收五六石，次四五石。种多，惟名各将黄、小红甚者尤佳。米雪色，气香味甘滑，可比盩厔、线棱、无锡之秔。秋收，见户舂米，贸迁得高价，可比鱼盐。若江南水田，虽纯艺稻，然功多作苦，农夫经岁胼胝泥泽之中，收入反薄，亩多二三石，次一二石，不如此中海稻，功半而利倍也。

（2）沟恤法。乾隆时济阳县令胡德琳在其《劝谕开挑河沟示》中指出，荒碱地在铲除表层盐土之后，“仍照谕定宽深丈尺，开沟洩水，并即将碱地四周犁深为沟，以洩积水。如不能四面尽犁，即就最低之一隅挑挖成沟，或将碱地多开沟湾为洩水之区，以卫承粮地亩，是以无用抛荒而为永远之利益矣。”这里对利用沟洫法治理盐碱地进行了具体记载，对所开排盐沟恤位置、宽度都有具体规定。

（3）台田法。光绪年间博兴县受盐碱侵害严重，地方官采用台田法来治理盐碱地，据民国《博兴县志》记载，光绪十四年（1888）博兴水灾过后，出现了大量盐碱地，地方官“率众掘为台地，民众始得粒食”。台田法是在耕地周围挖掘深沟，然后把沟土覆左右两边，这样，田块就高出原来地面，从而达到相对降低地下水位，减少地面返盐的效果。每块耕地约 2 亩，田地之间以小沟相隔，其外有中沟、大沟以通。这样，既可以引淡水灌溉，又可以排水洗盐。

水利改良是改造盐碱地最基本的方法，无论是内陆盐碱还是滨海盐碱都可适用，而且效果很好。

六、畜牧养殖兽医技术

1. 家畜阉割术

家畜阉割术又称家畜去势术，是我国祖先在长期畜牧业生产实践累积的经验基础上发明的。此术通过摘除或破坏动物的卵巢或睾丸，使之性情变得驯顺，便于管理、使役、肥育和提高肉的质量，还可以防止劣种家畜自由交配，对改良家畜品种起了积极作用(图 10 - 23)。家畜经过阉割，大大提高了经济效益。因而，家畜阉割术的发明，是畜牧兽医科学技术发展史上的一件大事。我国是世界上最早发明家畜阉割技术并应用推广的国家。

图 10 - 23 古代阉牛图（刘铭摄于南京农业大学农博馆）

据专家对甲骨文的研究，早在殷商时期中国便已经有了去势之术。而周代的文献中就有了家畜阉割术的具体记载。《周礼·夏官·校人》:“夏祭先牧，颁马攻特。”郑玄注引郑司农云:“攻特，谓騬之畝。”孙诒让正义云:“《说文·马部》云:‘騬，犗马也。’《广雅·释兽》云:‘騬，犗，攻揭也。’谓割去马势，犹今之扇马。”后来经过历朝历代不断的发展，家畜阉割术已普及到马、羊、猪、狗、鸡、猫等各种家畜。成书于 1608 年的《元亨疗马集》对家畜阉术的发展历程，作了详尽的介绍。时至此时，我国传统的家畜阉割术已成为非常完善的技术了。

山东自古以来就是畜牧业发达的地区，家畜阉割术应用得很早。魏晋南北朝时期贾思勰的《齐民要术》就较为详细地记载了当时牲畜阉割术上的技术进步。

一是阉猪术中的仔猪掐尾技术。《齐民要术·养猪》载:“其子三日便掐尾，六十日后犍。”注曰:“三日掐尾，则不畏风。凡犍猪死者，皆尾风所致耳。犍不截尾，则前大后小。犍者，骨细肉多；不犍者，骨粗肉少。如犍牛法者，无风死之患。”这里的“风”，是指破伤风。仔猪阉割，易得破伤风而死亡。而得破伤风的原因，主要是猪尾巴将破伤风菌传染到创口而造成的，因此对仔猪掐尾可防止其因尾巴接触伤口引起破伤风而死亡。而且贾思勰还指出，“犍者，骨细肉多；不犍者，骨粗肉少”，也就是说，阉割猪，可以改造肉质，增加出肉率。

二是阉羊术中的无血阉割技术。《齐民要术·养羊》载:“拟供厨者，宜剩之。”

注曰："剩法：生十余日，布裹齿脉碎之。"这种阉割法，相当于现今之捶骟法。捶骟法的具体做法是以布裹精索，用捶破坏精索和血管，使睾丸失去营养供给而萎缩，从而达到阉割的目的。这种做法山东地区现在很多地方还在用。

2. 相畜术

相畜术，就是通过对家畜作外形鉴定，来辨别其品种优劣的技术。我国相畜术历史悠久，相传大禹时代的伯益已经懂得相马。商代甲骨卜辞中多次见到卜问采用何种毛色牲畜做祭牲。周代已重视家畜的齿形和体形，《周礼》云："马八尺以上为龙，七尺以上为騋，六尺以上为马。"即按马形体大小来分类。春秋战国时期涌现出许多相畜专家，最著名者在秦国有相马之伯乐、九方皋；卫国有相牛之宁戚。传说他们著有《相马经》和《相牛经》，但都没有流传后世。汉代已经有《相六畜》三十八卷，大多是集春秋、战国时期相畜专著而成。虽早已失传，但内容还可散见于后世古农书中。汉代还出现了标准的马式，即良马模型，或者说是模特儿。经后世不断发展相畜术不断深化，范围不断扩大，内容不断丰富，并与选种结合，其经验至今仍行用于乡村。

山东相畜术的出现也很早，考古工作者在山东银雀山汉简中发现了包含相狗内容的残片，这很可能是《汉书·艺文志》记载的《相六畜》三十八卷中相狗方面的内容。山东相畜技术的成绩主要集中在北魏时期的《齐民要术》中。该书中有大量的相畜方面的内容，涉及相牛、相马、相羊、相猪、相、相鹅、相鸭等。总结起来，可归纳为役用牲畜的相术和肉用畜禽的相术两类。

（1）役用牲畜的相术。役用牲畜的相术主要针对马、牛、驴、骡等大牲畜而言，这些牲畜在农业生产中可以满足人们使役的需要，因而深受人们重视。特别是马既能役用，又能军用，因而，相马法最受人们重视（图10-24）。所以，《齐民要术》中以最大的篇幅讲述了相马法，成为我国现存早期最完整的一份相马学总结资料。如书中论述了"先除三羸五驽乃相其余"的高效率鉴定法，阐明了重要的鉴定部位、鉴定次序和良马各部位的特点。书中还指出了"相马脏法"，即由外形联系到内部的器官，从而推断其生产的性能。此外，书中又阐述了利用口色来鉴定马的健康状况和生产性能；提出了马的两种体质类型，即筋马与肉马等。

《齐民要术》中还精辟地总结了相牛术，其中的经验直到今天也很有参考价值。如对不适于役用的牛的鉴定，书中认为倚脚不正，有劳伤病；角冷，有病；毛卷，有病。而对役用牛的要求则是：力大，耐力久，行走快。这种牛可通过外形来鉴定。如，排尿时可射到前脚的，走得快；眼睛大，眼角膜折光直通瞳孔的，行走最快等等。这些说法都基本符合科学道理。

（2）肉用畜禽的相术。肉用畜、禽的相术，主要指对猪、鸡、鸭、鹅等的相术。《齐民要术》记载了如何根据这些禽畜的外形，分别其优劣。

如，《齐民要术·养猪》中认为，母猪以选择嘴筒短、贴皮没有绒毛的为好。如

图 10－24 伯乐相马（中国农业博物馆 供）

果母猪嘴筒长，则切齿多，难以养肥。有绒毛的，屠宰时去毛不易弄干净。这些经验对今天早熟易肥、饲料报酬高的优良猪种的形成有很大影响。

又如，《齐民要术·养鸡》中指出，把落桑叶时的鸡蛋作为鸡种较好，因为这样的蛋孵出来的新鸡体形小、毛色浅、脚细短、多生蛋、不乱叫，会孵化小鸡，会带小鸡等。

又如，《齐民要术·养鹅鸭》中讲到鹅鸭都用一年两孵的作种为好。因为一年一孵的，生蛋少。一年三孵的，冬天太冷，所孵出来的小鹅、小鸭易冻坏、冻死等等。

第二节 技术类农业文化遗产保护开发利用

一、技术类农业文化遗产保护开发利用现状

山东是中国经济最发达的省份之一，随着不断加速的工业化、城镇化和现代化进程，大量珍贵的技术类农业文化遗产正面临着消失的危险，对这些农业文化遗产进行保护，并在保护的基础上进行适度的开发利用，不仅对于传承传统山东农业文化，保持山东文化的独特性和多样性有着积极的意义，而且对于促进山东农业的可持续发展、实现乡村振兴战略，也至关重要。

近年来，山东对技术类农业文化遗产的保护与开发利用工作日益重视。学者们提出了保护与开发利用这类农业文化遗产的一些具有建设性的理论、意见和实施方案。山东省政府也在保护此类农业文化遗产上投入了一定的人力、物力和财力。可以说，山东在保护与开发利用技术类农业文化遗产方面取得了一定成绩。

1. 技术类农业文化遗产的调查和保护开发利用工作取得的成果

目前，我们通过两年多对山东技术类农业文化遗产的实地调查工作，发现了大量

的技术类农业文化遗产，上文只是对重要的进行了简单的介绍。同时，一些地方政府近年来也对行政区域内的技术类农业文化遗产资源做了一些专项考察调研，并积累了一些重要资料，为对技术类农业文化遗产实施有效保护和开发利用，奠定了较好的基础。

2. 政府和社会各界对技术类农业文化遗产成果的宣传日益重视

近年，全省已经建立的各种博物馆和农史馆都表明山东各地对技术类农业文化遗产的展示较为重视，举办过多场有关技术类农业文化遗产的实物、图片和文献展。这为展示山东技术类农业文化遗产提供了一个重要的舞台。同时，一些地方政府和高校、科研院所也正在计划建立技术类农业文化遗产专题博物馆，许多地方还举行了形式多样的技术类农业文化遗产宣传和科普活动。

3. 开展了技术类农业文化遗产保护开发利用的科学研究

目前，山东有关部门、高校和科研单位已经逐步展开了以“山东农业文化遗产保护和开发利用”为主题的科学研究活动。如，山东农业历史学会，在每年举行的年会中都有技术类农业文化遗产保护和开发利用方面的议题。广大科研人员在这些调查研究的基础上，通过论文和专著等形式，对全省技术类农业文化遗产的保护与利用的现状和存在的问题进行分析并提出了行之有效的保护的思路、对策和措施。

二、技术类农业文化遗产的保护开发和利用存在的问题

虽然山东技术类农业文化遗产的保护和开发利用取得了不小的成绩，但同时也存在着不少的问题。

1. 学术界对技术类农业文化遗产的整理和研究还不够全面、系统和深入

作为中国农业文明重要的发祥地之一，山东省有着类型多样，多姿多彩的技术类农业文化遗产，这些文化遗产以不同的文化形式融入整个山东地区乃至中华民族的精神世界与遗产宝库。通过最近几年的深入考察，我们发现山东技术类农业文化遗产资源丰富、特色鲜明，对了解山东文化的多样性与独特性有着巨大的帮助。

山东技术类农业文化遗产涉及农学、文化学、生态学、民族学、人类学、历史学、社会学等诸多学科，与农作制度、民俗、祭祀、宗教、乡村组织等方面有着千丝万缕的联系，是一项具有复合型、活态性、历史性、社会性等特点的文化遗产，包含的文化内涵特别丰富。

目前，学术界对山东技术类农业文化遗产的研究才刚刚起步，虽然取得了一定的阶段性成果。但总体上来说，我们对于山东地区技术类农业文化遗产的数量、现状、特色、文化内涵等方面的调查、整理和研究工作还不够全面、系统和深入。这就迟滞了各地对技术类农业文化遗产的保护、开发和利用的步伐，与其他省份相比，山东学术界还需要在此方面投入更大的努力。

2. 地方政府和居民对保护和开发利用当地技术类农业文化遗产的重视程度不够，积极性不高

技术类农业文化遗产是历代农民在长期的农业生产实践中积累起来的生产知识与技能，它们是农业文化遗产的重要组成部分，也是对传统农业生产实践的经验总结，包括土地利用、耕作制度、栽培管理、选种育种、施肥灌溉、病虫害防治、畜牧兽医等方面的经验。这些传统生产知识与技能曾经为山东古代农业的发展作出了重要贡献。对于技术类农业文化遗产所在地的政府部门和农民来说，积极地对这些农业类文化遗产进行保护、开发和利用，让它们世代传承下去，是一种义不容辞的责任。

但就目前来看，对技术类农业文化遗产的保护、开发和利用还没有引起大多数遗产所在地政府足够的重视。尽管山东地区拥有数量可观的技术类农业文化遗产，但是大多数遗产地政府对申报国家级农业文化遗产的积极性并不高，更谈不上对世界级农业文化遗产的申报。

而对于山东技术类农业文化遗产所在地的居民来说，虽然对当地的文化遗产有着一定的保护、开发和利用的意识和行为，但也仅仅是一种“文化自觉”，而非积极主动地保持与传承。

探究产生上述问题的原因，笔者认为主要有两个方面的原因。一方面，对于技术类农业文化遗产的保护和开发利用，费时费力，收益不大，难以抵挡住现代农业技术的冲击。目前，除了一些偏僻山区外，山东地区大多数的技术类农业文化遗产已经被边缘化。如传统农耕种植技术已经逐渐为机械化生产所取代，传统病虫害防治技术也基本被现代农药所取代，退出了历史舞台。要想让农民放着“现代技术”不用，而费时费力费钱地去传承那些的传统生产知识与技能，的确是一件困难的事情。

另一方面，技术类农业文化遗产主要体现在其历史文化和教育价值，经济价值相对较小。一地吸引资金、人力等资源要素，来开发和利用技术类农业文化遗产，能获得的经济利益，与其他类型的农业文化遗产相比较，相对较少，这造成了遗产所在地政府和农户保护和开发利用的积极性不高。

3. 技术类农业文化遗产保护和开发利用的体制和方法方面的创新程度有待提高

目前，山东省技术类农业文化遗产的保护和开发利用工作的体制，主要依靠政府的各类项目来推动，这些项目已经取得了一定成果。但这些项目要么申报数量极其有限，条件要求高；要么项目本身存在诸多局限性，因而造成了保护范围有限，难以满足对山东省大量珍贵的技术类农业文化遗产全面保护和开发利用的迫切需要。

一般来说，农业文化遗产的保护、开发和利用方法是，不同层面的保护和开发利用方法适用于不同类型的农业文化遗产。目前，山东省技术类农业文化遗产的保护和开发利用方法，也是本着这样的原则，采用特定的方法进行保护和利用开发。但是随着社会的发展，目前这种状况情况正在发生变化，国际上流行的技术类农业文化遗产的保护和开发利用方法正逐渐从单类型、单层面转向多类型、多层面。例如，对技术类农业文化遗产的文献，保护方法从搜集、抄录、整理、辑佚，逐步发展到扫描和数字化，而保护对象也逐渐由农业文献扩展至农业文物和“活态”的农民实践经验。但目前，无论是对技术类农业文化遗产的保护和开发利用的体制还是方法方面，山东省都处于相对落后的状态，需要不断进行体制和方法的创新。

三、技术类农业文化遗产保护和开发利用的对策

保护和开发利用山东技术类农业文化遗产，旨在将山东珍贵的农业生产知识和技能给予真实地、完全地、可持续地、可解读地保存，延续其历史文化、教育等价值，并通过对其合理利用使其价值得以体现，功能得以发挥。因而这对山东经济文化的发展意义重大。为使山东技术类农业文化遗产保护、开发和利用走上良性发展之路，针对以上的问题，我们特提出以下对策。

1. 学术界要加强对技术类农业文化遗产的调查、整理和研究工作

任何社会实践都需要理论的指导，对山东技术类农业文化遗产进行有效的保护和开发利用的实践，离不开广大理论工作者理论成果的指导。因此，学术界，特别是山东高校和科研院所的学者要以高度的主人翁精神，积极投入到对山东技术类农业文化遗产保护和开发利用的调查、整理和研究工作中去，取得优秀的科研成果，为保护和开发利用技术类农业文化遗产的实践服务。

在科研过程中，学者们要做到理论联系实际，深入到农村社会实践中去，与当地政府、居民、社会组织联合，充分挖掘技术类农业文化遗产所蕴含的农业制度、技术、生态、文化等原理和智慧。并以此为基础，结合农村实际，以文化为先导，以合理利用文化资源，维护生态平衡和经济社会的可持续性发展为理念，积极探索山东技术类农业文化遗产保护和利用的途径。

2. 提高地方政府和居民对保护和开发利用当地技术类农业文化遗产的重视程度和积极性

目前大多数政府部门、民间团体和广大社会公众，对技术类农业文化遗产认识不清，保护意识薄弱。

针对地方政府对保护和开发利用当地技术类农业文化遗产的重视程度不够和缺乏积极性的问题。山东省政府应当明确技术类农业文化遗产的行政管理职能，完善保护、开发和利用的工作机制。例如，地方政府可以设立专门机构，以文物部门或文化部门牵头，协调建设（园林、规划）、档案、旅游、农林、水利等有关部门，成立“技术类农业化遗产保护领导小组”，负责指导和组织实施山东技术类农业文化遗产调查、保护和管理工作。各级地方政府都应加大对此项工作的组织领导和经费支持力

度，明确管理机构，落实保护责任单位，以改变目前在保护、开发和利用技术类农业文化遗产的过程中裹足不前的局面。

就提高技术类农业类农业文化遗产所在地居民和企业保护、开发、利用的积极性问题，各级地方政府应当本着民众主体、社会参与、环境优先的原则，在对技术类农业文化遗产的保护、开发和利用项目中充分关注当地居民和企业的利益，切实保护生态环境。

例如，各地在土地开发、土壤技术、栽培管理等技术类农业文化遗产的保护、开发和利用过程中，要通过教育和宣传等措施，使农民充分认识到，技术类农业文化遗产的历史文化价值高于经济价值。各地都要强调保护和开发利用技术类农业文化遗产，主要是因为这些表面落后的农业生产知识和技能，包含着不可修复的历史、民族、文化、技术智慧等价值，需要做好对它们的保护和传承。

当然，在保护的过程中，遗产所在地也要考虑到给当地农民创收，带动当地脱贫等经济利益。一方面，保护行为不仅不能强行改变农民的生产和生活方式，并且还要让他们能够从中获取可观的利益。另一方面，各地应该把技术类农业遗产系统及其赖以存在的自然和人文环境作为一个整体加以保护，把传统家居、农耕技术、农业生物物种以及农业文化遗产赖以生存的人文环境和自然环境——地形地貌、土壤植被、生物景观、村落风貌、民居建筑、民间信仰、礼仪习俗等整体、原貌地进行保护和开发利用；而不是将其存进博物馆了事，要与当地的自然环境有机融合、与当地民众的生活紧密相连。

对于企业，各级政府应当通过宣传和科普，使其充分认同在传承技术类农业文化遗产文化价值的基础上合理有度的投资与开发的理念。在农业文化遗产的经济价值及文化附加值得到合理市场回报的基础上，以文化产品开发促进农民增收、以生态旅游推动可持续发展，实现政府、居民和企业互利共赢的模式。

3. 加强对技术类农业文化遗产的保护和开发利用的体制和方法的创新

要保护山东省类型多样、内容丰富、数量庞大的技术类农业文化遗产是一项非常复杂、困难的工作，单纯依靠政府是不可能的。各遗产所在地应该广泛发动社会力量，鼓励民众参与，积极探索技术类农业文化遗产保护和开发利用的体制和具体方法。各地要通过宣传和科普，使更多的人了解技术类农业文化遗产的内涵、意义和特色，从而尝试建立一种包括理论研究、法律制度、管理体制、人才队伍、社会参与等方面的保护和开发利用体制，并积极探索行之有效的适应这种体制的方法。这些方法，要充分考虑历史文化传承、公民科普教育、活态展示等功能，将博物馆陈列、农耕文化观摩、农耕生活体验、农耕文化欣赏等诸多元素融入进去。让更多的人，尤其是年轻人对技术类农业文化遗产发生兴趣，进而参观、体验、考察和研究这些古老的文化遗产，这样才能使之焕发新的生命力和活力。

我们可以借鉴欧美国家兴起的“历史农场”来作为对技术类农业文化遗产进行保护和开发利用的有效方法。以历史农场为代表的融农业文化与自然环境于一体、集传统保护与动态发展于一体的新农业文化遗产保护利用理念，正在遗产界掀起一股热潮。无论是历史农场的实践，还是对农业文化遗产的系统保护，都具有巨大的发展潜力和光明的前景。当然，在借鉴的过程中，我们要根据中国实际和技术类农业文化遗产的特点，打造有中国特色、山东版“历史农场”，而不是一味地复制和照抄其他国家的理论和实践。

第十一章 CHAPTER 11

民俗类农业文化遗产调查与保护开发利用研究

近年来，我国学术界对农业文化遗产的理论研究日渐拓展与深化，更为重视其复合性与多样性的内涵价值，研究者特别提出，农业文化遗产“它应是各个历史时期与人类农事活动密切相关的重要物质（tangible）与非物质（intangible）遗存的综合体系。”①

民俗类农业文化遗产是整个农业文化遗产体系中的重要组成部分。民俗类农业遗产是农耕文明的重要产物，它与一个地域或民族农村民众的生存需求和精神需要相适应，是人们在长期农业发展进程中所形成的特有的生产方式、生活方式、习惯与风尚。民俗类农业文化遗产不仅集中体现了一个地区在历史积淀中形成的农业文化体系，还往往积淀着世代相传的生产制度、生活经验与礼俗规约，具有明显的文化传承价值。

山东省是中国重要的农业大省，又是齐鲁文化的发祥地。山东省凭借其悠久的历史文化、多样性的地理环境、优越的区位条件，拥有着类型丰富的农耕景观和自然景观，形成了一大批特色鲜明的农业文化遗产。与此相适应的是，山东省民俗类农业文化遗产的内容非常丰富，主要包括：农业生产民俗、农业手工艺民俗、农业生活民俗、农业歌舞民俗、农业信仰民俗等。

第一节　民俗类农业文化遗产名录提要

一、农业工艺美术民俗

1. 杨家埠年画

杨家埠木版年画是流传于山东潍坊的一种传统民间版画。早在明代洪武年间，潍坊杨家埠村的杨姓艺人就开始创作木版画艺术品；至清朝，杨家埠木版年画的技法臻于成熟，绘制工艺达到了炉火纯青的地步，艺术风格缜密质朴。它与天津杨柳青、苏

① 王思明，卢勇，2010. 中国的农业遗产研究：进展与变化［J］. 中国农史（1）.

州桃花坞并称中国三大年画。

杨家埠木版年画全为手工制作，从拓稿画样开始，到雕刻木版、上案印刷、烘货点胭，四套工艺无一不是画工、艺人手工所为，且这些艺人都是土生土长的农民。杨家埠木版年画色彩鲜艳，想象丰富，内容广泛，形式多样，如人物、山水、花鸟、瑞兽、仙佛等均为年画表现的内容，并相应装饰于屋宇、庭院、门户、畜舍等处。这些反映民间乡土文化心态的年画，具有明显的装饰趣味和极高的实用价值。此外，杨家埠年画还间接地记录下了中国民居和民间社会生活的情况，对于中国古代文化的研究有一定的参考价值。如今杨家埠村的年画生产已形成产业，规模和产量逐年扩展，并远销海外。

2006 年 5 月 20 日，杨家埠木版年画经国务院批准列入第一批国家级非物质文化遗产名录（图 11 - 1）。

图 11 - 1　杨家埠木版年画

2. 高密扑灰年画

山东高密扑灰年画是山东高密地区汉族民间年画中的一个古老画种，也是中国历史悠久的汉族传统民间艺术形式，它始见于明代成化年间（1465—1487 年），盛行于清代。从现有的资料看，现在中国只有高密一地存在这种年画，主要集中在高密北乡姜庄、夏庄一带三十多个村庄。所谓扑灰，即用柳枝烧灰，描线作底版，一次复印多张。艺人继而在印出的稿上粉脸、手，敷彩，描金，勾线，最后在重点部位涂上明油即成的半印半画的年画。

扑灰年画技法独特，以色代墨，色彩艳丽，细腻处丝丝诱人、狂发时涂色如泼，对比强烈；形象追求动感，线条豪放流畅，写意味浓，格调明快，人物面部造型多胖耳大腮，但在丰满圆润中又不失隽秀精致。最初的扑灰年画是为适应民间春节请“财神”、供“灶王”习俗的需求，因此题材主要有灶王、财神等神像和墨屏花卉，也有仕女、胖娃、戏曲人物、民间故事，山水景物等，扑灰年画将年画与年俗活动紧密结合，深受民众喜爱。

改革开放以来，扑灰年画因其独特的技法、粗犷的风格，引起专家学者的高度重视，成了研究和收藏的珍品。

2006 年，高密扑灰年画入选第一批国家级非物质文化遗产名录，古老的民间艺术又获得了新生。

3. 山东剪纸

山东民间流传一首歌谣说：“一把剪刀多有用，能剪龙，能剪凤，剪的老鼠会打洞；能剪鸡，能剪鹅，剪出鲤鱼戏天河。”

这首民谣概括了山东民间剪纸的兴盛，同时对山东剪纸的表现内容给予了生动形象地概括。剪纸工艺出现很早，自商代有镂雕花纹的器物开始，就已产生了剪纸工艺的雏形；至隋唐以后，剪纸逐渐发展为人们民俗活动用品、装饰美化的饰品和刺绣纹样的纸样；到明清、民国时期，剪纸艺术更是花样繁多，适用范围也很广泛，丰富和美化着人们的物质和精神生活。

山东民间剪纸比较有代表性的是胶东和鲁北地区，即胶东半岛的沿海地区和渤海湾地区；此外鲁西、鲁南地区也各有特色。传统的民间剪纸主要由女性来完成，是女性必做的“女红”之一。按照民俗功用，剪纸题材可分为年节风俗、婚丧嫁娶、生辰礼仪、日用剪纸等几类。

比如春节（过年）期间的窗花、床头花、墙围花等，以装点美化环境、烘托节日气氛，热闹欢快地迎接新一年的到来。正月十五元宵节，家家挂花灯，灯上要贴灯笼花，滨州地区最为流行。山东的大部分地区对二月二、五月端午等节日也很重视。二月二龙抬头，要在房梁上、猪栏圈、鸡窝上贴纸龙、蛇，用以辟邪；五月端午为端阳节，是夏日来临的第一个祛除瘟疫日，大门上贴剪纸的牛、虎、狮、桃，房门上贴宝剑、葫芦花等，以示防护。结婚用的新房要贴窗花、顶棚花，结婚用品的各种东西上要贴各式喜花（镜子花、蜡烛台花、脸盆花）等。给老人祝寿，常见的是寿窗花，如八仙庆寿、麻姑献寿等图案。丧事活动中也不乏剪纸的应用，比如灵棚前挂招魂幡、棺材上贴寿材花（有的用金色纸剪成）；祭扫祖墓时贡品下要放剪纸衬花。

山东民间剪纸虽然总体风格呈现粗放、浑厚、淳朴的北方特色，区别于南方剪纸的精剪细刻，但不同地区也呈现着不同的形态特点和处理手法。不同艺人在处理不同形象和不同表现形式时，往往采用不同的线、面处理。山东比较有特点的地方风格剪纸有：高密剪纸、滨州地区剪纸、胶东半岛剪纸、临沂剪纸等。

山东剪纸艺术是深厚历史文化与民俗风情的直接表现，是日常生活景象反映到脑海中的形象提炼和联想。充分体现出山东劳动人民对生活热情质朴的情感、对人生乐观积极的态度以及对现实世界细致的观察和敏锐的洞察力。

二、农业生产民俗

1. 长岛渔号

“长岛渔号”源于烟台市长岛县的砣矶岛，距今已有300多年的历史。它是风帆时代渔民创造的闯海之歌。早在清朝初年，渔民就自行设计，建造大风船出海作业；至清末民初，砣矶岛上的大风船达300多只，是一支海上生产的劲旅。这些大风船系母船带子船，常年活动在烟威、莱州、渤海湾和辽东湾一带渔场。因此，长岛的渔民号子影响到整个渤海和北黄海沿岸——北至丹东、大连、营口、长海县，西至天津、塘沽，南至蓬莱、莱州、龙口，东至烟台、威海、韩国一带。

那时船大人多，一只大风船多为18人操作，帆船的动力全靠风力和人力，因此需要一种具有权威性的号令来协调动作。于是，以吆喝、呐喊和领唱、合唱为主要形式的“长岛渔号”，遂成为统一步调、协调动作、指挥渔业生产的“渔令歌”。从形式上来说，主要分为“上网号”“拾锚号”“竖桅号”“掌篷号”等，节奏铿锵有力，曲调苍劲浑厚，气吞山河。“渔号”的领者，俗称号头，是个富有经验的闯海者。领号，应有轻有重，有长有短，或间歇，或急促，要与劳动相吻合；合号，视渔令为军令，应和的句头紧咬着领号的句尾，要严格地配合领号的腔调、情绪，要合得及时，答得协调。这一领一和，一呼一应，音程八度大跳，齐心协力，众志成城，犹如巨龙闹海，大有力挽狂澜和排山倒海之势。

“长岛渔号”，号词简单，语调粗犷，情绪豪放，领合严谨，乡土气息浓郁。由于大风船在捕捞作业中，或是与风险抗争，或是不惜时机地追赶鱼群，其劳作是紧张而激烈的，所以呼喊的情绪具有一往无前的冲动力，渔号可直接转化为生产力。渔号的音乐表现特点受劳动强度的制约。“发财号”轻慢悠扬，柔中有刚，它伴随着动作、环境、心绪，曲调欢快、平和，像一曲带着海鲜味的“信天游”。在捕捞机械化以前，木帆船有风靠篷，无风全凭摇橹。每当风暴来临或追赶鱼群的关键时刻，4 人或 8 人同摇一张大橹，“摇橹号”显得更加急促，节奏加快。渔民裸露的脊梁，粗壮的胳膊，有力的手腕和腿上暴起的青筋，全神贯注的眼神，全被渔号调度在力系千钧的绠绳和拨水推浪的橹杠上，使人感到渔号的聚集力、向心力和权威的号召力。渔号充分表现了崇尚团结、不畏艰险的强大群体力量，彰显出渔民同舟共济、征服自然的大无畏精神。在生产工具落后，生产力低下的岁月里，渔号具有鲜明的时代特色，成为海洋民俗文化的一个重要组成部分，具有特定的历史、文化和科学价值。

“长岛渔号”，是一曲原汁原味，沾着海风海浪，带着鱼腥气息的闯海之歌，渔号一旦叫起，就能充分展现崇尚团结、不畏艰险的强大群体力量。即使是在险情当头、时间紧迫和重负荷压顶的情况下，长岛渔号也能产生以一顶十的降龙伏虎之威。在海洋民俗文化中，长岛渔号独树一帜。它的基本特征是其他曲艺、说唱形式不可取代的。这种无形的文物，粗味、野味、原味浓重，领唱合唱与动作协调，凝聚力、向心力和权威的号召力强，是其他船江号子无法比拟的。这种曲调，对补充完善中国音乐史，忠实记录风帆时代的闯海史实，均有教化和存史的作用。

2. 东明黄河号子

黄河号子是流传于黄河流域的民歌，是历代黄河河工在治黄实践中用汗水哺育的黄河文化。菏泽市东明县地处山东省西南部，黄河南岸，是黄河入鲁第一县。东明县是平原地区，有极易被冲刷的沙质土地，所以每到汛期，黄河汹涌的水流常常将滩区的耕地、房屋等冲毁，严重时整个村庄都会消失。为防黄河水患，人们沿河建起堤坝，劳动人民在运土、打夯时，情不自禁地发出了“哎、嗨、呀、吆”等喊声，逐渐形成了脍炙人口的黄河号子。比如“根那木桩嗨呀，嚎嗨哟嗨嗨嗨嗨！……不怕那黄河嗨呀，嚎嗨哟嗨嗨嗨嗨！人多那力量大嗨呀，嚎嗨哟嗨嗨嗨嗨！能战胜嗨呀，嚎嗨哟嗨嗨嗨嗨!”高亢的黄河号子，记录了先辈们治水的画面和故事，凝聚了黄河儿女守卫家园的果敢和决心，更承载着百姓为追求幸福生活而不懈奋斗的坚定信念。

3. 武城运河船工号子

京杭大运河开通后，山东德州是重要的漕粮中转站，其中武城县就是运河流经处，有其船工的劳作点。正因为此，武城县诞生出灿烂运河文化的载体——运河船工号子。武城运河船工号子始于元代，鼎盛于明清，直至1978年漳卫南运河断流，随着水运的废止而衰落。明清两代，运河上来往船只络绎不绝，运河虽水流舒缓，但船只运行仍需船工撑篙、纤夫引绳。为了调动大家的情绪，协调节奏，取得最大拉力效果，船工号子便成为最好的口令。打篷、拉纤、摇橹、撑篙等各种号子声响彻云霄，形成了“南来北往船如梭，处处欣闻号子歌”的热闹景象。

运河船工号子高亢豪迈，乐谱简练，歌词朴实，旋律上口，一般是一个人领唱，其他人应和。领唱者要根据船行的状态、位置、环境，唱出不同的号子，并把握号子的轻重缓急。遇到上行艰难或是急转弯时，领号人音调悲壮地一声高叫，和声调也紧跟着上行二度，然后节奏更加强烈，领与和衔接紧凑，气息急切，配合默契，不知不觉大船闯过了关键水段，驶进安全水域。

武城运河船工号子的种类繁多，大体分为十一种：①打蓬号，船只逆水航行时首先要将蓬升起，开蓬时就唱打蓬号。②打锚号，船只两头都有锚，起船时要先打起锚，这时号工领唱，船工应唱，这就是打锚号。③拉冲号，船在直行航道中，为使船靠惯性前行，纤夫们要铆足劲前冲一段，这时要唱拉冲号。④拉纤号，逆水航行时，纤夫要拉纤，一般小船有六七把纤，百吨位要用十三四把纤，这时号工要唱拉纤号，起号和行号。⑤撑篙号，为使船顺利又快速地转入正航，这时号工唱起撑篙号，船工撑起长篙随着号子将船开动，向前撑行。⑥摊篙号，因下航时速度较快，为行船安全，必须左右摊篙来应付河道中随时出现的险情，此时唱的号子叫摊篙号。⑦摇橹号，在河道直宽阔，水面平稳，此时采用摇橹，唱着摇橹号推动船体前行。⑧绞关号，枯水季节，河水浅，此时就用绞关的办法把船拖过浅滩，绞关号就是绞关过程中唱的号子。⑨警戒号，主要用于夜晚或大雾天，为防止船与船之间发生危险而唱的号子。⑩联络号，与警戒号基本相同，但用途不同，联络号是用于船上船下和船与船之间进行联络用的号子。⑪出舱号，船到目的地，船工舱中卸货所唱的号子就叫出舱号，也叫劳动号子。

武城运河号子是中国劳动号子的重要组成部分，是历代武城船工聪明才智的结晶，具有浓郁的地域特色和独特的艺术风格，充分表现出勤劳勇敢的武城船工们不畏艰险战胜困难的信心和乐观主义精神。20世纪60年代初，县文艺工作者根据号子谱写的武城民歌“唱秧歌”就充分体现了武城运河船工号子的特点，并在1964年的“上海之春”音乐会上颇受专家与观众的好评，它还被灌制成唱片多次在电台播放。

1978年运河断流后，水运中断，船工号子也随之匿迹。在运河船工号子已不复闻的今天，追根寻源及时抢救运河号子，是挖掘民间艺术，弘扬历史文化的需要，也是当代人义不容辞的神圣使命。2006年，运河船工号子被列入山东省第一批非物质文化遗产名录。

4. 阳谷黄河硪号

筑堤时击实土层的工具，黄河下游的人多称之为“硪”，也有的称为“夯”。硪工劳动时，为协调动作和鼓舞情绪，总有歌唱相伴，这种歌俗称为“硪号”“夯号”。硪工唱号子，俗谓之“打号”“喊号”。唱时，一人领唱，名为“领号”“领”；众人应和，名为“应号”“应”。领号的人叫“号头”“号工”。

阳谷黄河硪号，是土生土长的阳谷民众治黄时的劳动号子，是阳谷群众和黄河人在治黄劳动中形成的黄河文化。阳谷硪号紧张、高亢，雄浑有力。它根据施工场面的情况，内容有别，或缓慢、或快速、或激昂、或抑扬，给施工人员以速度和力量，达到同心协力、娱乐心情的目的。

一般来讲，阳谷黄河硪号分“慢号”和“快号”两种。“慢号”主要用于第一遍土质的夯实或打坡，脚步跟着口号走。“快号”的节奏快，主要是对已经硪实一遍的土方进行夯实。黄河中下游地区硪号的种类主要有《二板号》《快号》《慢四板》《十二莲花》《小号》《爬山虎》《程号》《小了了号》《打手硪号》《两头停》《太平洋》《大号》《一号》《长号》《短号》《二八号》等100多种。实际上，按行硪方法不同，硪号的名称各地不同。

硪号是随劳动的节奏和劳动者的情绪变化而变化的。一般情况下，开始劳动之前，号头先慢慢唱起来，大家也慢慢应和，唱着号子各就各位。这时，号头及时改号（变换节奏），大家开始拉硪，由慢到快，不知不觉间紧张起来。硪号的曲调，受地方戏影响很深。在鲁西南到处有人唱豫剧，硪号的曲调也就应的是豫剧的板眼；到了鲁西北，人人会唱吕剧，硪号就有《四平调》之类。①

阳谷黄河硪号的内容可以说唱历史故事，也可以就地取材见景说景，也可以描述现代生活。只要领号者喊出内容，众人即可应号。操作快慢，演唱方式和内容都可以随意变化。2009年，阳谷黄河硪号被列入山东省非物质文化遗产。

5. 荣成渔民号子

渔民号子起源可追溯到远古时代，古时称“劝力之歌”。它既有鼓舞情绪、调节精神的作用，又有指挥生产、协调动作、统一行动的功能。荣成渔民号子是当地渔民在长期的渔业生产实践中，创造出的极富地域特色的通俗音乐和精神号令，在荣成沿海区域广泛流传，就像一首曲调铿锵、韵味悠长的渔家歌谣，表现出渔民们原汁原味的生活状态。其突出特点：一是协调生产、鼓舞情绪的实用性；二是形式内容的丰富

---

① 山曼，等，2015. 山东黄河民俗［M］. 济南：济南出版社.

性；三是喊唱交替、即兴发挥的灵活性；四是用于劳动生产的广泛性。

荣成渔民号子可分为三个类型：

第一类，拼命号子，也称生死号子。它用于海上遇到风暴、顶风逆流或者在遇险救急的情况下使用。其节奏十分激烈紧张，铿锵短促，沉实坚定，声嘶力竭，具有极强的震撼力和穿透力，令人感到惊心动魄。顶流号子、迎风号子、救险号子、摇橹号子等都属拼命号子。

第二类，自由号子，也称一般号子，用于拉大船、蹬船、拉网时使用。自由号子节奏平稳，有慢有快，一般采用“一领众合”式，整套号子听上去有力度有间歇，响亮而悠扬。这类号子多带有唱词，如蹬船号子、拉网号子等。

第三类，抒情号子，也称欢乐号子。它多用于渔船收港的时候，其旋律优美，流畅欢快，带有明显的歌唱的风格和浪漫色彩，充分体现渔民们回家的喜悦和丰收的快乐，如摇橹号子。

解放后，海上一些大规模建设或者渔民从事重型劳动时，仍需要用号子来协调众人力量。渔民们便根据实际要求和操作经验，创作了一系列用于不同生产、不同环境、不同场所中的劳动号子，如蹬船号子、打橛号子等。20 世纪 50—70 年代，渔民号子达到发展的鼎盛时期，那个时代渔民号子不仅种类丰富，而且形成了旋律多变、喊唱交替的渔民号子风格。

20 世纪 70—80 年代，先进的机械化作业代替了原始的集体人工捕捞生产，因此渔民号子的作用越来越弱。为更好地挖掘和传承荣成渔民号子，荣成市组织权威专家和“渔民号子”的非遗传承人，在加工整理的基础上全新推出了现代风格的“渔民号子”舞台剧。2015 年，斥山街道西火塘寨社区 20 多位老渔民组建了“荣成渔民号子原生态民俗表演团”，两年多以来，该表演团先后在周边景区景点和社区、村庄演出近百场次，受到游客和观众的普遍欢迎，成为当地最具代表性的一张民俗文化名片。随着时代的发展，荣成渔民号子虽已退出渔业生产的历史，但它既是一种沿海地区宝贵的民间音乐资源，又是一种独特的民俗现象，对艺术家的创作，及研究山东民俗农业文化有着不可替代的价值，并逐渐被全国人民所熟知。荣成渔民号子现已被列入山东省第一批非物质文化遗产名录扩展项目。

三、农业歌舞民俗

1. 鼓子秧歌

鼓子秧歌广泛流传在今山东鲁北平原的商河地区，即以商河县为中心的惠民、乐陵、阳信、济阳、临邑等地。它孕育于春秋战国时期的齐鲁文化，起始于秦汉时期的抗洪斗争，成型于唐宋年间的兵祸战争，兴旺发达在明清，继承发展在当今。

鼓子秧歌主要角色分为：伞、鼓、棒、花四种，这四种角色是以演员所用的道具命名的。“伞”分为“头伞”和“花伞”，“头伞”为老生形象，他是指挥各种场面队形变化的领头人，“花伞”是青年人形象。“鼓”为秧歌队的主体表演角色，由青壮年男子担任。“棒”一般由青少年扮演。“花”又称拉花，有“地花”（不踩高跷）和“跷花”（踩高跷）之分，多由少女扮演。除以上四种角色外，还有一种丑角，亦称“外角”，可扮成各种滑稽角色，一般不在正式编制之内，要根据是否有扮演这种角色的人而定。鼓子秧歌的各种角色在人数搭配上没有统一规定，一般分大、中、小三种类型，大型一般在90人以上，70人左右为中型，50人左右为小型。增加角色必须是偶数和它的倍数。如伞的基数为4，就以4的倍数递增。鼓的基数是8，就以8的倍数递增，其他角色依此类推。为了保持鼓在秧歌中的主导地位，鼓必须多于伞的两倍以上（图11-2）。

图11-2 商河鼓子秧歌（孙金荣摄于商河县玉皇庙镇）

鼓子秧歌的延长部分旋律平直，为说唱性民间歌曲，接近于当地山东方言的语调，在结构上多采用一曲多段体，分为“头腔”“中段叙述”和“尾腔”。乐队配置多以打击乐为主，秧歌伴奏多有固定的锣鼓点和锣鼓牌子，鼓子秧歌因出场或舞蹈动作不同而具有不同的锣鼓点。山东鼓子秧歌曲目较少，歌曲以幽默诙谐为特色，具有浓郁的地方特色和乡土风情。在表演程序上，鼓子秧歌表演程序性较强，演出前部分地区要先行举行一种为了纪念已故父老的祭祀仪式。鲁中、鲁北地区在演出时还有“串村”的风俗，场面热闹融洽，喜庆气氛极为浓厚。2006年5月20日，鼓子秧歌经国务院批准被列入第一批国家级非物质文化遗产名录。

2. 胶州秧歌

胶州秧歌又称“地秧歌”“跑秧歌”；民间称“扭断腰”“三道弯”，是山东省三大秧歌之一。胶州秧歌有230多年的历史，清代胶州包烟屯赵姓、马姓两家于1764年逃荒关东，沿途乞讨卖唱，逐渐形成了一些简单的舞蹈程式和具有胶州地方色彩的小调。返回故乡后，经多年相传，不断改进，胶州秧歌到1863年便基本成型，舞蹈、唱腔、伴奏均有一定程式。演员10人分为鼓子、棒槌、翠花、扇女等5个行当，表演程式有十字梅、大摆队、正挖心、反挖心、两扇门等，伴奏乐器除唢呐外，还有大锣、堂鼓、铙钹、小镲、手锣等，唱腔曲牌有30余个。

秧歌，起源于农业劳动，是南方劳动人民插秧所唱的劳动小曲。胶州之所以有南方秧歌，是因为胶州在唐宋时期是北方最大的港口。北宋时期，胶州作为北方唯一设置市舶司的码头，与江南有着密切的联系。随着与南方商业贸易的往来，南方的文化艺术如秧歌等劳动小曲也随之传至北方。胶州秧歌应该是引进江南地方曲调，吸收了北方杂剧的精华，形成的新艺术形式。

胶州秧歌从艺术形式和类别上看，是一种戏剧，不是单纯的舞蹈和歌唱。它有剧本，有道具，有曲牌，演员有行当，是一种形式活泼的歌舞剧。从其曲牌、行当等艺术因素分析，胶州秧歌的形成经历了一个比较漫长的过程，它与南宋以来的杂剧、曲牌演唱有关，研究者根据胶州秧歌的曲牌、角色、表演形式以及流传地域文化特征等因素推断，胶州秧歌与元杂剧有着密切的关系，其起源的时间至少应在宋末元初。

胶州大秧歌是广场（街头）四方连续的可视性表演形式，演员表演面对的是四周观众。据考证，这种表演形式来自早期的戏剧。胶州秧歌剧中演员也有角色（行当），其角色分别是：小嫚（花旦）、扇（花旦兼青衣）、翠花（青衣兼老旦）、棒槌（末，也就是现在的小生兼武生）、鼓子（老生兼丑）、膏药客（杂）。解放后，各级文艺工作者对胶州秧歌调查挖掘所得的曲牌主要有二类。第一类为唢呐曲牌，主要包括得胜令、打灶、小浪音、小白马、斗鹌鹑、八板、煽簸箕等。第二类为唱腔曲牌，主要包括扣腔、锯缸、打灶、叠断桥、男西腔、女曲腔等。小戏剧本，包括大离别、小离别、想娘、五更等72出（本），现仅查到35出（本）。胶州秧歌音乐的调式特点，是以民族调式徵调式为主，以商羽调式为辅的交叉调式。同时，打击乐演奏是胶州秧歌音乐的又一特色。胶州秧歌的击乐演奏除了舞蹈部分的开场锣鼓和掂仓扭子，还有一个包括四个扭子的秧歌牌子。

胶州秧歌剧，是中国戏剧发展史上现存最早的戏剧雏形表演形式之一。2006年5月20日经国务院批准，胶州秧歌被列入第一批国家级非物质文化遗产名录。

3. 海阳大秧歌

海阳大秧歌被誉为山东三大秧歌之一，流行于山东半岛南翼、黄海之滨的海阳市一带，遍布海阳的十余处乡镇，并辐射至周边地区。海阳大秧歌历史悠久，伴随劳动而产生，和江南地区的田歌、北方各地的秧歌类同。海阳秧歌的渊源众说纷纭，据海阳县发现的《赵氏谱书》中记载，它起源于明代洪熙元年，赵氏家族五世同堂举行庆贺活动之时，距今已有580多年历史。海阳秧歌在产生之初，并没有固定的程式和演唱脚本，大多是艺人即兴发挥，后来受到外来艺术的熏陶，同时又吸收了民间武术和戏剧的表演技艺而不断丰富，是一种集歌、舞、戏于一体的、自娱性的汉族民间艺术形式。

海阳因地处沿海，受到风土人情的影响，大秧歌具有豪放、鲜明、活泼的地方特色，并逐步形成了两种不同的流派风格，即“大架子秧歌”与“小架子秧歌”，其中“大架子秧歌”代表了海阳秧歌的基本风格特点，以锣鼓伴奏。“小架子秧歌”，舞队朴素，以锣鼓管弦乐如唢呐、二胡、笛子等伴奏。

海阳秧歌与山东其他两种秧歌——胶州秧歌和鼓子秧歌相比，其最大的区别就是海阳秧歌有着严谨的程式和礼节。海阳秧歌的表演队伍结构严谨，依照先后顺序主要有“执事”“乐队”“舞队”三部分组成，在舞动时，队伍庞大，走阵多变，布局巧妙且表演诙谐。在庄重的礼节上，表演形式具体表现为“三进三出”“三拜九叩”。乐大夫是舞队的指挥，其地位极为重要，承担着指挥秧歌、活跃气氛以及点报节目的作用。乐大夫走在秧歌队的最前面，扮相威严、举止稳健、其舞蹈动作大都借鉴民间武术，如“八卦掌”“螳螂拳”“长拳”“少林拳”等。

海阳秧歌在表演内容上也十分丰富，如表现打鱼狩猎、农田耕作、大夫行医、艺人卖艺，以及戏剧佳话、民间故事等群众喜闻乐见的日常生活，舞队中的人物角色有货郎、翠花、王大娘、箍漏匠、丑婆、傻小子等。

海阳秧歌表演形式主要分大场子和小场子两种：大场子是群舞，主要表现欢快激昂的情绪；小场子则是独舞、双人舞和多人舞，耍逗有趣。海阳大秧歌舞蹈动作的突出特点是跑扭结合，舞者在奔跑中扭动，女性扭腰舞扇，上步抖肩，活泼大方；男性则多为颤步晃头，挥臂换肩，爽朗风趣。

在海阳秧歌独特的表演风格背后，蕴藏着浓厚的文化底蕴。由于烟台处于中国传统文化精髓的主要辐射区，因此海阳大秧歌严整的程式可以看作是对儒家“礼”的再现，而其中的诙谐表演则是对农民日常劳作时压抑已久的感情释放，这二者的结合，宣扬出人与人、人与社会和谐相处的文化。2006 年 5 月 20 日，海阳大秧歌经国务院批准被列入第一批国家级非物质文化遗产名录。

4. 石岛渔家大鼓

石岛渔家大鼓原名“大鱼岛渔家大鼓”。因为古代胶东沿海先民主要以渔为业，先民同大海长期共存共生，他们身着的鱼皮裙和手击的鱼皮鼓表现出最早期的渔家精神文化。据道光年间荣成县志记载，自清康熙三十年，大鱼岛村落便以捕鱼为生，渔家大鼓也自然形成，每当鱼虾满仓，渔家儿女平安归来时，人们就开始敲锣打鼓以示庆贺，由于村名叫大鱼岛，所以这种专为渔民祈求丰收和平安的锣鼓，就被当地人称为“大鱼岛渔家大鼓”，是渔民特有的庆典表达方式。发展至今天，每年正月初一和十五早饭后，以各渔村为单位，渔民自发地组成锣鼓队，从各村出发，沿着石岛主街道行进，一直延伸到各渔港码头，最后汇集在石岛镇广场，这时庆典活动达到高潮，活动时间一般持续到中午。

在表演形式上，石岛渔家大鼓已经从数百年前不成规模的单鼓表演逐步发展为多鼓、队鼓、集群方阵鼓等表演方式，最多可组成近三十台方阵，人数可达 200 余人。

石岛大鼓演奏的基本套路可分为四大部分。第一部分叫序曲长套，第二大部分是间曲123，第三部分反复序曲长套，第四部分叫华彩水斗。第一部分，长套起点沉稳、舒缓，节奏分明，是整个曲调的开篇部分，表现了渔民出海前乐观平静和人定胜天的信念，同时也表现了大海风平浪静，敞开胸怀迎接渔民的天人合一景象。第二部分间曲123，也叫三步搁，因为鼓调吸收了胶东半岛以至中国北方地区传统的三步搁打击乐模式，表现了精神抖擞的渔民驾船进入渔场后，下网捕捞鱼虾，此时的鼓点欢快高亢，有力表现了紧张激烈的海上作业情景。第三部分是长套的反复。它作为序曲的反复，是从第二部分间曲之后由紧张转为舒缓的节奏，表现了热烈紧张劳作后的一个休憩舒缓的间隔。从艺术设计方面，也是为了接下来第四部分华彩乐章的出现进行铺垫。第四部分是华彩水斗，这是整个曲调华彩乐章所在。其演奏主题表现了渔民在狂风恶浪中战天斗海、不屈不挠的大无畏精神。石岛渔家大鼓以弱拍起点，节奏越来越快，鼓调激昂高亢，结尾戛然而止，给人以跌宕起伏之感，充分表现出渔民沉稳坚毅、人定胜天的豪迈气概。

石岛大鼓的表演的基本队形有：一字长蛇形、三角形、方形、弧形、圆形及分组形等多种队形。表演服装可根据表演主题的要求穿着不同风格的服装，通常有民族式，古典式，古代将士式，渔家风情式等。

石岛渔家大鼓特点显著，形成独具特色的渔家锣鼓文化，是沿海其他鼓无法比拟的。一是鼓之大、阵势大，一般以二十台大鼓为一个组群，而且表现技法大，一般以中青年男子为表演对象。二是鼓谱独特，经过长期历史演变不断传承发展，形成了反映胶东渔民与大海共存共生的博大情怀与渔家文化的鼓谱和韵律。目前，石岛渔家大鼓已被列入荣成市、威海市、山东省三级非物质文化遗产保护名录。

5. 商羊舞

商羊舞是发源于菏泽市鄄城县境内北部地区的一种古老的民间舞蹈，流传于李进士堂镇、旧城镇一带，以李进士堂镇杏花岗村（现名陈刘庄）最为著名。据考证此舞源于商周时期，成熟于春秋战国时期，鼎盛期于宋明时期。2008年6月，商羊舞已被国务院公布为国家级第二批非物质文化遗产。

《孔子家语·辩证》上有这样的记载："齐有一足之鸟，飞集于宫朝，下止于殿前。齐侯大怪之，使使聘鲁问孔子，孔子曰：'此鸟名曰商羊，水祥也。'"可见商羊鸟是一种代表水祥吉兆的吉祥鸟，每逢阴天下雨之前，就有成群的商羊鸟从树林里出来，又蹦又跳，又窜又闹地玩耍。天长日久，人们见商羊鸟出现，就知道雨要降临，家家户户忙于准备，挖沟开渠，疏通水路，为灌溉良田做准备。

随着历史的变迁以及地理环境的变化，商羊鸟在春秋战国后期逐渐绝迹，当地人们再也看不到商羊鸟的足迹。每当天旱久不下雨时，人们就自扮商羊鸟，戴面具，拿响板，单足高跳，并模仿商羊鸟摇头晃脑，脚挂铃铛，蹦蹦跳跳。这种模仿商羊鸟求雨的动作与传统的祭祀仪式逐渐结合在了一起，经过鄄城先民们的不断升华、完善，逐渐成为一种民间舞蹈——商羊舞，并且这种活动除了在天旱求雨时进行外，还形成了固定的举行日期——每年三月三，自商周起，世代相传至今。

据杏花岗村老艺人介绍，每年三月三或久旱不雨时，十里八乡的群众聚集在杏花岗三官庙前，从庙里抬出关老爷的塑像前往黄河边求雨，在乐队的引导下，商羊舞舞者就在接送官二爷的路上边行边舞。一般需要男女各半 12 人或 18 人，锣鼓手 4 人，弦乐者 2 人。道具是每人手执的一副“响板”，上结艳丽鸟羽，舞者脚挂铃铛，边舞边唱，模仿商羊鸟的各种蹦跳动作进行表演。随着时代的发展，“商羊舞”也在风调雨顺，农业丰收时跳，以表达人们对神灵对商羊鸟的感恩之情。

商羊舞的动作要领为屈其一足，身体重心后移，男舞者左手执“响板”之长板，右手套在短板绳圈内；女舞者右手执长板，左手套在短板绳圈内，双手左右上下摆动并击节清脆有声。脚下行走的舞步主要有：阴阳八卦图、大圆场、绕八字、二龙吐须、剪子股、卷箔、里罗城、踌躇步、咯噔步等。伴奏乐器以前是以鼓为主的民间打击乐器（鼓、锣、钹、镲、梆等），所以商羊舞也叫商羊鼓舞。

后来，人们又根据气氛和场合的需要在商羊舞中加进了民间乐器（笛、笙、二胡、坠琴等）。曲目主要以祭祀仪式乐为主，后来受民间音乐和地方文化影响，形成了独具地方特色的商羊舞专用伴奏音乐，音乐的领奏乐器为鲁西南极具特色的民间乐器坠琴，它音色浑厚、高亢，富有较强的表现力。音乐节奏由慢变快，旋律悠扬明快，舞蹈动作也随之变的舒展跳跃，逐渐把舞蹈推向高潮。音乐的节奏节拍与商羊舞的动作形成了完美的结合。

目前全国只有鄄城保留下了商羊舞，它是鄄城传统文化的突出表现形式，也暗含着阴中有阳、阳中有阴、阴阳协调、万物丛生的古老哲学观。商羊舞也涉及鄄城节日民俗等方面，具有人类学、民俗学研究的特殊价值，已收到国内外学术界的关注。

四、农业生活民俗

1. 鲁菜

鲁菜是山东菜的简称，它是起源于山东的齐鲁风味。鲁菜是中国饮食文化的重要组成部分，居于中国四大菜系之首，是历史最为悠久、技法最丰富、最见功力的菜系。鲁菜以其味鲜、咸、脆、嫩，风味独特，制作精细享誉海内外。

山东古为齐鲁之邦，地处半岛，三面环海，腹地有丘陵平原，气候适宜，四季分明，农业、牧业、渔业资源丰富。因此海鲜、河鲜水族、粮油牲畜、蔬菜果品、野味山珍等一应俱全，这些丰富的食材品种直接激发了鲁菜烹饪技法的丰富多样。山东大地得天独厚的物质条件，加上两千多年来浸润着儒家学派“食不厌精、脍不厌细”的精神追求，终成鲁菜系的洋洋大观。

早在春秋战国时期，鲁菜便已崭露头角，它以牛、羊、猪为主料，还善于制作家禽、野味和海鲜。在西周、秦汉时期，鲁国都城曲阜和齐国都城临淄，都是相当繁华的城市，饮食行业盛极一时，名厨辈出。到秦汉时期，在如今的胶东半岛上，烹饪原料已经十分丰富，齐鲁厨师的烹饪取料也已相当广泛。特别值得注意的还有，当时鲁菜厨房的工作人员，从原料选择、宰杀、洗涤、蒸煮、烧烤等各个工作流程，都有了严密的分工，各司其职，有条不紊。这时鲁菜的烹饪在用料上，水产品已占据重要的位置，这也正是今天鲁菜用料的特点之一。春秋时期的齐鲁厨师不仅已经善于以盐调节滋味，而且已经善于用水火变易之法，调节膳食的咸淡，同时懂得了加咸则愈其酸的道理。

起源于山东的儒家不仅塑造了两千多年来中国人的性格，也塑造了中国人的饮食观。儒家学派极为注重饮食，甚至有“文明始于饮食”之说。儒家学派创始人孔子，在《论语・乡党篇》中系统全面地阐述了饮食卫生、养生、火候、刀工、调味、礼仪等方面的观点。《礼记》一书对膳、食、饮、烩、脯、羹、珍等，从原料搭配、烹调方法到调味要求，都做了专门的记述。《礼记》中还基本概述了烹、煮、烤、烩、炮等多种烹调方法和要求。由此可见，中国最早的关于烹饪理论的史料，很多都来自山东，它们在齐鲁大地相沿成习，从而奠定了鲁菜系的基础。

北魏时期，山东益都人贾思勰所著的《齐民要术》一书中，可以看出南北朝时期山东的烹调技术又得到了长足的发展。贾思勰曾担任北魏高阳郡（今在山东淄博一带）太守。《齐民要术》是我国乃至全世界最早、最系统、最完整的一部杰出的农业和各种农副产品加工经验的专著。其中仅食品加工一项，就写了 26 篇之多，介绍的加工品种有 100 多种。该书对各类食品加工技术，如酿、煎、烧、烤、煮、蒸、腌、炖、糟等方法，都做了介绍。在调味品方面，它介绍了盐、豉、汁、醋、酱、酒、蜜、椒等，而这些都是齐鲁名菜的烹制方法。这说明当时山东一带的烹调技艺已经很全面，而这些技术，今天的鲁菜都全面继承了下来。

唐宋是我国古代中国传统文化发展的巅峰，鲁菜的烹饪技法在此时达到了极高的水准，特别是齐鲁烹饪的刀工技术在此时达到了登峰造极的程度。唐朝临淄人段成式在《酉阳杂俎》中记载：“进士段硕尝识南孝廉者，善斫脍，索薄丝缕，轻可吹起，操刀响捷，若合节奏，因会客技。”这说明持刀斫脍人的动作熟练轻捷，所切的肉丝轻风可以吹起，可见肉丝之细，刀技之精。济南的风味小吃已不可胜记，如馄饨、樱桃槌、汤中牢丸、五色饼等。

宋代的汴梁、临安有所谓“北食”，即指以鲁菜为代表的北方菜。宋人所撰的《同话录》中还记载了山东厨师在泰山庙会上的刀工表演：“有一庖人，令一人袒被俯偻于地，以其被为刀儿，取肉一斤，运刀细缕之，撤肉而拭，兵被无丝毫之伤。”这种刀工技艺较之现今厨师垫稠布切肉丝的表演同出一辙，但更为绝妙。宋仁宗宝元年间，孔府开始正式建府，鲁菜最重要的一支——孔府菜诞生。

北宋灭亡之后，由于外族入侵，北方长期战乱，黄河流域原住汉族人口锐减。宋迁都杭州之后，中国经济中心由黄河流域南移至长江流域，但是这并不妨碍鲁菜烹饪水平的继续提高。民族大融合使此时山东菜大量引入了回族人的香料，丰富了鲁菜的调味。山东占据元明清三代毗邻京城的优势，于是鲁菜厨师成了宫廷和官府厨师的重要人力来源，鲁菜烹饪也在服务宫廷的过程中得到升华。山东成了向京城供应优质食材的来源地，鲍鱼、海参、鱼翅、乌鱼蛋等鲁菜食材成为北京宫廷和官府菜常用的菜肴主料。明清年间山东厨师不仅主导皇宫御膳房，垄断北京餐饮市场，还通过闯关东等移民的方式将山东风味带到了京津、东北等广大地区，成为中国北方菜的代表。也由于北京餐饮市场在全国的辐射宣传能力，山东众多菜品也被几大南方菜系所吸收借鉴。

19 世纪 20—30 年代，鲁菜以福山帮独领风骚，山东福山县城内知名饭馆就有三四十家。由于福山人经营有方，名厨辈出，他们很快就成了京师餐饮业的主力军。据不完全的统计，当年北京号称“八大楼”“八大居”等著名饭庄，大都是福山人开的，日本裕仁天皇都慕名要吃同和居的菜肴。福山县浒口村人栾学堂开办的丰泽园饭庄，新中国成立前曾是曹锟、吴佩孚、张作霖等大军阀时常光临之处。建国初期，丰泽园还成了党和国家领导人招待外国元首和贵宾的场所，如今仍以经营正宗鲁菜名扬世界。

20 世纪 80 年代以来，国家和政府将鲁菜烹饪艺术视作珍贵的民族文化遗产，采取了继承和发扬的方针，从厨的一代新秀在此基础上茁壮成长，正在为鲁菜的继承发展做出新的贡献。

鲁菜在风味特色上主要表现为以咸鲜为主、精于制汤、火候精湛、注重礼仪。首先鲁菜讲究原料质地优良，以盐提鲜，以汤壮鲜，调味讲求咸鲜纯正，突出本味。大葱为山东特产，多数菜肴要要用葱姜蒜来增香提味，喂馅、爆锅、凉拌都少不了葱姜蒜。炒、熘、爆、扒、烧等方法都要用葱，尤其是葱烧类的菜肴，更是以拥有浓郁的葱香为佳，如葱烧海参、葱烧蹄筋。海鲜类的以鲜活取胜，讲究原汁原味，虾、蟹、贝、蛤，多用姜醋佐食；燕窝、鱼翅、海参、干鲍、鱼皮、鱼骨等高档原料，质优味寡，必用高汤提鲜。其次鲁菜的突出烹调方法为爆、扒、拔丝，尤其是爆、扒为世人所称道。爆，分为油爆、酱爆、芫爆、葱爆、汤爆、火爆等，爆的技法充分体现了鲁菜在用火上的功夫。因此，世人称之为“食在中国，火在山东”。其三，鲁菜以汤为百鲜之源，讲究“清汤”“奶汤”的调制，清浊分明，取其清鲜。清汤的制法，早在《齐民要术》中已有记载。鲁菜用“清汤”和“奶汤”制作的菜品繁多，名菜就有“清汤全家福”“清汤银耳”“清汤燕窝”“奶汤蒲菜”“奶汤八宝布袋鸡”“汤爆双脆”等，它们多是高档宴席的珍馔美味。第四，鲁菜注重礼仪。山东民风朴实，待客豪爽，受孔子礼食思想的影响，山东人讲究排场和饮食礼仪，在饮食上大盘大碗丰盛实惠，注重质量。鲁菜正规筵席有所谓的“十全十美席”“大件席”“鱼翅席”“翅鲍席”“海参席”“燕翅席”“四四席”等，都能体现出鲁菜典雅大气的一面。

经过长期的发展和演变，鲁菜系逐渐形成了四大派别，即以福山帮为代表（包括青岛在内）的胶东派，包括德州、泰安在内的济南派，有堪称“阳春白雪”的孔府菜，以及别具特色的博山菜。另外还有山东各地的地方菜和风味小吃。

济南菜是鲁菜的主体，济南菜以汤菜最为著名，俗话有“唱戏的腔，厨师的汤”。济南菜注重爆、炒、烧、炸、烤、汆等烹调方法。济南菜讲究实惠，风格浓重、浑厚、清香、鲜嫩。济南菜又分为“历下派”“淄潍派”和“泰素派”等。“糖醋黄河鲤鱼”和“九转大肠”是济南菜的名馔。

胶东菜以海鲜原料为主，胶东菜的风味特色以清鲜、脆嫩、原汤原味见长，烹调技法以炸、熘、爆、炒、蒸、煎、扒为主。胶东菜讲究用料，刀工精细，注重保持菜肴的原汁原味。清末以来，胶东菜又形成了以京、津为代表的“京津胶东菜”，以烟台福山为代表的“本帮胶东菜”，和以青岛为代表的“改良胶东菜”。

孔府，是我国历史最久、规模最大的世袭家族。在孔府日常生活中，孔府历代主人遵循先祖孔子“食不厌精，脍不厌细”的遗训，对饮食要求精益求精，日常生活极其豪奢。此外，孔府还常奉迎圣驾，接待各级祭孔官员，因此孔府饮食酒宴频繁而讲究。孔府膳食用料广泛，上至山珍海味，下至瓜果豆菜等，皆可入馔，日常饮食多是就地取材，以乡土原料为主。孔府菜制作讲究精美，重于调味，工于火候；口味以鲜咸为主，火候偏重于软烂柔滑；烹调技法以蒸、烤、扒、烧、炸、炒见长。著名的菜肴有“当朝一品锅”“御笔猴头”“御带虾仁”“带子上朝”“怀抱鲤”“神仙鸭子”“油泼豆莛”等。孔府菜是千百年来历代孔府烹饪大师们勤劳智慧的结晶，对于山东菜的形成和发展产生了深远的影响，是一份珍贵的文化遗产。

博山菜长于烧、炸、拔丝等技法，原料则多选肉、禽、蛋，口味偏于鲜咸，略甜，多使用酱油、豆豉。博山菜的代表为博山特色菜和博山四四席。

2. 莱西寿礼

在莱西地区，50 岁以前称“过生日”，50 岁以后才称为“做寿”，并且 50 岁后每 10 年为一大寿。按照传统，为老人庆寿时，子女、亲友要送寿幛、寿联或寿屏，上面多写“福如东海，寿比南山”等祝词；或赠送寿面、寿桃和寿星图。举行仪式时，晚辈要向老人跪拜祝寿，俗称“拜寿”。在莱西，庆寿时有许多讲究，如老人活到 100 岁时，也只能说“祝老人家 99 岁大寿”，因为在旧时“百年”是人寿的极限，百年之后意味着人已死去，所以一般不庆寿，只通过亲友聚餐等以示庆贺。在寿礼上，老人要喝长寿酒、吃长寿面，但却不能喝黏粥，因为有“生日喝了黏粥，一辈子糊涂”的说法。

在如今的莱西地区，农村庆寿习俗仍很盛行，但繁缛礼仪多已简化。庆寿礼中，一般亲友送寿酒、寿桃、蛋糕，子女在家中或酒店设宴，举家欢聚一起为老人庆贺，这也是当下山东大多数地区的祝寿礼俗。

五、农业节庆民俗

1. 咬春

咬春为立春时的饮食习俗。立春俗称“打春”，是农历的正月节日，标志着冬季结束和春季开始。立春这天，山东各地都有“咬春”“尝春”的饮食习俗。“咬春”所食用的都是带辣味的蔬菜，如立春时吃生萝卜。俗传咬一口萝卜可以消除春困，所以在临沂地区的一些地方，立春时刻人手一个萝卜，大家一齐咬下去，据说立春到来时瞬间咬住萝卜，可以青春永驻。“尝春”类似于“咬春”，吃的是春饼和春盘。春盘又称“五辛盘”，由五种辛辣的蔬菜切细装盘而成。传统的“五辛盘”用葱、蒜、椒、姜、芥丝制作，可以下酒佐餐或馈赠亲友。

立春吃“五辛盘”，除了有象征性的吉利意义外，还含有中医的饮食保健作用。因为在中医五行理论中，辛味食物有运行气血、发散邪气、养阳补益的作用，对调动机体正气、进行季节性防疫都有积极作用。春饼是用面烙成的薄饼，既可以就着萝卜吃，也可佐以酱熏或盐腌的肉食，并配各色炒菜，如菠菜、韭菜、韭黄、豆芽、鸡蛋等，将春饼卷之，称为“春卷”。

2. 济南大明湖端午节龙舟赛

赛龙舟是端午节一项重要而古老的传统民俗活动。在中国南方普遍存在，山东部分地区也会在端午节举办大型赛龙舟活动，现在龙舟赛已被列入世界非物质文化遗产名录，目前也是亚运会竞赛项目，在群众中有着较高影响力和参与度。关于赛龙舟的起源，有多种说法，如祭曹娥，祭屈原，祭水神或祭龙神等。

天下第一泉景区内的济南大明湖，水域辽阔，十分适合龙舟赛的举办。因此，一年一度的济南大明湖龙舟赛，在端午节前后隆重上演，龙舟赛时的大明湖畔人山人海，热闹非凡，一般有来自国内及海外的十几支龙舟队在这里一较高下。

龙船一般是狭长、细窄的木舟，上刻鳞甲，船头装饰成龙头，船尾装饰成龙尾。龙舟上还有锣鼓、旗帜等道具，比赛时鼓手敲打龙舟上的锣鼓，既能鼓舞士气，还能让船员保持一定的节奏，努力划桨。随着裁判一声令下，龙舟如离弦的箭，飞驰而出。顷刻间，鼓声、呐喊声划破万里长空。所有参赛龙舟都向插着锦绮彩竿的终点飞快地驰近，先到长竿的队伍夺魁。

龙舟赛现场各路队伍竞争激烈、场面壮观，观众时而屏气注视、时而鼓掌呐喊，气氛异常热烈。每逢端午节，到大明湖观龙舟竞渡，也成为泉城市民及外地游客体验端午传统习俗的首选。

3. 渔灯节

渔灯节距今已有500多年的历史，据民俗专家考证，渔灯节是从传统的元宵节中分化出来的一个专属渔民的节日，主要流传于今天烟台开发区45公里海岸线上的十几个渔村。其中，初旺、芦洋、八角三个村的渔灯节因活动规模和社会影响力较大，被公认为渔灯节的代表。

“渔灯”代表吉祥，渔灯节是沿海渔民以一家一户为单位，自发地在正月十三和正月十四午后，从各自家里抬着祭品，打着彩旗，一路放着鞭炮，扭着秧歌，敲着锣鼓，先到龙王庙或海神娘娘庙送灯，祭神，祈求鱼虾满舱，平安发财；再到渔船上祭船，祭海；最后，到海边放灯，祈求海神娘娘用灯指引渔船平安返航的一种祭祀活动。除了这些传统的祭祀活动，今天的渔灯节日还增添了在庙前搭台唱戏及锣鼓、秧歌、舞龙等各种群众自娱自乐的活动形式。

近年来，随着生活水平的提高，渔灯节越来越热闹。正月十三、十四两天，街上老老少少往码头汇聚，数百条船齐聚岸边，船上悬挂的彩旗、国旗在风中摇摆，渔民们开着车拉着祭品——有大鱼、猪头、大饽饽等，并将祭品搬上船祭祀，秧歌队、军乐队、舞龙队尽情表演，烘托出浓厚的节日氛围，祈求来年风调雨顺、日进斗金。

渔灯节是渔家文化的典型代表，它不仅是渔民一种节日祭祀祈福的活动形式，而且是渔民民俗文化的重要组成部分，其鲜明的渔家特色与丰富的文化内涵，是其他传统民俗文化不能涵盖的。改革开放以来，渔民们大力弘扬渔家文化，渔灯节不断繁荣发展，已成为渔民宣传推介渔家文化的一种有效载体。2008 年渔灯节被列入国家级非物质文化遗产。2015 年 3 月 3 日，中国民间文艺家协会授予烟台经济技术开发区“中国渔灯文化之乡”称号，烟台经济技术开发区也成为全国第一个也是唯一一个创建国家级渔灯文化之乡的开发区。

4. 泰安旧县村“爬桥节”

“爬桥节”是泰安市邱家店镇旧县村每年正月十六举行的传统年俗活动。据当地村民介绍，该节日始于清康熙年间，距今已有近 400 年的历史。古时百姓因吃不饱、穿不暖、病灾不断，村里人为了祈求风调雨顺、消灾祛难办起了“爬桥节”。因此每年正月十六，附近村民都自发到旧县大桥走一走，祈盼一年风调雨顺、平安吉祥，为家人祈福保平安，并一直流传至今，成为当地特有的传统民俗节日。

时至今日，伴随着“爬桥节”的举行，旧县村以“祈福”文化为载体，同时还会举办形式丰富多彩的乡村庙会，村民们踩高跷、抬花轿、听大戏、玩趣味游戏、品美食小吃，将传统民俗与现代娱乐相结合，展现了健康、长寿、平安、兴旺的美好愿望，吸引了来自泰安市区及周边地区的大量游客，使旧县村“爬桥节”逐渐成为泰安人民喜闻乐见、热衷参与的节日活动。

六、民间观念与信仰民俗

海神娘娘

海神娘娘是烟台地区的渔民最信仰的神灵，祭拜海神娘娘也是山东北方沿海地区的一种传统民俗。关于海神娘娘的传说故事数不胜数，其封号繁多，如天妃、天后、妈祖、妈祖婆、天后圣母等。据史料记载，海神娘娘的传奇故事，源于五代时期。虽然传说的版本很多，但故事的内容基本相似。古代渔民、商船的生命安全都维系于茫茫大海中，由于当时航海水平的限制，为求得出海平安，渔民百姓便将希望寄托于海神，在这种情况下，海神娘娘应运而生，并成为渔民和航海者的救助者和精神寄托。

海神娘娘的生日是正月十三，这一天，从西部的蓬莱到东部的荣成，胶东沿海各渔村比春节还热闹，渔民们举行盛大的祭海仪式，鞭炮从早放到晚，祈求新的一年鱼虾满仓、全家平安。烟台芝罘岛人这天一大早就到海边祭海。不仅如此，人们从四面八方涌向海神娘娘塑像，并摆设香案、披红、焚香、膜拜、祈福、燃放鞭炮，争先向海神娘娘塑像虔诚地献上点心和祭拜的物品，祈求今年风调雨顺，能获得更多保佑。黄海一带，庙岛、海洋岛、庄河、大东沟曾有一座座海神娘娘庙，庙里香火长年不断。其中庙岛的海神娘娘庙后来几经修建，规模最大，香客朝拜，终年不绝。

显应宫位于距长岛县城 2.5 海里的庙岛东北部，始建于宋徽宗宣和四年（1122），是中国北方最早也是最著名的妈祖庙，长岛渔民祖祖辈辈敬称“海神娘娘”庙。明崇祯元年，崇祯皇帝御赐庙额“显应宫”。显应宫也是世界上最重要的妈祖官庙之一，与福建湄州岛妈祖庙并称妈祖“南北祖庭”。显应宫内存有世界上唯一一尊历史最长的铜身妈祖塑像。1969 年原庙被毁，仅存一镜一像，1983 年重修，1985 年对游人开放。显应宫大殿内，铜铸镀金的海神娘娘坐像居正中神龛龙墩上，号有 2 米高的 9 花青铜穿衣镜一面，坐像四周有 4 尊侍女，4 尊妇女塑像。

海神娘娘信仰是山东沿海地区一种特有的神灵文化的载体，它寄托了渔民百姓对救死扶伤、乐于助人、护佑苍生的美好人性的歌颂，也承载了古代渔民对富足生活的希望和不惧风浪的勇气。

第二节　民俗类农业文化遗产的保护开发利用

一、山东省民俗类农业文化遗产保护开发现状

根据联合国教科文组织 2003 年 10 月 17 日在巴黎通过的《保护非物质文化遗产公约》中的定义，非物质文化遗产（Intangible Cultural Heritage）是指“被各群体、团体、有时为个人视为其文化遗产的各种实践、表演、表现形式、知识和技能及其有关的工具、实物、工艺品和文化场所。”在此基础上，非物质文化遗产主要是农业文明的重要产物，因此农业民俗是非物质文化遗产孕育产生的源泉。在全球化的趋势和浪潮中，非物质文化遗产反映着该民族的文化身份，也是文化标志的象征。所以对农业民俗遗产的开发与保护，在相当大程度上也是对非物质文化遗产的开发与保护，二

者都将保存和促进着民族与社会文化的多样性，是民族传统文化在面临现代化进程发展与变革中的一次自我重塑、自我建构的过程，同时也关系到民族文化在世界文化领域中的话语权问题。

2015 年 12 月施行的《山东省非物质文化遗产条例》规定，每年的农历腊月二十三至次年二月初二为山东“非物质文化遗产月”，这期间，山东省县级以上人民政府文化主管部门要组织开展非遗展演、展示等活动。这一规定出台后，山东各地在非遗月中积极开展各类非遗传承活动，并借助这些活动带活“一盘棋”。通过广搭台、长谋划、重融合等手段，山东的非遗传承产生了较好的社会、经济效益，其中当然包括民俗类农业文化遗产项目的展示与传承。

山东省的民俗类农业遗产是非物质文化遗产的丰厚温床。

二、山东省民俗类农业文化遗产保护开发利用的现状个案分析

（一）农业生产类民俗遗产

1. 长岛渔号保护开发利用现状

民俗专家表示，荣成渔民号子在调试、喊唱、说词、内容及民俗规范等方面，对研究当地民俗文化有不可替代的作用。渔民号子不仅具备渔业生产的历史价值、民俗文化价值、民间音乐价值，还有再利用开发价值。它作为独特的民俗风情和原生态生产形式，如果大力开发，组成民俗表演队伍进行喊唱，再现海上原汁原味的生产面貌，必将成为地方特色旅游的新亮点。

现在，传承人李永喜正在从事渔民号子曲谱的创作整理工作，“渔民号子现在仍然具有一定的实用性，比如推车、抬重物，如果喊个一二三，效果就不如渔民号子更能提振精神。”李永喜认为，从某个方面来说，渔民号子也是渔民团结向上、勤劳勇敢精神的传承，这也是保护这一民俗的意义所在。而他也打算把渔民号子融入另一项非物质文化遗产——渔家锣鼓的创作中。“渔民号子作为荣成乃至威海的形象展示，一旦打响，可能为城市增加一张新名片。”李永喜说。

据了解，荣成市相关部门也正通过有意识地引导、鼓励，突出渔民号子这种富有地方特色的民俗文化，开展有关宣传文化活动，引起人们的认知。2006 年，俚岛镇投入 2 万多元，整理了相关文字资料并制作了关于荣成渔民号子的专题录像。

近年来，荣成市充分发挥“1 个国家级非遗项目、10 个省级非遗项目、29 个威海级非遗项目、35 个荣成级非遗项目”的整体非遗项目的文化优势，立足非遗项目“海文化特点浓重、渔文化特色鲜明”的实际情况，因势利导地加大了趣味性强、参与面广、影响力好的“渔家大鼓、渔民号子、渔家秧歌”“三渔文化”的推广普及力度。

截至目前，荣成的“渔民号子”相继在央视的金牌栏目“欢乐中国行”“中华情”，

以及全国10余个省级卫视进行了多次展演；“渔家秧歌”成为当地95%村企的传统民俗表演节目；荣成围绕国家级非遗项目“渔民开洋谢洋节”曾连续举办了6届“国际渔民节”。荣成市年均参与“三渔文化”的大众培训达20余万人次，2013年，该市荣获了“省级海洋文化生态保护试验区”的称号。今年6月份，荣成市以“渔家大鼓”“渔家秧歌”“渔民号子”为主体的三渔文化，还一举荣获了威海市仅有的“山东省十大非遗亮点”。

2. 阳谷黄河硪号保护开发利用现状

2008年，阳谷县文化局和电视台、河务局对硪号的历史演变、黄河堤防工程建设和历史沿革以及石硪在工程建设中的作用进行了系统整理，制作成一部完整的电视文献片，对硪号加以保护。阳谷县将黄河硪号确定为非物质文化遗产，聊城市人民政府也将阳谷寿张黄河硪号列入市级非物质文化遗产名录。2009年，阳谷县黄河硪号被列入山东省非物质文化遗产。

随着社会进步和机械化施工的普及，在治黄工作中，石硪已淡出历史舞台。但是那雄浑、嘹亮、激情的黄河硪歌将永远带给我们震撼与感动。

（二）农业手工艺民俗遗产——剪纸保护开发利用现状

山东民间剪纸的未来，我们现在还很难作准确地描绘。

随着社会转型的完成，传统剪纸民俗活动的场地会进一步缩小，而以剪纸为业余爱好和职业创作的人相对地会越来越多。他们当中，一部分人因此成为艺术家，另一部分人的作品经常在旅游地和其他场合出现，他们因此被称为“民间艺人”。

到那时，经历过旧时代剪纸民俗活动的老人多已不在人世。一些剪纸的图样还在，却没有人能够解说它们的民俗功用和表现的民俗文化含义。即使能够解释（那多半应是研究者），听讲的人也只能在脑子里形成一个模糊的印象。那时的薄纸必然还继承着古老的传统。人们渴望知道传统图样的内涵，但随着历史远逝，许多事已不再可知。

（三）农业歌舞类民俗遗产——海阳大秧歌保护开发利用现状

俗语道“没有秧歌不叫年”，作为年节期间主要的民俗活动，海阳秧歌在人们心中有着无与伦比的重要地位。同时，群众的喜爱也为海阳秧歌的延续奠定了牢固的基础，并促进了海阳秧歌的继承和发展。1983年北京舞蹈学院舞蹈系把海阳大秧歌正式列为民间舞蹈必修内容，海阳秧歌正式登上了高等学府的讲坛。

总政歌舞团、解放军艺术学院创作的获奖舞蹈作品《在希望的田野上》《苦菜花》都充分表现出了鲜明的海阳大秧歌的艺术特色。近年来，海阳大秧歌在艺术专家、学者、文化工作者及民间老艺术人的共同努力下，进一步地得到了继承、发展、改革和繁荣，在一系列的大赛中取得了优异成绩。1994年海阳秧歌队应邀参加了第四届

“沈阳国际民间（秧歌）舞蹈节”，该队以其浓郁的地方特色，质朴豪放的风格和独特的技艺，在数十个国内外强队的激烈竞争中脱颖而出，一举夺得了大赛最高奖——金玫瑰奖。同年12月海阳大秧歌又荣获了全国“群星奖”银奖。2007年10月，海阳大秧歌参加了由国家发展和改革委员会、中央农村工作领导小组办公室、农业部和文化部联合主办的《倾注三农》专题综艺晚会。2008年8月，海阳秧歌队更是受邀参加了北京奥运会开幕式之前的暖场演出。近年来海阳大秧歌还受邀参加烟台毓璜顶庙会、青岛啤酒节等大型活动，受到广泛的好评。

2015年，以山东海阳著名非物质文化遗产“大秧歌”切入点的热血抗战传奇剧《大秧歌》正式播出。该剧在历史事实的基础上，以小见大，人物形象饱满，剧本严谨扎实，谱写了一段家族纠葛与抗日热血交织的传奇，生动地展示了胶东群众革命抗日的伟绩，堪称良心之作。

2018年1月，由海阳籍导演李京刚参与制作的院线电影《要活着去天堂》，在海阳的琵琶岛影视基地正式开机，电影将在海阳全程拍摄。影片以海阳大秧歌传承和发扬为主线，以家庭伦理为辅线，体现非遗传承人在传承过程中遇到的酸甜苦辣，表现他们坚韧不拔的传承精神。电影记录了在新时代背景下，几代传承人不懈努力，不断发扬和传播海阳大秧歌的故事，讴歌了海阳人民对文化遗产的保护和传承意识。

李京刚导演表示，作为有情怀、有良心的艺术家，他想通过这部电影，让世界了解山东的海阳大秧歌，了解中国非物质文化遗产。据悉，影片完成拍摄剪辑后，将参展国内外各大电影节，如法国戛纳国际电影节、德国柏林国际电影节、韩国釜山电影节、香港金像国际电影节等，并同时在全国院线，以及在美国、印度、韩国、伊朗、澳大利亚等地公映。届时，海阳大秧歌将走向世界舞台。

这种将民俗歌舞进行影视化的开拓和发展，一方面积极弘扬了齐鲁文化传统中重感情、尚人伦、崇道德、尊祖宗的基本精神根脉，另一方面也为当前民俗类农业文化遗产开辟一条前景广阔的传承与发展之路。

三、山东省民俗类农业文化遗产保护开发利用存在的问题

1. 保护管理体制分散

由于目前我国尚未建立起农业文化遗产的统一管理体制，各地形成了条块管理、职能分散的管理体制，这对农业文化遗产的保护管理形成较大制约。山东省农业文化遗产管理涉及多个不同职能的主管部门，实践中很多地方政府职能部门往往并不清楚自己在农业文化遗产保护工作中的职能界限，出现问题时存在协调困难。

2. 保护经费投入明显不足

目前农业文化遗产的投入仍以政府财政资金投入为主，融资渠道单一，文化遗产保护经费总量偏少，包括农业文化遗产在内的各种新型文化遗产经费紧缺的现象尤为

突出。虽然政府每年都安排专项资金分摊到基层，但是远远不能满足需要，遗产保护资金严重缺乏。调查发现，山东大部分地区农业文化遗产保护的欠账较多，市、县两级特别是县级财力普遍拮据，文化遗产保护经费严重不足，更无专项农业文化遗产保护经费，致使许多珍贵的农业文化遗产处于岌岌可危的状态，遗产资源整合更显得力不从心。一些经济发达地区虽然财力雄厚，但由于遗产保护意识缺乏，且需保护的农业文化遗产数量众多，所处地域又比较分散，加之工业化和城镇化进程加快，因此在经费不足的情况下，民俗类农业文化遗产保护现状亟待改善。

四、山东省民俗类农业文化遗产保护开发利用的对策研究

民俗类农业文化遗产是全民族共享的公共文化资源，它反映着一个民族、一个地域的文化特征和文化身份，展示了鲜明的地域性生活风貌，也是该地域审美情趣和艺术创造力的标识。因此，保护、传承与开发利用民俗类农业文化遗产，也是重返历史记忆，使民众日常生活真正走入公共文化空间的重要契机。当下全球化的进程，已将民族国家的文化环境植入世界文化市场，一场整体性的文化竞争时代业已到来。

1. 发挥政府的主导作用，构建有效的城乡旅游互动发展机制

政府在乡村旅游发展的过程中起到至关重要的作用，只有发挥政府的主导作用才能够让乡村旅游发展实现资源的最优化配置，并且利用政府的资金和技术优势来实现地区经济的快速发展。政府既可通过政策惠农，还可将乡村旅游纳入区域经济发展规划，以此加大对乡村旅游地区的配套设置和基础公共服务设施的投入。互动机制则是通过民俗文化和乡村旅游发展相互结合、相互依存，以此来带动地区经济的发展。政府先通过民俗文化来吸引旅游者的关注，在形成初步的规模之后，依赖于旅游者的消费需求再来对旅游产品进行针对性地开发。

山东省农业民俗资源丰富，但政府的主导作用发挥还是比较有限的，因此政府可以通过加大乡村旅游的宣传力度、引导外来投资、建设乡村旅游示范点等策略来提升山东农业民俗及乡村旅游的影响力。

2. 文化产业介入与公共文化建设有效结合，处理好保护与开发之间的关系

众所周知，在文化产业快速发展的今天，民俗正在成为打造地域经济性文化产业的资源，对于既是“文化大省”又是“农业大省”的山东而言，农业民俗是可以单项开发的核心资源，同时也是可以整合进上下游文化产业链条、进入区域文化产业品牌的核心内容。从韩国、日本的文化产业发展经验中可以发现，有意识地破除传统文化与新兴文化产业之间的壁垒，使文化资源最大限度地转化为资本，是十分可行的。

在当前新媒体的视域下，山东省的农业民俗完全可以与新兴的文化产业如影视产业、动漫产业结合。近年来，山东动漫产业呈现出良好的发展态势，在 2018 年举行

的第十四届中国国际动漫节上，由山东动漫企业出品的动漫作品和形象吸引了许多观众驻足。特别是融入了山东历史文化民俗的动漫作品，如《山东地方戏曲动画》《齐鲁民俗奇妙之旅》《齐鲁历史名人》等，融入了VR虚拟现实等先进技术，以讲故事的形式将木板年画、鲁锦、戏曲曲艺等齐鲁非遗民俗进行了立体化、形象化的呈现。2018年2月，山东省人民政府发布的《山东省新旧动能转换重大工程实施规划》中，明确提出了“加快发展网络视听、移动媒体、数字出版、动漫游戏、创意设计等新兴产业”。借助这种“动漫+科技”的形式，动漫人物穿越时空，兼具现代感和视觉冲击力，是对地域民俗的原创性文化产业开发。

民俗类农业遗产既是民族文化资源的富矿，也是增加地域认同感和增强本地区民众文化凝聚力、向心力的中介，它需要文化产业的介入以提升其对现代大众的影响力。如果能真正做到文化产业介入与公共文化建设的有效结合，农业民俗不仅可以成为保留祖先文化创造和文化遗存的珍贵资源，而且可以成为书写民间文化主体性、塑造群体交往与群体认同的公共领域。

3. 全方位发挥山东省、市、地方各级博物馆、档案馆、美术馆等文化机构的社会教育和文化育人功能，让山东省农业民俗类农业文化遗产和艺术资源真正“活起来”，生动讲述山东深厚的人文历史底蕴

文物与历史档案是国家、民族的宝贵财富，它具有与生俱来的文化属性，在记录历史、传承文明、引领未来中彰显其特有的价值和功能。从这个意义上讲，博物馆、档案馆是一座丰富宝藏，因此对文物与历史档案在当代进行“活化”利用，就应充分发挥档案文化的想象功能，使其不断“变现”，创新的价值。在文物档案的“活化”利用方面，可以借鉴由山东省档案局和山东广播电视台联合摄制的大型纪实类电视栏目《山东往事——档案背后的故事》。该节目以档案为基础，配以现场还原、相关人物采访、专题研究人员点评等，对发生在山东的重大事件、著名人物、著名品牌、战争战役以及重大科研课题等做出系统的梳理，以多元化手法活化档案资源，运用电视现代媒体再现史实，收到了很好的收视反馈。

因此，山东农业民俗类农业文化遗产的保护开发，可以借鉴上述档案节目的制作理念和整体架构。相关部门可通过制作山东省农业历史文化的专题节目这种系列性、专题性的节目形态，进一步增强农业民俗遗产与历史档案的感染力和亲和力，充分彰显历史文化遗产以“以文化人”的价值，也增强山东人民的文化自信力，起到了文化传承与熏陶以及思想上的教育作用。

4. 定位各类民俗类农业文化遗产的旅游表达模式，创新文化旅游产品设计

乡村旅游是一个地区民俗文化的综合体现，同时民俗文化又是乡村旅游的灵魂。“民俗文化大多具有教化、娱乐、宣泄、学习等诸多功能，在培养人对自己国家、民族、乡土的深厚感情等方面能产生巨大的凝聚力”，在维护中华优秀的社会道德、家庭伦理方面有着不可比拟的作用，有着极强的教化功能。如歌舞曲艺类农业民俗，能使人感到轻松、愉悦，而手工艺、生活类农业民俗让人在娱乐的同时，能得到手脑能力、知识技能等的锻炼和提高。这些功能效用与旅游的基本要求完全一致，游客可以有充分的选择余地，参与自己喜好的内容、形式，获得多方面需求的满足。从另一方面说，民俗文化的这些功能在当今和谐社会建设主旋律下更具有普遍的社会意义，符合旅游社会价值的本质需求。

不仅如此，民俗文化更明显的特征是个体之间的差异性。因为不同民族、地域、历史的原因，使得农业生产民俗、农业手工艺民俗、农业生活民俗、农业歌舞民俗、农业信仰民俗都有明显的风格或细节区别，而差异性正是打造地域特色旅游品牌，有效避免旅游产品同质化严重、以及避免品牌重复建设的客观资源保证，并成为创新旅游开发模式和文化旅游产品的巨大潜力所在。

因此，创新和设计乡村旅游产品时，山东省应考虑多个方面因素的结合。创新旅游文化产品既要体现山东省农业民俗文化特色，还要深挖山东农业民俗文化的内涵，如在饮食方面、旅游演出方面实现增强游客黏合度的目的。

旅游表达的根本任务就是创造恰当的载体，实现对其多方面内涵美的挖掘，使这些文化内容得到充分的展示。比如，山东省的农业手工艺民俗，就可以开发“体验型”的“工艺游”。“工艺游”与普通观光游览或一般民俗欣赏不同，它是建立在相应审美能力基础上的体验型旅游，强调对手工艺细节的欣赏和亲身体悟，传统的走马观花式旅游就很难感受到它的特殊魅力。因而，从整体文化特征上说，它更适合开发“细嚼慢咽”式的赏玩和亲身参与。游客全程参与手工艺民俗产民的设计、制作环节等，最终形成体现个人审美爱好、个性化强烈的“DIY”式产品，从而为游客提供了有趣的学习与实践、休闲与放松的愉悦旅游体验。

5. 构建和发展具有山东省区域性旅游文化特色的现代文化产业发展格局

相关部门要大力支持文化传媒公司、省市级艺术剧院、文艺团体创作创新大型剧目，打造一批山东省各地区文化舞台剧的经典品牌，弘扬真善美的人格美德，宣扬社会主义核心价值观，学习故宫文创产品的开发的成功经验，大力推进具有山东省各地区域特色的旅游文创产品开发，让山东的农业民俗故事传播更远，享誉世界。

各级政府要不遗余力地推进实施优秀农业民俗文化“引进来”和“走出去”战略规划，将优秀文化旅游产品融入更多以山东省各地域为代表的本土文化元素以及中华传统文化元素，以“艺术”＋“市场”双向结合的模式精心策划运作。在未来旅游文化产业的开发方面，可以依托大型文化传媒公司的资金、技术优势和市场运作经验，建立具有国际化标准的主题公园和影视城。各地要大力挖掘山东省各地农业民俗文化的故事基因，并将这些民俗文化基因融入精品舞台剧目的编演当中，逐渐打造其品牌价值、艺术价值及商业价值，与山东省的地域优势、文化优势进行更深度融合。山东省各地要着力开发包含山东地域性农业民俗文化元素在内的电视剧、电影、动画、手游、网游等产业模式，并承办各级各类艺术节、文化节等大型文化展演活动，比如举办泥塑作品展、剪纸艺术展、面塑艺术大赛等各类丰富多彩的文化大集，为参观者带来不一样的文化盛宴和民俗文化体验。借此文化盛事，有关部门可以大力推介和宣传地域文化和农业民俗，使山东省的民俗文化资源得到充分的交流与互动。

由此可见，上述现代文化产业格局的构建，能够让更多海内外宾朋以此为契机，了解齐鲁文化，了解齐鲁大地悠久丰富的农业民俗文化，这既是增强齐鲁儿女文化自信的积极践行，也是对山东省文化产业发展创新进行的大胆尝试与积极探索。

第十二章 CHAPTER 12

文学类农业文化遗产——农事诗概要

中国原始的人类采集、狩猎活动源远流长。人工种植、养殖活动约万年历史。农事诗创作有近五千年的历史，口头农事诗创作的历史则更为久远。农事活动是人类生存的第一需求，有农事生产、生活，便有农事诗创作。中国古代的农事文学，是重要的农业文化遗产之一，而农事诗是农事文学中历史最悠久、最重要的文学样式，故此仅对农事诗略作梳理。鉴于农事诗发展脉络的连续性与系统性，故此梳理中国古代农事诗不囿于山东省域，并将此章以附录形式置于此，以供参阅。

第一节 先秦农事诗

原始的采集、狩猎、农业、畜牧业，成为诗歌（最早的文学样式）创作的源泉，也就有了先秦以农业生产活动为题材的农事诗。原始社会黄帝时代《弹歌》、伊耆氏（神农氏）时代《蜡辞》等为代表的原始农事诗，《诗经·豳风·七月》等为代表的奴隶社会后期农事诗，是文学起源于农事生产劳动的直接体现。与先秦农业生产活动相联系的农事祭祀活动，作为先秦农业生产的文化延伸，构成了农事诗的又一题材和创作源泉，使先秦文学题材不断拓展。

人类四百万年的历史，从原始的采摘与狩猎走向人工种植和养殖只有最近一万年的历史。而人类文明的演进、人类文化的发展，是以农业文明和农业文化为基础的。因此，研究先秦农事诗与先秦农业的关系，是一项本源性研究，也是探索文学起源的重要切入点。关于“先秦”这个时间概念，本指秦朝建立之前的历史时代，是一个有下限无上限的时间概念，只是夏朝以前缺乏史料和文字记载，故“先秦”多从夏朝谈起，指前21世纪至前221年这一历史时期，历经夏、商、西周、春秋、战国等历史阶段。

一、农事诗的含义与范畴

“农事”一词最早见于《左传·襄公七年》：“七年春，郯子来朝，始朝公也。夏四月，三卜郊，不从，乃免牲。孟献子曰：‘吾乃今而后知有卜、筮，夫郊祀后稷，以祈农事也。是故启蛰而郊，郊而后耕。'"[①]《礼记·月令》："孟春之月……王命布农事，命田舍东郊，皆修封疆，审端经术。"[②]《诗经·小雅·大田》云："曾孙来止，以其妇子。馌彼南亩，田畯至喜。"郑玄《笺》云："成王出观农事，馈食耕者以劝之也。"[③]《诗经·豳风·七月》孔《疏》云："粟既纳仓，则农事毕。"可见"农事"一词包含了耕耘、管理、收获、贮藏等农事活动。

中国诗歌发展的历史源远流长。远在《诗经》之前，已经有诗歌传唱。"《诗经》以前的古诗歌，大都收集在杨慎的《风雅逸篇》、冯惟讷的《风雅广逸》及《诗纪》前集十卷《古逸》里。其中有神农（炎帝）时的《蜡辞》（见《礼记·郊特牲》），有黄帝时的《弹歌》（见《吴越春秋》），《有焱氏颂》（见《庄子·天运》），有《游海诗》（见王嘉《拾遗记》），有少昊时的《皇娥歌》（同上），《白帝子歌》（同上）"[④] 等等。其中已有《礼记·郊特牲·蜡辞》云："土反其宅，水归其壑，昆虫毋作，草木归其泽！"[⑤]《吴越春秋·勾践阴谋外传》中引《弹歌》："断竹，续竹，飞土，逐宍。（宍古肉字）"等典型的农事诗，并记载了农事活动的内容、过程等。

至于《吕氏春秋·仲夏纪·古乐》篇，记载的农事活动就更全面、更详细、更深入了。"昔葛天氏之乐，三人操牛尾，投足以歌八阕：一曰载民，二曰玄鸟，三曰遂草木，四曰奋五谷，五曰敬天常，六曰达帝功，七曰依地德，八曰总万物之极。"可谓是对万物生长发育、人类繁衍不息、天地人和的全方位美好期盼。

《诗经》中的农事诗，数量增多，内容已比较丰富，如《诗经》中的《豳风·七月》《小雅·楚茨》《小雅·信南山》《小雅·甫田》《小雅·大田》《周颂·噫嘻》《周颂·臣工》《周颂·载芟》《周颂·良耜》《周颂·丰年》等。

对《诗经》"农事诗"的定义，以及农事诗篇目界定，学界一向有异议。

朱熹认为"'雅''颂'之中，凡为农事而作者，皆可冠以豳号。"[⑥] 朱熹《诗集传》中在《大田》篇后附："或疑此《楚茨》《信南山》《甫田》《大田》四篇，即为豳雅。"[⑦]在《良耜》篇后附："或疑《思文》《臣工》《噫嘻》《丰年》《载芟》《良耜》等篇即所谓豳颂者。"[⑧]

张西堂《诗经六论》中称"有关劳动生产的诗歌"为农事诗。《诗经六论》收录了张西堂在武汉大学、西北大学讲授《诗经》时写的六篇论文。其中第二篇"《诗经》

---

① （清）阮元，校刻，1980. 十三经注疏·春秋左传正义 卷三十［M］. 北京：中华书局：1936. 杨伯峻，1995. 春秋左传注［M］. 北京：中华书局：90.

② （清）阮元，校刻，1980. 十三经注疏·礼记正义 卷十四［M］. 北京：中华书局：1352－1356. 陈戍国，2004. 礼记校注［M］. 长沙：岳麓书社：109. 其中阮刻本中"审端经术"陈注本作"审端径术"。

③ （清）阮元，校刻，1980. 十三经注疏·毛诗正义·大田［M］. 北京：中华书局：477.

④ 陆侃如，冯沅君，1999. 中国诗史［M］. 北京：百花文艺出版社：3－4.

⑤ （清）阮元，校刻，十三经注疏·礼记正义 卷二十六［M］. 北京：中华书局：1454.

⑥ （宋）朱熹，1958. 诗集传［M］. 上海：上海古籍出版社：98.

⑦ （宋）朱熹，1958. 诗集传［M］. 上海：上海古籍出版社：158.

⑧ （宋）朱熹，1958. 诗集传［M］. 上海：上海古籍出版社：235.

的思想内容”又分为“关于劳动生产的诗歌”“关于恋爱婚姻的诗歌”“关于政治讽刺的诗歌”“史诗及其他杂诗”四类。关于劳动生产的诗歌，张西堂列举了《国风》《小雅》《鲁颂》《周颂》中的10余首诗，分析其田猎畜牧描写和风俗，农业劳动的情况，妇女采摘蚕桑等。此外，他对《召南·驺虞》《豳风·七月》《邶风·绿衣》等作了细致分析，已将农业劳动、畜牧、田猎等诗篇，纳入农事诗之列。

1944年郭沫若在《由周代农事诗论到周代社会》中认为：“周代的诗歌里面有好几篇纯粹关于农事的诗：《七月》《楚茨》《信南山》《甫田》《大田》《臣工》《噫嘻》《丰田》《载芟》《良耜》”。[①] 他在《〈诗〉〈书〉时代的社会变革与其思想上的反映》一文中将《思文》篇称作“《诗经》里专咏农事的诗”。袁行霈、陈子展等认同此观点。

陆侃如、冯元君《中国诗史》认为《周颂》中“舞曲以外，有几篇似是祭歌。《思文》似祀后稷，《天作》似祀大王，《清庙》《维天之命》与《我将》似祀文王，《执竞》似祀武王，《噫嘻》似祀成王。他如《丰年》《有瞽》《潜》《雍》等，亦与祭祀有关。……《周颂》中最佳之作当推《载芟》与《良耜》。《载芟》叙农家生活……《良耜》与此相仿佛。”[②]《中国诗史》将《思文》《噫嘻》《丰年》《载芟》《良耜》等纳入了农事“祭歌”范畴。书中指出，《小雅》“关于祭祀的诗中，以《楚茨》《信南山》《甫田》《大田》等篇为佳。尤其是诗中写农夫的几句：‘上天同云，雨雪雰雰。益之以霢霂；既优既渥，既沾既足，生我百谷。(《信南山》)’农人渴望丰收的神情，在这几句中充分地表现出来了。”[③] 陆、冯以《楚茨》等4篇为“祭祀诗”。高亨、游国恩等赞同此说。《中国诗史》提到《周颂》中的部分农事“祭歌”，《小雅》中的农事“祭祀诗”，也就是我们探讨的农事诗。

郭预衡《中国文学史》于郭沫若界定11首农事诗外，加《芣苢》《十亩之间》《七月》3篇。

郑振铎《插图本中国文学史》以农歌定义农事诗，列《七月》《甫田》《大田》《行苇》《既醉》《思文》，增《行苇》《既醉》2篇。

也有研究者将《诗经·大雅》中的6首诗：《生民》《公刘》《绵》《皇矣》《大明》作为农事诗。这几首诗的写作时代从后稷诞生至武王伐纣，内容涵盖神话故事、英雄传说、丰功伟业、农耕生活、农耕祭祀礼仪等方面，具有周民族史诗的性质，其中相当程度地反映了周民族的农业发展史。如《大雅·生民》描写周始祖后稷诞生传说，讲述后稷诞生与屡弃不死的神异，他开发农业生产技术的禀赋、才能，种植荏菽、麻、麦子、瓜、秬、秠、穈、芑等农作物，丰收后祭祀天神，祈求赐福，保佑子孙。《公刘》继续讲述周族巩固、发展农耕文化。它们虽不是纯粹的农事诗，但农事活动

① 郭沫若，1982. 由周代农事诗论到周代社会［M］//郭沫若. 郭沫若全集 历史编 第一卷. 北京：人民出版社：405.

② 陆侃如，冯沅君，1999. 中国诗史［M］. 北京：百花文艺出版社：23.

③ 陆侃如，冯沅君，1999. 中国诗史［M］. 北京：百花文艺出版社：42.

内容占了诗歌一定数量的篇幅，并且农耕生产在诗中也有重要分量，应该说部分地、一定程度地体现了农事诗的特点。

还有研究者，将涉及农牧业的《无羊》《駉》，治理病虫害的《瞻仰》等，归于农事诗，认为其尚在广义农事诗范畴。但学者的将《硕鼠》等皆界定为农事诗，就太宽泛了。

笔者认为，前述朱熹的“凡为农事而作者”，张西堂的“有关劳动生产的诗歌”，郭沫若的“专咏农事的诗”，陆侃如、冯元君所列“祭歌”“祭祀诗”，郑振铎的“农歌”等，对“农事诗”的界定，尽管表述有异，所描写的农事活动主体、形式有一定差异，但从实质上讲，活动内容、对象、主题都紧扣“农事”。因此，其界定的农事诗，大致不离“农事”主题，这些诗归属农事诗没有太多问题。而将《硕鼠》这样的诗歌也界定为“农事”诗，显然是不合理的。因为《硕鼠》的主旨是控诉不劳而获的剥削者，主旨不在农事活动本身。故笔者认为，凡是以耕耘、管理、收获、贮藏等农事活动为主要对象，以获得农业丰收为主要目，而形成的记录或描述农事生产、生活活动的诗歌，以及以农业生产与丰收为目的和主题而进行政治活动、宗教祭祀活动等而形成的诗歌，即为农事诗。此外，与传统种植业并行的渔猎、畜牧养殖、林果生产等生产经营活动等，也属广义农事诗范畴。

二、先秦农事诗与先秦农业——关于文学起源的重大命题

中外文学史研究中，关于文学起源问题，有不同的观点。如：劳动说，巫术说，模仿说，神示说，游戏说，心灵表现说，种族、环境、时代三个要素说，性爱说，符号体系说等。如果能弄清文学的起源，正确诠释文学产生之谜，科学解释文学与自然、社会、意识形态的关系，就能深刻认识文学的本质，具有重要的文化意义和价值。而诗歌先于散文而产生已是文学研究中的一个不争之实。因此，理清诗歌起源问题也就理清了文学起源问题。

关于文学起源以及起源时间，中国汉代郑玄《诗谱·序》云：“诗之兴也，谅不于上皇之世。大庭、轩辕，逮于高辛，其时有亡，载籍亦蔑云焉。《虞书》曰：‘诗言志，歌永言，声依永，律和声。’然则诗之道，放于此乎？有夏承之，篇章泯弃，靡有孑遗。迩及商王，不风不雅。何者？论功颂德，所以将顺其美；刺过讥失，所以匡救其恶。各于其党，则为法者彰显，为戒者著明。周自后稷播种百谷，黎民阻饥，兹时乃粒，自传于此名也。陶唐之末中叶，公刘亦世修其业，以明民共财。至于太王、王季，克堪顾天。文、武之德，光熙前绪，以集大命于厥身，遂为天下父母，使民有政有居。其时《诗》，风有《周南》《召南》，雅有《鹿鸣》《文王》之属。及成王，周公致太平，制礼作乐，而有颂声兴焉，盛之至也。”[①] 这段文字涉及文学（诗）的起

① （清）阮元，校刻，1980. 十三经注疏·毛诗正义·诗谱序［M］. 北京：中华书局：262.

源时间、功能、特征、题材、民生、源流等。郑玄认为"诗之兴"于虞舜时代[①]。他认识到文学（诗）与农业、民生的密切关系，并认为《颂》诗的产生晚于《风》《雅》。针对郑玄的观点，我们可以理解为文学（诗）的起源与原始农业、畜牧业、吃、住等关系更直接、更密切，产生时间更久远；文学（诗）的产生与宗教祭祀关系次之，产生时间次之。这段文字既提出了文学的起源时间即原始时期，也隐含着文学起源于农业生产活动的观点。

南北朝沈约在《宋书·谢灵运传论》中云："然则歌咏所生，宜自生民始也。"唐代孔颖达《毛诗正义序》云："上皇道质，故讽谕之情寡。中古政繁，亦讴歌之理切。唐虞乃见其初，羲、轩莫测其始。"[②]《毛诗正义》又云诗歌"必不初起舜时也"，"讴歌自当久远"。成伯玙《毛诗指说·兴述》云："然诗者，乐章也，不起鸿荒之代，始自女娲笙簧；神农造瑟，未有音曲，亦无文词。……上皇道质，人无所感，虽形讴歌，未寄文字。……虞舜之书始陈诗，咏五弦之琴，以歌南风，其文详也。自殷周洎于鲁僖，六诗该备，而运钟治乱，时有夷险。感物而动人之常情，升平则闻雅颂之音，丧乱惟陈怨刺之作。故何休云：男女怨恨，相从而讴歌之。饥者饱其食，劳者歌其事，是也。"他认为伏羲时有歌唱，只是未以文字形式表达，并提出饮食、劳动、男女之情等，构成了文学（诗歌）创作的源泉。宋代张文伯《九经疑难·毛诗》云："郑康成疑大庭、轩辕有诗，大庭有鼓籥之器，黄帝有《云门》之乐。至周，尚用《云》，明其音声和集，既能和集，必不空弦，弦之歌，即是诗也。……讴歌之初，则疑其起自大庭之时。"他认为诗歌产生于"大庭"（神农炎帝）、"轩辕"黄帝时期。综上，各家均认为文学艺术起源于原始社会，并不同程度地表达了文学（诗歌）产生与农事活动的关系。

原始人劳动时，为协调力量，会发出呼声。如《淮南子·道应训》："今夫举大木者，前呼'邪许'，后亦应之。此举重劝力之歌也。"[③] 这种原始的有节奏的呼声，虽没有歌词，但有节奏、韵律，表达特定的含义，具备了诗歌的基本要素，也就是诗歌的发端和文学的起源。鲁迅《且介亭杂文·门外文谈》："人类在未有文字之前，也就有了创作，可惜没人记下来，也没有法子记下。我们的祖先的原始人原是连话也不会说的，为了共同劳作，必须发表意见，才渐渐练出复杂的声音来。假如那是大家抬木头，都觉得累了，却想不到发表。其中有一个叫道'杭育杭育'，那么这就是创作。大家也要佩服，应用的，这也就等于出版；倘若用什么记号留存下来，这就是文学；他当然就是作家，也就是文学家，是'杭育杭育'派。"也就是说，人类在未有文字之前，已有诗歌，且是因劳动需要而产生。只是今天我们所看到的诗歌，可能少量是文字产生前以声律口耳形式相传，待文字产生后方被记下来。更多的诗歌是人们在文

① 根据可知的资料进行研究和推断，农事诗（文学）创作的产生阶段当在虞舜之前。

② （清）阮元，校刻，1980. 十三经注疏·毛诗正义序［M］. 北京：中华书局：261.

③ （汉）刘安等，2009. 淮南子［M］. 顾迁，译注. 北京：中华书局：192.

字产生后创作并记录下来。而今天可见的这些被记录下来的最早期的诗歌，多与原始的农牧生产活动有直接或间接的关系。

我国现存可知的最早的诗歌是《吴越春秋》卷九《勾践阴谋外传》所载上古时代黄帝时的《弹歌》："断竹，续竹，飞土，逐宍。（宍古肉字）"。从这首早期原始氏族时期的诗歌，可以看出诗歌与农事生产活动的直接关系——该诗描述或者说再现了原始人砍伐竹子、加工竹子、制造弹弓的过程，以及用弹弓发射弹丸、获取动物的狩猎过程。语言简洁古朴，表意明晰富有逻辑，韵律和谐，是一首典型的十分古老的农事（狩猎）活动歌谣。以劳动为主题内容，描绘和歌颂劳动生活，可以说原始诗歌的鲜明特点。

《吕氏春秋·仲夏记·古乐》记述上古时代歌唱农业生产和狩猎生活的乐歌云："昔葛天氏之乐，三人操牛尾，投足以歌八阕：一曰载民，二曰玄鸟，三曰遂草木，四曰奋五谷，五曰敬天常，六曰达帝功，七曰依地德，八曰总万物之极。""葛天氏"系古代传说时期的部落酋长。所歌八阕是现今可知的最古的一套乐曲，三人手持牛尾，边舞边唱，典型体现了上古时期诗、乐、舞一体的原始形态。歌辞虽不可考，但从三人手持牛尾，边舞边唱的形式看，人们有对猎获牛这一动物的喜悦，对未来收获的期待。从八阕乐曲的题目推测，"载民"是歌唱赞颂始祖；"玄鸟"即燕子，可能是本部落的图腾；"遂草木"是歌唱并期待草木茂盛；"奋五谷"是歌唱并期待五谷生长；"敬天常"强调遵循自然法则，尊重自然规律；"达帝功"即告知天神在其庇护下取得的功绩；"依地德"主张依据土地之神的德行；"总万物之极"是期望万物生长发育，人类繁衍不息。

其中，"奋五谷"歌唱和期待的五谷生长，是典型的农事歌词。"遂草木"歌唱和期待的草木茂盛，应与动物收获有关。"敬天常""达帝功""依地德""总万物之极"等歌词所唱的都是在强调天地人和合，祈求风调雨顺，有个好收成，人类可以繁衍生息、生存发展，也是农事诗范畴。

《淮南子·道应训》记载："举重劝力之歌"。《吕氏春秋·淫辞》云："前乎舆謣"。《〈史记〉索隐》引《三皇本纪》，以及《古今图书集成》引《辨乐论》，均提及伏羲时代的"网罟之歌"。基于此，《公羊传·宣公十五年》注释里有"饥者歌其食，劳者歌其事"的观点。唐代诗人元结针对伏羲氏之乐歌《补乐歌十首·网罟》云："吾人苦兮，水深深。网罟设兮，水不深。吾人苦兮，山幽幽。网罟设兮，山不幽。"可见，无论上古诗还是后人补诗，均体现文学艺术与生产劳动的紧密关系，蕴涵着文学（诗歌）起源于农事（农业、畜牧业）生产活动的思想。

《诗经·豳风·七月》：

七月流火，九月授衣。一之日觱发，二之日栗烈。无衣无褐，何以卒岁？三之日于耜，四之日举趾。同我妇子，馌彼南亩，田畯至喜。

七月流火，九月授衣。春日载阳，有鸣仓庚。女执懿筐，遵彼微行，爰求柔桑。春日迟迟，采蘩祁祁。女心伤悲，殆及公子同归。

七月流火，八月萑苇。蚕月条桑，取彼斧斨，以伐远扬，猗彼女桑。七月鸣鵙，八月载绩。载玄载黄，我朱孔阳，为公子裳。

四月秀葽，五月鸣蜩。八月其获，十月陨萚。一之日于貉，取彼狐狸，为公子裘。二之日其同，载缵武功，言私其豵，献豜于公。

五月斯螽动股，六月莎鸡振羽，七月在野，八月在宇，九月在户，十月蟋蟀入我床下。穹窒熏鼠，塞向墐户。嗟我妇子，曰为改岁，入此室处。

六月食郁及薁，七月亨葵及菽，八月剥枣，十月获稻，为此春酒，以介眉寿。七月食瓜，八月断壶，九月叔苴，采荼薪樗，食我农夫。

九月筑场圃，十月纳禾稼。黍稷重穋，禾麻菽麦。嗟我农夫，我稼既同，上入执宫功。昼尔于茅，宵尔索綯。亟其乘屋，其始播百谷。

二之日凿冰冲冲，三之日纳于凌阴。四之日其蚤，献羔祭韭。九月肃霜，十月涤场。朋酒斯飨，曰杀羔羊。跻彼公堂，称彼兕觥，万寿无疆。

《豳风·七月》是《诗经·国风》中最长的一首诗。《汉书·地理志》云："昔后稷封斄，公刘处豳，太王徙岐，文王作酆，武王治镐，其民有先王遗风，好稼穑，务本业，故《豳诗》言农桑衣食之本甚备。"[①] 据此，此篇当反映周代早期（约公刘处豳时期）的农事劳动和日常生活的艰辛。公刘，姬姓，名刘，"公"为尊称，是古代周部族的杰出首领。公刘是黄帝的后裔，历代传承：黄帝（姬姓）—玄嚣—蟜极—帝喾—尧、挚、契、弃（稷）。弃是帝喾之子，爱好耕作，因地制宜种植谷物，尧帝提拔他当农师主管农业。舜帝封弃在邰地，称为"后稷"。"后稷"后裔历代担任主管农业的官职，数传至不窋—鞠—公刘。由此谱系可知，《豳风·七月》在《诗经》农事诗中的形成时间早。从诗的内容看，全诗八章：首章写岁寒与春耕；次章写妇女与蚕桑；第三章写桑枝修剪与麻织衣料的制作；第四章写田间收获与狩猎；第五章写收拾房屋过冬；第六章写为公家采藏果蔬、酿酒，为自己采藏瓜、瓠、麻子、苦菜之类食用；第七章写农事毕则修理室屋；末章写凿冰劳动和年终燕饮。通篇全面反映农业生产的多个领域和劳动过程。虽《诗经》之《风》《雅》《颂》分类标准众说不一，但宋代郑樵《诗辨妄》"曲调说"认为："乡土之音曰'风'，朝廷之音曰'雅'，宗庙之音曰'颂'"应当基本符合实际。朱熹、崔述、阮元、梁启超、王国维等基本认同此说。《诗经》分类主要立足音乐，并考虑了音乐和地区的关系。"诗"最初都是乐歌。"风"即音乐曲调，"国"为地区、方域之意。"国风"即各地区的乡土音乐曲调。《国风》中的诗歌也主要来自民间，只是后来经过文人加工。因此《豳风·七月》系乡土之音、地方民歌，通篇着力写农事生产活动，并且《七月》反映的是常年从事田间生产劳动的庶民生活，而不是如"雅""颂"中农事诗所写王公贵族农事活动。

---

① （汉）班固，1987. 汉书·地理志［M］. 上海：上海古籍出版社：770.

“雅”即正，指朝廷正声雅乐，是西周王畿的乐调。“雅”诗是宫廷宴享或朝会时的乐歌。“雅”诗的作者多是贵族阶层。其中农事诗多记载播种、收获、陈飨等礼仪。“颂”是宗庙祭祀音乐（多是舞曲），内容多是歌颂祖先的功业，作者亦多是贵族文人。其中农事诗多是耕耘、耨、耙时的藉田礼仪。

从现存各民族早期诗歌，也可以看出原始诗歌与原始农业种植、渔猎、畜牧业的关系。鄂伦春族原始狩猎歌曲：“阿索亚，阿索亚，黑色的毕拉尔河呀！阿索亚，阿索亚，沿着河道游猎呀！”该歌借衬字衬词以合韵，诗歌形式比较幼稚，但诗歌内容清晰，目的明确，即游猎、生存，说明这就是早期诗歌甚至是诗歌的雏形。贵州剑河地区苗族古歌：“用石头当锄头，折树枝当钉耙，划竹篾当撮箕，到山上去开田。”歌中有工具的使用、加工，开荒耕田等内容，当是人工种植开始之后产生的诗歌，可能是农业生产的真实描写，抑或通过歌舞等对农业生产的艺术再现，但无疑其内容直指农业生产劳动。鄂温克族的《欢喜歌》：“蹦蹦跳跳的狐狸，欢喜嫩绿的草地；各处来的客人们，一起玩乐最欢喜。奔跑嬉闹的狐狸，喜欢山高林子密；各处来的客人们，一起唱歌最欢喜。”则展现出人与动植物共生共存的愉悦心情。南美波托库多人原始诗歌：“今天打猎打的好，一只野兽被杀掉；现在有了食物了，吃的美来喝的饱。”表达狩猎成功后的喜悦与满足。澳洲土人的战歌：“刺他的额，刺他的胸；刺他的肝，刺他的心；刺他的腰，刺他的肩；刺他的腹，刺他的肋！”带有操练意味，意在鼓舞士气，提升战斗激情。但古今中外，从来就没有无缘无故的战争，在人类人工种植、养殖之前，人们为有野生果实、动物、水源的生存地而战。在人工种植、养殖产生之后的1万年，人们前期主要围绕着种植地、养殖地、水源、粮食等争夺，后期人们则为着更广泛的衣食住行等各类能源进行战争与争夺。

中国文字诞生有五六千年以上甚至近万年的历史。而我国最早的成体系的王朝时期文字当属商代的甲骨文。甲骨文中今见不重复单字约4 500个，已识别单字约1 700个。内容涉及祭祀、气候、收成、狩猎、征伐、病患、生育、出行、时日、吉凶等等。甲骨文中已辨认出与植物相关的词语有一百多个，其中《甲骨文字典》《甲骨文编》《甲骨文简明词典——卜辞分类读本》收录的已考定的甲骨文植物名词有草、屯、每、艿、蒿、来、麦、粟、禾、穆、稷、稻、秜、黍、谷、木、杏、杜、杉、柳、杞、榇（榆）、柏、果、林、楚、森、桑、栗、束、柰等三十余种。与植物相关的记载有农业（农作物、林木、果树）种植，农业祭祀等。《说文》：“黍，禾属而黏者也。以大暑而种，故谓之黍。从禾，雨省声。孔子曰：黍可为酒，故从禾入水也。”① 甲骨文中已识别出70多个动物名称，约30类动物，如虎、豹、狼、狈、狐、兕、猴、獾、象、鹿、麋、兔、兽、蛇、龟、鱼、鼋、黾、虫、雀、鸡、雉、燕、鸟、鹬、牛、马、羊、豕、犬、豚、龙、凤等。在甲骨卜辞中，记载与

① （汉）许慎．（清）段玉裁，注，1981．说文解字注［M］．上海：上海古籍出版社：329．

动物相关的社会活动主要有：田猎、驯养与畜牧、占卜、牲祭等。《世本》载“相土作乘马”“王亥作服牛”，可知相土和王亥这两个商王率先掌握了乘马服牛的技术。在国外，毕歇尔、梅森、德索、普列汉诺夫也有劳动先于艺术、文学艺术源于劳动的观点。

综上，现存可知的以原始社会黄帝时《弹歌》为代表的原始诗歌是与生活劳动直接相关的，与人的生存关系最为密切。以《诗经·豳风·七月》为代表的奴隶社会后期的农事诗，也与农业生产劳动直接相关。可以说是文学起源于农事生产劳动的直接证据。今见最早的甲骨文记载的这些植物与动物，也从另一个角度说明，在中国的文字产生之初，文字就与原始的农业、畜牧业相联系，给予这些动植物以特定的表现符号。除了文字产生之前就有的口传（非书面化）的农事诗外，文字产生之后也就产生了题材更广泛的农事文学艺术，如农事诗、农事散文、农事歌舞剧等。

《周易·豫》云：“雷出地奋，豫，先王以作乐崇德，殷荐之上帝，以配祖考。”① 《周礼·春官宗伯·大司乐》云：“以六律、六同、五声、八音、六舞，大合乐，以致鬼神示，以和邦国，以谐万民。”② 《汉书·郊祀志》云：“乐者，歌九德、诵六诗，是以荐之郊庙，则鬼神享之。”《路史·后纪八》云：“为圭水之曲，以召而生物。”以上文献倾向于诗歌乐舞的起源与祭祀巫术有关。18 世纪意大利哲学家维柯，19 世纪泰勒、弗雷泽、哈特兰特，认为艺术起源于巫术。法国考古学家雷纳克认为原始艺术是巫术的一种，目的是祈求狩猎成功。雷纳克说“原始艺术是巫术的一种”未免失当，但说“目的是祈求狩猎成功”恐怕最切近实际。

总览早期文学艺术，有的与巫术有关系，有的与巫术没有关系。就与巫术有关系的文学艺术作品而言，其创作的主题动机、出发点、落脚点恐怕还是与人的生存有关，与生产生活劳动有关，与食物资源有关。《礼记·郊特牲》记载神农时代《蜡辞》：“曰：土反其宅，水归其壑，昆虫毋作，草木归其泽!”③ 虽是祭歌，但内容还是直观地反映了原始先民面对地质灾害、洪水泛滥、昆虫成灾、草木荒芜等灾害时，期望能指挥、改变、征服自然的强烈愿望。这既反映了先民饱受自然灾害之苦，也反映了他们战胜自然灾害的乐观精神，不正说明其祭祀与创作的动机、根源，正是为生存而进行的农事活动吗?

《吕氏春秋·古乐》认为：原始诗歌因“效八风之音”“听凤凰之鸣”而产生。倾向于文学艺术起源于模仿，尤其是对自然的模仿。《路史·后记十》云：帝尧“命质放山川溪谷之音，以歌八风。”阮籍《乐论》云：原始乐歌“体万物之生”。古希腊德谟克利特、亚里士多德，古罗马卢克莱修、贺拉斯，文艺复兴时期意大利马佐尼等学者有类似于文学艺术起源于模仿的观点。笔者认为，模仿说虽看到文学与自然界和社

① （清）阮元，校刻，1980. 十三经注疏·周易正义　卷二［M］. 北京：中华书局：31.

② （清）阮元，校刻，1980. 十三经注疏·周礼注疏　卷二十二［M］. 北京：中华书局：788.

③ （清）阮元，校刻，1980. 十三经注疏·礼记正义　卷二十六［M］. 北京：中华书局：1454.

会的关系，但模仿仅仅是再现自然的表达方式，并未揭示出本质的内涵。而模仿的动机和目的才是产生诗歌的源泉。而人的生存发展恰恰离不开自然。人模仿自然是为了更好地适应自然、认识自然、利用自然，从自然中获取更多的生活必需品。

《尚书·舜典》云："诗言志，歌永言，声依永，律和声。八音克谐，无相夺伦，神人以和。"[①]《礼记·乐记》云："音之起，由人心生也。人心之动，物使之然也。感于物而动，故形于声。"[②]《毛诗序》云："诗者，志之所之也。在心为志，发言为诗。情动于中而形于言。言之不足故嗟叹之，嗟叹之不足故咏歌之。"有研究者据此推定"诗言志"说是主流观点。但要论诗（最初始的文学样式）的起源，仍要看创作动机、志向指向什么。其中"人心之动，物使之然"的表述才切中要害，而这个最初让人心为之"动"的"物"是必须经过劳作才能获得的人类生存必需品。

关于文学艺术的起源问题，古希腊柏拉图的"神示说"，随着近代文明的演进，失去了影响力。16 世纪马佐尼，18 世纪康德、席勒的"游戏说"仍难说清文学起源的根源性问题。游戏仍然是文学艺术的表现形式，或者说游戏中蕴涵着文学艺术的元素，并不能成为文学艺术的源泉。法国丹纳的"种族、环境和时代"三个要素说，英国达尔文的"性爱说"，当代美国史前考古学家马沙克的记录季节变换的"符号体系"说等，仍难系统说明文学产生的本源问题。笔者认为这些观点更多地反映了某些诗歌的现象，或者说从内容上讲反映的并不是最原始的诗歌内容，而是诗歌发展过程中内容和形式不断拓展、衍生后的诗歌。

总之，原始社会时期，先民的生存环境恶劣，生产力水平低下，生存是人生的第一要务和基本需求。因此，从远古最初的原始诗歌的内容看，其有鲜明的实用性，目的性，是与为生存而进行的农事活动有直接关系的。在文字产生之前，人们用特定的声音或语言，表达特定的意思。只要有特定的内容和韵律，就具备了诗歌的特征，也就产生了原始诗歌。在文字产生之后，诗歌才有了实体符号记录，或表达猎取野生动物，或表达采集野生果实，或描述或再现采集与狩猎过程，或表现或再现采集、狩猎收获后的喜悦，或祈祷以后有更多的收获等。生存需要、对食物获取的期盼，成为诗歌创作的动因和表现内容。而与诗歌并存的音乐和舞蹈的产生动因也直接或间接地与农事活动发生关系，换言之是丰收的喜悦与期盼等，催生了音乐、舞蹈等审美追求与艺术表达方式。随着时间的推移，生活的丰富多元，诗歌题材不断拓展，似乎不能说一切文学艺术均起源于劳动，但可以说为生存需要，而进行的采集、狩猎活动，以及人工种植、养殖等生产劳动，成为文学艺术创作的直接动因、题材，换言之它们成为文学艺术创作最早的起源是可信并合乎逻辑的。

文字产生前诗、乐、舞一体化的形式早已存在。在文字成熟后，这一形式还延续

---

① （清）阮元，校刻，1980. 十三经注疏·尚书正义 卷三 [M]. 北京：中华书局：131.

② （清）阮元，校刻，1980. 十三经注疏·礼记正义 卷三十七 [M]. 北京：中华书局：1527.

了很长时期。《周礼·春官宗伯·大司乐》云："以乐德教国子：中、和、祗、庸、孝、友。以乐语教国子：兴、道、讽、诵、言、语。以乐舞教国子：舞《云门》《大卷》《大咸》《大磬》《大夏》《大濩》《大武》。以六律、六同、五声、八音、六舞，大合乐，以致鬼神示，以和邦国，以谐万民，以安宾客，以说远人，以作动物。"[1]其中诗、乐、舞一体的特征明显，并综合体现出音乐歌舞的认识作用、教育作用、美感作用，将音乐歌舞提升到思想道德、人文修养、天地邦国、协和万民的形上高度来认识。

《诗经》中的作品均属乐歌。《风》诗中有部分农事乐歌；《颂》诗是祭祀时的歌舞曲，其中也有部分是农事乐歌。《礼记·乐记》云："诗，言其志也；歌，咏其声也；舞，动其容也。三者本于心，然后乐器从之。"[2] 可见诗歌产生初期诗歌、乐、舞不分家的特点。部分诗歌反映出先民庆祝丰收的场面，期待农业生产有更好的未来。

宗教巫术看似荒诞迷信，其实巫术活动的许多内容、动作、情节、动机、目的等，是与采集、狩猎、生产、劳动等相关联的，巫术中咏唱乐歌实质仍是为了实现天人和合，以从自然中获取更多的生活资料。巫术说、模仿说、以及描写战争的诗歌等，均与渔猎、采集、生产劳动等有渊源关系。可以说最早最原始的诗歌是以渔猎、采集、生产劳动为主题的。也就是说文学艺术起源于以生存为目的的原始的渔猎、采集、生产劳动。文学样式的多样化，题材内容的多元化，审美元素和审美情趣的增加等，是随着生产力水平的提高，生活压力的减轻，而逐步拓展和增加的。性爱说，心灵表现说，种族、环境、时代三个要素说，符号体系说等，都是在原始的渔猎、采集、生产劳动诗歌之后衍生或产生的。近代研究艺术起源的部分学者，不同程度流露出多元论倾向。但研究文学艺术的起源，我们首先要看"源"而不是"流"。最早最原始的源头诗歌（文学）应起源于原始时代的渔猎、采集、种植等生产劳动实践及其对渔猎、采集、种植等生产劳动的回味、理想与追求。

三、先秦农事诗与先秦农业宗教祭祀——先秦农业的文化延伸与文学题材的拓展

中国古代社会是比较单一的农业社会，农业、畜牧业是人类生存命脉。先秦时期，生产力水平低下，人对自然的认识能力有限，相信天命、鬼神，认为天有意志。巫官文化占有重要地位，祭祀活动涉及诸多领域，如农业、军事、政治、日常生活等多方面。收获之后，人们首要的是报天地、祭社稷、娱鬼神、庆丰收，并期待来年有更好的收成。

---

① （清）阮元，校刻，1980. 十三经注疏·周礼注疏　卷二十二［M］. 北京：中华书局：787－788.

② （清）阮元，校刻，1980. 十三经注疏·礼记正义　卷三十八［M］. 北京：中华书局：1536.

前述《礼记·郊特牲·蜡辞》云："土反其宅，水归其壑，昆虫毋作，草木归其泽!"[①] 相传是远古伊耆氏（神农氏）时代的一首古老农事祭歌。神农氏是掌管祭祀的官吏。周代12月祭祀百神之礼即蜡礼。蜡礼祷辞，即蜡辞。虽就形式上看这首《蜡辞》是祭祀诗歌，但祭祀的主观动机直指原始农业，对土、水、虫、草的咒语、祝词，均是为了有个好收成。因此，先秦农事祭祀活动与祭祀诗歌，是对先秦农业文化的延伸和文学题材的拓展。

《诗经》中的农事诗，按狭义农事诗理解，实即农事礼仪的乐歌。即《诗经》中的《周颂·噫嘻》《周颂·臣工》《周颂·载芟》《周颂·良耜》《周颂·丰年》《小雅·楚茨》《小雅·信南山》《小雅·甫田》《小雅·大田》《豳风·七月》等[②]。这些诗篇反映了周人的农业礼仪制度，涉及农业礼仪有：祁谷礼仪，耕耘、耨、耙时的藉田礼仪，收获时的报祭礼仪，新获粮食作物的尝新礼仪等。

《诗经·周颂·思文》："思文后稷，克配彼天。立我烝民，莫匪尔极。贻我来牟，帝命率育，无此疆尔界。陈常于时夏。"高亨先生认为："据《月令》祈谷之祭在前，耕籍之礼在后，故《周颂》《思文》《臣工》《噫嘻》三篇相次也。"[③] "周人郊天之祭乃祀上帝与后稷，祈谷之祭亦祀上帝与后稷，故余疑周初郊天与祈谷本为一个祭礼。行此礼时，歌《思文》之诗。……其颂扬上帝者，田亩之词也。其为祀上帝与后稷以祈谷之乐歌，明矣。"[④] 从《思文》陈述内容也可看出，高亨先生的解读"祀上帝与后稷以祈谷"当是合乎实际的。

《周颂·噫嘻》："噫嘻成王，既昭假尔。率时农夫，播厥百谷。骏发尔私，终三十里。亦服尔耕，十千维耦。"这是籍田典礼中发布开耕命令的乐歌。周成王向臣民宣告自己招请祈告上帝先公先王，得到他们准许，举行藉田亲耕之礼，并训诫田官、勉励农夫耕作。

《国语·周语上》云"《噫嘻》盖裸鬯时告先农之所歌"[⑤]《毛诗序》："《噫嘻》，春夏祈谷于上帝也。"郑玄笺《噫嘻》云："《噫嘻》，有所多大之声也。"朱熹《诗集传》云："此[⑥]连上篇[⑦]，亦戒农官之辞。"陈奂《诗毛氏传疏》云："诗言籍田也。"方苞《朱子诗义补正》云："《噫嘻》，此命农官遍戒庶民，而不及庶官，即籍礼稷遍戒百姓纪农协功之事也。一岁田功，作始于此，故特为乐歌，籍终奏之。"戴震《毛郑诗考正·噫嘻》云："噫嘻，犹噫歆，祝神之声也。《仪礼·既夕篇》云：'声三'

---

① （清）阮元，校刻，1980. 十三经注疏·礼记正义　卷二十六［M］. 北京：中华书局：1454.

② 郭沫若，1982. 由周代农事诗论到周代社会界定《诗经》中此10篇农事诗［M］//郭沫若. 郭沫若全集·历史编1. 北京：人民出版社：405.

③ 高亨，1963. 周颂考释（中）［M］. 上海：上海古籍出版社：72.

④ 高亨，1963. 周颂考释（上）［M］. 上海：上海古籍出版社：106.

⑤ （清）魏源，1989. 魏源全集·诗古微·周颂答问［M］. 长沙：岳麓书社：727.

⑥ 指《噫嘻》。

⑦ 指《周颂·臣工》。

注云：‘有声，存神也’，旧说以为‘声，噫兴也’，噫兴即噫歆。《士虞篇》注云：‘声者，噫歆也’。《礼记·曾子问篇》注云：‘声噫歆，警神也’。”①

《周颂·臣工》是周王耕种藉田，耨礼结束时告诫农官的乐歌。“嗟嗟臣工，敬尔在公。王釐尔成，来咨来茹。嗟嗟保介，维莫之春，亦有何求？如何新畬？於皇来牟，将受厥明。明昭上帝，迄用康年。命我众人：庤乃钱镈，奄观铚艾。”周王训勉群臣勤谨工作；研究调度执行已经颁赐的有关农业生产的成法；告诫农官暮春时节要赶紧筹划如何在麦收后整治各类田地；祈求上帝赐予丰年；命令农人们做好收割的准备。

朱熹《诗集传》云：“此戒农官之诗。先言王有成法以赐女，女当来咨度也。”第二节：“此乃言所戒之事。言三月则当治其新畬矣，今如何哉？然麦已将熟，则可以受上帝之明赐，而此明昭之上帝，又将赐我新畬以丰年也。于是命甸徒具农器以治其新畬，而又将忽见其收成也。”②

高亨先生《诗经今注》认为，《周颂·噫嘻》《周颂·臣工》均是周成王时举行亲耕藉田之礼在宴会上所唱的乐歌，“《臣工》是告戒群臣百官，《噫嘻》是告戒农奴，所以分为两篇，实际是一篇的两章。”③

《噫嘻》《臣工》当是实际进行的耕耘、耨、耙时的藉田礼仪乐歌。时间在周成王时期并无异议。

《周颂·载芟》：“载芟载柞，其耕泽泽。千耦其耘，徂隰徂畛。侯主侯伯，侯亚侯旅，侯彊侯以。有嗿其馌，思媚其妇，有依其士。有略其耜，俶载南亩。播厥百谷，实函斯活。驿驿其达，有厌其杰。厌厌其苗，绵绵其麃。载获济济，有实其积，万亿及秭。为酒为醴，烝畀祖妣，以洽百礼。有飶其香，邦家之光。有椒其馨，胡考之宁。匪且有且，匪今斯今，振古如兹。”这记述了开荒、耕地、整地、播种、生长、收获、祭祖的全过程，既反映了劳动生产的热情，也表达了劳动的艰苦，更揭示了获取丰收的喜悦，充分体现了农事劳动乃家国之根本。诗中叙述、描写、抒情、议论、夸张、咏叹、排比、对偶、现实、浪漫等手法的运用娴熟，行文生动、形象、活泼、富有文采。《周颂·载芟》一诗或言周王在秋收后用新谷祭祀宗庙时所唱的乐歌，或言是春天藉田时祭祀社稷的乐歌。从诗的内容、表现形式、艺术风格、在《周颂》中的编排等因素看，其创作时代当在周成王之后。

《周颂·良耜》约产生在西周初期成王、康王时期。与《周颂·载芟》同为《诗经》农事诗的代表作。《毛诗序》云：“《载芟》，春藉田而祈社稷也。”④“《良耜》，秋

---

① （清）戴震《戴震遗书·毛郑诗考正》卷四，微波榭刻本。
② （宋）朱熹，1987. 诗经集传［M］. 上海：上海古籍出版社：155.
③ 高亨，1980. 诗经今注［M］. 上海：上海古籍出版社：486.
④ （清）阮元，校刻，1980. 十三经注疏·毛诗正义·载芟序［M］. 北京：中华书局：601.

报社稷也。”[1] 堪称姊妹篇。

《周颂·丰年》“丰年多黍多稌，亦有高廪，万亿及秭。为酒为醴，烝畀祖妣。以洽百礼，降福孔皆。”朱熹《诗集传》：“赋也。此秋冬报赛田事之乐歌，盖祀田祖先农方社之属也。言其收入之多，至于可以供祭祀，备百礼，而神降之福将甚遍也。”[2]

《小雅·楚茨》“楚楚者茨，言抽其棘，自昔何为？我蓺黍稷。我黍与与，我稷翼翼。我仓既盈，我庾维亿，以为酒食。以享以祀，以妥以侑，以介景福。济济跄跄，絜尔牛羊，以往烝尝。或剥或亨，或肆或将。祝祭于祊，祀事孔明。先祖是皇，神保是飨。孝孙有庆，报以介福，万寿无疆！执爨踖踖，为俎孔硕。或燔或炙，君妇莫莫。为豆孔庶。为宾为客，献酬交错。礼仪卒度，笑语卒获。神保是格，报以介福，万寿攸酢！我孔熯矣，式礼莫愆。工祝致告：徂赉孝孙。苾芬孝祀，神嗜饮食。卜尔百福，如幾如式。既齐既稷，既匡既敕。永锡尔极，时万时亿！礼仪既备，钟鼓既戒。孝孙徂位，工祝致告：神具醉止，皇尸载起。鼓钟送尸，神保聿归。诸宰君妇，废彻不迟。诸父兄弟，备言燕私。乐具入奏，以绥后禄。尔肴既将，莫怨具庆。既醉既饱，小大稽首。神嗜饮食，使君寿考。孔惠孔时，维其尽之。子子孙孙，勿替引之！”方玉润概论《楚茨》：“首章总冒，先从稼穑言起，垦开而有收成，由收成而得享祀，由享祀而获福禄。盖力于农事者，所以为神飨致其诚也。”[3]方玉润的这段对这首诗作的概括是精当的。

此外，《小雅·信南山》《小雅·甫田》《小雅·大田》《豳风·七月》等记载的播种、收获、陈飨等礼仪，主要是收获时的报祭礼仪，新获粮食作物的尝新礼仪等。

除《诗经》藉田礼仪诗歌，西周前期《令鼎》记载：“王大耤农于諆田”，西周中期《鼎》记载：“作司徒、官司耤田。”《国语》卷一《周语上》记载：“宣王即位，不籍千亩。虢文公谏曰：‘不可。夫民之大事在农，上帝之粢盛于是乎出，民之蕃庶于是乎生……先时五日，瞽告有协风至，王即斋宫，百官御事，各即其斋三日。王乃淳濯飨醴，及期，郁人荐鬯，牺人荐醴，王祼鬯，飨醴乃行，百吏、庶民毕从。及籍，后稷监之，膳夫、农正陈籍礼，太史赞王，王敬从之。王耕一坺，班三之，庶民终于千亩。其后稷省功，太史监之；司徒省民，太师监之，毕，宰夫陈飨，膳宰监之。膳夫赞王，王歆太牢，班尝之，庶人终食。’”《周礼·春官宗伯·籥章》云：“籥章掌土鼓、豳籥。中春，昼击土鼓，龡《豳诗》，以逆暑。中秋夜迎寒，亦如之。凡国祈年于田祖，龡《豳雅》，击土鼓，以乐田畯。国祭蜡，则龡《豳颂》，击土鼓，以息老物。”[4] 春、秋、年末，人们以顺应自然、拓展农事、祈求丰年为动机和目的，以特定的形式，演奏农事祭祀的乐歌。先秦的散文也与先秦农事诗一样，客观真实地记载

---

① （清）阮元，校刻，1980. 十三经注疏·毛诗正义·良耜序［M］. 北京：中华书局：602.

② （宋）朱熹，1987. 诗经集传［M］. 上海：上海古籍出版社：156.

③ （清）方玉润，1986. 诗经原始［M］. 李先耕，点校. 北京：中华书局：431.

④ （清）阮元，校刻，1980. 十三经注疏·周礼注疏 卷二十四［M］. 北京：中华书局：801－802.

并证明了先秦农事祭祀活动的实际状况，也鲜明体现了文学与农业及农业祭祀活动的关系。

综上可知，与农事相关的祭祀活动远古时期就有，《礼记·郊特牲·蜡辞》这首相传神农时代的农事祭歌已有反映。周代蜡礼于12月举行，用以祭祀百神。此外，周代春、夏、秋三季均举行农事祭祀，并成为制度化、常态化的国家行为，即春有籍礼，夏有耨礼，秋有报祭，冬有蜡礼。周王带头籍田、劝民农业，这已是西周王朝常态化的工作。《诗经》中的农事诗多有反映。通过特定的礼仪方式，周王躬身实践，带头耕作，官员参与并发布政令、指导耕作、监督农事活动。周朝四季均有祭祀礼仪，其中最隆重的是春祭，这说明什么？一年之计在于春，春耕春种对一年的收成是最重要的。春耕春种是基础，春耕春种做好了，夏长、秋收、冬藏就会变为现实。《诗经·周颂·载芟》这首籍礼诗，记述隆重的春祭，可见一斑。《礼记·月令·孟春之月》记载春季籍礼："立春之日，天子亲帅三公、九卿、诸侯、大夫以迎春于东郊，还反，赏公卿诸侯大夫于朝。命相布德和令，行庆施惠，下及兆民。庆赐遂行，毋有不当。乃命大史，守典奉法，司天日月星辰之行，宿离不贷，毋失经纪，以初为常。是月也，天子乃以元日祈谷于上帝。乃择元辰，天子亲载耒耜，措之于参保介之御间，帅三公、九卿、诸侯、大夫，躬耕帝籍。天子三推，三公五推，卿、诸侯九推。"[①] 这项国家级春祭，一直延续至清末民初。所以，春祭意在高度重视春耕生产，祭祀的动机和目的直指农业生产。秋祭是收成已成定局，从现象看是在将收获的喜讯告知先祖和神明，并请先祖和神明分享这丰收的果实，但从本质上讲，祭祀的主题动机是对来年年景的祈祷和期盼。因此，无论秋季收成如何，即便收成不好也会祭祀，更说明祭祀立足现实，更关注未来，祭祀是服务于农事的。农事为本，宗教祭祀活动的动机、目的、落脚点仍在农业生产与人类生存。祭祀诗的本质及其产生的源泉，不在祭祀和宗教巫术本身，而在农事活动。

现存最早的《蜡辞》和《弹歌》反映的是原始农业和畜牧业，并表明农事祭祀诗歌的产生是为了服从和服务于原始农业、畜牧业的需要。

从《诗经》农事诗看，以《豳风·七月》等地方音乐为代表的反映农业生产活动的农事诗形成时间为早，多认为是公刘时期作品。清代方玉润认为："《豳》仅《七月》一篇，所言皆农桑稼穑之事，非亲躬陇亩久于其道者，不能言之亲切有味是也。周公生长世胄，位居冢宰，岂暇为此？且公刘世远，亦难代言。此必古有其诗，自公始陈王前，俾知稼穑艰难，并王业所自始，而后人遂以为公作也。"[②] 以此论之，《豳风·七月》的产生时间就更久远了。而以《周颂·噫嘻》《周颂·臣工》《周颂·载芟》《周颂·良耜》《周颂·丰年》等庙堂祭祀音乐诗歌为代表的农事诗，和《小雅·

① （清）阮元，校刻，1980. 十三经注疏·礼记正义［M］. 北京：中华书局：1355.

② （清）方玉润，1986. 诗经原始［M］. 李先耕，点校. 北京：中华书局：303-304.

楚茨》《小雅·信南山》《小雅·甫田》《小雅·大田》等宫廷音乐诗歌为代表的农事诗，产生时间整体相对晚些，多为成王、康王时期作品，个别为公刘时期作品。这也可以说明，先秦农事诗乃至先秦文学的题材首先起源于农事活动，而后延伸至宗教祭祀领域（抑或部分农事祭祀活动、农事祭祀诗歌，与农业生产活动、农业生产活动类诗歌几乎同时产生），进而扩大到审美等更广阔的领域。

如果我们借助古代散文《神农书》就更可明显看出，农业生产与农业祭祀，农业生产、农业祭祀、农业文学的关系，并以之为农事诗与农业生产、农业祭祀的关系佐证。《玉函山房辑佚书·农家书目》辑《神农书》内容涉及《八谷生长篇》《占篇》《数篇》《法篇》《教篇》《求雨篇》《杂篇》，辑《全上古三代文》《炎帝篇》内容涉及神农之禁、神农之数、神农之法、神农之教、神农书、神农占、有焱氏颂。其中《神农书》中“八谷生长篇”与《全上古三代文》“炎帝篇”中的“神农书”内容是一致的，如：“禾生于枣，出于上党羊头之山右谷中。生七十日秀，六十日熟，凡一百三十日成。忌于寅卯。黍生于榆，出于大梁之山左谷中。生六十日秀，四十日熟，凡一百日成。忌于丑。”[①] 以上均为作物品种产地、生长期等的介绍。

而《占篇》“正月上朔，有风雨。三月谷贵，石五百钱。”[②]《数篇》：“一谷不登，减一谷，谷之法什倍。二谷不登，减二谷，谷之法再什倍。夷疏满之，无食者予之陈，无种者贷之新。故无什倍之贾，无倍称之民。”[③]《法篇》：“丈夫丁壮不耕，天下有受其饥者；妇人当年不织，天下有受其寒者。故天子亲耕，后妃亲织，以为天下先。”《教篇》：“有石城十仞，汤池百步，带甲百万，而无粟者，不能守也。”[④]以上篇目，内容涉及气候、粮食价格、耕织、守城等，其用意均在强调粮食（谷物）的重要性，出发点仍在农业生产上。

《神农占》“正月上朔，有风雨。三月谷贵，石五百钱。八月有三卯，旱，麦大善。无三卯，麦不善。凡虫食李，则黍贵。食枣，粟贵。食杏，麦贵。食荆，麻贵。食桑，丝贵。正月上朔日，风从东来，植禾善。从南来，植黍善。从北来，稚禾善。四月四日，风从东来，植豆善。西来，四日至七日，中豆善。七日至十日，稚豆善。十四日无风，不种豆。从冬至日到来年，满六十日，有大风雨折树木，麦大善。从平朔至食时，植麦善。至日中，中麦善。至日入，稚麦善。常以夏至后九十日可种。四月朔日，风从东来，从平明至辰时，植黍善。至日中，中黍善。至日入，稚黍善。月朔日入，清明蚕善。正月有甲子，籴初贵后贱。正月上辛，温者善，风寒者不好。”[⑤]这表

①② （唐）瞿昙悉达《开元占经》卷一。

③ 《管子·轻重十一·揆度第七十八》引神农之数。

④ 《汉书·食货志》引神农之教。欧阳询《艺文类聚》卷八十五。昭明《文选》卷三十六《王元长永明九年策秀才文》李善注引《氾胜之书》曰“神农之教：虽有石城汤池，带甲百万，而无粟者，不能守也。”《后汉书·光武纪》赞章怀太子注引无带甲句，脱有字、而字。

⑤ （唐）瞿昙悉达《开元占经》卷一百十一。

明当时人们对气候、季节时令等的把握，均是服务于农作物的种植生产，而不在占卜形式本身。亦可反映出农业生产、农业占卜、祭祀活动的关系，及其在农事文学产生与发展中的作用。

甲骨卜辞常见的辞例有“黍年”“受黍年”“黍年有足雨”“登黍”或“黍登”“王黍”“妇妌黍”等。武丁时期出猎问吉凶的卜辞等很常见。这些占卜与祭祀活动，均是以收获粮食和猎物为动机的。农事祭祀活动是农业生产的文化延伸。

先秦农事诗（最早的农业文学）、农业宗教文化产生的根源在原始的采集、狩猎、农业种植、畜牧养殖等农事活动。弄清先秦农事诗与先秦农牧业的关系，我们说文学（至少是主流文学）起源于原始的采集、狩猎、农业种植、畜牧业养殖等生产劳动，也就合情合理了。①

第二节　秦汉魏晋南北朝农事诗

秦代统治时间短，两汉士大夫文人更多志在经史，或辞赋，文人诗并不发达，农事诗少见。魏晋南北朝农事诗总量不多，但东晋陶渊明堪称异响。

一、秦汉魏晋南北朝农事诗概说

秦朝统治历时 15 年，留下的文学作品少，涉农文学作品罕见，故此不论。

汉代文学的代表性文学作品当属汉赋、《史记》、五言诗等，但农事文学不多。代表性农事诗有《江南》：“江南可采莲，莲叶何田田！鱼戏莲叶间。鱼戏莲叶东，鱼戏莲叶西，鱼戏莲叶南，鱼戏莲叶北。”这首采莲歌反映了采莲的景致和采莲人愉悦的心情。该诗在《乐府诗集》属《相和歌辞·相和曲》。农事诗外的代表性农业文学当属晁错的政论文《论贵粟疏》。

魏晋初期，特别是建安时期，慷慨悲凉的文风之下，曹操写出了《冬十月》这首融农事、商旅于一体的诗作。“孟冬十月，北风徘徊，天气肃清，繁霜霏霏。鹍鸡晨鸣，鸿雁南飞，鸷鸟潜藏，熊罴窟栖。钱镈停置，农收积场。逆旅整设，以通贾商。幸甚至哉！歌以咏志。”

魏晋南北朝时期，整体言之，文人普遍崇尚老庄的哲学思想，追求个性的张扬，在艺术风格上过度追求华美。在该时期不利于农事诗的创作。东晋陶渊明是整个魏晋南北朝时期创作农事诗最具代表性的诗人。他的诗歌歌颂农村劳动生活，诗歌风格朴素自然，不加雕饰，在平淡淳美的诗句中，蕴含着浓郁的生活气息和炽热的感情，在恬淡的田园生活中寄托着自己的审美理想。

---

① 孙金荣，孙文霞，2018. 先秦农事诗与先秦农业：兼论文学起源问题［J］. 中国农史（1）：3.

二、陶渊明农事诗

陶渊明诗歌的题材和内容都很贴近日常生活。诗歌的形象也往往取自于常见的事物，蕴含着浓郁的生活气息和炽热的思想感情，读来意味隽永。作为自然生活的一部分，他的躬耕，是儒家耽道、庄老玄言的一种有力的反驳，是积极实践自我价值的一种方式，他是中国文学史上的真隐士。陶渊明的田园诗大都地描绘农村的景色和归隐后的生活，反映了诗人怡然自乐、鄙弃官场的思想感情。

（一）陶渊明农事诗的主要内容

1. 热爱农业劳动，描绘田园景物的恬美与悠然自得的心境

作为一个不再追逐荣利、依赖官府供给的文人，自食其力是陶渊明最为可贵之处。他的不少田园诗是描写农业劳动的。如《归园田居》其一这首诗描写了诗人早出晚归的劳动生活和富有诗意的真实感受。由于诗人刚开始学习种庄稼，缺乏农田管理经验，所以“草盛豆苗稀”。但他不辞辛苦，“晨兴”而作，“带月”而归，希望庄稼长得好些，体现了他对农业劳动的热爱之情。这种感情，在当时士大夫阶层中是极其罕见的，也是世家大族所鄙夷的，正因为这样，更可见出陶渊明坚定不移的归隐之心与对抗官场和世俗的勇气。陶渊明特别强调劳动的意义。他一首《劝农》诗把中国农村日出而作、日落而息、自给自足的生活进行感观上的美化，从而呈现出一幅美好的农作图。耕种，实际是在吟唱自己的理想，显示出理想获得实现的愉悦。

陶渊明归隐后写了大量的田园诗，多方面地描绘了农村的怡人景色和归隐后的平淡生活，表现了田园景物的恬美与悠然自得的心境，反映了诗人对污浊世俗的憎恶以及对美好田园的热爱：

如《归园田居》其一：“少无适俗韵，性本爱丘山。误落尘网中，一去三十年。羁鸟恋旧林，池鱼思故渊。开荒南野际，守拙归园田。方宅十余亩，草屋八九间。榆柳荫后檐，桃李罗堂前。暧暧远人村，依依墟里烟。狗吠深巷中，鸡鸣桑树颠。户庭无尘杂，虚室有余闲。久在樊笼里，复得返自然。”由于他全身心地热爱着大自然的美，将自己的真情实感注入笔端，所以他笔下的农村田园风光和谐自然，别出心裁。

《归园田居》其三：“种豆南山下，草盛豆苗稀。晨兴理荒秽，带月荷锄归。道狭草木长，夕露沾我衣。衣沾不足惜，但使愿无违。”此诗歌咏劳动生活和劳动的喜悦，表达了诗人的真情实感和安贫乐苦的决心。

《怀古田舍》：“先师有遗训，忧道不忧贫。瞻望邈难逮，转欲志长勤。秉耒欢时务，解颜劝农人。平畴交远风，良苗亦怀新。虽未量岁功，既事多所欣。耕种有时息，行者无问津。日入相与归，壶浆劳近邻。长吟掩柴门，聊为陇亩民。”文人在诗中对劳动进行了褒扬和歌颂。这些诗感情朴素而真挚，散发着浓郁的生活气息。

2. 反映诗人生活的贫困，揭示农村凋敝的惨象

在陶渊明笔下，田园生活也不都是舒适的，农村景象也不都是恬静的。农民不堪徭役的沉重、苛刻的赋税，纷纷逃往山林，导致农村破败、田园荒废。陶渊明本人也既遭天灾，又遇人祸。他品味了个人生活贫困与苦涩，也目睹了农村田园的凋敝。他在《怨诗楚调示庞主簿邓治中》中“炎火”句写兵祸，“螟蜮”与“风雨”句写天灾，“收敛”句写天灾人祸的结果。既然如此，“长抱饥”与“无被眠”就在所难免了。“饥”字在其诗中不止一次地出现，这里虽然是诗人对自己贫寒生活的倾诉，但从此便更能想象出广大农民悲惨的生活情景。《归园田居》其四：“久去山泽游，浪莽林野娱。试携子侄辈，披榛步荒墟。徘徊丘垄间，依依昔人居。井灶有遗处，桑竹残朽株。借问采薪者，此人皆焉如？薪者向我言，死没无复余。一世异朝市，此语真不虚。人生似幻化，终当归空无。”诗人看到了田园真相。若以这一情景看，田园并非和谐自然，也很难说田园是复苏与净化人性之所。①

《杂诗十二首》其八：“代耕本非望，所业在田桑。躬亲未曾替，寒馁常糟糠。岂期过满腹，但愿饱粳粮。御冬足大布，粗絺以应阳。正尔不能得，哀哉亦可伤！人皆尽获宜，拙生失其方。理也可奈何！且为陶一觞。”可见陶渊明凡事亲力亲为，躬身农业生产劳动，且以此作为生活来源。所以他深知农事劳作的艰苦，更加深刻体会到农事难以解决农民的饥寒问题。而且农事活动与自然环境、气候条件等密切相关，一旦遭逢天灾，农民的生活就越发贫苦了。陶渊明对此有切身的体会。

3. 在自由恬静的自然中感悟人生

陶渊明的诗歌大都以田园风光和田园生活为题材，创立了中国古典诗歌的一个流派。但是一些历史文学评论家仅仅把陶渊明的诗看作是“啸傲东轩下，超然尘世外”的作品，认为陶诗没有反映社会现实，也没有反映人民的疾苦，诗中所渲染的不过是封建士大夫的闲情逸致。陶渊明在《五柳先生传》中清楚地自白，他说：“常著文章自娱，颇示己志，”因此，这一“志”表现在田园诗中，就在于借闲适的田园生活来体现隐居不仕的闲情逸致。② 这种人生感悟，自然流露于诗。最能代表作者平淡之美的是《饮酒》其五：“结庐在人境，而无车马喧。问君何能尔？心远地自偏。采菊东篱下，悠然见南山。山气日夕佳，飞鸟相与还。此中有真意，欲辨已忘言。”诗人就住在人境之中，并非跑到了深山中去，然而却避开喧扰，隔绝世俗社会。诗人用一个问句提出：“问君何能尔？”为什么能够做到这样呢？回答便是：“心远地自偏”。因为“心远”，诗人从心底把那个污浊的世俗社会远远抛弃了，就如同住到了偏远的深山老林去了。诗人就这样远离世俗独处了，从而开辟了一个属于自己的怡然自得的世界。这首诗充分体现了陶渊明热爱生活、热爱自然的志趣。你看他，随手从竹篱旁摘下一

① 王赫岩，2009. 文学变革大潮中的田园诗：汉晋之际田园题材作品的走势［D］. 长春：东北师范大学.

② 高晨，2015. 陶渊明治学观及其当代价值研究［D］. 桂林：广西师范大学.

朵凌霜傲骨的菊花，冷香盈怀。那菊花似乎并不把寒霜看在眼中，一身傲然正气，在向他微笑致意。陶渊明似乎寻觅到了知己，他醉了，醉在了青草的陪伴中，醉在山水之乐中，醉在远离车马喧扰和污浊官场的地方。他最终找到了属于自己的人生道路。诗人在这首诗中展现的生活情景，不只是采菊见南山这样的逸事和日夕、归鸟这样的风物，更重要的是展现出自己隐居不仕的闲适生活志趣和境界。

陶渊明的田园诗，不仅有浓厚的亲农意识，还突出表现了一心归隐田园生活的隐逸情怀。陶诗是以农村这一空间，直接描述农村生活和田园风光，又含有隐逸情怀的诗歌。他的伟大和独特之处，在于他的亲农意识及躬耕陇亩的劳作实践，正是这一点，使得陶渊明有别于古代一切失意的士大夫、文人，使他成为封建时代唯一真正有资格称上“乡村诗人”的作家。①

陶诗有言：“既耕亦已种，时还读我书”（《读山海经其一》)，归隐后的陶渊明是耕读并行的。由于“既耕亦已种”，“田园诗人”陶渊明不仅是农人，更是隐士，因而其诗作在精神表达上与其他田园诗人的作品必然有本质上的差别，所以从农事诗的角度来研究陶渊明的精神，是一个不容忽视的角度。

（二）陶诗的艺术特色

1. 陶诗的艺术风格平淡自然，创造了平淡淳美、和谐统一的艺术风格

陶渊明注重日常生活的诗化。他的诗大都采用白描手法，稍加点染勾勒，便展现出疏淡自然的情趣和深远无涯的意境，“方宅十余亩、草屋八九间。榆柳荫后檐，桃李罗堂前。暖暖远人村，依依墟里烟。狗吠深巷中，鸡鸣桑树颠”（《归园田居》其一)，朴素无华而又诗意盎然。

陶诗平淡自然有其显著的特色，即“外枯而中膏，似淡而实美”（苏轼《评韩柳诗》)，貌似枯槁而内在丰腴，这就使他的诗能寓丰富情味于平淡之中。所以苏轼说：“渊明诗初看若散缓，熟看有奇句。”（惠洪《冷斋夜话》引苏轼语）这种平淡自然是耐人回味的。

2. 陶诗的另一显著特色是情、景、理的和谐交融

诗中通常将诗人的感受、自然的景观、人生的哲理融合在一起，构成完整的意境。《饮酒》之五（结庐在人境）堪称这方面的代表作，通篇没有巧妙的词句，而是寓理于情，融情于景，意到笔随，充满了理趣、情味，不仅给予读者艺术上的满足，还有思想上的启迪。

3. 平淡中见警策，朴素中见绮丽

陶诗的语言质朴而简洁，用字不追求新奇和藻饰，而是努力追求精炼的语句，自然贴切恰到好处，同他的诗歌风格协调一致。

---

① 张润平，2010. 元嘉三大家研究［D］. 石家庄：河北大学.

钟嵘《诗品》评价陶诗说："文体省净，殆无长语，笃意真古，辞典婉惬。"钟惺的《古诗归》也说："其语言之妙，往往累言说不出处，数字回翔略尽。"以上言论都恰当地评价了陶诗的语言特色。

（三）陶渊明田园（农事）诗的地位和影响

"田园诗"成为一个影响深远的诗歌流派。陶渊明是我国文学史上开宗立派的重要诗人。他所处的时代，恰是形式主义之风盛行的时代，诗坛上充斥着谈玄悟禅、模山范水之作。形式上刻意追求绮语浮词、铺锦列绣。陶渊明却以崭新的内容和形式的诗作卓立于诗坛，表现出革新精神。

陶渊明在文学史上有极其重要的地位。钟嵘《诗品》称誉他为"古今隐逸诗人之宗"。可以说，历代有成就的诗人，几乎无不受到他的艺术熏陶，以至后世的"拟陶""和陶"诗不下上千首。李白、杜甫、白居易、苏轼、陆游等大诗人，都表示过对陶渊明其人其诗的仰慕与赞美。沈德潜《说诗晬语》云："唐人祖述者，王右丞（王维）有其清腴，孟山人（孟浩然）有其闲 远，储太祝（储光羲）有其朴实，韦左司（韦应物）有其冲和，柳仪曹（柳宗元）有其峻洁。"这说明，陶诗留给了后代诗人丰富多彩的艺术营养，且直接影响着唐代诗歌创作黄金时代的到来。

第三节　唐代农事诗

唐代农事诗作为唐诗的重要组成部分，是唐代经济政治文化背景下的产物，农事诗的繁荣是由坚实的社会基础、有利的历史条件、丰富的文化积淀等诸多因素共同作用的结果，是农耕文明的体现。下面将农事诗分为农耕诗、采集诗、悯农诗、归田诗四部分进行研究。

一、农耕诗

（一）土地开垦诗

我国地域幅员辽阔，各个区域的自然环境不同，所以在对土地的利用上，也要根据各地的实际情况因地制宜地选择。唐代的畲田屯田均能体现出当时对于土地因地制宜地利用，代表性的作品也能从侧面进一步地反映唐代农业的面貌。

畲是一种原始的耕作方法，即放火烧荒，焚烧田地里的草木，用草木灰做肥料，又叫火耕。新石器时代已用此法。宋人范成大《劳畲耕·并序》云："畲田，峡中刀耕火种之地也。春初斫山，众木尽蹶。至当种时，伺有雨候，则前一夕火之，藉其灰以粪。明日雨作，乘热土下种，即苗盛倍收，无雨反是。山多硗确，地力薄，则一再斫烧始可艺。春种麦、豆作饼饵以度夏。秋则粟熟矣。"薛梦符《杜诗分类集注》卷七云："荆楚多畬田，先纵火熰炉，候经雨下种，历三岁，土脉竭，不可复树艺，但生草木，复熰旁山。畬田，烧榛种田也。《尔雅》一岁曰菑，二岁曰新，三岁曰畬。《易》曰不菑畬。皆音余。余田凡三岁，不可复种，盖取余之意也。熰音忾，熨火烧草也。炉音户，火烧山界也。""刀耕火种"就是在初春时期，将山间树木砍倒，在春雨来临前的晚上，放火烧光，用作肥料，第二天乘土热下种，以后不做任何田间管理就等收获了。一般是二三年之后，土地肥力就已枯竭，不适合再种植了，而不得不另行开辟新土地。到新石器时代后期，人们在几块土地上，轮番倒换种植，不必经常流动到别处去重新拓荒。

隋末唐初土地兼并日益严峻，官方的赋税徭役逐渐加重，使得均田制的农民纷纷破产，因此有相当一部分人选择逃亡，这些逃亡的民众基本上流向了官府统治力量较为薄弱的山区，他们是唐代畬田开发的主要力量。

杜甫《戏作俳谐体遣闷》其二："瓦卜传神语，畬田费火声"，就是对唐代畬田开发利用的记述。

刘禹锡的《畬田行》中就提到了畬田："何处好畬田，团团缦山腹。钻龟得雨卦，上山烧卧木。惊麏走且顾，群雉声咿喔。红焰远成霞，轻煤飞入郭。风引上高岑，猎猎度青林。青林望靡靡，赤光低复起。照潭出老蛟，爆竹惊山鬼。夜色不见山，孤明星汉间。如星复如月，俱逐晓风灭。本从敲石光，遂至烘天热。下种暖灰中，乘阳拆牙孽。苍苍一雨后，苕颖如云发。巴人拱手吟，耕耨不关心。由来得地势，径寸有余金。"[①] 这首诗歌描绘了我国古代西南地区山地农民的火耕情形，歌颂了当地劳动人民改造自然的热情，也使我们对这一地区的农业发展水平有了具体的认识。

温庭筠的《烧歌》："起来望南山，山火烧山田。微红夕如灭，短焰复相连。差差向岩石，冉冉凌青壁。低随回风尽，远照檐茅赤。邻翁能楚言，倚插欲潸然。自言楚越俗，烧畬为早田。豆苗虫促促，篱上花当屋。废栈豕归栏，广场鸡啄粟。新年春雨晴，处处赛神声。持钱就人卜，敲瓦隔林鸣。卜得山上卦，归来桑枣下。吹火向白茅，腰镰映赪蔗。风驱槲叶烟，槲树连平山。迸星拂霞外，飞烬落阶前。仰面呻复嚏，鸦娘咒丰岁。谁知苍翠容，尽作官家税。"这首诗细致地叙述作者目睹的南山烧畬的情况，同时有力地揭露了统治阶级贪得无厌的本质，展示了广大人民群众的痛苦生活。这首诗由三个部分组成。前八句是作者谈论自己看到的南山烧畬的情景。诗人在第二部分描写农民的辛勤是为了揭露唐代统治者对农民的掠夺，并且指出官府的繁重赋税使农民的希望破灭。这首诗最为可贵之处是第三部分，第三部分仅两句诗："谁知苍翠容，尽作官泉税"原来，农民们为之付出辛勤劳动并寄以莫大希望的"苍翠容"，竟然全部被统治阶级以"官家税"的形式夺去了，农民从一年的丰收中没有

① 《全唐诗》卷三五四。本章唐诗均见《全唐诗》，以下不一一标注。

得到任何东西。这就是这位老翁“欲潸然”的原因，也是诗人作诗的真正意图。

李商隐的《赠田叟》一诗中也提到了畲田的情况：“荷筱衰翁似有情，相逢携手绕村行。烧畲晓映远山色，伐树暝传深谷声。鸥鸟忘机翻浃洽，交亲得路昧平生。抚躬道地诚感激，在野无贤心自惊。”颔联均是作者所见所闻，为田园生活之景，也反映出烧畲是将砍伐的荆棘等烧成灰作肥料的耕作方式。

白居易的《孟夏思渭村旧居寄舍弟》：“啧啧雀引雏，稍稍笋成竹。时物感人情，忆我故乡曲。故园渭水上，十载事樵牧。手种榆柳成，阴阴覆墙屋。兔隐豆苗肥，鸟鸣桑椹熟。前年当此时，与尔同游瞩。诗书课弟侄，农圃资童仆。日暮麦登场，天晴蚕坼簇。弄泉南涧坐，待月东亭宿。兴发饮数杯，闷来棋一局。一朝忽分散，万里仍羁束。井鲋思反泉，笼莺悔出谷。九江地卑湿，四月天炎燠。苦雨初入梅，瘴云稍含毒。泥秧水畦稻，灰种畲田粟。已讶殊岁时，仍嗟异风俗。闲登郡楼望，日落江山绿。归雁拂乡心，平湖断人目。殊方我漂泊，旧里君幽独。何时同一瓢，饮水心亦足。”诗中所描写的麦、桑、粟、稻等植物都是唐代畲田所种植的作物。

（二）农业耕种诗

耕作农具是从事农事活动必不可少的组成部分，农业生产工具和生产技术的发展直接影响这一时期农业的发达程度。

耒耜是古代运用最普遍的农业耕种工具，它由来已久，经过了不断地改进完善，到唐代臻于成熟，发展成为耕作效率较高的曲辕犁。唐代农事诗中表现出犁耕的内容很多。

王维的《渭川田家》说：“田夫荷锄至，相见语依依”是描写田间锄地除草松土。

李白《对雨》诗中“卷帘聊举目，露湿草绵芊。古岫藏云毳，空庭织碎烟。水纹愁不起，风线重难牵。尽日扶犁叟，往来江树前。”该诗是说老农终日忙于耕种，即使在阴沉潮湿的天气里也不能休息，反而趁着这烟雨天去耕种江边上的田地。李白的《鲁东门观刈蒲》中：“鲁国寒事早，初霜刈渚蒲。挥镰若转月，拂水生连珠。此草最可珍，何必贵龙须。织作玉床席，欣承清夜娱。罗衣能再拂，不畏素尘芜。”诗中描写了农民挥舞镰刀割蒲的场景，意在歌颂劳动人民的辛勤和智慧。

丘为《题农父庐舍》：“东风何时至，已绿湖上山。湖上春既早，田家日不闲。沟塍流水处，耒耜平芜间。薄暮饭牛罢，归来还闭关。”此诗虽题为《题农父庐舍》反映的内容却和农舍无关，而是描绘了春耕时期忙碌的场景。

孟浩然《南山下与老圃期种瓜》：“樵牧南山近，林间北郭赊。先人留素业，老圃作邻家。不种千株橘，惟资五色瓜。邵平能就我，开径剪蓬麻。”五色瓜又称为东陵瓜，为秦国东陵候邵平沦为平民后所种，传为中国史上最好吃的瓜。自产生以后，它就成了极品瓜果的代表，被无数文人大加赞美。

韦应物《种瓜》：“率性方卤莽，理生尤自疏。今年学种瓜，园圃多荒芜。众草同雨露，新苗独翳如。直以春窘迫，过时不得锄。田家笑枉费，日夕转空虚。信非吾侪事，且读古人书。”作者虽在春季因艰难紧迫之事而误了农时，不过作者隐逸生活怡然自得的心境跃然纸上。

韦应物《喜园中茶生》：“洁性不可污，为饮涤尘烦。此物信灵味，本自出山原。聊因理郡馀，率尔植荒园。喜随众草长，得与幽人言。”诗人不仅爱茶，工作之余还亲自辟园植茶，爱茶之心溢于言表。

韦应物《山耕叟》：“萧萧垂白发，默默讵知情。独放寒林烧，多寻虎迹行。暮归何处宿，来此空山耕。”其中，“寒林烧”是指秋日烧山开荒，开辟新田的耕种方式。

杜甫《茅堂检校收稻二首》：“香稻三秋末，平田百顷间。喜无多屋宇，幸不碍云山。御夹侵寒气，尝新破旅颜。红鲜终日有，玉粒未吾悭。稻米炊能白，秋葵煮复新。谁云滑易饱，老藉软俱匀。种幸房州熟，苗同伊阙春。无劳映渠碗，自有色如银。”诗中描写了秋末广阔的田野风光，亦表达了诗人面对水稻丰收的喜悦情怀。

崔道融《田上》诗曰：“雨足高田白，披蓑半夜耕。人牛力俱尽，东方殊未明。”其中“人牛”指的就是犁耕。

李绅的《田家》说：“锄禾日当午，汗滴禾下午。谁知盘中餐，粒粒皆辛苦。”该诗借农事劳动之辛苦表达对于农人的怜悯之情。

柳宗元的《首春逢耕者》：“南楚春候早，余寒已滋荣。土膏释原野，白蛰竞所营。缀景未及郊，穑人先偶耕。园林幽鸟啭，渚泽新泉清。农事诚素务，羁囚阻平生。故池想芜没，遗亩当榛荆。慕隐既有系，图功遂无成。聊从田父言，款曲陈此情。眷然抚耒耜，回首烟云横。”作者写农夫春耕，在交流、眷顾中抚摸着农夫的犁耙时，不觉天色已晚，让读者感到一种淡淡的忧伤。

刘禹锡《插田歌》：“冈头花草齐，燕子东西飞。田塍望如线，白水光参差。农妇白纻裙，农父绿蓑衣。齐唱郢中歌，嘤伫如竹枝。但闻怨响音，不辨俚语词。时时一大笑，此必相嘲嗤。水平苗漠漠，烟火生墟落。黄犬往复还，赤鸡鸣且啄。路旁谁家郎，乌帽衫袖长。自言上计吏，年幼离帝乡。田夫语计吏，君家侬定谙。一来长安道，眼大不相参。计吏笑致辞，长安真大处。省门高轲峨，侬入无度数。昨来补卫士，唯用筒竹布。君看二三年，我作官人去。”诗中描写，穿着白麻布衣裙的农妇和披着蓑衣的农夫在插秧的同时一起唱起了田中歌，好一幅生动形象的农村耕种场景图！

耿湋《东郊别业》“东皋占薄田，耕种过余年。护药栽山刺，浇蔬引竹泉。晚雷期稔岁，重雾报晴天。若问幽人意，思齐沮溺贤。”诗人在退隐之时，耕田种菜，安享晚年。

许浑《村舍二首》：“自翦青莎织雨衣，南峰烟火是柴扉。莱妻早报蒸藜熟，童子遥迎种豆归。鱼下碧潭当镜跃，鸟还青嶂拂屏飞。花时未免人来往，欲买严光旧钓矶。尚平多累自归难，一日身闲一日安。山径晓云收猎网，水门凉月挂鱼竿。花间酒气春风暖，竹里棋声暮雨寒。三顷水田秋更熟，北窗谁拂旧尘冠。”诗中描写了打猎、钓鱼等具体农村生活，表达了诗人乐于恬淡生活的心情，以至为官时的冠服落满了尘土，诗人也懒得得去打扫它。

张籍《江村行》：“南塘水深芦笋齐，下田种稻不作畦。耕场磷磷在水底，短衣半染芦中泥。田头刈莎结为屋，归来系牛还独宿。水淹手足尽有疮，山虻绕身飞飏飏。桑林椹黑蚕再眠，妇姑采桑不向田。江南热旱天气毒，雨中移秧颜色鲜。一年耕种长苦辛，田熟家家将赛神。”南方水田主要是指零星分布在江苏、安徽和浙江等地的圩田，人们在长期治田治水实践中总结了一套合理的土地利用形式。

（三）农业灌溉诗

水利是农作物的命脉，无论是南方还是北方的耕作方式都离不开水，所以灌溉工具的发明就尤其重要。唐人陈廷章所作《水轮赋》中写道：“水能利物，轮乃曲成，升降满农夫之用”。[①] 发达的水利系统和灌溉条件，为唐代农民的农耕生活提供了有利条件。

筒车发明于隋朝而兴盛于唐朝，是一种效率极高的提水灌溉工具，杜甫的《春水》诗中，就提到了“连筒”：“三月桃花浪，江流复旧痕。朝来没沙尾，碧色动柴门。接缕垂芳饵，连筒灌小园。已添无数鸟，争浴故相喧。”这首诗写出了在河水上涨时节，利用连筒灌溉小园，体现了一派欣欣向荣的景象。

（四）农业收获加工诗

雍裕之《农家望晴》：“尝闻秦地西风雨，为问西风早晚回？白发老农如鹤立，麦场高处望云开。”这首诗表达了农夫小麦收获后对于晴天迫切的心情。

二、采集诗

采集诗是历史最悠久、流传时间最长的一类农事诗。其主要内容是描写农事采摘活动中的采摘对象和采摘者。

（一）采桑诗

中国是世界上最早开始养蚕、种桑的国家。女子与采桑的关系伴随着古代农业文明的始终，所以唐代采桑诗中有很多描写采桑女形象的诗。这些诗又往往将农事活动与恋爱相思等主题紧密结合。

刘希夷《采桑》：“杨柳送行人，青青西入秦。谁家采桑女，楼上不胜春。盈盈灞水曲，步步春芳绿。红脸耀明珠，绛唇含白玉。回首渭桥东，遥怜春色同。青丝娇落

---

① （清）董诰，等，1983. 全唐文　卷九百四十八［M］. 北京：中华书局：9840.

日，缃绮弄春风。携笼长叹息，逶迟恋春色。看花若有情，倚树疑无力。薄暮思悠悠，使君南陌头。”相逢不相识，归去梦青楼。这首诗体现了采桑女的闺怨相思之情。

李白《陌上桑》：“美女渭桥东，春还事蚕作。五马如飞龙，青丝结金络。不知谁家子，调笑来相谑。妾本秦罗敷，玉颜艳名都。绿条映素手，采桑向城隅。使君且不顾，况复论秋胡。寒螀爱碧草，鸣凤栖青梧。托心自有处，但怪傍人愚。徒令白日暮，高驾空踟蹰。”这首诗既有采桑活动，又赞扬了采桑女的美貌、美德与风采。

刘驾《桑妇》“墙下桑叶尽，春蚕半未老。城南路迢迢，今日起更早。四邻无去伴，醉卧青楼晓。妾颜不如谁，所贵守妇道。一春常在树，自觉身如鸟。归来见小姑，新妆弄百草。”该诗表明此时的采桑诗已经开始注重实际了。

（二）采莲诗

唐代的“采莲曲”，写采莲，更侧重于以旁观者的视角，生动刻画采莲女，艺术地再现人物形象的清丽之美。

贺知章《采莲曲》：“稽山罢雾郁嵯峨，镜水无风也自波。莫言春度芳菲尽，别有中流采芰荷。”镜湖中大片的荷叶、荷花以及采莲的姑娘构成了一副人与自然交融的绝美的画卷。

王昌龄《采莲三首》之二：“荷叶罗裙一色裁，芙蓉向脸两边开。乱入池中看不见，闻歌始觉有人来。”该诗首句看似写景，实则是写人，通过清脆的荷叶反衬采莲姑娘衣着的鲜艳；第二句是说荷花面向着姑娘的脸盛开，姑娘朝着荷花微笑的动作情态，既是用人衬花，又是以花拟人；第三四句写出了人与花的分别与联系。

陈去疾《采莲曲》中“粉光花色叶中开，荷气衣香水上来。响清潭见斜领，双鸳何事亦相猜。”这首诗从视觉和嗅觉入手，写荷花的颜色采莲女身上的香气，以表现采莲女子的秀美以及采莲女的生活情趣。

储光羲《采莲曲》：“浅渚荷花繁，深塘菱叶疏。独往方自得，耻邀淇上姝。广江无术阡，大泽绝方隅。浪中海童语，流下鲛人居。春雁时隐舟，新荷复满湖。采采乘日暮，不思贤与愚。”诗人借自己的视角描绘了江南女子采莲的场景，诗人忘乎所以完全沉溺在大自然之中。

鲍溶《采莲曲二首・其一》：“弄舟朅来南塘水，荷叶映身摘莲子。暑衣清净鸳鸯喜，作浪舞花惊不起。殷勤护惜纤纤指，水菱初熟多新刺。”

鲍溶《采莲曲二首・其二》：“采莲朅来水无风，莲潭如鉴松如龙。夏衫短袖交斜红，艳歌笑斗新芙蓉，戏鱼往听莲叶东。”鲍溶此诗“不作冶词，独得采莲真本色”。

张籍《采莲曲》：“秋江岸边莲子多，采莲女儿凭船歌。青房圆实齐戢戢，争前竞折漾微波。试牵绿茎下寻藕，断处丝多刺伤手。白练束腰袖半卷，不插玉钗妆梳浅。船中未满度前洲，借问阿谁家住远。归时共待暮潮上，自弄芙蓉还荡桨。”诗中把采莲活动写的相当细致，场景多，活动丰富，给人的美感随着场景的变化而变化。

白居易《采莲曲》:“菱叶萦波荷飐风，荷花深处小船通。逢郎欲语低头笑，碧玉搔头落水中。”江南的风情，少女的大胆和娇羞在本诗中一览无余，给人以审美的愉悦。

齐己《采莲曲》:“越溪女，越江莲。齐菡萏，双婵娟。嬉游向何处，采摘且同船。浩唱发容与，清波生漪连。时逢岛屿泊，几共鸳鸯眠。襟袖既盈溢，馨香亦相传。薄暮归去来，苎萝生碧烟。”诗人含蓄地表达了越江女在采莲间隙与心上人同游、放声高歌与共眠的场景，将采莲女轻松愉悦的生活展现在读者眼前。

王勃《采莲归》:“采莲归，绿水芙蓉衣，秋风起浪凫雁飞。桂棹兰桡下长浦，罗裙玉腕摇轻橹。叶屿花潭极望平，江讴越吹相思苦。相思苦，佳期不可驻。塞外征夫犹未还，江南采莲今已暮。今已暮，摘莲花，今渠那必尽倡家。官道城南把桑叶，何如江上采莲花。莲花复莲花，花叶何重叠。叶翠本羞眉，花红强如颊。佳人不兹期，怅望别离时。牵花怜共蒂，折藕爱连丝。故情何处所，新物徒华滋。不惜南津交佩解，还羞北海雁书迟。采莲歌有节，采莲夜未歇。正逢浩荡江上风，又值徘徊江上月。莲浦夜相逢，吴姬越女何丰茸。共问寒江千里外，征客关山路几重。”诗中描绘了采莲女子对于塞外征夫的思念之情，诗中表现采莲女子美丽不仅仅体现在对于服装的描写，还体现在采莲女对于爱情的忠贞与执着。“城南把桑”运用了《陌上桑》女子罗敷的典故，表达采莲女对于爱情的执着。

徐彦伯《采莲曲》:“妾家越水边，摇艇入江烟。既觅同心侣，复采同心莲。折藕丝能脆，开花叶正圆。春歌弄明月，归棹落花前。”这首诗写女主人公乘舟采莲，在“既觅同心侣，复采同心莲”“春歌弄明月，归棹落花前”的美好意境中，呈现出女子于花开叶圆、春歌明月中，对自然与人生的欣赏与希冀。

郑愔《采莲曲》:“锦楫沙棠舰，罗带石榴裙。绿潭采荷芰，清江日稍曛。鱼鸟争唼喋，花木相芬氲。不觉芳洲暮，棹歌处处闻。”

何希尧《采莲曲》:“锦莲浮处水粼粼，风生香外袜底尘。荷叶荷裙相映色，闻歌不见采莲人。”

张潮《采莲词》:“朝出沙头日正红，晚来云起半江中。赖逢邻女曾相识，并著莲舟不畏风。”

李颀《采莲》:“越溪女，越溪莲。齐菡萏，双婵娟。嬉游向何处，采摘且同船。浩唱发容与，清波生漪涟。时逢岛屿泊，几伴鸯鸳眠。襟袖既盈溢，馨香亦相传。薄暮归去来，苎罗生碧烟。”

李康成《采莲曲》:“采莲去，月没春江曙。翠钿红袖水中央，青荷莲子杂衣香，云起风生归路长。归路长，那得久。各回船，两摇手。”

刘方平《采莲曲》:“落日晴江里，荆歌艳楚腰。采莲从小惯，十五即乘潮。”

顾非熊《采莲曲》:“纤手折芙蕖，花洒罗衫湿。女伴唤回船，前溪风浪急。”

唐彦谦《采桑女》:“春风吹蚕细如蚁，桑芽才努青鸦嘴。侵晨探采谁家女，手挽长条泪如雨。去岁初眠当此时，今岁春寒叶放迟。愁听门外催里胥，官家二月收新丝。”

孔德绍《赋得涉江采芙蓉》：“莲舟泛锦碛，极目眺江干。沿流渡楫易，逆浪取花难。有雾疑川广，无风见水宽。朝来采摘倦，讵得久盘桓。”

李中《溪边吟》：“鸂鶒双飞下碧流，蓼花蘋穗正含秋。茜裙二八采莲去，笑冲微雨上兰舟。”

孙光宪《采莲》：“菡萏香连十顷陂，小姑贪戏采莲迟。晚来弄水船头湿，更脱红裙裹鸭儿。”

张敬徽《采莲曲》：“游女泛江晴，莲红水复清。竞多愁日暮，争疾畏船倾。波动疑钗落，风生觉袖轻。相看未尽意，归浦棹歌声。”

薛涛《采莲舟》：“风前一叶压荷蕖，解报新秋又得鱼。兔走乌驰人语静，满溪红袂棹歌初。”

这些采莲诗，或写采莲女劳动的场景，或写采莲女采莲的喜悦，或写采莲女的辛劳，或写采莲女的柔媚，或写采莲女对美好爱情和生活的希冀等，再现了采莲女的农事生活和精神世界。

（三）采茶诗

茶在汉代就已经被人们所熟知，入唐以后，茶业在农业生产中逐渐扮演重要的角色。茶是南方农业经济中一个重要门类。现今世界产茶国家的茶都是直接或间接地由我国传入。随着茶叶生产与贸易的发展，我国也涌现了大批以茶为题材的诗篇。

袁高《茶山诗》曰：“禹贡通远俗，所图在安人。后王失其本，职吏不敢陈。亦有奸佞者，因兹欲求伸。动生千金费，日使万姓贫。我来顾渚源，得与茶事亲。氓辍耕农耒，采采实苦辛。一夫旦当役，尽室皆同臻。扪葛上欹壁，蓬头入荒榛。终朝不盈掬，手足皆鳞皴。悲嗟遍空山，草木为不春。阴岭芽未吐，使者牒已频。心争造化功，走挺麋鹿均。选纳无昼夜，捣声昏继晨。众工何枯栌，俯视弥伤神。皇帝尚巡狩，东郊路多堙。周回绕天涯，所献愈艰勤。况减兵革困，重兹固疲民。未知供御馀，谁合分此珍。顾省忝邦守，又惭复因循。茫茫沧海间，丹愤何由申。”诗中描述了劳动人民的疾苦，揭露了统治集团的奢侈腐化和地方官的贪婪残暴，表达了诗人对统治阶级昏庸无道的不满与愤懑之情。

刘禹锡《西山兰若试茶歌》：“山僧后檐茶数丛，春来映竹抽新茸。宛然为客振衣起，自傍芳丛摘鹰觜。斯须炒成满室香，便酌砌下金沙水。骤雨松声入鼎来，白云满碗花徘徊。悠扬喷鼻宿酲散，清峭彻骨烦襟开。阳崖阴岭各殊气，未若竹下莓苔地。炎帝虽尝未解煎，桐君有箓那知味。新芽连拳半未舒，自摘至煎俄顷馀。木兰沾露香微似，瑶草临波色不如。僧言灵味宜幽寂，采采翘英为嘉客。不辞缄封寄郡斋，砖井铜炉损标格。何况蒙山顾渚春，白泥赤印走风尘。欲知花乳清泠味，须是眠云跂石人。”唐代巴蜀是全国茶业的重要中心，饮茶之风风行，从刘禹锡这首采茶歌可见一斑。

秦韬玉《采茶歌》："天柱香芽露香发，烂研瑟瑟穿荻篾。太守怜才寄野人，山童碾破团团月。倚云便酌泉声煮，兽炭潜然虬珠吐。看著晴天早日明，鼎中飒飒筛风雨。老翠看尘下才熟，搅时绕箸天云绿，耽书病酒两多情，坐对闽瓯睡先足。洗我胸中幽思清，鬼神应愁歌欲成。"该诗描写了唐代的采摘茶叶、制茶活动，这一过程也为后代所继承。

三、农家乐诗

农家乐诗是指诗人的创作完全立足于农人的角色，以此来表达农村、农民、农业劳动的欢快景象的农事诗。农家乐诗与田园诗虽都反映愉悦的田园生活，但二者却有很大的不同。"田园诗主要抒发文人自己内心对于田园生活的情感体验和个人的喜悦心情，而乐农诗则是站在农人的角度来描写他们的情感体验和农人喜悦的心情。"[①]所以农家乐诗与田园诗相比较，前者更加直观真实地反映了唐代农民的情感体验。

杜荀鹤《题田翁家》："田翁真快活，婚嫁不离村。州县供输罢，追随鼓笛喧。盘飧同老少，家计共田园。自说身无事，应官有子孙。"这首诗描写了一位农村老翁家的婚嫁事宜，开篇"快活"两字奠定了全文的基调，表达了诗人对于农村自由自在生活的向往。

杜荀鹤《和吴太守罢郡山村偶题二首》："罢郡饶山兴，村家不惜过。官情随日薄，诗思入秋多。野兽眠低草，池禽浴动荷。眼前馀政在，不似有干戈。快活田翁辈，常言化育时。纵饶稽岁月，犹说向孙儿。茅屋梁和节，茶盘果带枝。相传终不忘，何必立生祠。"诗人将官场生活与悠闲的农家生活相比较，体现出了诗人对于农家生活的向往之情。

韦庄《稻田》："绿波春浪满前陂，极目连云穲稏肥。更被鹭鸶千点雪，破烟来入画屏飞。"诗的开头诗人便将一望无际的稻田展现在读者眼前，远处的稻田似乎与天空连接在一起。一群洁白的鹭鸶从远处飞过像一片片雪花飘落，它们共处于大自然的画卷之中。绿色的稻田、洁白的鹭鸶虽都是生活中及其常见之物，但是在作者的笔下却充满了诗情画意，这般诗情画意的田园般的生活，怎能不让人心之神往呢？

王维《渭川田家》："斜阳照墟落，穷巷牛羊归。野老念牧童，倚杖候荆扉。雉雊麦苗秀，蚕眠桑叶稀。田夫荷锄至，相见语依依。即此羡闲逸，怅然吟式微。"这首诗描写了一幅傍晚时分农村静谧祥和的景象。牧童踏着夕阳的余晖而归，老翁因担忧外出放牧的孙儿，倚着柴门翘首以待孙儿的归来。接着诗人联想到春季里麦田里的鸟鸣声和正在酣睡的蚕宝宝，全诗表达了作者对于如此简单快乐的生活的喜爱之情。

王维《春中田园作》："屋上春鸠鸣，村边杏花白。持斧伐远扬，荷锄觇泉脉。归

① 王雪，2016. 唐代农事诗研究［D］. 长春：东北师范大学 .

燕识故巢，旧人看新历。临觞忽不御，惆怅远行客。”此诗写于王维晚年隐居辋川时期，“春中”是指二月，全诗描绘了一幅春天欣欣向荣的景象和农人欢乐的心情，结尾处表达了作者思念故乡之情。

四、唐代悯农诗

唐代悯农诗所反映的社会问题极其广泛，其主题内容归结起来主要包括：农民生活的贫困痛苦、统治阶级对人民的压迫、贪官污吏对人民的压榨以及战争与天灾带给农民的痛苦。

小农经济的性质决定了从事农业生产活动的辛苦，不论是何种天气、何种环境都要进行辛苦的劳作。

李绅的《悯农》：“锄禾日当午，汗滴禾下午。谁知盘中餐，粒粒皆辛苦。”描写了农业生产活动的艰辛，食物来之不易。

顾况《田家》：“带水摘禾穗，夜捣具晨炊。县帖取社长，嗔怪见官迟。”诗人描写农民生活的艰辛、困苦，官府的压榨与盘剥，对农民充满同情。

白居易的《观刈麦》：“田家少闲月，五月人倍忙。夜来南风起，小麦覆陇黄。妇姑荷箪食，童稚携壶浆，相随饷田去，丁壮在南冈。足蒸暑土气，背灼炎天光，力尽不知热，但惜夏日长。复有贫妇人，抱子在其旁，右手秉遗穗，左臂悬敝筐。听其相顾言，闻者为悲伤。家田输税尽，拾此充饥肠。今我何功德，曾不事农桑。吏禄三百石，岁晏有余粮。念此私自愧，尽日不能忘。”该诗反映了一年到头从头到晚不停劳作的农民们非但没有过着舒适、殷实的生活，反而处于一种及其贫苦困窘的生存状态。

白居易《牡丹芳》：“牡丹芳，牡丹芳，黄金蕊绽红玉房。千片赤英霞烂烂，百枝绛点灯煌煌。照地初开锦绣段，当风不结兰麝囊。仙人琪树白无色，王母桃花小不香。宿露轻盈泛紫艳，朝阳照耀生红光。红紫二色间深浅，向背万态随低昂。映叶多情隐羞面，卧丛无力含醉妆。低娇笑容疑掩口，凝思怨人如断肠。秾姿贵彩信奇绝，杂卉乱花无比方。石竹金钱何细碎，芙蓉芍药苦寻常。遂使王公与卿士，游花冠盖日相望。庳车软舆贵公主，香衫细马豪家郎。卫公宅静闭东院，西明寺深开北廊。戏蝶双舞看人久，残莺一声春日长。共愁日照芳难驻，仍张帷幕垂阴凉。花开花落二十日，一城之人皆若狂。三代以还文胜质，人心重华不重实。重华直至牡丹芳，其来有渐非今日。元和天子忧农桑，恤下动天天降祥。去岁嘉禾生九穗，田中寂寞无人至。今年瑞麦分两歧，君心独喜无人知。无人知，可叹息。我愿暂求造化力，减却牡丹妖艳色。少回卿士爱花心，同似吾君忧稼穑。”诗中含蓄地表达出了牡丹花之美，同时讽刺了上层社会因牡丹而狂乱的社会风气，同时也对天子忧农念民的情怀给予了褒奖。

白居易《杜陵叟伤农夫之困也》：“杜陵叟，杜陵居，岁种薄田一顷余。三月无雨旱风起，麦苗不秀多黄死。九月降霜秋早寒，禾穗未熟皆青干。长吏明知不申破，急敛暴征求考课。典桑卖地纳官租，明年衣食将何如？剥我身上帛，夺我口中粟。虐人害物即豺狼，何必钩爪锯牙食人肉？不知何人奏皇帝，帝心恻隐知人弊。白麻纸上书德音，京畿尽放今年税。昨日里胥方到门，手持尺牒榜乡村。十家租税九家毕，虚受吾君蠲免恩。”本诗从三个方面体现了农民所处的悲惨的遭遇：①自然灾害的严重；②长吏隐瞒灾情急敛暴征以求仕途；③皇帝施“德音”免除征税，农民却没有获益。因此，农民的灾难不仅仅是“天灾”，更是“人祸”。

戴叔伦《屯田词》：“春来耕田遍沙碛，老稚欣欣种禾麦。麦苗渐长天苦晴，土干确确锄不得。新禾未熟飞蝗至，青苗食尽馀枯茎。捕蝗归来守空屋，囊无寸帛瓶无粟。十月移屯来向城，官教去伐南山木。驱牛驾车入山去，霜重草枯牛冻死。艰辛历尽谁得知，望断天南泪如雨。”此诗反映了无田的农民应政府的号召去耕种屯田，但因大旱、蝗灾，一年辛苦劳动最后依然颗粒无收。农民离屯之后又被官府命令去伐木，牛却因冻饿而死，全诗体现了农民走投无路的悲惨的命运。

安史之乱后的唐王朝由盛转衰，统治者拼命地增加赋税，各级官员还依靠政策和权势剥削压迫普通百姓，导致民不聊生，国家日益衰败。

杜牧的《题村舍》中写道：“三树稚桑春未到，扶床乳女午啼饥。潜销暗铄归何处？万指侯家自不知。”诗中寄托着作者对农家幼女的无限同情，实则反映的是作者对所有受苦受难百姓的怜悯。

张碧的《农夫》：“运锄耕斸侵星起，垄亩丰盈满家喜。到头禾黍属他人，不知何处抛妻子。”此诗的前两句是单纯叙事，写农夫勤勤恳恳、早出晚归地耕种田地，庄稼长势茂盛给全家人带来了欢喜，但是后两句指出收获的果实都被他人占取，为了存活，农夫都到了卖妻子儿女的地步。作者用前后对比的手法，体现了作者对这一家人不幸遭遇的同情。

元稹的《田家词》“旱块敲牛蹄趵趵。种得官仓珠颗谷，六十年来兵簇簇，日月食粮车辘辘。一日官军收海服，驱牛驾车食牛肉。”这几句用白描的手法在貌似平和的话语里，层层递进地写出战争给农民带来的灾祸。

钱起《观村人牧山田》：“六府且未盈，三农争务作。贫民乏井税，埆土皆垦凿。禾黍入寒云，茫茫半山郭。秋来积霖雨，霜降方铚获。中田聚黎甿，反景空村落。顾惭不耕者，微禄同卫鹤。庶追周任言，敢负谢生诺。”此诗反映了农民在沉重的赋税下辛苦耕种的真实情况，表达了作者对于统治阶级狂征暴敛的不满，以及自己不耕而食的惭愧心情。

柳宗元《田家三首》其一：“蓐食徇所务，驱牛向东阡。鸡鸣村巷白，夜色归暮田。札札耒耜声，飞飞来乌鸢。竭兹筋力事，持用穷岁年。尽输助徭役，聊就空自眠。子孙日已长，世世还复然。篱落隔烟火，农谈四邻夕。庭际秋虫鸣，疏麻方寂历。蚕丝尽输税，机杼空倚壁。里胥夜经过，鸡黍事筵席。各言官长峻，文字多督责。东乡后租期，车毂陷泥泽。公门少推恕，鞭朴恣狼藉。努力慎经营，肌肤真可惜。迎新在此岁，唯恐踵前迹。”“世世还复然”一句表达出了诗人对于赋税繁重以及农家生活无奈心情。

刘长卿《送青苗郑判官归江西》：“三苗馀古地，五稼满秋田。来问周公税，归输汉俸钱。江城寒背日，湓水暮连天。南楚凋残后，疲民赖尔怜。”诗人感慨农民赋税，同情百姓。

皮日休《农父谣》：“农父冤辛苦，向我述其情。难将一人农，可备十人征。如何江淮粟，挽漕输咸京。黄河水如电，一半沈与倾。均输利其事，职司安敢评。三川岂不农，三辅岂不耕。奚不车其粟，用以供天兵。美哉农父言，何计达王程。”诗人以第三者的叙事反映出江南地区繁重的赋税。

聂夷中《田家二首》：“父耕原上田，子劚山下荒。六月禾未秀，官家已修仓。”“锄田当日午，汗滴禾下土。谁念盘中餐，粒粒皆辛苦。”（一说李绅作）农事劳动的辛苦，官府的狂征暴敛引起了知识阶层对于劳动人民无限的同情。

颜仁郁《农家》：“夜半呼儿趁晓耕，羸牛无力渐艰行。时人不识农家苦，将谓田中谷自生。”诗人在直接表达农民艰辛生活的，同时也表达出世人不知农事之苦的不满。

齐己《耕叟》：“春风吹蓑衣，暮雨滴箬笠。夫妇耕共劳，儿孙饥对泣。田园高且瘦，赋税重复急。官仓鼠雀群，共待新租入。”田园的贫瘠，赋税的严重和官吏的贪污，使得农民生活苦不堪言，体现了诗人对于劳动人民同情。

可朋《耕田鼓诗》：“农舍田头鼓，王孙筵上鼓。击鼓兮皆为鼓，一何乐兮一何苦。上有烈日，下有焦土。愿我天翁，降之以雨。令桑麻熟，仓箱富。不饥不寒，上下一般。”诗人用低沉的音调和明显的对比表达出农民的心声和自己“上下一般”愿望。

韦应物《观田家》：“微雨众卉新，一雷惊蛰始。田家几日闲，耕种从此起。丁壮俱在野，场圃亦就理。归来景常晏，饮犊西涧水。饥劬不自苦，膏泽且为喜。仓禀无宿储，徭役犹未已。方惭不耕者，禄食出闾里。”

郑遨《伤农》：“一粒红稻饭，几滴牛颔血。珊瑚枝下人，衔杯吐不歇。”

农人的劳动艰辛、税赋的沉重凝注字里行间。

第四节　宋代农事诗

宋代是我国物质文明和精神文明高度发展的时期，中国古代的科技在宋朝时期的发展到达了顶峰。物质决定意识，科技的发展，必然导致了文化发展，加之宋朝众多诗人躬耕于田野，与农为友，学习并且掌握了众多的农事经验，写出了内容丰富的农事诗。所以，宋朝的农事诗是中国古代农事诗发展的顶峰。

宋代农事诗直接描写农民的疾苦和农事活动，几乎描绘了我国传统农业的各种农事活动和农林牧副渔等农业形式，有的农事诗则描述农民所遭受的各种压迫和剥削，体现出知识分子的社会责任感。宋代门阀势力的几近消失，位居高官者不乏出身寒微之人，所以这批人熟悉农村的农事劳动，同时对于农村的社会生活有着深厚的感情，所以能写出深刻反映农村现实生活，形象生动、充满浓郁乡土气息的农事诗。农事诗的形成，是山水田园诗发展到一定阶段的必然产物，但同时也和宋朝的历史背景息息相关。宋代是个内忧外患交织的时代，外族入侵，社会动荡，奸佞当权，忠良受害，使得一般知识分子辗转于社会底层，流落乡村，从而有机会接近农民，有的甚至直接参加农业劳动，过起农村生活。有些上层官吏企图改革政治以挽救垂亡的政权，所以他们需要掌握农村实际情况，了解农民的疾苦，因而在他们的诗作中也有许多描写农事的诗歌。他们对农村风光的欣赏，也逐渐转移为对农村生产的重视和对农民命运的关心。农事诗在这一时期繁荣起来应是顺理成章的事情。这些足以补史之缺的真实记录，再现了宋代农民的生存境况、生存心理以及与之相关的社会、政治、文化、风俗等方面的时代特色。这一时期农事诗所独有的时代特征使农事诗这一古老的诗歌题材折射出崭新的文化内涵，昭示了特定历史环境下的民族心理。宋代反应农事的诗歌，不仅体现那个时代的文化氛围、宗教意义、和社会思想内容，更映射出文人当时的心情和对现实的反思。

宋代出现了一批创作农事诗的大家。宋代最早写农事诗的是北宋初年的王禹偁，还有梅尧臣、王安石、苏轼，南宋的曾几、陆游、范成大、杨万里等都是杰出的代表。

一、土地开垦与耕种诗

北宋初年著名诗人王禹偁的《畲田调》五首，堪称土地开垦与耕种诗的杰出代表。王禹偁，字元之，济州巨野（今山东巨野）人，太平兴国八年（983 年）进士，官至左司谏知制诰。他出身寒微之家，为官后曾多次被贬职流放，长期任地方官吏，因此，他的诗歌贴近于农民的生活，不乏反映农村社会生活的作品。他的《畲田调》（五首）就是在被贬为商州套练副使之时，看到农民烧畲田的劳动场景下写出的。

《畲田调》其一：“大家齐力劚孱颜，耳听田歌手莫闲。各愿种成千百索，豆萁禾穗满青山。”

《畲田调》其二：“杀尽鸡豚唤劚畲，由来递互作生涯。莫言火种无多利，林树明年似乱麻。”

《畲田调》其三：“鼓声猎猎酒醺醺，斫上高山入乱云。自种自收还自足，不知尧舜是吾君。”

《畲田调》其四：“北山种了种南山，相互力耕岂有偏。愿得人间皆似我，也应四海少荒田。”

《畲田调》其五："畲田鼓笛乐熙熙，空有歌声未有词。从此商于为故事，满山皆唱舍人诗。"

该组诗以通俗易懂的语言描绘了山民互相帮助烧畲田和播种谷物的场景，赞扬了劳动人民艰苦奋斗的精神。全诗慷慨激昂，由此可以看出作者创作这组诗深受劳动人民的感染。

范成大《劳畲耕》："峡农生甚艰，斫畲大山巅。赤埴无土膏，三刀财一田。颇具穴居智，占雨先燎原。雨来亟下种，不尔生不蕃。麦穗黄剪剪，豆苗绿芊芊。饼饵了长夏，更迟秋粟繁。税亩不什一，遗秉得餍餐。何曾识粳稻，扪腹尝果然。我知吴农事，请为峡农言。吴田黑壤腴，吴米玉粒鲜。长腰匏犀瘦，齐头珠颗圆。红莲胜雕胡，香子馥秋兰。或收虞舜余，或自占城传。早籼与晚罢，滥吹甑甗间。不辞春养禾，但畏秋输官。奸吏大雀鼠，盗胥众螟蝝。掠剩增釜区，取盈折缗钱。两钟致一斛，未免催租瘢。重以私债迫，逃屋无炊烟。晶晶云子饭，生世不下咽。食者定游手，种者长充涎。不如峡农饱，豆麦终残年。"畲田是一种中国传统的耕作方法，是指采用刀耕火种的方法耕种田地，诗人在表达畲田之辛苦的同时也表达了统治者残酷的剥削。

宋朝时期科技的发展、人口的增加，导致了劳动人民不得不开辟新的土地，其中就包括向水要田，主要包括围田、柜田、涂田、沙田和架田等。架田就是葑田，王祯《农书·田制门》说："架田，架犹筏也，亦名葑田。"即将湖泽中葑泥移附木架上，浮于水面，成为可以移动的农田，叫葑田，不受旱涝灾害的影响。

北宋初年林逋的《葑田》："淤泥肥黑稻秧青，阔盖深流旋旋生。拟倩湖君书版籍，水仙今佃老农耕。"此诗描绘的是南方地区农民运用架田种植水稻的场景，比王祯《农书》关于葑田的记录早200多年，具有重要的历史价值。

杨万里《插秧歌》："田夫抛秧田妇接，小儿拔秧大儿插。笠是兜鍪蓑是甲，雨从头上湿到胛。唤渠朝餐歇半霎，低头折腰只不答。秧根未牢莳未匝，照管鹅儿与雏鸭"。这是杨万里田园诗的代表作之一，全诗以通俗质朴的语言描绘了南方地区耕作插秧的场景。"兜鍪"是指古代打仗时用来保护头部的头盔，"甲"是指打仗时用来保护身体的外衣，诗人用风趣幽默的比喻将插秧渲染得如同打仗般激烈。

二、反映农业耕种与收获技术的诗歌

土地所有者，用自己的聪明才智，不断创新、提高生产技术，发明或改良先进农具，提高生产效率。如：弯锄、铁耙、龙骨翻车、扬扇等均为这一时期的产物。这在农事诗中均有记述和描写。

苏轼《无锡道中赋水车》："翻翻联联衔尾鸦，荦荦确确蜕骨蛇。分畴翠浪走云阵，刺水绿针插稻芽。洞庭五月欲飞沙，鼍鸣窟中如打衙。天工不见老翁泣，唤取阿香推雷车。"传统的农业毕竟属于靠天吃饭，深受旱涝灾害等自然条件的影响，所以传统的排灌溉技术尤为重要。这首诗写出了水车的功用，车水入田进行灌溉。同时用雷车来类比水车，而雷车是天神布云下雨的工具，这进一步强调突出了水车的功能。

大量写水车（踏车、筒车，尤其是龙骨翻车）的诗歌，反映出水车在宋代开始大面积推广使用。

陈与义《水车》："江边终日水车鸣，我自平生爱此声。风月一时都属客，杖藜聊复寄诗情。"及《罗江二绝》其一："荒村终日水车鸣，坡北坡南共一声。洒面风吹作飞雨，老夫诗到此间成。"这描述了四川北部地区使用水车的史实。

蔡襄《和王学士水车》："星鸟正中春事浓，农夫入田布嘉种。田中白水极弥漫，鹭翅群骞鱼鬣耸。扶持水车倚塍畔，翻翻龙脊超双踵。日在天中人在野，脱粟未逢心益恐。妇姑晚饷犹德色，童稚伺馀窥馌笼。夏苗欲长苦焦枯，又送微波上层陇。伤哉作劳无早夜，岁终赢儋凡几桶。丰年遗秉尚或歉，一有不登皆散冗。赋田无利从来远，索息严於公上奉。富者不耕耕者饥，役民权枋雄豪总。钱塘风俗本夸奢，上商射利尤加勇。丁男特壮走长街，仆奴意气金衔駷。方春游女湖上行，举首惟愁钗插重。笑汝田家弄水车，何不乘时作光宠。"该诗描绘了一幅农夫用水车春忙耕种的场景。

梅尧臣（1002—1060）字圣俞，宣州宣城（今属安徽）人，世称宛陵先生，北宋著名现实主义诗人，著有《宛陵先生集》。他初试不第，以荫补河南主簿。50岁后，他于皇祐三年（1051）始得宋仁宗召试，赐同进士出身，为太常博士。梅尧臣在汴州任参详度时，曾作《和孙端叟寺丞农具诗》十五首，王安石读罢，大加赞赏，于是作《和圣俞农具诗十五首》。他们唱和的农具诗内容通俗易懂，但寓意深刻，不仅体现了他们的农本思想，还体现了他们对于劳动人民的同情。其中对于农具的介绍也具有重要的历史价值。

梅尧臣《水轮咏》："孤轮运寒水，无乃农者营。随流转自速，居高还复倾。利才畎浍间，功欲霖雨并。不学假混沌，亡机抱瓮罂。"该诗体现了筒车在农业灌溉上的作用和广泛应用。

王安石《元丰行示德逢》："四山翛翛映赤日，田背坼如龟兆出。湖阴先生坐草室，看踏沟车望秋实。雷蟠电掣云滔滔，夜半载雨输亭皋。旱禾秀发埋牛尻，豆死更苏肥荚毛。倒持龙骨挂屋敖，买酒浇客追前劳。三年五谷贱如水，今见西成复如此。元丰圣人与天通，千秋万岁与此同。先生在野故不穷，击壤至老歌元丰。"这首诗以一幅烈日炎炎，土地龟裂的场景和杨骥（字德逢）对浇灌田地雨水的盼望着手，然后写到夜半雷电交加乌云翻滚，好雨及时降临，干枯的庄稼得到复苏的场景，同时也将逢德先生欢悦的心情表达得淋漓尽致。

陆游《春晚即事》："龙骨车鸣水入塘，雨来犹可望丰穰，老农爱犊行泥缓，幼妇忧蚕采叶忙。"龙骨水车的称呼来源于民间，龙骨水车起源于何时目前仍不得而知，但陆游的《春晚即事》是目前所知关于龙骨水车的最早的史料出处。

王安石《山田久欲坼》："山田久欲坼，秋至尚求雨。妇女喜秋凉，踏车多笑语。

朔云卷众水，惨淡吹平楚。横陂与直堑，疑即没洲渚。霍霍反照中，散丝鱼几缕。鸿蒙不可问，且往知何许。欹眠露下舸，侧见星月吐。龙骨已呕哑，田家真作苦。”诗中提及的龙骨水车在中国传统农业的排灌均起着极其重要的作用。

李处权《士贵要予赋水轮田广之幸率介卿同作兼呈郭宰》：“吴侬踏车茧盈足，用力多而见功少。江南水轮不假人，智者创物真大巧。一轮十筒挹且注，循环下上无时了。四山开辟中沃壤，万顷秧齐绿云绕。绿云看即变黄云，一岁丰穰百家饱。今年小荒人菜色，斗易衾稠逮昏晓。古来善政抑兼并，贫富相通俗淳好。”诗中介绍了筒车的工作的一些细节，“一轮十筒挹且注，循环下上无时了”说明这种水车配有十个水筒，先从下方汲水然后再注入上方的田地，循环往复，周而复始。

楼璹《耕织图诗》：“揠苗鄙宋人，抱瓮惭蒙庄，何如衔尾鸦，倒流竭池塘。”“衔尾鸦”形象描绘了一幅农业灌溉用翻车车水时，槽中板叶从下方汲水的动态的场景。

范成大《田园杂兴》：“下田戽水出江流，高垄翻江逆上沟。地势不齐人力尽，丁男长在踏车头。”这首诗写了农民翻水排灌的具体过程，地势低洼处需用戽斗进行排水，地势高的地方需用筒车引水灌溉，全诗描绘了一幅农民引水排水的农事工作图。

方岳《即事》诗中写道：“龙骨翻翻水倒流，藕花借与稻花秋。鱼兼熊掌不可得，宁负风光救口休。”该诗记述饶州、徽州一带水车的普及。

可见，水车无论在灌溉还是排水中，均得到广泛使用。

宋代还发明了大量新式农具，例如苏轼的另一首《秧马歌》：“春云濛濛雨凄凄，春秧欲老翠剡齐。嗟我妇子行水泥，朝分一垅暮千畦。腰如箜篌首啄鸡，筋烦骨殆声酸嘶。我有桐马手自提，头尻轩昂腹胁低。背如覆瓦去角圭，以我两足为四蹄。耸踊滑汰如凫鹥，纤纤束藁亦可赍。何用繁缨与月题，却从畦东走畦西。山城欲闭闻鼓鼙，忽作的卢跃檀溪。归来挂壁从高栖，了无刍秣饥不啼。少壮骑汝逮老黧，何曾蹶轶防颠隮。锦鞯公子朝金闺，笑我一生蹋牛犁，不知自有木駃騠。”这首诗反映了北宋时期发明的农具秧马的使用情况。秧马的是专为水稻的种植而发明的，可插秧亦可拔秧，可减轻农民耕作的辛苦。

南宋陆游在《夏日》中写道：“梅雨初收景气新，太平阡陌乐闲身。陂塘漫漫行秧马，门巷阴阴挂艾人。白葛乌纱称时节，黄鸡绿酒聚比邻。掀髯一笑吾真足，不为无锥更叹贫。”可见在南宋时期秧马已经相当普遍了。

梅尧臣《扬扇》：“田扇非团扇，每来场圃见。因风吹糠籺，编竹破�箭。任从高下手，不为暄寒变。去粗而得精，持之莫肯倦。”

古人最早使用扬谷法，将谷粒抛入空中，糠籺被风吹走，而籽粒落到地上，中国的扬谷方法比西方领先 2000 年；后来采用簸谷法：随着手腕有节奏地抖动簸箕，就能把糠籺与重的籽粒分开，后来，又发明了筛谷法。公元前 2 世纪，中国农民创制了旋转式风扇车（即所谓飏车），不依靠自然风力，效率更高，梅尧臣这首诗正是歌颂的风扇车。该诗以农具入诗，体现了诗人以农为本的思想，同时诗人以农具为切入点悟出了持之以恒的人生哲理，因此是一首极其成功的咏物诗。

陆游《种菜》："菜把青青间药苗，豉香盐白自烹调。须臾彻案呼茶碗，盘箸何曾觉寂寥?"此诗反映了药苗和蔬菜的套种技术，表现了劳动人民对土地的利用率之高。

陆游《农事稍间有作》："架犁架犁唤春农，布谷布谷督岁功。黄云压檐风日美，绿针插水雾雨蒙。年丰远近笑语乐，浦涨纵横舟楫通。东家筑室窗户绿，西舍迎妇花扇红。我方祭灶彻豚酒，盘箸亦复呼邻翁。客归我起何所作，孝经论语教儿童。教儿童，莫匆匆，愿汝日夜勤磨砻，乌巾白纻待至公。"这陆游所写的"禽言诗"，表明农民通过鸟叫等来判断季节天气信息，从而更好地耕作。

三、农家乐诗

宋朝的统治者为了保持其统治基础的稳定，也颁布过一些政策，一定程度上维护了佃户的利益。除此之外租佃制度的完善使得小农户可以以较低的成本获得生产资料，耕作变得更为容易。这使得部分地区的部分佃户暂时过上了相对稳定的生活，较为惬意闲适。

欧阳修在《田家》里写道："绿桑高下映平川，赛罢田神笑语喧。林外鸣鸠春雨歇，屋头初日杏花繁。"该诗描绘了一幅清丽无比的乡村图画。

王安石《后元丰行》歌元丰，十日五日一雨风："麦行千里不见土，连山没云皆种黍。水秧绵绵复多稌，龙骨长乾挂梁梠。鲥鱼出网蔽洲渚，荻笋肥甘胜牛乳。百钱可得酒斗许，虽非社日长闻鼓。吴儿蹋歌女起舞，但道快乐无所苦。老翁堑水西南流，杨柳中间杙小舟。乘兴敧眠过白下，逢人欢笑得无愁。"这首诗反映了北宋元丰年间的社会状况，既是对于改革变法的颂歌，同时也是作者政治理想的展露。全诗分为三个部分：第一部分为开头两句，歌颂了元丰年间风调雨顺的气象；第二部分为下六句，歌颂元丰年间五谷丰登，物产精美的盛况；第三部分为最后八句，歌颂劳动人民幸福的生活状况。

苏轼《浣溪沙》："簌簌衣巾落枣花，村南村北响缫车。牛衣古柳卖黄瓜。酒困路长惟欲睡，日高人渴漫思茶。敲门试问野人家。"这首诗更将这种农家闲适的生活的描绘达到了巅峰。

杨万里《梦种菜》："背秋新理小园荒，过雨畦丁破块忙。菜子已抽蝴蝶翅，菊花犹著郁金裳。从教芦菔专车大，早觉蔓菁扑鼻香。宿酒未销羹糁熟，析酲不用柘为浆。"

这首《梦种菜》是杨万里的田园诗代表作之一，描绘的是一幅悠闲恬淡的种菜情景。杨万里的诗歌语言浅近明白，清新自然，既写物描景，更是富有生活情趣，被称为"诚斋体"。此诗取名《梦种菜》，诗人经一梦而作，反映出了诗人的梦想，更表现出诗人希望和向往的生活。在这首诗当中，种菜不是一种费神费力的体力劳动，而是一种富有情趣的活动，是一种对于生活的享受。杨万里对于田园生活的向往和他的为官经历是息息相关的，他仕途不得志，有较长的农村生活经历，所以他的诗歌创作具强烈的生活气息。

《夏日田园杂兴·其一》："梅子金黄杏子肥，麦花雪白菜花稀。日长篱落无人过，惟有蜻蜓蛱蝶飞。"

《夏日田园杂兴·其二》："五月江吴麦秀寒，移秧披絮尚衣单。稻根科斗行如块，田水今年一尺宽。"

《夏日田园杂兴·其三》："二麦俱秋斗百钱，田家唤作小丰年。饼炉饭甑无饥色，接到西风熟稻天。"

《夏日田园杂兴·其四》："百沸缫汤雪涌波，缫车嘈囋雨鸣蓑。桑姑盆手交相贺，绵茧无多丝茧多。"

《夏日田园杂兴·其五》："小妇连宵上绢机，大耆催税急于飞。今年幸甚蚕桑熟，留得黄丝织夏衣。"

《夏日田园杂兴·其六》："下田戽水出江流，高垄翻江逆上沟。地势不齐人力尽，丁男长在踏车头。"

《夏日田园杂兴·其七》："昼出耘田夜绩麻，村庄儿女各当家。童孙未解供耕织，也傍桑阴学种瓜。"

《夏日田园杂兴·其八》："槐叶初匀日气凉，葱葱鼠耳翠成双。三公只得三株看，闲客清阴满北窗。"

《夏日田园杂兴·其九》："黄尘行客汗如浆，少住侬家漱井香。借与门前磐石坐，柳阴亭午正风凉。"

《夏日田园杂兴·其十》："千顷芙蕖放棹嬉，花深迷路晚忘归。家人暗识船行处，时有惊忙小鸭飞。"

《夏日田园杂兴·其十一》："采菱辛苦废犁鉏，血指流丹鬼质枯。无力买田聊种水，近来湖面亦收租。"

《夏日田园杂兴·其十二》："蜩螗千万沸斜阳，蛙黾无边聒夜长。不把痴聋相对治，梦魂争得到藜床？"

范成大（1126—1193），字至能，一字幼元，早年自号此山居士，晚年号石湖居士，平江府吴县（今江苏苏州）人。《四时田园杂兴》是诗人范成大隐退后所写的一组大型的田园诗，共六十首。反映了春夏秋冬四时农民的农事活动，其中也描写了农民遭受的压迫和生活的无奈。《夏日田园杂兴》是《四时田园杂兴》的第三部分，共十二首。诗歌描写了夏日江南地区农村的景色和农事活动，同时也隐含着农民生活之艰辛。范成大的农事诗具有自身独特的特点，在中国古代的田园诗中具有重要的意义。在范成大之前农事诗大抵可以分为两类：一类是通过描写农村田园风光的恬淡和农民朴实的劳动生活，表现出士大夫淡泊的志向和人生理想；另一类是则反映农事劳动之艰辛，农民所受的沉重压迫和剥削，表现出士大夫人文主义的关怀。而范成大将两者合二为一，在描绘农事劳动的同时也看到了农民所遭受的压迫与剥削，较为真实地反映了宋朝时期农村、农民和农业的状况。

陆游《岳池农家》："春深农家耕未足，源头叱叱两黄犊。泥融无块水初浑，雨细有痕秧正绿。绿秧分时风日美，时评未有差科起。买花西舍喜成婚，持酒东邻贺生子。谁言农家不入时？小姑画得城中眉。一双素手无人识，空村相唤看缫丝。农家农家乐复乐，不比市朝争夺恶。宦游所得真几何？我已三年废东作。"陆游生于南宋灭亡之际，自幼便立下了"上马击狂胡，下马草军书"的壮志，但是奈何奸臣当道，仕途不得志。此诗《岳南农家》是作者途经岳池农家所写，平淡无奇的田园生活在诗人的笔下堪称"世外桃源"般的存在，诗人将恬淡的农家生活与官场的险恶形成对比，体现了诗人对于田园的生活的向往之情。

四、宋代悯农诗

宋代有大量反映农事辛苦，农民遭受剥削和压迫，同情农家的诗歌。

张舜民《打麦》："打麦打麦，彭彭魄魄。声在山南应山北。四月太阳出东北。才离海峤麦尚青，转到天心麦已熟。鹖旦催人夜不眠，竹鸡叫雨云如墨。大妇腰镰出，小妇具筐逐。上垅先捋青，下垅已成束。田家以苦乃为乐，敢惮头枯面焦黑。贵人荐庙已尝新，酒醴雍容会所亲。曲终厌饫劳童仆，岂信田家未入唇。尽将精好输公赋，次把升斗求市人。麦秋正急又秧禾，丰岁自少凶岁多，田家辛苦可奈何！将此打麦词，兼作插禾歌。"

张舜民，北宋文学家、画家。字芸叟，自号浮休居士，又号矴斋，邠州（今陕西彬县）人。张舜民是北宋官员，他曾上书反对与民争利，这首《打麦》可以看出他对民间疾苦颇有了解。该诗可以分为两段，从开头到"敢惮头枯面焦黑"为上片通过对收麦环境、劳动场面和农民心理的描写，充分反映了农民生活的困苦。下一段从"贵人荐庙已尝新"到结束，由回顾收麦跳跃到展望食麦，同时诗人将贵人温饱有余和农人的不曾入口形成鲜明的对比，体现了社会剥削之严重和农民生活之艰辛，表达了作者对于劳动人民的同情。

王炎：《南柯子・山冥云阴重》："山冥云阴重，天寒雨意浓。数枝幽艳湿啼红。莫为惜花惆怅对东风。蓑笠朝朝山，沟塍处处通。人间辛苦是三农[①]。要得一犁水足望年丰。"

王炎，字晦叔，号双溪，婺源（今属江西）人，宋乾道五年（1169）进士。这首《南柯子・山冥云阴重》起始两句写出了雨后郊外清新的景象，"数枝幽艳湿啼红"写出了雨后的花朵珠泪盈盈的姿态，而诗人的旨意却不在赏花，"莫为"一词笔锋一转，为下文的描写奠定基调。同一个空间中，一边是作者看到的雨后郊外清新的环境，另

① 三农：春耕、夏耘及秋收。

一面是农人蓑衣笠帽，仍冒雨耕作，将田间整理得井井有条。这一景象使得作者深受感触，因此得出“人间辛苦是三农”的感叹。王炎因担任过主簿、知县等基层官员，有机会接近农民和农村生活，对于农事劳动的辛苦和农民所遭受的压迫颇有了解，所以他的词摆脱了文人词以风花雪月、闺情离怨为题材的俗套，描写了农业生产和农民生活，是难能可贵的。

欧阳修《归田四时乐》（春夏二首）其一：“春风二月三月时，农夫在田居者稀。新阳晴暖动膏脉，野水泛滟生光辉。鸣鸠聒聒屋上啄，布谷翩翩桑下飞。碧山远映丹杏发，青草暖眠黄犊肥。田家此乐知者谁，吾独知之胡不归。吾已买田清颍上，更欲临流作钓矶。”

欧阳修《归田四时乐》（春夏二首）其二：“南风原头吹百草，草木从深茅舍小。麦穗初齐稚子娇，桑叶正肥蚕食饱。老翁但喜岁年熟，饷妇安知时节好。野棠梨密啼晚莺，海石榴红啭山鸟。田家此乐知者谁？我独知之归不早。乞身当及强健时，顾我蹉跎已衰老。”这首诗描写了小满时节农家生活的情景，表达了诗人对田园生活的向往之情，由此引发诗人感叹自己归隐得太晚。“四月中，小满者，物至此小得盈满”，小满前后是小麦开始灌浆但并未完全成熟的时期，是收割的前奏。田地嫩绿的麦田里，小麦已抽齐，一阵微风拂过，像孩童摇头晃脑般可爱，而农人却没有心情欣赏此景，他们唯一的期盼在于丰收。而知田家乐的诗人在归隐时却已苍老，体现了诗人沧桑之感。

欧阳修这两首咏农诗，看似写农事之乐，实则蕴涵着同情与感伤。

王安石《郊行》：“柔桑采尽绿阴稀，芦箔蚕成密茧肥。聊向村家问风俗：如何勤苦尚凶饥？”此诗前两句写农家蚕桑收成良好，第三句承上启下问农夫生活如何，第四句提出疑惑农民如此辛劳为何却食不果腹？虽然作者并未给出答案，但答案是显而易见的，在于农民沉重的苛捐杂税。王安石作为宋朝的朝中重臣，却能看到社会底层劳动者生活的艰辛，这实属不易。同时此诗写于王安石变法之前，努力消除社会不平的现象也成为他变法革新的一个重要原因，体现了诗人对于民生的关心之情。

本诗印证了颜习斋对王安石的如下评论：“荆公廉洁高尚，浩然有古人正己以正天下之意。及既出也，慨然欲尧舜三代其君。”

岳珂《喜雨》：“去年春旱种不移，后来虽雨那及时。至今田野有菜色，麦熟未救民啼饥。今年雨泽知时好，出水秧针随处早。晴无十日雨辄随，雨及一犁日还杲。天心一念本好生，去年今年何爱憎。古来藏室五千字，每叹凶年由大兵。只今崆峒才小熟，沟壑未甦犹五六。兵端倚伏讵可量，且原藩篱谨西蜀。”喜雨：谓久旱后得雨而喜悦。《谷梁传·僖公三年》：“雨云者，喜雨也。喜雨者，有志乎民者也。”宋苏轼有《喜雨亭记》。沈瑜庆《苦旱逾月中夕风雨大作喜而作诗》：“我无官守心滋慰，梦里先成喜雨诗。”宋代诗人以喜雨为题的诗词极多，反映出对农事的重视和对农民的同情。

华岳《田家十绝》：“老农锄水子收禾，老妇攀机女掷梭。苗绢已成空对喜，纳官还主外无多。”这首诗写农民受官府和地主的双重剥削。

梅尧臣《田家语》：“谁道田家乐？春税秋未足！里胥扣我门，日夕苦煎促。盛夏流潦多，白水高于屋。水既害我菽，蝗又食我粟。前月诏书来，生齿复板录；三丁籍一壮，恶使操弓韣。州符今又严，老吏持鞭朴。搜索稚与艾，唯存跛无目。田闾敢怨嗟，父子各悲哭。南亩焉可事？买箭卖牛犊。愁气变久雨，铛缶空无粥；盲跛不能耕，死亡在迟速！我闻诚所惭，徒尔叨君禄；却咏《归去来》，刈薪向深谷。”本诗层层进逼，描写被逼租、遭水蝗灾害、征为弓兵、遭鞭扑、卖牛、饥饿等悲惨遭遇，都饱含血泪，令人惨不忍睹。洪水、干旱、蝗灾随时威胁着农业生产，威胁了佃户农民的生命。全诗可以说是佃户悲惨脆弱的生活的真实写照。

叶茵《田父吟五首》：“老天应是念农夫，万顷黄云著地铺。有谷未为儿女计，半偿私债半官租。”该诗描写部分地主趁着灾害大肆向佃户发放高利贷，使佃户的生活陷入恶性循环之中，更为困苦。

朱继芳《和颜长官百咏·农桑》：“客户耕田主户收，螟蝗水旱百般忧。及秋幸有黄云割，债主相煎得自由。”该诗直接描写地主逼债的场景。从种种诸如此类的农事诗中我们可以清楚地看到宋代佃户税租沉重且脆弱的悲惨生活。

陆游（1125—1209），南宋诗人、词人，字务观，号放翁，越州山阴人。一生著作丰富，存诗9 000多首，是我国现有存诗最多的诗人，其中关于农事生产活动，农业生产状况以及农民生活场景的诗大约有500多首。陆游出生在官宦家庭，孝宗时赐进士出身，任历官枢密院编修兼类圣、政所检讨、夔州通判，终因坚持抗金不为当权者所容而被罢官，于是晚年退居家乡。陆游长期生活在家乡，对家乡的山水草木和村民都产生了深厚的感情。陆游热爱乡村的山水树木，这里村民的热情好客，朴素勤劳与善良，在家乡的生活中，他看到了农人们的耕作生活，并亲身参与进去。此外，他对自己的子孙也进行了关于农事思想教育，告诫子孙不要舍弃农事耕作。陆游的农事诗表现了陆游晚年在家乡对农事的重视，也反映了家乡农民的不幸与痛苦。

陆游《社酒》：“农家耕作苦，雨旸每关念。种黍蹋麴蘖，终岁勤收敛。社瓮虽草草，酒味亦醇酽。长歌南陌头，百年应不厌。”此诗反映了在生产技术落后的时代，农民生产只能依靠天气，旱涝灾害成了农民耕作最大的难题。南宋旱涝灾害不断，在长达六十二年的时间内，没有一年是没有灾害的，农民的悲惨处境可想而知，陆游作此诗便是展现了当时农民困苦的境遇。

《秋获歌》：“墙头累累柿子黄，人家秋获争登场。长碓捣珠照地光，大甑炊玉连村香。万人墙进输官仓，仓吏炙冷不暇尝。讫事散去喜若狂，醉卧相枕官道傍。数年斯民厄凶荒，转徙沟壑殣相望，县吏亭长如饿狼，妇女怖死儿童僵。岂知皇天赐丰穰，亩收一锺富万箱。我愿邻曲谨盖藏，缩衣节食勤耕桑，追思食不餍糟糠，勿使水旱忧尧汤。”农人们踊跃地缴租，仓吏们忙得连吃饭的时间都没有。农民承受天灾，忍受剥削和压迫，饥寒交迫、流离失所，精神也遭受着奴役。齐治平《陆游传论》[①]、邱明皋《陆游评传》[②] 都对这方面有所评述。

陆游《农家叹》就对此有过深刻的描写“有山皆种麦，有水皆种秔。牛领疮见骨，叱叱犹夜耕。竭力事本业，所愿乐太平。门前谁剥啄，县吏征租声。一身入县庭，日夜穷笞搒。人孰不惮死，自计无由生。还家欲具说，恐伤父母情。老人傥得食，妻子鸿毛轻!”此诗着重写出农民心中承受的巨大悲愤与无奈。尽管农民如此勤劳，但在官府与地主税租的双重压迫下，还是陷入悲惨的生活境地。

杨万里，字廷秀，号诚斋，吉州吉水（今江西省吉水县黄桥镇湴塘村）人，南宋著名的爱国诗人、文学家。杨万里为官几十年，官至尚书，身居高位却依然保持着勤俭的家风，年过七十便辞官回乡，和夫人一起躬耕于畎亩之间。“杨万里的一生热爱农村，体恤农民，写了不少反映农民生活的诗篇，如《悯农》《农家叹》《秋雨叹》《悯旱》《过白沙竹技歌》等写出农民生活的艰难和疾苦，《歌舞四时词》《插秧歌》等写出农民艰辛和欢乐，《望雨》《至后入城道中杂兴》等写出对风调雨顺，安居乐业的喜悦和盼望，都具有比较高的思想性和艺术性。”[③]

杨万里《悯农》：“稻云不雨不多黄，荞麦空花早着霜。已分忍饥度残岁，更堪岁里闰添长。”宋朝时期，农耕技术和灌溉技术等技术虽有所发展，但传统农业毕竟是靠天吃饭。杨万里的这首《悯农》写出了因天气的原因稻子歉收，荞麦没有收成，此诗没有跌宕起伏的语言，但是作者对于劳动人民的同情却是尽在不言中的。

宋代农业生产水平提高，农事诗得到全面发展。农事诗数量增加，质量提升，创作主题更加广泛，内容涉及耕作、育种、管理、水利灌溉、农业器具、蚕桑果木、畜牧渔业等。农事诗的发展，体现在宋朝农业技术发展的同时，也体现在越来越多的知识分子关心农业生产和农民生活状况。宋朝时期是我国农事诗发展的顶峰，在我国农业诗歌史上留下了浓墨重彩的一笔。

第五节　元代农事诗

蒙古族是游牧民族，经济单一，直至随着农业生产发展，才得以有农事诗的记载，所以元朝时期的农事诗数量不如其他朝代丰富，我们只能在现有能查询到的农事诗中感受元朝农业的发展历程。本节主要从三个方面着手研究：一是用元朝典型的耕织诗来了解元朝农事活动；二是通过元朝诗人对于统治者意愿的描述展现元朝农业发展情况；三是元朝诗人“悯农”情感的抒发。

---

① 齐治平，1984. 陆游传论［M]. 长沙：岳麓书社：116－123.

② 邱明皋，2002. 陆游评传［M]. 南京：南京大学出版社：330－332，336－337.

③ 何伟，2016. 中国古代吏部名人［M]. 郑州：中州古籍出版社：101.

一、元朝的题耕织图诗

1. 农事活动

图题诗其实出现得比较早，从唐代的王维、杜甫就有流传，但由于耕织图是宋朝才出现的，所以题耕图诗直至元朝赵孟頫创作时才算真正形成。而赵孟頫的农事诗以24首题耕织图诗最具有代表性，从“耕”和“织”两方面真实地展现了元朝农业发展情况以及平民日常劳作状态，其中耕十二首，织十二首，分别每月一首，详细记录了一年之内各家从事的农事活动。[①] 这里先以一年的十二首“耕诗”为例，其实是为了告诉农夫每月要有具体而对应的农事活动，根据自然规律、把握和遵守时令耕作。

《题耕织图二十四首奉懿旨撰》“耕诗”（正月）：“田家重元日，置酒会邻里。小大易新衣，相戒未明起。老翁年已迈，含笑弄孙子。老妪惠且慈，白发被两耳。杯盘且罗列，饮食致甘旨。相呼团圞坐，聊慰衰莫齿。田硗借人力，粪壤要锄理。新岁不敢闲，农事自兹始。”新年过后，不能闲着应及时辛勤劳作，此时提醒农夫应清理田地。

《题耕织图二十四首奉懿旨撰》“耕诗”（二月）：“东风吹原野，地冻亦已消。早觉农事动，荷锄过相招。迟迟朝日上，炊烟出林梢。土膏脉既起，良耜利若刀。高低遍翻垦，宿草不待烧。幼妇颇能家，井臼常自操。散灰缘旧俗，门径环周遭。所冀岁有成，殷勤在今朝。”该诗描写在春天来临，土地解冻之时，农民拿起锄头、耒耜等农具，不停地除草、翻垦，为后面的种植做好准备。

《题耕织图二十四首奉懿旨撰》“耕诗”（三月）：“良农知土性，肥瘠有不同。时至万物生，芽蘖由地中。秉耒向畎亩，忽遍西与东。举家往于田，劳瘁在尔农。春雨及时降，被野何蒙蒙。乘兹各播种，庶望西成功。培根利秋实，仰天望年丰。但使阴阳和，自然仓廪充。”三月是播种的季节，不仅要成功播种，还要待春雨来临才算顺利。

《题耕织图二十四首奉懿旨撰》“耕诗”（四月）：“孟夏土加润，苗生无近远。漫漫冒浅陂，芃芃被长阪。嘉谷虽已殖，恶草亦滋蔓。君子与小人，并处必为患。朝朝荷锄往，薅耨忘疲倦。旦随鸟雀起，归与牛羊晚。有妇念将饥，过午可无饭？一饱不易得，念此独长叹。”四月虽然作物已经开始慢慢步入正轨，但是杂草丛生会影响作物质量，这时农夫应该及时除草。

《题耕织图二十四首奉懿旨撰》“耕诗”（五月）：“仲夏苦雨干，二麦先后熟。南风吹陇亩，惠气散清淑。是为农夫庆，所望实其腹。酤酒醉比邻，语笑声满屋。纷然收获罢，高廪起相属。有周成王业，后稷播百谷。皇天贻来牟，长世自兹卜。愿言仍岁稔，四海尽蒙福。”五月到了收割二麦的季节。

---

① 张晓蕾，2014. 论赵孟頫耕织图诗［J］. 文教资料（29）：47－48.

《题耕织图二十四首奉懿旨撰》"耕诗"（六月）："当昼耘水田，农夫亦良苦。赤日背欲裂，白汗洒如雨。匍匐行水中，泥淖及腰膂。新苗抽利剑，割肤何痛楚。夫耘妇当馌，奔走及亭午。无时暂休息，不得避炎暑。谁怜万民食，粒粒非易取。愿陈知稼穑，《无逸》传自古。"六月打理水田和麦田管理一样辛苦，因为水稻也同样需要除杂草，以维持良好的生长状态。

《题耕织图二十四首奉懿旨撰》"耕诗"（七月）："大火既西流，凉风日凄厉。古人重稼穑，力田在匪懈。效行省农事，禾黍何旆旆。碾以他山石，玉粒使人爱。大祀须粢盛，一一稽古制。是为五谷长，异彼稊与稗。炊之香且美，可用享上帝。岂惟足食人，一饱有所待。"流火西沉，盛夏已过，进入收获时节，农民将碾好的米用来祭祀，丰衣足食有了指望。

《题耕织图二十四首奉懿旨撰》"耕诗"（八月）："白露下百草，茎叶日纷委。是时禾黍登，充积遍都鄙。在郊既千庾，入邑复万轨。人言田家乐，此乐谁可比。租赋以输官，所余足储峙。不然风雪至，冻馁及妻子。优游茅檐下，庶可以卒岁。太平元有象，治世乃如此。"秋收时节，农家欢乐，即使上交赋税，也足可养家，有太平盛世景象。

《题耕织图二十四首奉懿旨撰》"耕诗"（九月）：九月"大家饶米面，何啻百室盈。纵复人力多，舂磨常不停。激水转大轮，硙碾亦易成。古人有机智，用之可厚生。朝出连百车，莫入还满庭。勾稽数多寡，必假布算精。小人好争利，昼夜心营营。君子贵知足，知足万虑轻。"此时，各家各户制备米面，并筹划来年的生计。

《题耕织图二十四首奉懿旨撰》"耕诗"（十月）："孟冬农事毕，谷粟既已藏。弥望四野空，藁秸亦在场。朝廷政方理，庶事和阴阳。所以频岁登，不忧旱与蝗。置酒燕乡里，尊老列上行。肴羞不厌多，炰羔复烹羊。纵饮穷日夕，为乐殊未央。祷天祝圣人，万年长寿昌。"农历十月，谷粟入仓。田野空旷，农民开始进入农闲时节，这是阖家团圆、祈祷祭拜的时间。

《题耕织图二十四首奉懿旨撰》"耕诗"（十一月）：十一月："农家值丰年，乐事日熙熙。黑黍可酿酒，在牢羊豕肥。东邻有一女，西邻有一儿。儿年十五六，女大亦可笄。财礼不求备，多少取随宜。冬前与冬后，昏嫁利此时。但愿子孙多，门户可扶持。女当力蚕桑，男当力耘耔。"农历十一月，是操办喜事等的有利时间。

《题耕织图二十四首奉懿旨撰》"耕诗"（十二月）："冬至阳来复，草木渐滋萌。君子重其然，吾道自此亨。父母坐堂上，子孙列前荣。再拜称上寿，所愿百福并。人生属明时，四海方太平。民无札瘥者，厚泽敷群情。衣食苟给足，礼义自此生。愿言兴学校，庶几教化成。"年复一年，冬去春来，享受天伦，祈求幸福。只要丰衣足食，人们就会懂得礼义教化。

"织诗"和"耕诗"格式相同，每月一首，主要指导蚕妇应按时而作，具有现实的指导性意义。

《题耕织图二十四首奉懿旨撰》“织诗”（一月）：“正月新献岁，最先理农器。女工并时兴，蚕室临期治。初阳力未胜，早春尚寒气。窗户当奥密，勿使风雨至。田畴耕耨动，敢不修耒耜。经冬牛力弱，相戒勤饭饲。万事非预备，仓卒恐不易。田家亦良苦，舍此复何计?”一年之计在于春，新年伊始，新一轮的农忙就要开始了，正月对于蚕妇而言是整理农具和修整蚕室的时期。

《题耕织图二十四首奉懿旨撰》“织诗”（二月）：“仲春初解冻，阳气方满盈。旭日照原野，万物皆欣荣。是时可种桑，插地易抽萌。列树遍阡陌，东西各纵横。岂惟篱落间，采叶惮远行。大哉皇元化，四海无交兵。种桑日已广，弥望绿云平。匪惟锦绮谋，只以厚民生。”农历二月，土地开始解冻，阳气上升，此时正是种桑树的节气。

《题耕织图二十四首奉懿旨撰》“织诗”（三月）：“三月蚕始生，纤细如牛毛。婉娈闺中女，素手握金刀。切叶以饲之，拥纸散周遭。庭树鸣黄鸟，发声和且娇。蚕饥当采桑，何暇事游遨。田时人力少，丈夫方种苗。相将挽长条，盈筐不终朝。数口望无寒，敢辞终岁劳。”农历三月蚕刚刚出生，细如牛毛，还需切碎桑叶来饲养它。

《题耕织图二十四首奉懿旨撰》“织诗”（四月）：“四月夏气清，蚕大已属眠。高首何昂昂，蛾眉复娟娟。不忧桑叶少，遍野如绿烟。相呼携筐去，迢递立远阡。梯空伐条枚，叶上露未干。蚕饥当早归，秉心静以专。饬躬修妇事，僶勉当盛年。救忙多女伴，笑语方喧然。”眠是指蚕在生长过程中不食不眠宛若睡眠的状态。蚕在生长过程中，要脱皮四次，入眠四次，每次间隔六七日，四次入眠之后方可上簇。

《题耕织图二十四首奉懿旨撰》“织诗”（五月）：“五月夏以半，谷莺先弄晨。老蚕成雪茧，吐丝乱纷纭。伐苇作薄曲，束缚齐榛榛。黄者黄如金，白者白如银。烂然满筐筥，爱此颜色新。欣欣举家喜，稍慰经时勤。有客过相问，笑声闻四邻。论功何所归？再拜谢蚕神。”农历五月是蚕结茧的日子，“黄者黄如金，白者白如银”描绘的是湖地所出的彩色茧，这首诗表现了一幅农家乐的场景。

《题耕织图二十四首奉懿旨撰》“织诗”（六月）：“釜下烧桑柴，取茧投釜中。纤纤女儿手，抽丝疾如风。田家五六月，绿树阴相蒙。但闻缫车响，远接村西东。旬日可经绢，弗忧杼轴空。妇人能蚕桑，家道当不穷。更望时雨足，二麦亦稍丰。酤酒田家饮，醉倒妪与翁。”农历六月是缫丝的季节，即将蚕茧抽出蚕丝的过程，这一过程虽辛苦，但是也透露出丰收的喜悦。

《题耕织图二十四首奉懿旨撰》“织诗”（七月）：“七月暑尚炽，长日弄机杼。头蓬不暇梳，挥手汗如雨。嘤嘤时鸟鸣，灼灼红榴吐。何心娱耳目，往来忘伛偻。织为机中素，老幼要纫补。青灯照夜梭，蟋蟀窗外语。辛勤亦何有，身体衣几缕？嫁为田家妇，终岁服劳苦。”男耕女织是我国传统农业的主要特征之一，农历七月是纺织的过程，诗人用细腻的手法描绘了农妇辛苦纺织的场景，同时文末诗人用反问的语气表达了农事劳动之辛苦，以及农民生活之艰难。

《题耕织图二十四首奉懿旨撰》“织诗”（八月）：“池水何洋洋，沤麻水中央。数日庶可取，引过两手长。织绢能几时，织布已复忙。依依小儿女，岁晚叹无裳。布襦不掩胫，念之热中肠。朝缉满一篮，莫缉满一筐。行看机中布，计日渐可量。我衣苟已成，不忧天早霜。”此诗歌咏的是农妇沤麻，擘麻，缉织为布，备小儿冬日之衣。

《题耕织图二十四首奉懿旨撰》“织诗”（九月）：“季秋霜露降，凛凛寒气生。是月当授衣，有布织未成。天寒催刀尺，机杼可无营。教女学纺纑，举足疾且轻。舍南与舍北，嘒嘒闻车声。通都富豪家，华屋贮娉婷。被服杂罗绮，五色相间明。听说贫家女，恻然当动情。”霜露已降，寒气已生，但冬日的寒衣却还没有备好，诗的后六句将富家子女与贫家之女相对比，表达了作者对于贫家子女的同情。

《题耕织图二十四首奉懿旨撰》“织诗”（十月）：“丰年禾黍登，农心稍逸乐。小儿渐长大，终岁荷锄钁。目不识一字，每念心作恶。东邻方迎师，收拾令上学。后月日南至，相贺因旧俗。为女裁新衣，修短巧量度。龟手事塞向，庶御北风虐。人生真可叹，至老长力作。”这首诗描写了送儿上学、为女裁衣和塞向御风三件事。其中送儿上学体现了元代对于教育的重视。

《题耕织图二十四首奉懿旨撰》“织诗”（十一月）：“冬至阳来复，草木渐滋萌。君子重其然，吾道自此亨。父母坐堂上，子孙列前荣。再拜称上寿，所愿百福并。人生属明时，四海方太平。民无札瘥者，厚泽敷群情。衣食苟给足，礼义自此生。愿言兴学校，庶几教化成。”这首诗写了父母坐于高堂之上，儿孙前来祝寿，是元代重礼仪教化的一个体现。

《题耕织图二十四首奉懿旨撰》“织诗”（十二月）：“忽忽岁将尽，人事可稍休。寒风吹桑林，日夕声飕飗。墙南地不冻，垦掘为坑沟。斫桑埋其中，明年芽早抽。是月浴蚕种，自古相传流。蚕出易脱壳，丝纩亦倍收。及时不努力，知有来岁否。手冻不足惜，冀免号寒忧。”这首诗讲了埋条种桑的经验和浴蚕种的蚕俗，对于元代蚕丝史的研究具有重大的意义。

《题耕织图二十四首》从题目可以看出是奉懿旨撰，但是是奉太后还是皇后的旨意，在题中和诗中均未给出答案。单人耘在《浅谈元代赵孟頫的题耕织图诗》中认为该组诗是奉仁宗之母献元圣皇后的旨意而撰。这一大型组诗不妨看作是当时模式的十二月农事历，它大体上描绘了元代初期我国北方农村（大都一带）一年十二月的耕织劳作景况，对元代农史的研究亦具有参考价值。①

2. 经济作物

在元代农业管理的计划中，经济作物的种植面积有引人瞩目的位置。茶叶、棉花与甘蔗是重要的经济作物，其中棉花的种植法在元代得到了相当广泛的推广，南宋时

① 单人耘，1988. 浅谈元代赵孟頫的题耕织图诗［J］. 中国农史（2）：125-132.

期江南地区棉花的种植已经普及，北方陕甘一带又从西域传来了新的棉种，宋朝时期棉花的种植向中华地区扩展，元时已传入中原。元代乃贤《新乡媪》时有“夜纺棉花到天晓”“棉花织布供军钱”诗句，说明元朝草棉已传入我国内地。①

元代的丝织业，以江南的苏、湖、杭、常、松为中心，仅丹徒一县从事丝织业的就达300余户。马可波罗谈到全国不少城乡都织造丝织品，北京“制作不少金锦绸绢及其他数种物品”、涿州居民“织造金锦丝绢及最美之罗”、哈强府（疑系华山）“织造织金锦不少”、京兆府城居民“制种种金锦丝绢”、哈寒府（正定）居民“织金锦丝罗，其额甚巨”、宝应县城“织金锦丝绢，种类多而且美”、成都能“纺织数种丝绢”、土番州“有种种金锦丝绢”、襄阳府“织造美丽织物”、南京“织极美金锦及种种绸绢”、镇江“织数种全锦丝绢”、苏州“织金锦及其他织物”、保定“织金锦丝罗”，可见以织造闻名于世的城市甚多，这为纺织业的大规模发展奠定了基础。② 棉纺织业的发展也在刘诜的《秧老歌》中着实有所体现：“三月四月江南村，村村插秧无朝昏。红妆少妇荷饭出，白头老人驱犊奔。”③ 在这里我们可以看出元代农民“日出而作，日落而息”的良好生活习惯，也可以推测出他们忙活种植的是棉花等经济作物，妇女平时的工作就是为了加工棉纺织品而忙碌。

3. 水利设施与生产工具

赵孟頫《题耕织图二十四首奉懿旨撰》“耕诗”（九月）：“大家饶米面，何啻百室盈。纵复人力多，舂磨常不停。激水转大轮，硙碾亦易成。古人有机智，用之可厚生。朝出连百车，莫入还满庭。勾稽数多寡，必假布算精。小人好争利，昼夜心营营。君子贵知足，知足万虑轻。”“古人有机智，用之可厚生”就是夸赞古人的才智，推动了生产工具的发展和水利设施的完善。华中、华南的水利设施在元代较为发达，元代初期曾设立都水监和河渠司，专门负责掌管水利，逐渐修复前代的水利设施。陕西三白渠工程到元朝后期仍可溉田七万余顷，修复的浙江海塘对于农业免于水患起到了重大的作用。元朝农业技术继承宋朝，南方人民曾采用了圩田、柜田等扩大耕地的种植方法，对于生产工具又有改进。

二、统治者意愿的体现

元朝多数帝王认为“农桑”就是“急务”，这种开明政策与其时广大劳动人民的辛勤劳动的结合，使元朝的农业经济有了恢复，并在这个基础上有了重大发展，由于元代统治者发展农业的举措于基本方面深得要领，所以在北方出现了“民间垦辟种艺之业，增前数倍”（王署《农桑辑要序》）的景象。其中重视农业的明君代表有元仁宗、元世祖。元仁宗在位期间曾多次开仓赈济灾民、劝课农桑。为使百姓安居乐业，

---

① 罗丽，2002. 中国古代农事诗研究［D］. 杨凌：西北农林科技大学：53.

② 程美明，2003.《农桑辑要》与元代经济［J］. 中南民族大学学报：人文社会科学版（S2）：125－126.

③ 陈文华，2004. 宋元明清时期我国农事诗概述［J］. 农业考古（3）：134－162.

元世祖就曾颁令免除百姓钱粮及下属官吏的拖欠，对农民不进行苛刻的压榨，这样，农民在奉献朝廷租赋之后尚有剩余，年岁较丰。[①] 赵孟頫作为帝王的宠臣，作诗会自然地流露出统治者的意愿。其奉懿旨作诗体现在以下两个方面：一方面是劝农，鼓励农民正确务农，这里不做展开，上文的十二首“耕诗”里有所体现，主要是让农夫适时而耕作。另一方面是诗中描绘了元朝的盛世景象，如五月中“愿言仍岁稔，四海尽蒙福”，希望天下风调雨顺农夫丰衣足食；“大哉皇元化，四海无交兵”，[②] 体现着希望天下和平、没有战争的夙愿。正是由于这些开明的统治者，元朝农业才能够迅速恢复和发展。

三、“悯农”情感

尽管开明的统治者大力支持农业发展，采取一系列措施，但百姓仍旧生活悲苦，承受着沉重的赋税，因而很多元朝诗人都会将“悯农”情感注入诗中。这里将造成农民生活疾苦的原因其分为两个方面。

1. 农耕苦

如前文提到的赵孟頫农事诗中的“能知稼穑艰，天下自蒙福”和“妇人能蚕桑，家道当不穷”，描写的是稼穑之艰难与蚕桑之辛苦[③]；陈高《种橦花》中“炎方有橦树，衣被代蚕桑。舍西得閒园，种之漫成行。苗生初夏时，料理晨夕忙。挥锄向烈日，洒汗成流浆。培根浇灌频，高者三尺强。鲜鲜绿叶茂，灿灿金英黄。结实吐秋茧，皎洁如雪霜。及时以收敛，采采动盈筐。缉治入机杼，裁剪为衣裳。御寒类挟纩，老稚免凄凉。豪家植花卉，纷纷被垣墙。于世竟何补，争先玩芬芳。弃取何相异，感物增惋伤。”该诗表现出炎炎烈日之下农民依然辛苦耕作。

2. 遭天灾人害

李思衍的《鬻孙谣》：“白头老翁发垂领，牵孙与客摩孙顶。翁年八十死无恤，怜女孩童困饥馑。去年虽旱犹禾熟，今年飞霜先杀菽。去年饥馑犹一粥，今年饥馑无余粟。客谢老翁将孙去，泪下如丝不能语。零丁老病维一身，独卧茅檐夜深雨。梦回犹是误呼孙，县吏催租正打门。”写的是祖孙二人相依为命，不料遭遇荒年，连温饱都无法满足还要承担着赋税，诗人在这里是对农民贫苦生活的真实写照。

贝琼的《田家行》：“田中八月红稻熟，田头黄雀飞且啄。去年出走不得收，今年父子田舍宿。夫妇小妇长裁衫，夜起剪乘饲五蚕。不言画眉无宝镜，不恨梳头无宝簪。稻登场，蚕在箔，新谷可舂丝可络。赛神城南听神语，但祈无兵岁不苦。”[④] 该诗反映人民因为战争而被迫逃离，成熟的庄稼都来不及收，他们对于混乱的局势没有

① 单人耘，1988. 浅谈元代赵孟頫的题耕织图诗 [J]. 中国农史 (2)：125-132，105.

② 张晓蕾，2014. 论赵孟頫耕织图诗 [J]. 文教资料 (29)：47-48.

③ 罗丽，2002. 中国古代农事诗研究 [D]. 杨凌：西北农林科技大学.

④ 陈文华，2004. 宋元明清时期我国农事诗概述 [J]. 农业考古 (3)：134-162.

任何办法，只能祈求神灵保佑，而这正反映了元末时期动荡不安、农民流离失所的情况。

张羽的《踏水车谣》："田舍生涯在田里，家家种苗始云已。俄惊五月雨沉淫，一夜前溪半篙水。苗头出水青幽幽，只恐飘零随水流。不辞踏车朝复暮，但愿皇天雨即休。前年秋夏重漂没，禾黍纷纭满阡陌。倾家负债偿王租，卒岁无衣更无食。共君努力莫下车，雨声若止车声息。君不见东家妻，前年换米向湖西。至今破屋风兼雨，夜夜孤儿床下啼！"[①] 该诗提到农民家庭因为天灾而没有良好的收成，但是政府又不肯降低灾年赋税，致使这家人被迫卖掉妻子来养活儿子的悲惨状况。元末诗人李昌祺的《新安谣》："垂老频逢岁薄收，秋租多欠卖耕牛。县官不暇怜饥馁，唉拽官车上陕州。"[②] 该诗采用民歌体形式，通过老农之口，叙述其所遭遇的不幸事实。[③]

第六节　明代农事诗

明朝是中国封建社会的晚期，资本主义经济的萌芽和传统自给自足经济的衰落必然导致新的发展要素产生。

在中国封建社会时期，农业生产占据人们的生活主体地位，在历代的发展中，明代农业的发展也占据了重要地位。明代通过移民垦荒、引进经济作物等政策提高生产力水平，促进了传统农业的进步与发展。但与此同时，官吏政府对劳动人民的剥削还在继续。伴随着这样的社会背景，有一大批文人墨客描写创作了农事诗，反映当时下层劳动人民的生活，记录官府剥削下的黑暗现实，农事诗作为反映社会生活现状的现实主义诗篇，极具当时的时代特色。

一、农事生产诗

（一）唐寅《江南农事图》并题诗

《江南农事图》是明唐寅所绘的一幅画作，反映了江南水乡繁荣的景象。该画作景物繁复，场景众多，农夫插秧、渔夫捕鱼和船夫泊船等景象生动形象地一一展现在眼前。

《江南农事图》图上款识："四月江南农事兴。沤麻浸谷有常程。莫言娇细全无事。一夜缫车响到明。"全诗描写了江南四月插秧、沤麻、浸谷、抽丝的繁忙景象。

唐寅（1470—1523），中国明代画家，文学家，字子畏、伯虎，号六如居士、桃花庵主，自称江南第一风流才子，吴县（今江苏苏州）人。

---

① 陈文华，2004. 宋元明清时期我国农事诗概述［J］. 农业考古（3）：134-162.

②③ 田利，2011. 古籍中记载农事诗渊源考略［J］. 安徽农业科学，39（32）：20299-20300.

该诗描绘了一幅江南地区男耕女织忙碌的生活场景。诗的前两句主要描写男子工作时的场景，“沤麻”是获得麻纤维的初步加工过程，即是通过发酵来获得纤维的过程。“浸谷”是指在播种之前浸泡种子以便于发芽。后两句主要写妇女工作的场景。

“男耕女织”是中国传统农业的根本性特点，其根源是自给自足的小农经济。“一夫耕，百人食之；一妇桑，百人衣之。”① 明清时期纺织业发展迅速，棉花的需求量大，棉花的种植面积不断扩大，其中的纺织工作也主要由女性负责。“一夜嬠车响到明”说明在农忙时节，妇女白天有着忙不完的工作，体现出了工作之艰辛与妇女之聪慧。

中国封建社会是以小农经济为基础的，农业生产结构的转变必然导致经济结构的变化，农业生产结构的变化是以农业环境的变化为前提的。明代以来，江南成为全国的经济重心。江南经济的发展是包含了商业、手工业和农业在内的综合发展，其中农业又是整个经济的基础，因此探讨江南农业发展水平，有助于我们深刻地理解这一地区经济发展的内在机制和局限性，从而使我们深切地领会历史时期农业在整个经济体系中的核心地位。

（二）高启《采茶词》《养蚕词》

高启（1336—1374），字季迪，号槎轩，长洲（今江苏苏州市）人。他的诗歌清新俊雅，颇具盛唐诗风。高启于元末隐居于世，明初他也曾对新王朝抱有幻想，奈何其自由的性格特征与明初加强思想统治的高压环境必然产生冲突，竟被处以腰斩之刑。高启为官仅有三年之久，他长期居住于乡下，所以他的部分诗歌反映农村生活，亦体现出农民所遭受的剥削与压迫以及作者对于劳动人民的同情。

高启《采茶词》：“雷过溪山碧云暖，幽丛半吐枪旗短。银钗女儿相应歌：筐中摘得谁最多？归来清香犹在手，高品先将呈太守。竹炉新焙未得尝，笼盛贩与湖南商。山家不解种禾黍，衣食年年在春雨。”

这是一首叙说茶事活动的诗，诗人通过对采茶女劳作过程的描述，描绘了产区的种茶环境、采茶时序、烘焙情境。山民以茶为业，将品质最好的茶叶呈送给太守，其余的产品与商人交换得衣食，终年辛苦劳作自己却不能品尝。全诗表达了古代劳动人民淳朴的思想感情，同时也寄寓了作者对茶农深深的同情。诗中所称的旗枪茶采历史久远，产于浙江杭州等地，它是绿茶中的稀有名品。②

高启《养蚕词》：“东家西家罢来往，晴日深窗风雨响。三眠蚕起食叶多，陌头桑树空枝柯。新妇守箔女执筐，头发不梳一月忙。三姑祭后今年好，满簇如云茧成早。

① （汉）王符，1978. 潜夫论［M］. 上海：上海古籍出版社.

② 中华农业科教基金会，2015. 农诗 300 首［M］. 北京：中国农业出版社.

檐前缫车急作丝，又是夏税相催时。”

本诗描绘了一幅蚕家收茧时忙碌的场景，蚕茧收获颇丰本是一件开心的事情，结果诗人尾句笔锋一转，写出了农民沉重的税收，深化了全诗的主旨。诗句语言平实而意蕴丰富，风土气息浓厚。①

以上两首诗体现了高启的农事诗具有朴素自然，通俗易懂的特点。《采茶词》体现了茶农的不易，但在一定程度上也体现了农业商业化的趋势，这与明代经济发展的大背景是密切相关的。

总之，高启写的诗既真实地写出了劳动人民的生活，又反映了在动荡的社会背景下统治阶级对百姓的剥削，以及黎民百姓的艰苦生活。

二、田园诗

明清时期是中国封建社会的末期，资本主义萌芽并且有所发展，而传统的自给自足的农耕经济则逐渐衰落。明朝时期，封建专制统治不断加强，所以，明朝面临着政治制度与社会发展不相适应的根本性矛盾。面对前所未有的挑战，统治者不断加强思想统治，以达到统一思想的目的。明朝初期，元代自由的文风迅速衰落，取而代之的是为统治者利益而服务的文章，所以明朝初期的农事诗以歌颂农业生产的恢复为主流。明朝的田园诗在表现真实的农村生活之余，也表现出明朝时期高压的政策。

张绅《日出行》："东方曈曈日初出，田家少妇当窗织。屋顶树稀窗有光，小姑催起不暇妆。长梭轧轧秋丝密，一日上机催一匹。丁宁小郎慎勿啼，织成令汝穿完衣。"在中国传统的封建社会中，男尊女卑是社会生活的常态，该诗着眼于刚刚出嫁的小姑娘在婆家的生活，刻画了一位善良、天真的小女子的形象，表现了农村生活的艰辛。

朱瞻基《减租诗》："官租颇繁重，在昔盖有因。而此服田者，本皆贫下民。耕作既劳勤，输纳亦苦辛。遂令衣食微，曷以赡其身。殷念恻予怀，故迹安得循。下诏减十三，行之四方均。先王亲万姓，有若父子亲。兹惟重邦本，岂曰矜斯人。"朱瞻基，即明宣宗，明朝第五位皇帝。明宣宗了解农民的艰辛，因此在他统治期间能够做到体恤民情，实行与民休养的政策。这首诗反映了他在位期间减少税收，体恤劳动人民的情感。

于谦《谷日喜晴》："谷日晴明好，丰年信可期。雪消风澹澹，天暖日迟迟。东作因时起，西成与岁宜。忧民无限意，对此暂舒眉。"

于谦《喜雪》："冻迷鸳瓦冷，花簇凤城春。和气成三白，欢声洽万人。楼台失远近，草木动精神。丰稔何须卜？尧年瑞应频。"这两首诗有异曲同工之处，谷日晴和

① 中华农业科教基金会，2015. 农诗300首［M］. 北京：中国农业出版社.

和瑞雪均是丰年之兆，表现出了作者的忧民之心。

于谦《平阳道中》："杨柳阴浓水鸟啼，豆花初放麦苗齐。相逢尽道今年好，四月平阳米价低。"此诗描写了作者在巡视平阳期间所见所闻的可喜景象。据《明史》载，诗人任河南、山西巡抚时重视农业生产、关心农民生活，平反冤狱，兴利除弊，人民安居乐业。这首诗正反映了当时的情况，从轻松的笔调中可看出诗人的愉快和欣慰。前两句描绘出了农村的特有景色，又写出庄稼长势喜人，丰收在望，表达了诗人的欣慰和喜悦之情。后两句写所闻，四月正是青黄不接之时，往往粮价最贵，"四月平阳米价低"，道出了人民生活的富足。"低"字明白如话，真实地反映了诗人治理山西时的政绩。

三、悯农诗

（一）刘基《畦桑词》

《畦桑词》："编竹为篱更栽刺，高门大写畦桑字。县官要备六事忙，村村巷巷催畦桑。桑畦有增不可减，准备上司来计点。新官下马旧官行，牌上却改新官名。君不见古人树桑在墙下，五十衣帛无冻者。今日路傍桑满畦，茅屋苦寒中夜啼。"

刘基，字伯温，元末明初的军事家、政治家、文学家，明朝开国元勋。刘基神机妙算、运筹帷幄，辅佐朱元璋平定天下，朱元璋多次称他为："吾之子房也"。中国民间广泛流传着"三分天下诸葛亮，一统江山刘伯温"的说法。刘基曾担任江西高安县丞，为人刚正不阿，在为官期间体恤民情，了解民间疾苦。他的诗歌古朴雄放，其中不乏抨击统治者残暴、同情劳动人民的作品。其著作均收入《诚意伯文集》。

诗中描绘农民在沿路两边开辟桑地，周围围上篱笆，载上荆棘，在大门口写上"桑畦"之类的字样。这样一幅图景看上去那里的人们很富足，生活也很好。然后点明原因，原来是皇帝急于准备战事，催促各地乡村多栽桑树。据《明史》卷七七《食货志》记载"取财于地，而取法于天。富国之本，在于农桑。"由此可见当时的皇帝是多么地重视农桑。在清点桑畦的官员到来之前，县官催着人们将地里中满桑树，以备上司计点。查点桑畦数字的上级官员接踵而来，前官未走，后官又至，告示牌上不断更换新官名字。但是古人在墙下种些桑树，五十岁以上的老人都能有衣服穿，没人受冻。如今路旁栽满了桑树，照理说应该家家富足，生活美好，但实际情况却是孩子们却没有衣服穿，在茅屋中忍受寒冷夜啼不止。古与今形成了鲜明的对比，表达了诗人的强烈愤慨，揭露了政治的腐败和社会的黑暗。

我国是世界上种桑养蚕最早的国家，桑树的种植已经有七千多年的历史。商代的甲骨文中就已经出现桑、蚕、丝、帛等字形。到了周代，采桑养蚕已经很常见了。春秋战国时期，桑树已经成片栽植。元代时就曾使用立社栽桑的方法，明代有所沿用。根据《元史·食货志·农桑》记载，"县邑所属村疃，凡五十家立一社，择高年晓农事者一人为之长。增至百家者，别设长一员。不及五十家者，与近村合为一社。地远人稀，不能相合，各自为社者听。其合为社者，仍择数村之中，立社长官司长以教督农民为事。”“各社出地，共莳桑苗，以社长领之，分给各社。”后“又以社桑分给不便，令民各畦种之”，就是因为这样使得“廉访司所具栽种之数，书于册者，类多不实”。《畦桑词》中所描述的正是类似这样的桑树种植的场景，百姓所种植桑树的数量严重少于应有的数量，但是官员们为了应对上级官员的检查，也为了讨好上级，便让百姓在临近上级官员到来时在路旁栽种桑树来营造一种假象。这正反映了官场的沉浮情况，也揭露了官场中的黑暗、腐败之态。

（二）高启《牧牛词》

《牧牛词》：“尔牛角弯环，我牛尾秃速。共拈短笛与长鞭，南陇东冈去相逐。日斜草远牛行迟，牛劳牛饥唯我知。牛上唱歌牛下坐，夜归还向牛边卧。长年牧牛百不忧，但恐输租卖我牛。”

全诗通过小牧童的口吻，描绘了牧童一天的放牧生活。与其他描绘农村生活之艰辛的悯农诗相比，此诗描绘出了劳动的快乐，内心的忧思和生活的艰辛，使得诗的情感更加丰富立体。首两句写牧童们清晨放牧不期而遇的场景，三四句写他们一起相约放牧，从这几句诗中我们不难想到他们在笛声和鞭声中度过的愉快的放牧生活。接着作者笔锋一转写了日落而归的场景，此时与白天的欢愉相比，小牧童的心中似乎多了一层忧思，初看有点不合情理，细细品味，发现并非如此。牧童终日与牛为伴，终日的田地耕作使得牛如此疲惫，而人更应该竭尽精力，田家生活之艰苦自然不言而喻。诗的第九句“长年牧牛百不忧”，小结上文，引出关键的结句：“但恐输租卖我牛”。牛是农家生活的必备，为了输租而卖牛，可见农民的赋税的繁重，读罢不禁感受到农家生活之艰辛。清代王夫之《姜斋诗话》卷一云：“以乐景写哀，以哀景写乐，一倍增其哀乐。”[①] 显然，这首诗开头极力描绘牧童放牧时候的欢乐，是为了反衬尾句牧童的担忧，这首诗正是以乐景写哀情的笔法。全诗描绘牧童放牧嬉戏时的场景，牧牛与牛之间相互的依存关系，尾句写牧童的担忧，进而淋漓尽致地揭露了封建剥削的残酷性，全诗具有深刻的社会意义。

（三）于谦《荒村》

于谦（1398—1457），字廷益，号节庵，汉族，明朝名臣、民族英雄，祖籍考城（今河南省商丘市民权县），浙江杭州府钱塘县（今浙江省杭州市上城区）人。其生命历程被划分为四种境界，这就是“千锤万击出深山，烈火焚烧若等闲。粉身碎骨全不

---

① （清）王夫之．戴鸿森，笺注，2012. 姜斋诗话笺注［M］. 上海：上海古籍出版社：10.

怕，要留清白在人间。”① 于谦为官正直、为人清廉，同时也是一位关心民间疾苦的政治家，著有《于忠肃集》。

《荒村》：“村落甚荒凉，年年苦旱蝗。老翁佣纳债，稚子卖输粮。壁破风生屋，梁颓月堕床。那知牧民者，不肯报灾伤。”

该诗首联先写村落十分荒凉，继而揭示荒凉的原因是因为旱灾、蝗灾。颔联写贫苦老农为债务所迫，佣工还债，卖子完粮。颈联写农家居室之破陋，有老杜风骨。尾联写不顾人民死活的地方官不肯为民请命而隐匿灾荒不报，进一步揭示出农民苦难、村落荒凉的原因虽由天灾，更在人祸。全诗语言精练，结构严谨，形象鲜明，对仗工稳，字里行间流露出诗人对人民的拳拳之心。

明朝农业无论是产量还是生产工具，都高于前一朝代，商业性农业的发展及随之出现的长途交通，都在一定程度上有利于工商业的发展。但是由于天灾还有政府沉重的赋税，让农民的生活依然艰难。

明朝传统农业的发展状况，总体水平较为良好。甚至可以说，明朝的农业发展基本占有了天时、地利、人和等条件。明朝初年，政府曾经多次组织农民进行大规模的兴修水利工程。除此之外明太祖还采取了鼓励农民种植经济作物等措施，以促进农业生产的发展。明初农业虽得到恢复和发展，农业生产工具并没有多少创新和改进，犁、锄、镰、锹等工具，仍然沿袭着古老的类型。明初农业生产的发展，主要是凭借社会环境的安定和农业政策的推动。农业生产的经营方式一般也还是单一的粮食生产。农业技术和经营方式的落后状况，大抵自宪宗成化以后渐有改变，嘉靖以后才日益呈现出明显的进步。

由于受到条件限制，明朝农业基本上还是自然农业模式，小农经济占据主要地位，哪怕是有了商品经济的萌芽，但数量与质量都占比极其微弱。可喜的是，毕竟明朝农业在前朝的基础上有了恢复和发展。

第七节　清代农事诗

钱仲联先生生说：“中国诗歌发展到清代，前面已有从《诗经》到汉魏六朝唐宋这样悠久丰富的传统，欲想另辟径、再造天地，就非要具备厚实的学识与广博的艺术修养，这是古典诗歌发展的大趋势，也是清诗发展的必由之路。”因此清代诗歌形成了自己独特的寓学于诗的特点。受到乾嘉学派和经世致用思想的影响，清朝的农事诗更加丰富，不仅有传统的耕作诗、田园诗，还有保存农业知识的农书、农谚诗，更有因清末期农民生活更加困苦而出现的大量悯农诗。

① 阎崇年，2000. 论于谦［J］. 故宫博物院院刊（1）.

一、悯农诗

（一）庄盘珠悯农诗

庄盘珠（生卒年待考），女，字莲佩，阳湖（今江苏常州）人，生于清代乾隆年间，卒于嘉庆年间，卒年二十有五，人比之李贺。李佳评其词“娣视易安，非寻常闺秀所能。”金武祥言：“其诗，取法汉魏。”盘珠著有《秋水轩词》《紫薇轩集》《莲佩诗草》等。

《养蚕词》：“春初桑芽短，春尽桑枝碧。人家桑里门昼关，旧例年年忌生客。山鸠乱鸣风雨多，野塘浅水生微波。三眠四眠蚕待簇，但愿十日天温和。少妇燃灯夜桐守，帕里青丝不梳久。盈筐叶尽天苦寒，饥蚕作茧愁难厚。”庄盘珠虽生于深闺但对养蚕日常十分了解，以独特的女性视角呈现养蚕少妇的日常。虽首言春之和景，但全诗展现的是美景下妇人的辛苦，动作、心理和生活状态每个地方都细致入微，若非亲眼看见具体养蚕过程是写不出如此的，使少妇养蚕之辛苦更加具体而且可信。

《牧牛词》：“北风猎猎草短短，天寒古道行人断。村童作队牧牛归，积雨荒堤蒺藜满。牛饥牛劳人未知，堤长莫怪牛行迟。赤日耕田苦复苦，种成尽数输官府。但愿租清免吏瞋，年年烧纸祭牛神。敢望收成饱粱肉，不卖我牛万事足。”庄盘珠是端庄清雅的大家闺秀，竟能以牧童为写作对象反映农民的生活辛苦，从诗词立意已远胜风花雪月之吟诵，充满了对底层劳动人民的同情。该词不仅展现社会现实，词的后半段还揭露原因，批判官府的压迫，为底层人民发声，更具社会意义。

（二）其他悯农诗

程梦湘为丹徒（即今江苏镇江县）人，原为贡生，本名荆南。他在乾隆二十一年任湖南清泉县（瑶乡）知县时作《采蕈歌》：“平地瑶，高山瑶，输纳土税非一朝。土税唯向茶与蕈，地瘠山荒争采尽。采茶犹自可，采蕈愁杀我。今年春雨何其多，瑶民采采山之阿。蕈少雨多将奈何？我闻前朝有吏，征租到瑶户，瑶民畏之如猛虎。呜呼，宰官何忍以口腹之细故，竟使吾民受烦苦。朝来叱吏声其罪，自此永除香蕈税。”香蕈即香菇，香菇长于山间，是重要的土税来源。但春季多雨使得香蕈更加难采，而官吏征税仍如猛虎，瑶民不堪其重希望有朝一日能永除香蕈税。诗人通过征收香蕈税反映出瑶乡民众生活困苦，是一首带有同情色彩的悯农诗。

乾隆年间李拔在福州城内乌山之上，题有《题望耕台》：“为念民劳登此台，公余坐啸且徘徊。平畴万亩青如许，尽载沾涂血汗来。”这是一首典型的悯农诗，但是作为一名朝廷上层官吏能对农民有这么深切的同情，他能“念民劳”，会上“望耕台”，会在“平畴万亩青如许”中窥见百姓的“血汗”，是非常难得的为农民着想的好官。

二、田园诗

（一）作物诗

清朝时期，随着地域交流的便利，农作物品种也更加丰富，尤其一些奇异不太常见的果蔬常常成为诗人吟咏的对象，寻常的作物更多的则是寄托作者感情。

沈朝初在词《忆江南》吟咏菱角："苏州好，湖面半菱巢，绿蒂戈窑长荡美，中秋沙角虎丘多，滋味赛频婆。"菱角作为苏州常见作物，就代表了诗人对家乡的赞美。

纪昀在乌鲁木齐杂诗（其二）中就写了乌鲁木齐的子母瓜："种出东陵子母瓜，伊州佳种莫相夸。凉争冰雪甜争蜜，消得温暾顾渚茶。"纪晓岚晚年被谪戍新疆，在新疆生活两年多，他写了160首诗。尽管他一生留下千余首诗篇，然而乌鲁木齐杂诗与他的其他诗不同，诗中多是记录祖国辽阔壮丽的边疆自然风光及当地下层社会风情，有盎然洒脱之趣。这首记录乌鲁木齐的子母瓜就通过"追述风土，兼叙旧游"抒发了诗人对新疆物产的喜爱与赞美。

一些县志中的物产介绍和本地诗人作品中也会有大量作物存在。如《大荔县志》中的《苏村瓜》："苏村瓜，大如斗。一瓜粟数升，十个钱盈缶。亩可数百及千瓜，胜种麦豆葱与韭。"县志介绍了苏村比较有特色的苏村瓜，此瓜既大产量也多，是苏村重要的作物。在《泰安县志》中也有大量此类诗词，如黄恩彤的《沁园春·落花生》："试种花生，地拣松沙，兼带坟垆。渐鳞鳞翠甲，朝开暮合；棉棉碧蔓，斜界平铺。浅可藏蛇，深难没鹤，匝野轮囷入望殊。须芟草，趁昨宵好雨，鸭觜频锄。 莫愁结果全无，偏暗里生根得气腴。看黄倾金朵，飘零委露，白凝玉颗，络索联珠。胚孕土香，蒂连藤细，却似琅玕满腹储。霜寒也，好殷勤筛取，铁网仍疏。"词虽小，但可以从中一窥泰安地区花生的种植历史。泰安花生的种植，可追溯到清嘉庆初年，花生在泰安的传播自齐镇清始，齐镇清为齐家庄农民，为黄恩彤岳父之弟，两人关系很是亲近，故黄恩彤较早对这一新引品种予以关注，专作此花生词，此黄恩彤诗也可看出嘉庆初花生的品种。因此，此类农业诗对当地农史的研究有着重大意义。

（二）美食诗

以农作物为原料的美食诗算作农产品加工也可归于农业诗范围，此类诗词内容更加丰富，不仅体现出农作物的丰富性也可对农产品的加工有更多的了解，试举两例。

《豆腐咏》："漉珠磨雪湿霏霏，炼作琼浆起素衣。出匣宁愁方壁碎，忧羹常见白云飞。蔬盘惯杂同羊酪。象箸难排比髓肥。却笑北手思食乳，霜刀不切粉酥归。"《豆腐咏》为清代张劭所作，诗的前部分以豆腐加工为线索进行写作，制作过程从磨制豆浆开始，豆浆洁白如雪，又用素衣装进匣子中，一系列过程后方成为豆羹和豆腐。后半段描述豆腐之鲜美，比之羊酪、骨髓、乳都嫩上一筹，是营养又美味的食品。

清朝赵翼在吃过鸡菌后也惊异于其美味，写了一首《路南州食鸡踪》："老饕惊叹得未有，异哉此鸡是何族。无骨乃有皮，无血乃有肉。鲜于锦鸡膏，腴于绵雀腹。只有婴儿肤比嫩，转觉妃子乳犹俗。""鸡踪"，即鸡菌是蘑菇的一种，诗是赵翼随军赴云南路南县食鸡菌后而作，赵翼以文名于时，诗与袁枚、蒋士铨齐名。全诗都在赞美鸡菌，鸡菌的鲜嫩好像婴儿的肌肤，即使妇女的乳汁，也比不上鸡菌鲜美，入馔后滋味远胜于锦鸡、绵雀等野味。

清代著名的诗人袁枚，也是出色的美食家，他为了学习一味"雪霞羹"的做法，不惜向人再三折腰求教。这首《雪霞羹》便是清代毛俟园为袁枚写的一首纪事诗："珍味群推郇令庖，黎祁原似易牙调。谁知解组陶元亮，为此曾经三折腰。"雪霞羹是把芙蓉花去掉蕊、蒂，与豆腐同煮，一红一白，恍若雪下晚霞。这首纪实诗不仅赞美了袁枚对美食的虚心求教，还让后人了解到雪霞羹这种美食。

（三）陈维崧田园诗

陈维崧字其年，号迦陵，是清初词坛第一人。作为词派领袖人物，他的田园诗也很具代表性，不仅数量多而且所咏范围很广，涉及树木花草、果蔬、茶、农作物等各方面。试作分类并分析：

树木类：《怨王孙　咏观音柳》：小卉清绮，笼窗拂水。柳宿垣中，河阳县里。春絮枉自夭邪，不成花。　烟姿露叶依然袅，腰逾小。添得花枝好。莫抛隋苑，好向水月金瓶，听潮音。这首怨王孙描写的是观音柳，此种柳树袅袅婀娜，虽然絮不成花但风姿绰约别有一番韵味，作者写出了观音柳娇小妖娆的特点。

花草类：《河传　黄蔷薇》：樱桃已谢。牡丹开罢。蔷薇满榭。夕阳漫漫一架。低亚。檀痕污粉帕。　黄鹂一色枝头骂。朦胧怕。谁迸金丸打。画廊东。绣花丛。芳绒。施朱近也慵。

《河传　紫蛱蝶花》：低辫墙阴，微晕帘罅，露濯烟梳。满园姹紫趁晴铺。萦纡。傍裙裾。玉娥扑遍花间路。谁飞去。纨扇今番误。有时粉翅凝花须。轻扶。问伊如不如。

《河传　虞美人花》：楚歌四面。战旗一片。岁岁江东。此花渍透，还是垓下重瞳。旧啼红。　刘郎原庙空千古。咸阳树。银雁飞何处。英雄儿女。谁怜总付东流。野花愁。

这三首河传写黄蔷薇、紫蛱蝶和虞美人三种花，手法各不相同。《黄蔷薇》一首主要用写景的手法，写出春天花团锦簇，蔷薇漫漫一架的锦绣感。《紫蛱蝶花》一首则更加灵动，紫蛱蝶花中间加入玉娥，动静结合更有妙趣。而《虞美人花》用的则是词牌本事，穿插着楚汉之争的历史典故，用此怀古，以小见大写出了作者对历史的缅怀。同一题材同一词牌，作者能表达出各种情怀与感悟，可见作者功底之深厚与诗情之敏锐。

果蔬类：《浣溪沙 咏橘四首》其一：秋染包山树树苍，高低斜缀绛纱囊。西风飘过满湖香。 未免为奴供饮啖，微闻有叟话沧桑。霜红露白尽徜徉。其二：髣髴轻躯十八娘，生憎柑子道家妆。石榴裂齿也寻常。 擘罢春纤丹液冷，传来罗帕玉肌凉。昨宵酒恶倍思量。其三：船入荆溪思豁然，曾传此语自坡仙。拟将种树遣萧闲。 今日亭台无楚颂，旧时橘柚满吴天。风流人去一千年。其四：藻耀霜林八月中，累累頳卵石湖东。篾包箬裹满筠笼。 天上澙乌偷样好，铸成一点橘般红。蓬莱夜半已曈昽。

作者连写四首浣溪沙咏橘，对其喜爱可见一斑。《其一》中下片作者自注用橘奴事，指李衡以橘树供养后人典故，侧面反映出山上湖边橘树之多。《其二》从橘子味道着手，点明橘子甘甜清凉让人食之难忘，尤其酒后更加想念。《其三》写橘时加以怀古，提到东坡种橘事，兼怀吴楚旧事，最后以“风流人去一千年”结尾，历史皆成过往的感慨顿生。

《河传 樱桃》：丹颗。倭堕。雨萧萧。昨夜前村板桥。筠篮两岸卖樱桃。娇娆。玉纤曾乱招。 搓絮替将金弹打。流莺骂。含惯流丹液。妆阁东。飏晚风。朦胧。翠楼都染红。

《河传 青梅》：认否。如豆。春归不久。亚槛青垂，映檐绿透。纤笋小摘轻搓。奈他翠滑何。 粉娥贪结累累子。才拈起。触著酸心事。将梅仁妾意。两样试郎怀。定怜谁。

此两首河传写的樱桃和青梅，《樱桃》一首上片提及卖樱桃女子，富有故事性，人与樱桃同样妖娆，下片虽写樱桃仍有人物出现，使得词更加婉约。《青梅》一首，以写青梅的外形与味道为主，青梅累累酸甜透心，下片以青梅酸味联系到女子心事，欲以心事与青梅之酸邀郎共尝，不知可否得到心仪男子的怜惜。两首词结构相似，都以果起，并全是写果子，最后都上升到了人细腻的心理。

茶类：《茶瓶儿 咏茗》：绿罨苕溪顾渚，拍茶妇、绣裙如雨。携香茗，轻盈笑语。 记得鲍娘一赋。邀陆羽，煎花乳，红闺日暮。玉山半醉绡帏护，且消酪奴佳趣。

《杏花天 咏滇茶》：秾春冶叶朱门里，弄东风、红妆初试。残莺天气香绵坠，怊怅最宜著此。 见多少、江南桃李，斜阳外、翩翩自喜。异乡花卉伤心死，目断昆明万里。

《河传 新茗》：谷雨。娇女。微遵绿崦，轻携翠筥。拍茶初。樱笋厨。一缕。夜涛煎雪乳。 酒恶愁将绣衾涴。龙团破。顿觉春酲妥。藉庭莎。啜茗柯。罗罗。北窗幽兴多。

茶是农业种植中重要的作物，在日常生活中占重要地位，尤其当诗人能以茶表现自己清雅兴趣时，茶在诗词中出现的频率就更高了。陈维崧诗词中也有很多咏茶之作，不论新茶还是滇茶均表现诗人品茶之风雅。

农作物类：《河传　煨芋》：黄茅新盖，土锉温馨，霜檐低矮。撩人几阵，芋香无赖。送来篱落外。　凝脂沃雪融仙瀣，馀甘在。塞上酥堪赛。黄粱未熟休待。饱迎朝旭晒。

《河传　豆荚》：陇上。晓莺低唱。豆荚初娇。小姬一色绿裙腰。迢迢幂野桥。悲歌杨恽家居久。　三杯后。惯种南山豆。豆花棚下月毵毵。溪南闲寻渔叟谈。

《河传　新笋》：新笋。初引。烟梢坠粉。花阑蒸菌。斑痕隐隐。舞透银墙翠畛。小园春已尽。　釜中一斛潇湘碧。霜刀劈。糁毛河豚白。留儿围。笼涧扉。他时。成龙破壁飞。

《丁香结　咏竹菇》：碎锦成斑，馀霞弄点，小圃胭脂隐隐。正丛篁摇粉。桃花靥、偷把烟梢扶衬。竹郎门第好，姑年小、卯酒添晕。潇湘二女去远，积下啼红盈寸。淹润。被雨后莺啼，唤出满林芳嫩。樱笋年光，饧箫节候，做他轻俊。小巷筠篮提入，带笑争相认。似开元钱样，一缕娇痕巧印。

农作物是农业生产的主要对象，但是其在一般诗词中应是比重很少的部分，然而陈维崧词作中竟有大量农作物诗词存在，甚至还有以芋头、豆荚此类常见作物入诗，非常富有生活气息。寻常之物皆可入诗，可见诗人生活之情趣。

三、灾荒诗

灾荒诗是尤其能反映特殊时期农民悲苦的作品，从唐代杜甫的《石壕吏》就能看出，灾荒年代农民之艰辛不仅是天灾造成的，更多的是由于官府的不作为。到了清代，政治制度延续前代，救荒制度没有更好的完善，因此只要出现灾情，农民的生存环境便更加艰难，鬻儿卖女甚至易子而食的悲惨现象也仍然存在。

高学沅在《停质库（成纪雨灾乐府之一）》中便描述了灾荒时期官吏以贷款压榨农民的现象："赎者五，质者十，厚其息，灭其直。质者百，赎者一，但有出，无复入。盈千累万称贷益，欲更质之无可质。流民索米嗷嗷集，官吏催账咄咄逼。欲闭不能势逾亟，谁家豪右拥万缗。金玉服玩耸床茵。棚民耽耽夜斩，席卷百货无一存。噫嘻乐岁攘豉尚如此。何况今年饿欲死。"

吴世涵在《闹荒》中揭示了另一现象："闭糴乃恶富，闹荒亦奸民。奸民何为者，一二无赖人。平时既横恣，睚眦在乡邻。一旦遇岁歉，乘势煽诸贫。号召百十辈，徒侣来侁侁。武断市上价，搜索人家囷。既以泄其忿，兼可肥厥身。众人米未籴，奸人已千缗。众人腹未饱，奸民酒肴陈。事势偶相激，抢夺遂纷纶。救荒在安众，贫富情皆宜。闭糴贫民惧，禁闭令宜申。闹荒富民恐，止闹非无因。此辈弗惩创，酿祸岂为仁。"诗中描写了在灾荒发生时除了官吏压榨还会出现奸民欺压的现象，这些无赖聚众抢劫、垄断市场，导致更加混乱的形势出现。灾荒时，农民才是最弱势的群体，相对于奸民他们安分守法然而生活最为艰难。

汤园泰有一组《道光癸巳书事八劝歌》既揭示灾荒时农民各种苦难现状，又有劝诫的因素存在，是很有代表性的灾荒诗。

《道旁妇（劝凶荒恤鳏寡也）》："道旁妇。苦又苦。鸽面鸠形衣襤褛。饥寒儿女泣呱呱，霜雪风中频索乳。腆颜欲作富家奴，主不相容挈儿女。思卖儿女活己命，肉刻心头难操刃。自甘同死怕生离，搔首空把青天问。"这首描写的是想要卖掉儿女的妇人形象，虽然痛如剜肉但留着儿女会都饿死，妇人之为难跃然纸上。

《路旁儿（劝饥馑宜矜孤独也）》："去冬卖儿有人要，今春卖儿蹇绝叫。儿无人要弃路旁，哭无长声闻者伤。朝见啼饥儿猬缩，暮见横尸观乌啄。食儿肉，饱乌腹，他人见之犹惨目。呜呼儿弃安能己独活，枉抛一脔心头血。嗟哉儿父何其忍，思亲儿在黄泉等。"此首写的是卖孩子也无人买的悲惨情景，最终孩子被饿死于路旁并被乌啄食，让人耳不忍闻。

《卖薪儿（劝贪天不可为功也）》："卖薪儿，跃如雀，朝朝担草街头鬻。奢心欲望杜同昂，果然百钱沽一束。水多草少烹不熟，安得劳薪燃败毂。那知天顺薪儿心，痴云又落经旬霖。草债顿增加倍贵，十钱一斤薪不卖。薪儿得钱市酒米，醉饱对雨心更喜。"此首与其他首不同，并未直接描写而是侧面反映。因连天阴雨薪柴涨价，卖薪儿满是欣喜，反衬买薪人生活更为艰辛。

《卖谷贾（劝荒岁宜赈邻朋也）》："桂如薪，米如玉。去秋水为灾，今春雨更酷。贾人摊钱向市头，共道堆金不如谷。垄断收蓄仓满盈，坐待价昂方出鬻。果然春来谷不广，价高一日三倍长。贾得钱书会豪友，不醉无归夜聚首。一席糜尽百民膏，传喜钱来非不偶。贫儿一斗欠一钱，诉残穷话贾不怜。吁嗟乎。痛痒伊谁保命全，不将冷眼看眉燃。"在灾荒时粮价暴涨，卖谷商人坐地起价生活奢靡，穷人为买粮赊下重金，将要饿死却得不到商人的怜悯，反映了杜甫笔下"朱门酒肉臭，路有冻死骨"一般的现状。

《卖席儿（劝施棺木免暴露也）》："城南义冢多于堞，城内死人棺是席。一张席，钱三百。卖儒小儿情何适，笑看抬尸人不绝。有钱买席席作棺，无钱买鼎委沟边。安得仁人掩埋穴，尸骸不使狐犬食。"诗中表现了在非正常死亡多时卖棺成为兴盛行业，饿死的穷人无钱买棺催生了卖席行业，然而很多穷人连席子也买不起，无席裹尸的灾民死去后只能抛尸荒野被野狗吃掉，连尸体也不能留下。可见中国人讲究的身后事在灾荒面前也是极其奢侈的事情，生者尚为生命时时担忧，死者只能任其而去。

《卖牛遭（劝勿宰耕牛）》："去秋水浸田家陇，嘉禾不足来春种。十家农人九家饥，禾淹草亦无茸茸。今日卖牛牛莫悲，无草何以救牛饥。牛多价贱市屠悦，市屠牵牛牛不活。可怜力尽馀年老，恩全一命难祈保。知他恋主心痛酸，一步一声一头掉。农人得钱哭声高，来年麦地滋蓬蒿。有田无牛耕坐废，安得麦长齐牛腰。不如买牛且称贷，秋收再价富豪债。"相对比其他更为直白的叙述，这首是从侧面反映农民的艰辛。在生产力低下的古代，耕牛在家庭中的地位非常重要，当必须卖掉耕牛的时候说明农民已经难以维持正常的生产生活了，作者还从老农与牛的不舍中表达了农人的无奈。

《树皮饼（劝勿抛弃五谷也）》："树皮磨末为香料，团黏作饼人应笑。那知无食饱妻孥，欲诳饥肠此亦妙。娇儿不食树皮饼，哭牵爷衣放不肯。慰儿且食保儿生，赈饥来日开官廪。子弟莫学膏粱儿，粟朽视与泥沙等。儿不见邻家老媪不厌粗，黄皮里骨形骸枯，啖饼如啖花肉猪。"古代生活困苦时常常以树皮充饥，以致方圆几里树木都无皮。这首描写的是此种常见现象下灾民的生活情境，小孩是不愿吃下树皮饼，于是父母为保其性命费心劝诫。结尾更带有灰色幽默，父母称邻居老太吃树皮饼如吃五花肉，可见农民要求之简单。

《赈粥厂（劝仁人急解倒悬也）》："闻说粥厂设南庙，饥民多于群鸦噪。肩摩络绎竞奔波，一齐都想争先到。那知筹画不定期，饿待三日仍空仓。日不再腹旋饥，磝隞惨厅哀鸿嗷。官长分俸苦不足，苦劝豪富捐斗斛。豪富迂缓诹时日，犹誇济余存阴骘。"此首写的是赈灾的情景，灾民听闻设粥厂纷纷奔波而至，结果排队三日也未等到一粒粥米。究其原因，非是官吏不作为，官吏也苦于无俸。财富和粮食主要集中于少数富豪手中，他们屯粮起价，推卸救济的社会责任，可见古代豪强是社会毒瘤之一。

这一组八首诗中，作者从常见现象入手，反映了在灾荒面前，下层劳动人民的苦难，用语简单直白。作者的目的非是揭示社会现象，更多的是劝诫。警示民众在灾荒时所需经历的困苦生活，所以在日常生活中要节俭。有的诗中直接表达的作者的意图，劝诫"子弟莫学膏粱儿，粟朽视与泥沙等"，可见作者作此长诗的良苦用心。

四、农学诗

（一）农谚诗

以农谚入诗也是清朝农诗的一大特点，这也从侧面反映出清朝诗人对农业了解更多，把自己所学与农业实践相结合，符合清后期经世致用的特点。

乾隆年间太仓诗人苏加玉《稻照行》："风多西北稻伤风，况复摧戕遭介虫。"在首句有注农谚云："西北风，稻伤风。作花时所忌，今年独多。"诗中所用是农谚"西北风，稻伤风"，很有农业气息。

黎简有很多引用农谚的诗，颇有特色。在《村南》中有句："东风吹雨涨春江，三月田沟咽碧淙"注，粤中农："一八东风是旱天，三七东风水浸田。"在《和区鮀滨咏稻花》中有句："岭南初夏稻花明，映日行云白雨横。"注，早禾宜白雨，俗白闯雨。在《四月廿六日》中有句："稍杜同心翔米价，更今日免雷声。高田低田谷应实，小暑大暑苗不生。"第三句后注，是日雨而不实不雷，俗云：雷则不实。这些带有农谚的诗比田园诗更符合农业实际，使此种文学作品更具真实性。

（二）农书诗

在清朝，各类农书的数量已经很多而且涉及农业各个领域，和农谚入诗一样，大量农书入诗也是清朝农诗的一大特点。

田雯在《瓜隐园杂诗九首》其二有："攘臂今朝展书卷，养鱼经与相牛经。"其三有："一班都出园丁手，况有齐民要术篇。"两首诗提到了《养鱼经》《相牛经》和《齐民要术》。许宗彦在《木棉花歌》："蛮娘蜑女谢蚕织，要术可补齐民篇。"这首诗也提到《齐民要术》。金文城在《月夜与村翁语》："斗室月明欣共话，相牛经与种鱼经。"该诗提到的也是《相牛经》和《种鱼经》。尤维熊的《燕齐道中杂诗》其十："留与村翁支半榻，日书驴券课牛经。"这首诗提到的是《课牛经》。钱陈群《丰润道中作》："樵仍山采径，农熟水耕书。"该诗提到的是《水耕书》。王汝璧《苑家堡宿田更家》："药物桐雷辨，农经氾蠡繙。"（注：案头有素问及月令种植诸书。）这首诗提到的是《氾胜之书》。这些诗中提到了很多常见的农书，这些农书的普及一定程度上意味着农业知识的普及，可见清朝农学知识传播程度之深。

文化是经济和社会的反映。研究农事诗可以了解古代农业发展，并对今天的农业技术发展具有借鉴意义。农事诗也是古代传播农业技术、进行农业教育的手段。

参考文献

（汉）班固，1987. 汉书·地理志［M］. 上海：上海古籍出版社.

陈文华，2004. 宋元明清时期我国农事诗概述［J］. 农业考古（3）.

程美明，2003.《农桑辑要》与元代经济［J］. 中南民族大学学报：人文社会科学版（S2）.

单人耘，1988. 浅谈元代赵孟頫的题耕织图诗［J］. 中国农史（2）.

（清）董诰，等，1983. 全唐文［M］. 北京：中华书局.

（清）方玉润，1986. 诗经原始［M］. 李先耕，点校. 北京：中华书局.

高晨，2015. 陶渊明治学观及其当代价值研究［D］. 桂林：广西师范大学.

高亨，1963. 周颂考释（上）［M］//中华文史论丛 第四辑. 上海：上海古籍出版社.

高亨，1963. 周颂考释（中）［M］//中华文史论丛 第五辑. 上海：上海古籍出版社.

高亨，1980. 诗经今注［M］. 上海：上海古籍出版社.

郭沫若，1982. 由周代农事诗论到周代社会［M］//郭沫若. 郭沫若全集 历史编 第一卷. 北京：人民出版社.

何伟，2016. 中国古代吏部名人［M］. 郑州：中州古籍出版社.

李志国，2011. 清代农学诗刍议［J］. 语言文学研究（1）.

（汉）刘安，等，2009. 淮南子［M］. 顾迁，译注. 北京：中华书局.

陆侃如，冯沅君，1999. 中国诗史［M］. 天津：百花文艺出版社.

罗丽，2002. 中国古代农事诗研究［D］. 杨凌：西北农林科技大学.

齐治平，1984. 陆游传论［M］. 长沙：岳麓书社.

邱明皋，2002. 陆游评传［M］. 南京：南京大学出版社.

（清）阮元，校刻，1980. 十三经注疏［M］. 北京：中华书局 .
孙金荣，孙文霞，2018. 先秦农业与先秦农事诗：兼论文学起源问题［J］. 中国农史（1）.
田利，2011. 古籍中记载农事诗渊源考略［J］. 安徽农业科学，39（32）.
（清）王夫之 . 戴鸿森，笺注，2012. 姜斋诗话笺注［M］. 上海：上海古籍出版社 .
（汉）王符，1978. 潜夫论［M］. 上海：上海古籍出版社 .
王赫岩，2009. 文学变革大潮中的田园诗：汉晋之际田园题材作品的走势［D］. 长春：东北师范大学 .
王雪，2016. 唐代农事诗研究［D］. 长春：东北师范大学 .
（清）魏源，1989. 魏源全集・诗古微・周颂答问［M］. 长沙：岳麓书社 .
（汉）许慎，（清）段玉裁，注，1981. 说文解字注［M］. 上海：上海古籍出版社 .
阎崇年，2000. 论于谦［J］. 故宫博物院院刊（1）.
杨伯峻，1995. 春秋左传注［M］. 北京：中华书局 .
袁行霈，1999. 中国文学史［M］. 北京：高等教育出版社 .
张健，1999. 清代诗学研究［M］. 北京：北京大学出版社 .
张润平，2010. 元嘉三大家研究［D］. 石家庄：河北大学 .
张晓蕾，2014. 论赵孟頫耕织图诗［J］. 文教资料（29）.
（清）张应昌，1960. 清诗铎［M］. 北京：中华书局 .
中华农业科教基金会，2015. 农诗 300 首［M］. 北京：中国农业出版社 .
（宋）朱熹，1987. 诗经集传［M］. 上海：上海古籍出版社 .

POSTSCRIPT 后记

山东省农业文化遗产丰富多彩，极具保护开发利用的价值。本书是山东省社会科学规划研究重点项目《山东省重要农业文化遗产调查与保护开发利用研究》(16BZWJ02)的研究成果，也是山东省科学技术协会学会创新和服务能力提升工程《农业文化资源保护开发利用的理论与实践》的研究成果。本书由项目负责人孙金荣提出课题调研思路及著作编撰大纲，并主持编撰。课题组成员分工完成调研和撰稿工作。

书稿撰写分工：绪论由孙金荣执笔。第一章由孙金荣、高国金执笔。其中第一节32条名录，以及第二节、第三节由孙金荣执笔；第一节42条名录由高国金执笔。第二章由丁建川执笔。第三章由高国金执笔。第四章由刘倩执笔。第五章由孙骥、孙金荣执笔。第六章由朱凌执笔。第七章由沈广斌执笔。第八章由孙金荣、孙骥执笔。第九章由杨瑞执笔。第十章由刘铭执笔。第十一章由徐敬执笔。第十二章由孙金荣、陈苹执笔。全书由孙金荣负责统、定稿工作。

感谢山东省社会科学规划管理办公室，山东省科学技术协会办公室、学会部，给予课题立项与资助。感谢山东农业大学科技处的科研管理与指导。感谢山东省农业历史学会、中国农业历史学会、农业农村部全球重要农业文化遗产专家委员会有关领导与专家学者的指导帮助。感谢中国农业出版社对项目成果出版的支持。

感谢中国工程院院士、山东农业大学束怀瑞教授，虽已九十二岁高龄，仍对项目给予关心指导并题词。感谢中国农业展览馆曹幸穗研究员，南京农业大学王思明教授、惠富平教授、卢勇教授、李群教授，西北农林科技大学樊志民教授，中国科学院地理资源所闵庆文研究员多年来给予的指导帮助。感谢山东农业大学动物科技学院诸位教授提供图片支持。感谢责任编辑孙鸣凤主任编辑付出的辛勤劳动。

时间、精力、学识、学力所限，书中舛误，恳请专家和读者指正。

编著者

2021年10月

图书在版编目（CIP）数据

山东省重要农业文化遗产调查与保护开发利用研究 / 孙金荣主编. —北京：中国农业出版社，2022.8
ISBN 978-7-109-29875-0

Ⅰ.①山… Ⅱ.①孙… Ⅲ.①农业—文化遗产—保护—研究—山东 Ⅳ.①S

中国版本图书馆 CIP 数据核字（2022）第 149962 号

中国农业出版社出版
地址：北京市朝阳区麦子店街 18 号楼
邮编：100125
责任编辑：孙鸣凤 胡晓纯
版式设计：杜 然 责任校对：刘丽香
印刷：中农印务有限公司
版次：2022 年 8 月第 1 版
印次：2022 年 8 月北京第 1 次印刷
发行：新华书店北京发行所
开本：787mm×1092mm 1/16
印张：22.75 插页：12
字数：500 千字
定价：128.00 元